KB155022

FOOD
CHEMISTRY

3판

식품화학 FOOD CHEMISTRY

조신호 · 신성균 · 박헌국 · 송미란 · 차윤환 · 한명륜 · 유경미

교문사

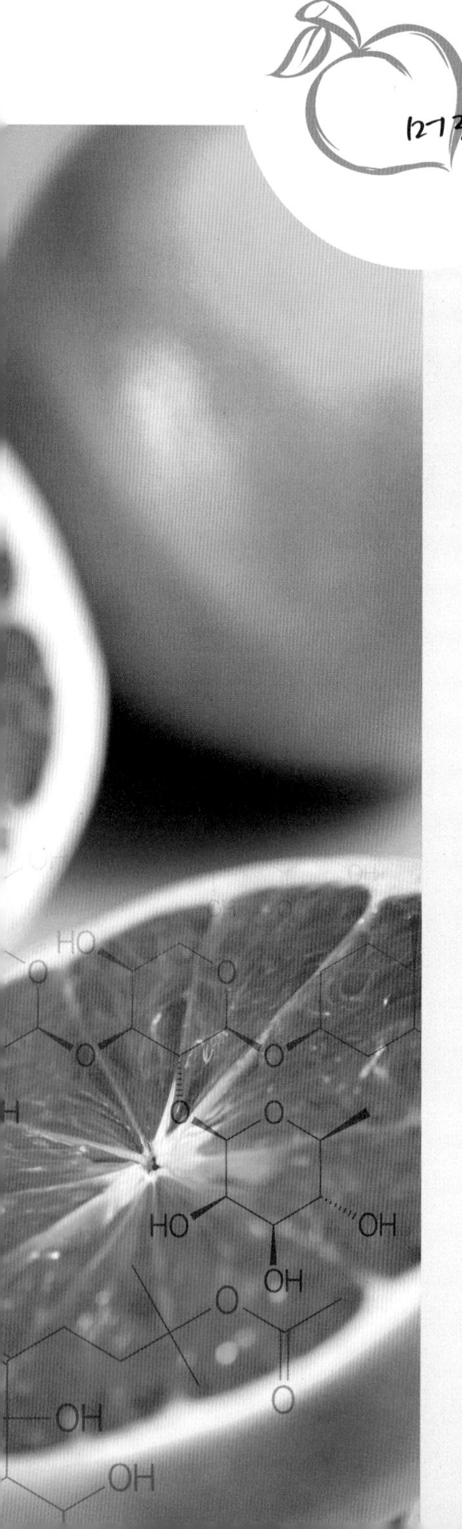

머리말

식품에 관한 모든 학문의 총집합을 식품학이라 하며 이를 이해하는 지름길은 식품이나 식물을 물질적인 면으로 연구하는 데 있다. 이를 식품화학(food chemistry)이라 하며, 식품의 성질, 구조, 변화 등의 실체를 정확히 파악하여 더욱 유효하게 이용할 수 있도록 연구하여 새로운 식품의 개발, 그동안 이용되지 않은 자원의 식용화 등 화학적으로 체계화된 연구를 하는 학문이다.

최근 생물화학이 정적인 생체성분의 연구 비중이 적어지고 대사, 효소, 생리작용, 생물활성 등을 중심으로 한 동적인 연구가 높은 관심을 보이는 것처럼, 식품화학도 정적인 식품성분에 대한 연구로부터 성분 간의 반응, 성분의 가공 · 조리 중에 일어나는 여러 가지 변화를 연구하는 동적인 분야로 연구 경향이 이동하고 있다.

또한 식품화학은 우리의 생명과도 밀접한 학문으로서 영양학, 역학, 의학, 공학, 농학 등에 이르기까지 광범위한 영역을 차지하고 있으며, 특히 우리가 일상 이용하는 식품의 생산, 가공, 저장 등의 개선에 응용하거나 부족한 영양성분을 보완하여 한층 영양가가 높은 식품을 제조하는 데 이용된다.

한편, 식품성분의 물리적 성질 및 그 변화는 식품 물성의 지식을 활용하여 비교적 최근에 연구되고 있는 분야로서 편의상 식품화학에서 함께 취급하고 있다.

이에 저자들은 대학에서 식품영양학, 조리학, 식품과학 등 식품 관련 학문을 연구하는 전공자와 영양사, 조리기능사, 조리산업기사, 식품가공기사 등의 자격증을 준비하는 사람들에게 중요한 지침서가 될 수 있는 참고서를 만들고자 수 차례의 집필회의를 거듭하여 방대한 자료 수집과 오랜 토론 끝에 원고를 완성하였다.

이 책은 식품의 기본 영양소인 수분과 탄수화물, 지질, 단백질, 비타민, 무기질 등의 특성과 가공·조리과정 중 식품성분들의 물리·화학적인 변화들을 이해하기 쉽도록 기술하고, 식품에 소량으로 존재하면서 품질과 관능적 특성에 중요한 역할을 하는 효소, 식품의 색과 갈변, 식품의 맛과 냄새, 독성, 식품의 물리성 등에 대하여 설명하였다.

식품학 관련 용어는 국립국어원의 인터넷판 '표준국어대사전'과 교육인적자원부의 '편수자료(기초과학 편)' 및 관련 학회의 용어를 최대한 수용하여 (사)한국식품과학회에서 2012년 발간한 '식품과학사전'을 따라 용어의 통일을 유도하여 표준어와 기존에 공부한 내용과 최대한 연계될 수 있도록 하였다. 또 공부하는 데 흥미를 가질 수 있도록 쉽고 체계적으로 정리한 표와 그림을 많이 삽입하였다. 부록에는 일반화학의 내용을 간략한 해설과 함께 수록하여 식품화학의 기본 지식을 다질 수 있도록 하였다.

미비한 점은 향후 지속적인 보완을 독자께 약속드리며 이 책을 공부하는 모든 이에게 조금이나마 도움이 되기를 바란다.

끝으로 이 책이 출간될 수 있도록 수고해 주신 (주)교문사 사장님을 비롯한 편집부 직원 여러분께도 진심으로 감사드린다.

2013년 2월

저자 일동

Chapter 1 수분

Chapter 2 탄수화물

Chapter 3 지질

Chapter 4 단백질

Chapter 8 식품의 맛

Chapter 9 식품의 냄새

Chapter 10 효 소

1 수분

1. 수분의 역할
2. 물분자의 구조
3. 물의 성질
4. 식품 내 수분의 형태
5. 수분활성도
6. 수분활성도와 식품의 변화

water

Chapter 1 수분

물은 자연계에 널리 존재하는 극성 용매로써 우리 주위에서 고체(얼음), 액체(물), 기체(수증기)의 세 가지 상(狀)을 쉽게 볼 수 있다. 수분은 모든 살아있는 생명체에 다량으로 존재하며, 거의 대부분의 식품에 존재한다. 비록 수분 자체는 칼로리나 영양적인 가치는 없으나 생명활동에 필수요소이다. 같은 식품이라도 수분의 상태나 양에 따라 포도와 건포도, 냉장육과 냉동육 등의 예와 같이 식품의 특성에 영향을 미치고 있다. 또한 수분은 식품의 구성성분인 여러 가지 분자들을 용해시켜 용질로 작용하거나 많은 화학반응에 직 · 간접적으로 관여하고 있다.

1 수분의 역할

수분은 식품의 주요 구성성분의 하나로 식품에는 수분이 다양한 함량으로 포함되어 있다(표 1-1). 일반적으로 유지류 · 곡류 · 당류에는 수분함량이 낮으며, 채소 · 과일 등의 산성식품과 액상식품에는 수분이 많이 포함되어 있다. 이러한 수분은 식품 내에서 다음과 같은 여러 가지 역할을 하고 있다.

표 1-1 식품의 수분함량

식 품	수분함량(%)	식 품	수분함량(%)
콩기름	0.0	체다치즈	49.2
백설탕	0.1	강낭콩	57.7
참 깨	4.8	밥	63.6
쌀(백미)	10.8	쇠고기	67.0
버 터	12.6	토종닭(가슴살)	74.5
꿀	20.0	감 자	81.4
물 엿	24.2	우 유	88.2
식 빵	33.8	수 박	93.2
프렌치프라이	39.8	양배추	93.5
가공치즈	47.6	녹 차	99.7

자료: 농촌진흥청 국립농업과학원(2011). 표준 식품성분표 제8차 개정판.

1) 식품성분의 용매 역할과 화학반응

수분은 대부분의 식품성분과 외부에서 유입되는 산소 등의 여러 가지 물질에 대하여 용매로 작용한다. 수분에 용해된 여러 가지 물질은 확산 등을 통해 이동이 가능해져 다른 화합물과의 회합이 일어나며, 나아가 수분 내에서 화학반응이 가능해진다. 또한 일부 화학반응에서는 물분자 자체가 탈수 또는 가수반응과 같이 반응에 직접 관여하기도 한다.

2) 조직감의 변화 초래

식품은 수분함량에 따라 액상식품과 고체상의 식품이 있을 수 있다. 고체상의 식품이라도 온도에 따라 유연성에 차이가 있다. 이러한 현상은 수분이 식품에서 유연제 역할을 하기 때문이다. 또한 같은 수분함량에서도 온도에 따라 식품의 유연성은 차이가 난다.

일반적으로 고체란 점도가 10^{12} Pa · s(물의 약 10^{15}배) 이상의 것을 말한다. 고체는 결정(crystal)과 비결정질체(amorphous)로 구분하며, 비결정질체는 다시 유리질(glass), 고무질(rubbery)과 고점도체(high viscous)로 나뉜다.

유리질이란 유리전이(glass transition)를 하는 물질을 말하며, 고무질이란 탄성과 유연성을 보이는 상태를 말한다. 유리전이온도는 어느 온도 이하가 되면 분자운동이 매우 느려져 결정화가 불가능하게 되는 온도를 말한다. 식품의 온도를 서서히 내리는 경우는 어는점에서 부피가 급격하게 감소, 결정화가 일어나면서 고체로 상변화가 일어난다.

한편, 온도를 급격히 낮추는 경우에는 부피 감소가 결정의 점도와 유사하게 될 때까지 서서히 감소하며, 점도는 급속하게 증가하여 유리로 전이가 일어난다(그림 1-1). 수분함량이 증가하면 유리전이온도가 낮아진다. 식품은 유리전이온도 이상에서는 고무와 유사한 조직감을 지니며, 유리전이온도가 되면 식품의 유동성이 급격히 없어지면서 고체상의 식품이 된다.

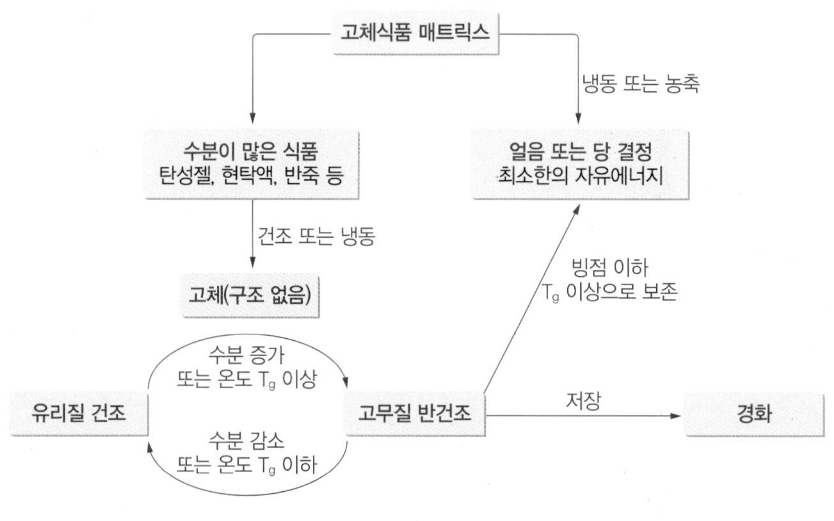

그림 1-1 수분함량에 따른 유리전이 현상

자료: D. Reid et al.(2010)

3) 미생물 성장

식품의 수분은 식품 내의 부패와 병원성 미생물 성장에 직접적인 영향을 미친다. 수분활성도가 감소함에 따라 세균, 효모, 곰팡이의 순으로 성장이 중지되며, 일부 독소를 생산하는 미생물의 경우는 성장은 가능하나 독소 생산이 불가능한 경우도 발생한다.

2 물분자의 구조

물분자는 산소 1개와 수소 2개로 이루어진 매우 간단한 분자이나 분자의 물리적·화학적 성질은 복잡하다. 물분자의 수소원자와 산소원자 사이는 길이 0.096 nm의 공유결합으로 이루어져 있으며, 공유결합 간에 나타나는 각도는 104.5°이다(그림 1-2). 물분자 내의 산소원자는 결합에 참여하지 않은 전자쌍에 의하여 부분적으로 음전하를 띠고 있으며, 수소원자는 부분 양전하를 띠고 있어 물분자는 쌍극자(dipole)의 성질을 갖는다. 그 결과, 한 물분자의 산소원자는 다른 물분자의 수소원자를 당기게 되어 0.3 nm 길이의 수소결합(hydrogen bond)을 한다.

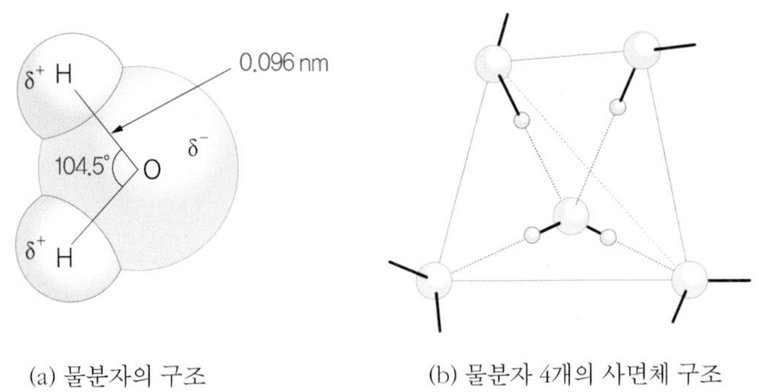

그림 1-2 물분자의 구조와 수소결합

자료: H-D. Belitz et al.(2009). *Food Chemistry*.

3 물의 성질

물분자 간의 수소결합은 단일결합으로는 약하나 물분자 간의 무수한 결합으로 인하여 물의 특성이 다른 유사 분자량의 분자와 매우 다른 특성을 보인다. 물분자는 유사한 크기의 다른 화합물에 비하여 융점과 비점이 매우 높으며, 증발(40.657 kJ/mol) 및 용융(6.012 kJ/mol) 잠열과 비열이 크며, 비중 · 표면장력이 크다.

표 1-2 물분자와 유사 분자량 화합물의 녹는점과 끓는점 비교

화합물	분자모양	분자량	녹는점(℃)	끓는점(℃)
CO_2	직선(대칭)	44.010	−78.5(승화점)	−56.56(5.2 bar)
H_2O	육면체(비대칭)	18.015	0.00	100.00
CH_4	사면체(대칭)	16.043	−182.47	−161.48

자료: D. Lide(1990). *CRC Handbook of Chemistry and Physics*.

물의 쌍극자적 성질과 그로 인한 수소결합 때문에 다양한 용질에 대한 용매로서의 역할이 가능하며, 산 · 알칼리 · 염류에 대한 용해도가 높아 식품에 다양한 성분을 용해시킬 수 있다(그림 1-3).

4 식품 내 수분의 형태

식품 내의 수분은 물리적으로 자유롭게 이동이 가능한 물과 식품의 물리적 미세구조에 갇히거나 모세관에 들어 있는 수분이 있다. 화학적으로는 식품성분의 친수성 부분과 직접적으로 결합되어 있거나 이러한 물분자에 수소결합으로 결합되어 있는 등 다양한 형태로 존재한다. 이러한 식품의 수분은 전통적으로 성질에 따라 결합수(bound water)와 자유수(free water)로 나눈다(그림 1-4). 결합수는 식품성분에 결합되어 용매로서 작용하지 못하고 얼지 않는 물을 의미한다. 자유수와 결합수를 실험적으로 정확하게 분리하기는 어려우나 동물성 식품은 결합수가 전체 수분의 8~10%, 과채류의 경

식품성분

식품성분의 관능기 종류

- 하이드록시기(수산기) : $-OH$
- 알데하이드기 : $-CHO$
- 케톤기 : $=CO$
- 카복실기 : $-COOH$
- 나이트로기 : $-NO_2$
- 아미노기 : $-NH_2$
- 설프하이드릴기 : $-SH$
- 아마이드기 : $-CONH_2$
- 에스터결합 : $-COO-$
- 에터결합 : $-O-$

(a) 식품 중의 이온과 수분의 결합

(b) 식품 중의 친수기와의 수분의 결합(수소결합)

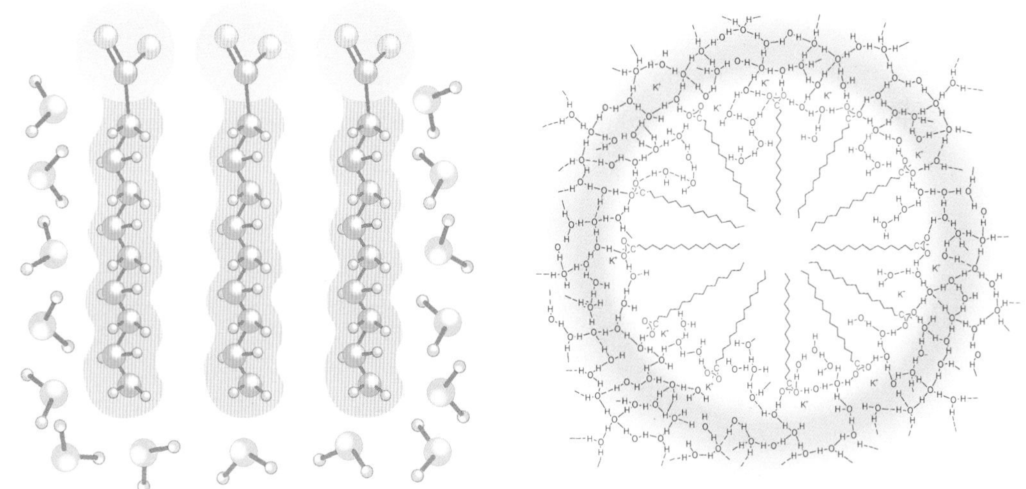

(c) 식품 중의 소수기와 수분의 결합

그림 1-3 식품 내의 성분과 수분의 다양한 결합 형태

자료: (a) Yves Maréchal(2007). *The Hydrogen Bond and the Water Molecule, the Physical and chemistry of water*.

(b) 조신호(2010). 식품학.

(c) Emilia Barbara Cybulska & Peter Edward Doe(2007). *Water and Food Quality*.

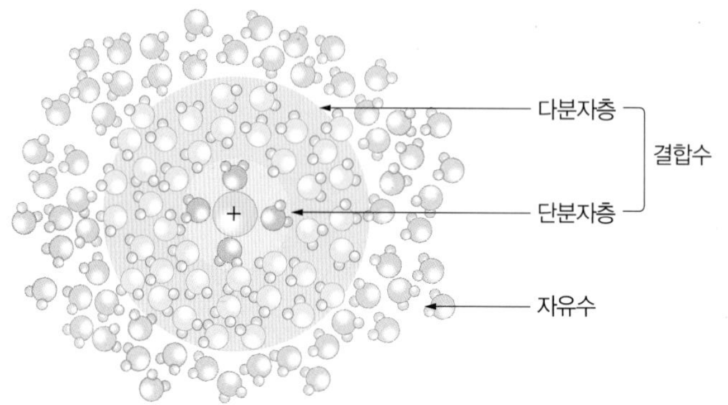

그림 1-4 식품 중 물분자의 분포

우는 6%, 곡류는 34%로 알려져 있다. 결합수는 화학적으로 식품의 성분과 직접 결합하고 있는 단분자층 수분과 물분자 간에 결합을 하고 있는 다분자층 결합수로 나눈다.

표 1-3 자유수와 결합수의 특성

구 분	자유수	결합수
정 의	식품 중에서 자유로이 운동할 수 있는 물	식품 성분에 결합된 물로 자유로운 운동이 불가능한 물
특 징	• 극성이 크기 때문에 용질(염류, 당류, 수용성 단백질)에 대해 용매로 작용 • 건조시키면 제거되고, 0℃ 이하로 냉각시키면 동결됨 • 4℃에서 밀도가 가장 크고, 동결에 의해 부피 팽창 • 쌍극자로서 전자파에 의해 분자가 회전하여 발열에 관여함 • 식품성분과 관계없이 이동 가능 • 미생물의 번식과 성장에 이용 가능 • 비점과 융점이 높고 증발열, 용해열, 비열, 표면장력과 점도가 큼 • 화학반응에 직 · 간접적으로 관여	• 용질에 대하여 용매로서 작용하지 않음 • 100℃ 이상에서도 건조가 어려우며, 0℃ 이하(−20℃ 이하)에서도 얼지 않음 • 자유수보다 밀도가 큼 • 전자파에 의한 분자 회전이 제한되어 가열에 관여하지 못함 • 식품성분에 침전, 점도, 확산 등이 일어날 때 함께 이동 • 미생물의 번식과 성장에 이용 불가능 • 식품성분과 이온결합 또는 수소결합을 하고 있음 • 식품조직을 압착하여도 제거되지 않음

건조한 어류에 물을 부어 다시 수분을 공급하여도 원래의 신선상태와는 전혀 다른 물리적 특성을 갖는다. 이러한 현상은 식품이 건조되는 중에 식품의 구조에 물리적 · 화학적 변화가 일어나기 때문이다. 식품의 구조는 수분의 양에 따라 달라지기 때문에 건조식품에 다시 흡습을 시킨다고 하여 처음의 상태로 돌아가지는 못한다.

또한 건조한 과자를 장마철에 개봉해서 먹고 남은 것을 나중에 다시 먹고자 할 때, 조직이 공기 중의 수분을 흡수하여 눅진 것을 발견할 수 있으며, 건조한 겨울에는 수분이 증발하여 마르게 된다. 일정한 온도에서 대기의 상대습도가 일정하다면 식품의 수분함량은 상대습도의 영향을 받아 대기와 평형을 이룬다. 이때의 상대습도를 평형상대습도(equilibrium relative humidity)라고 한다. 그림 1-5는 일정한 온도에서의 식품 중 수분함량과 대기의 상대습도와의 관계를 나타낸 것으로 등온흡습 · 탈습곡선(moisture sorption isotherm)이라고 한다. 등온흡습곡선과 탈습곡선은 식품의 수분과 각 성분과의 결합력(water binding capacity), 자유수와 결합수의 상대적 양과 비율, 식품의 물리적 구조에 영향을 받아 굴곡점 부분이 나타난다. 식품의 구조와 성질이 흡습

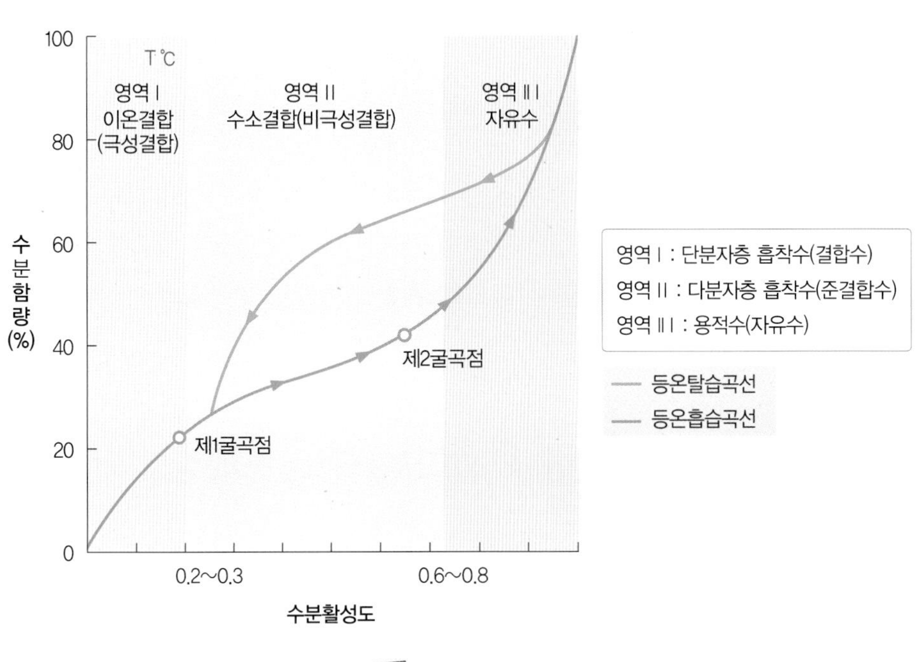

그림 1-5 등온흡습 · 탈습곡선

할 때와 탈습할 때가 다르며 일반적으로 흡습곡선이 탈습곡선보다 아래에 나타난다. 이와 같이 흡습과 탈습곡선이 다른 현상을 이력현상(hysteresis)이라고 한다. 이력현상은 식품의 종류와 온도에 따라 다르다.

등온흡습 · 탈습곡선은 크게 세 부분으로 나뉜다. 첫 부분(영역 I)은 단분자층으로 식품성분과 물분자가 카복실기(carboxyl group, −COOH)나 아미노기(amino group, $-NH_2$)와 같은 극성부위에 이온결합으로 강하게 결합되어 있다. 단분자층의 수분은 식품성분과 함께 이동되며, −40℃에서도 얼지 않는 부위이다. 이론적으로 물분자가 식품성분을 단층으로 모두 덮고 있는 수분은 상대습도 10~30%에서 주로 나타나며, 브루나우어 등이 개발한 BET(Brunauer-Emmet-Teller) 식으로 계산할 수 있다.

가운데 부분(영역 II)은 BET점을 넘는 부분으로 단분자층을 이룬 물분자와 다른 물분자들이 수소결합을 하고 있다. 이 영역은 상대 습도가 30~80% 정도에서 나타난다. 영역 II의 수분량은 식품을 유연하게 하는 역할을 하고 있으며, 지방의 산화와 효소반응 등의 화학반응과 미생물의 성장속도가 낮아 가장 안전성과 저장성이 좋은 식품으로 알려져 있다. 영역 I과 II의 수분을 결합수라 하며, 영역 I을 단분자층이라고 하는데 비하여 영역 II는 다분자층이라고도 한다.

영역 III은 상대습도 80% 이상에서 많이 나타나며 식품 전체 수분의 95% 이상을 차지한다. 등온흡습곡선에서 가장 기울기가 큰 부분으로 식품의 모세관과 같은 미세구조물에 수분이 응결하는 영역이다. 이 부분의 수분은 자유수로서 화합물에 흡착된 정도가 약하고 이동할 수 있어 용매로서 작용이 가능하며, 화학반응의 속도가 증가할 뿐만 아니라 미생물이 생장할 수 있으며 동결될 수 있다.

5 수분활성도

어떤 식품에 포함된 수분의 양을 말할 때 일반적으로 사용하는 수분함량은 식품을 105℃에서 항량이 될 때까지 건조시켜 변화된 무게를 측정하여 계산한다. 그러나 수분에 의한 식품의 안정성과 같은 식품 특성에 대하여 설명하고자 할 때 수분함량보다는 수분활성도(water activity, A_w)를 사용하면 편리하다. 라울(Raoult)은 이상용액에서 저농도의 용질이 녹아있는 용액의 증기압은 각 성분의 몰분율과 관계있음을 보였다(식 1-1, 그림 1-6).

$$A_W = \frac{M_W}{M_W + M_S} \qquad \text{(식 1-1)}$$

A_w: 수분활성도, M_w: 물의 몰분율, M_s: 용질의 몰분율

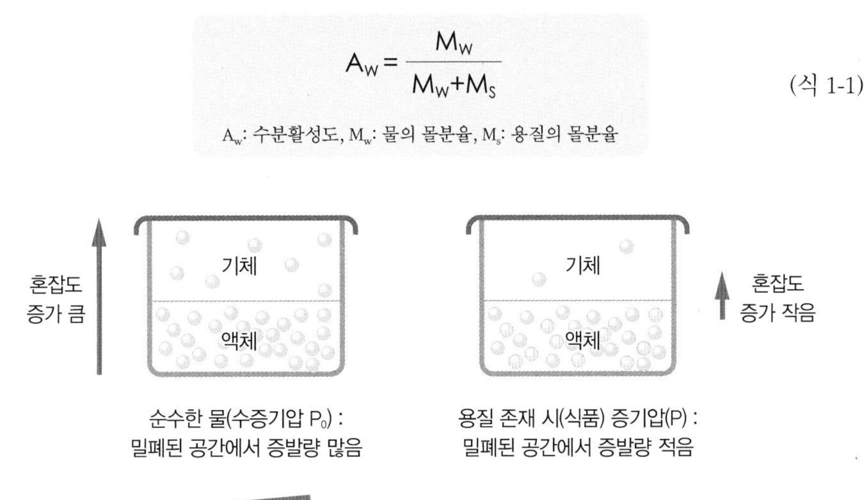

그림 1-6 순수한 물과 식품의 증기압 비교

식품의 수분활성도는 식품의 물리적 구조와 식품의 다양한 성분에 의해 영향을 받아 라울의 법칙을 그대로 적용할 수는 없다. 식품의 수분활성도는 임의의 온도에서 식품의 수증기압과 같은 온도의 순수한 물의 증기압의 비로 정의한다(식 1-2).

$$A_W = \frac{P}{P_0} \qquad \text{(식 1-2)}$$

P: 식품의 수증기압, P_0: 식품과 같은 온도에서 순수한 물의 수증기압

수분활성도는 온도가 감소함에 따라 감소하는 경향을 보여 과냉각된 물을 사용하여 얼음의 수분활성도를 측정하면 0℃에서는 수분활성도가 1이나 −20℃가 되면 수분활성도는 0.82로 감소한다. 비록 정확하지는 않으나 식품의 수분활성도를 개략적으로 예측하고자 할 때에는 라울의 식을 사용하여 계산할 수도 있다.

수분활성도와 대기 중의 상대습도와의 관계는 식 1-3과 같다.

$$A_W = \frac{ERH}{100} \quad (식\ 1\text{-}3)$$

ERH: 평형상대습도(equilibrium relative humidity)

이러한 성질을 이용하여 임의의 온도에서 일정한 평형상대습도를 나타내는 여러 종류의 포화염용액과 식품을 함께 보관하면서 무게 변화를 측정하여 식품의 수분활성도를 측정할 수 있다.

6 수분활성도와 식품의 변화

수분활성도는 식품의 화학적 · 생물학적 변화에 영향을 준다(그림 1-7).

수분활성도의 변화는 식품의 안정성에 영향을 준다. 건조식품의 경우 수분을 흡수하여 물성의 변화가 일어날 수 있어 건조식품의 포장은 수분에 대한 차단성을 고려하여야 한다. 또한 식품의 안정성을 높이기 위하여 당알코올 등 친수성이 강한 식품첨가물을 수분활성도를 0.7 이하로 낮추어 식품의 변화를 억제하면서도 충분한 유연성이 있어 섭취하기 편하게 만든 식품을 중간수분식품(intermediate moisture food)이라고 한다(그림 1-8).

1) 수분활성도와 미생물 성장

미생물이 번식과 성장할 때에는 실제로 이용할 수 있는 일정량 이상의 수분이 필요하나, 식품의 수분은 결합수 등이 있어 미생물이 활용할 수 있는 수분의 양은 실제 수분함량과 다르다. 미생물의 성장 및 번식의 한계를 설명할 때 수분함량보다는 수분활성도로 표현하는 것이 더욱 효율적이다. 일반적으로 보통 세균이 증식할 수 있는 최저 수분활성도는 0.90이며, 효모는 0.88, 곰팡이는 0.80으로 알려져 있다. 그러나 내건성

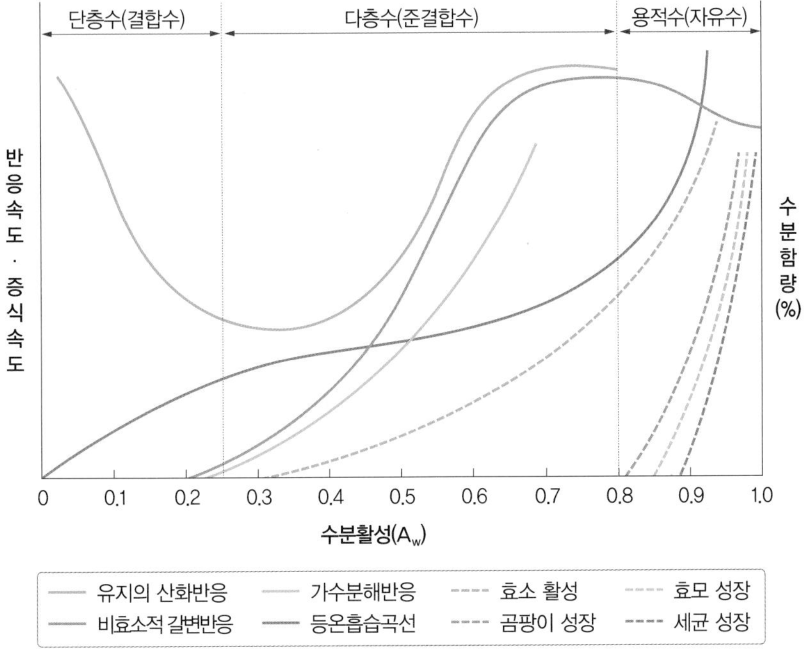

A_w 0.4 부근에서 비효소적 갈변반응은 정지된다. 유지의 산화반응은 A_w 0.3 부근에서 가장 억제됨.

그림 1-7 식품의 각종 변성 요인의 반응속도와 수분활성과의 관계

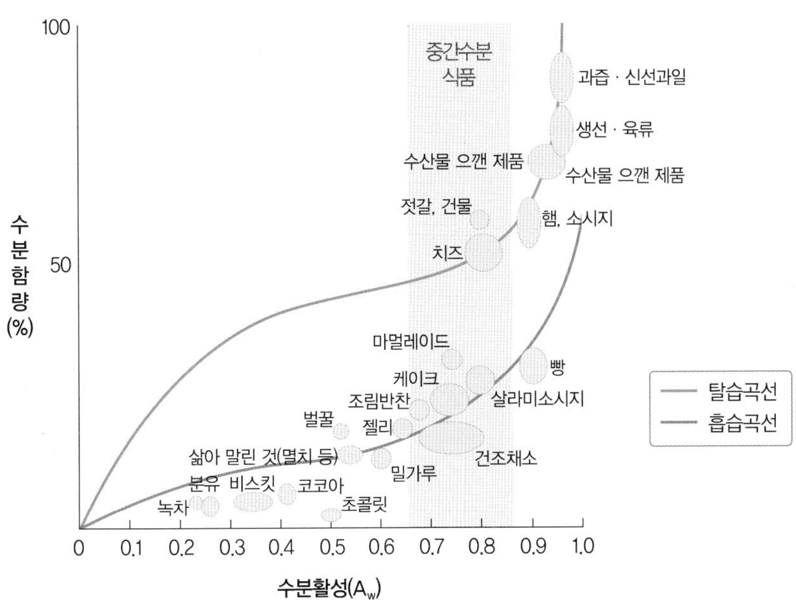

그림 1-8 여러 가지 식품의 수분활성과 수분함량

곰팡이(xerophile molds)는 0.65, 내삼투압성 효모(osmophilic yeasts)는 0.60까지도 증식이 가능한 것으로 알려져 있다. 또한 황색포도상구균(*Staphylococcus aureus*)의 엔테로톡신 B와 아스페르길루스 플라버스(*Aspergillus flavus*)의 독소와 같이 일부 독소 생산 미생물의 경우는 독소 생산을 위하여 최소 생육 수분활성도보다 높은 수분활성도가 필요하다.

2) 수분활성도와 효소반응

일반적으로 수분활성도가 높은 경우 효소반응이 활발하다. 대부분의 효소는 가수분해효소의 경우처럼 수분활성도가 높을수록 반응속도가 높으며, 최종가수분해도(final degree of hydrolysis)도 수분활성도에 영향을 받는다. 많은 효소는 수분활성도 0.85 이하에서 활성이 낮아지나 지방 가수분해효소인 라이페이스는 0.1~0.3의 낮은 수분활성도에서도 활성을 유지한다는 보고가 있다. 효소반응의 수분활성도에 영향을 받는 현상은 수분에 의한 기질과 효소의 이동과 회합에 의한 영향과 기질로서의 물의 이용 가능성에 의한다.

3) 수분활성도와 비효소적 반응

비효소적 갈변반응의 하나인 마이야르(Maillard) 반응은 수분활성도에 영향을 받는다. 수분활성도가 낮으면 마이야르 반응의 기질인 당과 아미노산의 이동이 제한되면서 반응이 잘 일어나지 않는다. 수분활성도가 0.6~0.7이 되면 활발하게 갈변이 빠르게 일어나며, 수분활성도가 0.8~1.0이 되면 기질이 물에 의하여 상대적으로 희석되어 반응속도는 다시 감소한다.

4) 수분활성도와 유지의 산화

식품에 수분이 전혀 없는 경우 유지, 지용성 비타민, 향기 성분 등 지용성 물질과 산소는 직접 만나 자동산화가 매우 빠르게 일어난다. 이후 수분함량이 증가함에 따라 식품 표면의 물분자가 유지의 산화과정에서 생성된 유리 라디칼에 의해 생긴 과산화물과 수소결합으로 복합체를 형성하여 과산화물의 분해를 억제하며, 산화를 촉진하는 금속을 수화시켜 수산화물을 만들어 산화를 억제한다. 이러한 현상은 주로 지질 산화의 초기 단계에서 나타나 수분활성도가 0.3~0.5까지 일어나며, 수분이 많아지면 지질 산화의 전파단계의 촉진으로 산화속도가 증가한다.

2

1. 탄수화물의 개요
2. 탄수화물의 명명
3. 탄수화물의 분류
4. 이성질체
5. 당류의 특성
6. 단당류
7. 이당류
8. 소당류
9. 다당류

carbohydrate

1 탄수화물의 개요

자연계에서 가장 흔한 유기물인 탄수화물(carbohydrate)은 탄소원자에 물분자가 결합한 형태여서 탄소의 수화물이란 뜻을 지니고 있다. 탄수화물은 대부분이 단맛을 가지고 있어 당질이라고도 불린다. 탄수화물의 기능은 매우 다양하여 식물에서는 에너지의 저장, 인간을 비롯한 동물에서는 주요한 에너지의 공급원으로 g 당 4 kcal의 에너지를 제공한다. 식물체 내에서의 탄수화물은 녹색식물에 존재하는 엽록소(chlorophyll)에서 햇빛의 존재하에 이산화탄소와 물을 이용 광합성(photosynthesis)에 의하여 글루코스가 합성되며, 합성된 글루코스는 중합과정(polymerization)을 거쳐 고분자 형태의 전분이나 셀룰로스의 형태로 식물체 내에 저장된다. 또한 동물은 탄수화물을 합성하지 못하고 식물체를 섭취함으로써 성장 및 유지에 필요한 탄수화물을 획득하게 된다. 식물체가 생산한 탄수화물 중 전분(starch)은 인체 내 소화효소에 의하여 분해되어 인체의 에너지원으로 사용되나, 식물체의 세포벽의 주요한 구성성분인 셀룰로스(cellulose)는 인체 내 소화효소가 없어 에너지원으로 사용되지 못한다.

탄수화물은 탄소(C), 수소(H), 산소(O)의 세 가지 원소로 이루어져 있고 그 비율이

$$6CO_2 + 12H_2O \xrightarrow[\text{엽록소}]{\text{햇빛}} \underset{\text{포도당}}{C_6H_{12}O_6} + \underset{\text{물}}{6H_2O} + \underset{\text{산소}}{6O_2} \xrightarrow{\text{중합}} \text{전분, 셀룰로스}$$

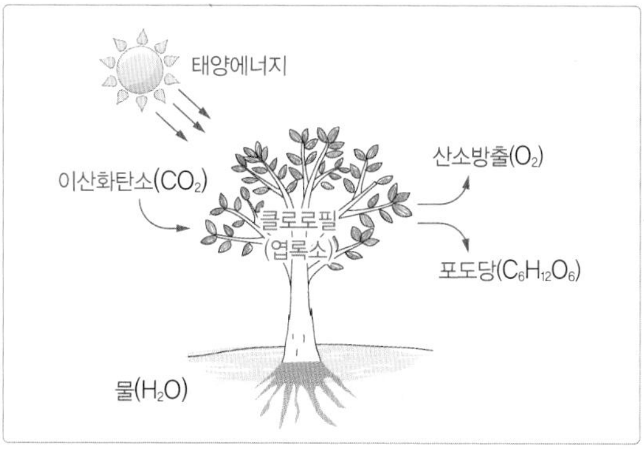

그림 2-1 광합성에 의한 포도당 합성

1:2:1의 일정 비율을 갖기 때문에 $(CH_2O)_n$ 또는 $C_m(H_2O)_n$의 일반식으로 표현된다. 탄수화물은 분자 내에 1개의 알데하이드기(−CHO) 또는 케톤기(=CO)를 갖으며 2개 이상의 수산기(〉OH)를 갖기 때문에 탄수화물이 되기위해 필요한 최소 탄소수는 3이다. 식품에서 탄수화물은 주로 단맛을 내는 감미료나 물성을 부여하는 증점제 등의 다양한 용도로 사용되며 식품의 가공과정에서 색이나 향을 형성하는 화학반응에도 관여한다.

2 탄수화물의 명명

대부분의 단당류 또는 이당류는 대부분 '-ose(오스)'를 어미에 붙여 명명하는 것이 일반적이나 포함하는 카보닐기(carbonyl group)에 따라서는 알데하이드기를 갖는 당은 -ose(오스), 케톤기를 갖는 당은 -ulose(우로스)를 어미로 사용하기도 한다. 탄소수가 6개인 글루코스의 경우 aldohexose로 분류되는데 이는 카보닐기로는 알데하이드기를 갖으며, 탄소수가 6개인 탄수화물을 의미한다. 글루코스와 함께 자연계에 풍부히 존재하는 당인 프럭토스(fructose)는 대표적인 ketohexose로 카보닐기로는 케톤기를 갖으며 탄소수는 6개를 갖는다. 쉽게 말해 탄수화물의 명칭에서 -ose를 제외한 부분의 명칭은 곧

탄소수나 포함하는 작용기를 일컫는다고도 볼 수 있다.

탄소를 다루는 학문을 유기화학이라 하며 탄수화물은 대표적인 유기화합물 중 하나이다. 유기화학에서 가장 중요시 되는 탄소는 탄소의 결합형태, 결합된 원자나 원자단 등에 따라서 탄소의 순서를 매기며 일정한 규칙에 따라 유기화합물을 명명하는 규칙이 존재한다. 대부분의 탄수화물에서는 알데하이드기 또는 케톤기 중 하나와 알코올의 두 가지의 작용기가 존재하게 되는데 알코올기보다는 알데하이드나 케톤기가 결합한 탄소가 우선시 되기 때문에 카보닐기에 포함된 탄소에 낮은 번호를 부여한다.

유기화합물 명명하는 데 쓰이는 그리스어 접두사

숫자(number)	그리스어 접두사(prefix)	숫자(number)	그리스어 접두사(prefix)
1	mono(모노)	4	tetra(테트라)
2	di(다이)	5	penta(펜타)
3	tri(트라이)	6	hexa(헥사)

카보닐기(carbonyl group)란?

유기화합물에서 흔한 작용기로 산소 원자와 이중결합으로 결합된 탄소 원자가 있는 작용기를 의미한다. 알데하이드기(–CHO), 케톤기(–CO), 카복실기(–COOH) 및 에스터기(–COO) 등이 카보닐기에 해당한다.

알데하이드기	케톤기	카복실기	에스터기
$R{-}C({=}O){-}H$	$R{-}C({=}O){-}R'$	$R{-}C({=}O){-}OH$	$R{-}C({=}O){-}OR'$

3 탄수화물의 분류

탄수화물의 분류는 매우 다양하다. 단당류는 당을 구성하는 탄소수에 따라 3~6탄당, 카보닐기의 종류에 따라서는 알도스 및 케토스로 구분한다. 구성하는 단당의 수에 따라서는 단당류, 이당류, 소당류 다당류로 분류하며, 인체내 소화 여부에 따라서는 소화성과 비소화성으로 구분된다.

1) 탄소수

단당류의 탄소수에 따른 분류는 숫자를 나타내는 그리스어 접두사에 탄수화물을 뜻하는 '-ose(오스)'를 붙여 명명한다. 예를 들어 탄소수가 6개인 탄수화물들은 숫자 6을 의미하는 hexa와 ose를 결합하여 hexose(헥소스)로 명명하게 된다. 자연계에는 triose(트라이오스, 3탄당), tetrose(테트로스, 4탄당), pentose(펜토스, 5탄당), hexose(헥소스, 6탄당)가 주로 존재한다.

2) 작용기

탄수화물은 그 특성상 분자 내에 카보닐기 중 알데하이드기 또는 케톤기를 반드시 포함하여야 한다. 단당을 구성하는 카보닐기는 알데하이드기(−CHO) 또는 케톤기(=CO)로 이 두 가지 작용기(functional group)는 탄소와 산소가 이중결합(C=O)을 형성하고 있는 공통점이 있다. 탄수화물은 이 두 가지의 작용기 중 어떤 작용기를 포함하느냐에 따라 알도스(aldose) 또는 케토스(ketose)로 단당류를 구분한다. 즉, 알도스는 알데하이드기를 갖는 탄수화물을 뜻하며 케토스는 케톤기를 갖는 탄수화물을 의미한다. 이 두 가지의 작용기는 식품에서의 여러 가지 반응이나 구조에 중요한 역할을 하게 된다.

표 2-1 카보닐기의 종류에 따른 단당류의 분류

카보닐기	탄소수	명 명	카보닐기	탄소수	명 명
알도스 R-C(=O)-H	3	H-C=O H-C-OH CH_2OH 알도트라이오스	케토스 R-C(=O)-R′	3	CH_2OH C=O CH_2OH 케토트라이오스
	4	H-C=O H-C-OH H-C-OH CH_2OH 알도테트로스		4	CH_2OH C=O H-C-OH CH_2OH 케토테트로스
	5	H-C=O H-C-OH H-C-OH H-C-OH CH_2OH 알도펜토스		5	CH_2OH C=O H-C-OH H-C-OH CH_2OH 케토펜토스
	6	H-C=O H-C-OH H-C-OH H-C-OH H-C-OH CH_2OH 알도헥소스		6	H-C=O H-C-OH H-C-OH H-C-OH H-C-OH CH_2OH 케토헥소스

3) 단당의 수

탄수화물은 구성된 단당의 수에 따라서도 분류되는데, 탄수화물을 구성하는 단당의 수가 1개이면 단당류(monosaccharide), 2개는 이당류(disaccharide), 2~8개는 소당류(oligosaccharide), 그 이상이면 다당류(polysaccharide)로 분류한다. 단당류는 산, 알칼리 및 효소 등에 의하여 더 이상 분해되지 않는 당으로 단순당(simple sugar)으로도 불린다. 자연계 중에는 탄소 수가 5~6개인 단당이 유리상태로 존재하며, 3~4탄당은 유리상태로는 거의 존재하지 않는다. 이당류는 단당의 수가 2개인 당들이며, 소당류의

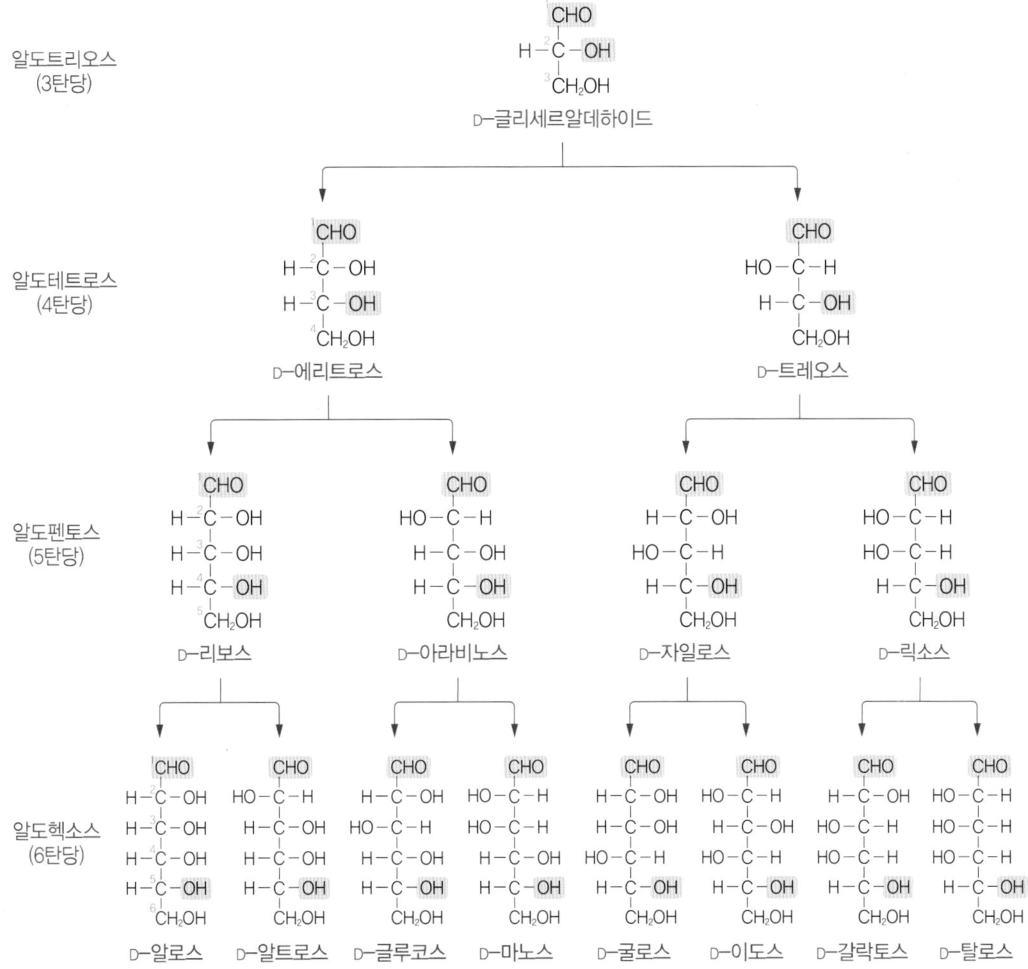

그림 2-2 알도스 계열 단당류의 피셔모형

자료 : 이주희 외(2010). 대사를 중심으로 한 생화학.

'oligo' 는 적다(few, 少)는 뜻의 그리스어에서 용어가 유래되었으며 단당류들의 글리코시드성 결합(glycosidic bond)에 의하여 형성된 2~8개 정도의 이당류를 포함한 단당류의 결합체를 의미한다. 혹자는 이당류와 소당류를 따로 구분하여 분류하기도 한다. 다당류의 'poly' 는 많다(many, 多)는 뜻으로 단당류가 20개 이상으로 이들이 직선(linear) 또는 가지구조(branch)를 형성하여 분자량이 높은 고분자 탄수화물을 의미한다.

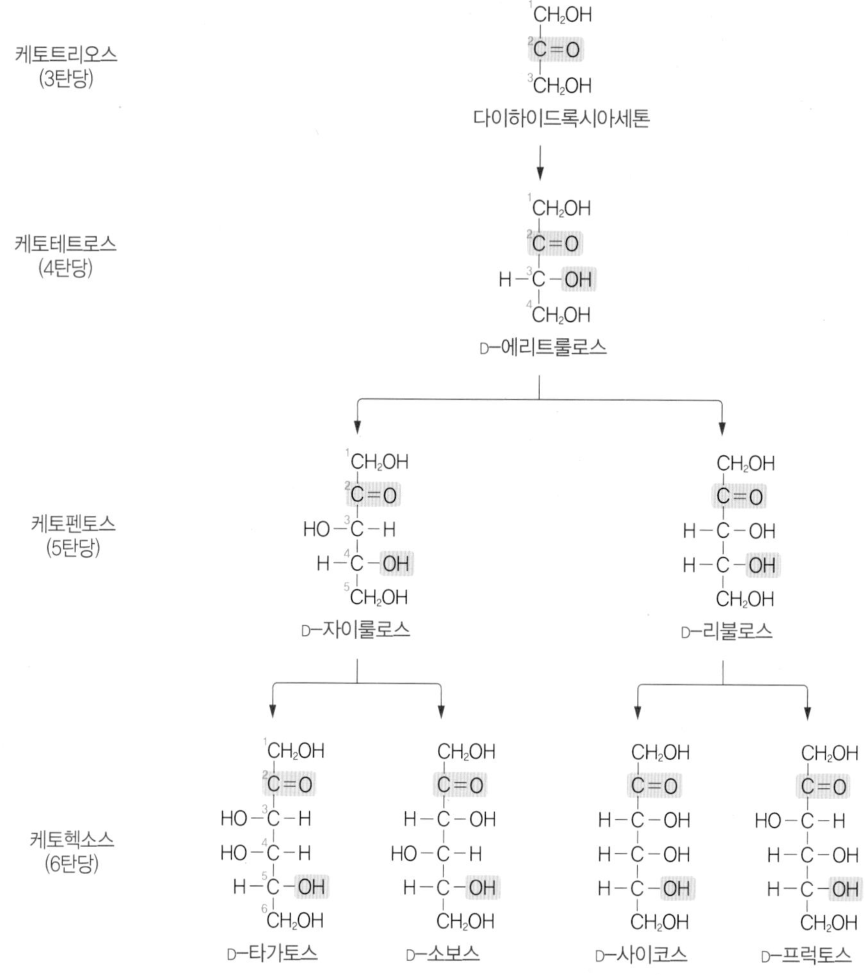

그림 2-3 케토스 계열 단당류의 피셔 모형

4) 소화 유무

고분자 형태의 탄수화물은 인체 내 효소에 의하여 저분자로 분해되어 흡수되어 에너지원으로 이용되거나 체내에 저장되는데 만일 섭취하는 탄수화물을 분해할 수 있는 효소가 존재하지 않을 경우 인체에서는 소화, 흡수가 안 된다. 이러한 탄수화물을 비소화성 탄수화물이라 한다.

표 2-2 탄수화물의 분류

구분				예
탄소 수	3	3탄당(triose)	$C_3H_6O_3$	글리세르알데하이드(glyceraldehyde), 다이하이드록시아세톤(dihydroxyacetone)
	4	4탄당(tetrose)	$C_4H_8O_4$	에리트로스(erythrose), 트레오스(threose)
	5	5탄당(pentose)	$C_5H_{10}O_5$	리보스(ribose), 데옥시리보스(deoxyribose), 자일로스(xylose), 아라비노스(arabinose)
	6	6탄당(hexose)	$C_6H_{12}O_6$	글루코스(glucose), 프럭토스(fructose), 갈락토스(galactose), 마노스(mannose)
카보닐기의 종류	알도스(aldose)		$R-C(=O)-H$	알데하이드기를 갖는 탄수화물 리보스(ribose), 글루코스(glucose), 갈락토스(galactose), 마노스(mannose)
	케토스(ketose)		$R-C(=O)-R'$	케톤기를 갖는 탄수화물 리불로스(ribulose), 프럭토스(fructose), 자일로스(xylose), 타가토스(tagatose)
구성당의 수	단당류(monosaccharide)			글루코스(glucose), 프럭토스(fructose), 리보스(ribose) 등
	이당류(disaccharide)			수크로스(sucrose), 락토스(lactose), 말토스(maltose), 셀로비오스(cellobiose) 등
	소당류(oligosaccharide)			라피노스(raffinose), 멜레아토스(melleatose), 스타키오스(stachyose) 등
	다당류(polysaccharide)			전분(starch), 덱스트린(dextrin), 글리코젠(glycogen) 등
인체 내 소화 여부	소화성(digestible carbohydrate)			인체 내 효소에 의해 소화, 흡수됨 전분(starch), 글리코젠(glycogen) 등
	비소화성(non-digestible carbohydrate)			인체 내 분해효소가 없어 소화, 흡수 안 됨 식이섬유(dietary fiber), 이눌린(inulin), 펙틴(pectin), 한천(agar) 등

자료: 이주희 외(2010). 대사를 중심으로 한 생화학.

4 이성질체

1) 부제탄소

탄소원자는 4개의 결합손을 갖는데 4개의 결합손에 서로 다른 원자나 원자단이 결합한 탄소를 부제탄소(chiral carbon)라 한다. 부제탄소에 의하여 유기화합물들은 여러 가지 이성질체를 형성하게 된다. 이성질체의 사전적 의미는 분자식은 같으나 구조식이 다른 물질간의 관계를 나타내는 말로 분자 내의 연결방식이 차이가 나는 구조이성질체(constitutional isomer)와 공간상의 배열이 다른 입체이성질체(stereoisomer)로 구분한다. 부제탄소를 지닌 유기화합물은 그 분자식이 같더라도 구조, 형태 및 특성이 매우 다양하게 나타나게 된다. 일반적으로 부제탄소의 수가 n개이면 존재하는 이성질체의 수는 2^n개가 된다.

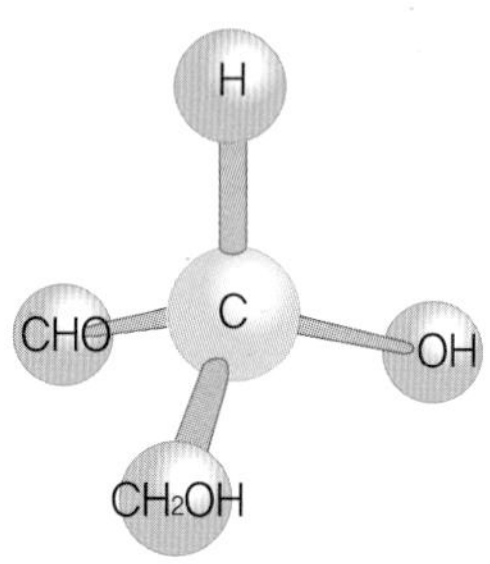

그림 2-4 탄소의 결합손

2) 거울상입체이성질체

입체이성질체 가운데 마치 그림자처럼 거울을 맞대고 있는 형태를 보이는 이성질체가 존재할 수 있는데 이들 이성질체 사이의 관계를 거울상입체이성질체(enantiomer)라 한다. 거울상 입체이성질체의 가장 큰 특징은 거울을 중심으로 두 이성질체를 포갰을 때 그 모양이 정확히 일치하게 된다.

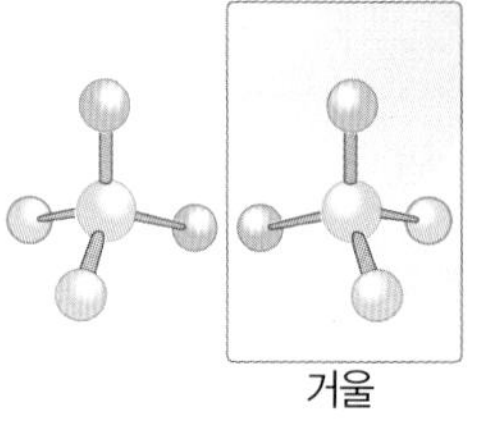

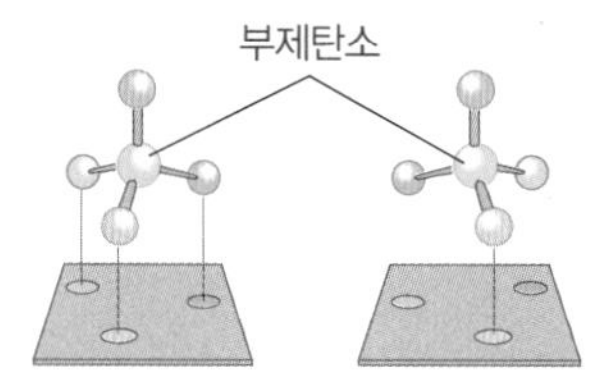

그림 2-5 거울상입체이성질체

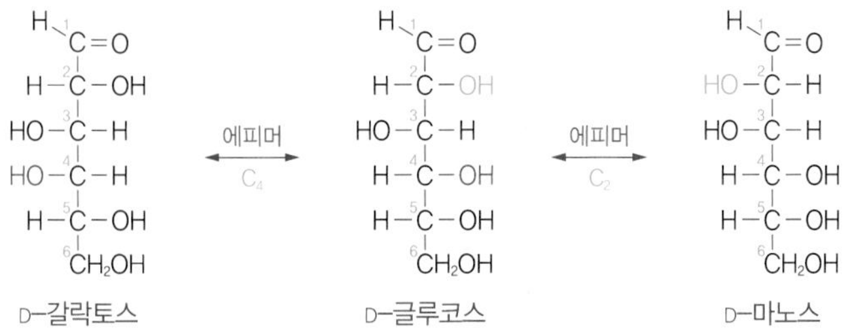

D-갈락토스 ← 에피머 C_4 → D-글루코스 ← 에피머 C_2 → D-마노스

그림 2-6 에피머

3) 부분입체이성질체

2개 이상의 부제탄소가 존재하는 유기화합물의 경우 거울상이 아닌 이성질체가 존재하는데 이러한 이성질체는 부분입체이성질체(diastereomer)라 부른다. 탄소수가 4개 이상인 탄수화물은 대부분이 부제탄소를 2개 이상 지니고 있기 때문에 부분입체이성질체를 형성한다. 거울상입체이성질체의 경우 부제탄소에 결합한 특정 작용기의 위치가 오른쪽이면 'D(dextro, 오른쪽)'형과 왼쪽이면 'L(levo, 왼쪽)'형으로 구분하며, 부분입체이성질체의 경우는 알데하이드기나 케톤기에서 가장 멀리 떨어진 탄소에 결합되어 있는 –OH기의 위치에 따라 'D'형과 'L'형이 결정된다. 식품화학에서 다루고 있는 중요한 부분입체이성질체 중 하나인 에피머(epimer)는 부제탄소에 붙어 있는 원자나 원자단의 위치가 단 하나만 다른 이성질체를 의미한다. 에피머의 가장 대표적인 경우가 갈락토스–글루코스, 글루코스–마노스가 그 예이다.

4) 광학이성질체

광학이성질체는 부제탄소를 갖는 물질의 수용액은 편광을 쪼이게 되면 일정한 방향으로 편광을 회전시키려는 광학적 성질을 갖고 있다. 이러한 성질은 온도, 압력, pH 등 여러 가지 요인에 따라 달라진다. 광학적 성질은 이성질체마다 편광의 회전 방향이나 각도가 서로 달리 나타나기 때문에 특정 물질을 구분하는 중요한 척도로 사용되기도 한다. 편광을 비췄을 때 편광 빛을 오른쪽으로 회전시키는 것을 우선성이라 하여

(+)로 표시하며, 왼쪽으로 회전시키는 것는 좌선성 (−)로 표시한다. 예를 들어, D-(+)-glucose로 표기된 물질이라면 이는 곧 작용기의 위치는 오른쪽이고 수용액은 편광을 오른쪽으로 회전시킨다는 것을 의미하는 것이다.

광학적 이성질체는 각각 고유한 비선광도(specific rotation)를 갖는데 비선광도란 편광을 회전시키는 정도, 즉 편광이 꺾이는 각도(rotation angle, °)를 의미한다. 만일 우선성(+)의 물질과 좌선성(−)의 물질이 서로 혼합되어 있어 편광을 비췄을 때 회전이 없이 직진하는 것처럼 보이는데 이러한 우선성과 좌선성 물질의 동량 혼합물을 라세미체(racemic compound)라 한다.

또한 당류는 수용액 중에서 시간의 경과에 따라 선광도가 변하는데 이를 변선광(mutarotation)이라 한다. 변선광이 발생하는 원인은 고리구조의 당이 수용액중에서는 여러 가지형태의 고리구조의 이성체로 변하기 때문이다.

선 광

선광(rotation of light)이란 편광의 빛이 당의 수용액상에서 일정한 방향으로 회전되는 성질을 말함

비선광도의 측정

선광은 여러 가지 요인에 의하여 변하기 때문에 상대적인 비교를 위해 일정한 조건(대개 20℃)하에서 실험을 하게 됨. 즉, 측정물질 100 g을 100 mL의 용액에 녹인 다음 1 dm의 측정관에 넣은 후 소듐 방전관에서 나오는 편광을 이용, 편광의 회전방향과 각도를 측정함. 물질의 비선광도는 $[\alpha]_D^{20}$=+112°로 표현함. 여기서, 20은 측정온도(℃), D는 방전관에서 나오는 편광의 종류, +는 우선성, 112는 회전각도를 의미함

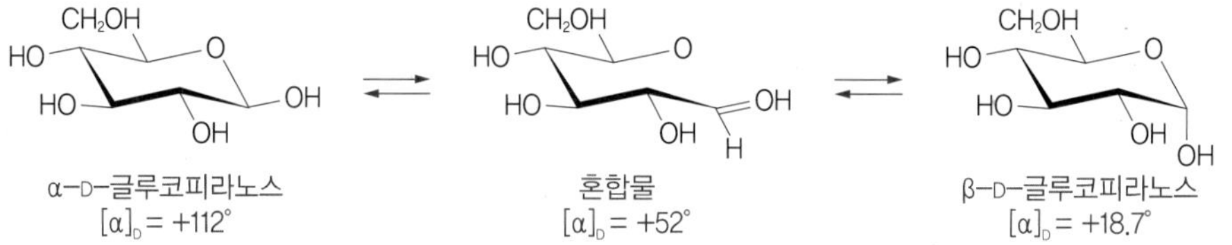

CH_2OH HO O HO OH OH ⇌ CH_2OH HO O HO OH OH H ⇌ CH_2OH HO O HO OH OH

α-D-글루코피라노스 $[\alpha]_D$ = +112°

혼합물 $[\alpha]_D$ = +52°

β-D-글루코피라노스 $[\alpha]_D$ = +18.7°

그림 2-7 글루코스의 비선광도

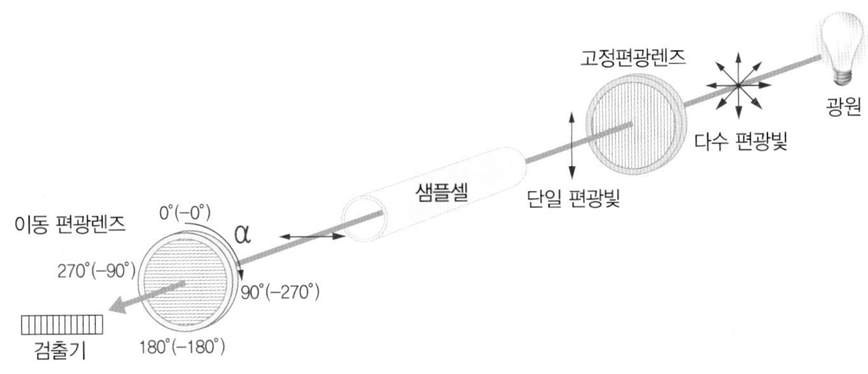

그림 2-8 편광계를 이용한 비선광도 측정

5 당류의 특성

1) 구조

단당류의 구조는 피셔모형, 하워스모형, 의자, 보트, 꼬인 보트 및 반의자 등의 모형으로 표현할 수 있다. 피셔모형은 탄소의 결합을 사슬구조(chain)로 표현하여 앞에서 설명한 부분입체이성질체 중 'D'와 'L'형을 설명하기 쉬운 장점이 있으나 단당류의 고리 형성을 표현하지 못하는 단점을 지녔다. 반면, 하워스 모형은 단당류의 고리구조 형성과정과 당류의 α, β의 아노머(anomer) 관계를 표현하기에 적합한 모형이라 하겠다. 의자 모형은 단당류의 구조를 3차원적 입체구조로 표현하기에 적합한 모형으로 간단히 설명할 수 있다.

탄수화물에서 아노머 탄소(anomeric carbon)는 단당류의 고리구조 형성과 관계가 있는 탄소로 사슬구조에서는 부제탄소가 아니었던 탄소가 고리구조를 형성하는 과정에서 부제탄소로 변한 탄소를 말한다. 이 아노머 탄소에 결합한 −OH기는 다른 탄소에 결합된 −OH에 비해 반응성이 매우 강한 특징을 갖게 된다. 당류에 비당물질이 결합한 배당체의 경우 비당물질인 아글리콘의 결합부위는 주로 아노머 탄소의 −OH기에 결합되는 경우가 많다. 탄수화물에서는 아노머 탄소에 결합되어 있는 −OH기를 글리코시드성 −OH기라 하고 결합된 −OH기의 방향이 아래 방향이면 'α', 위 방향이면 'β'로 표기한다.

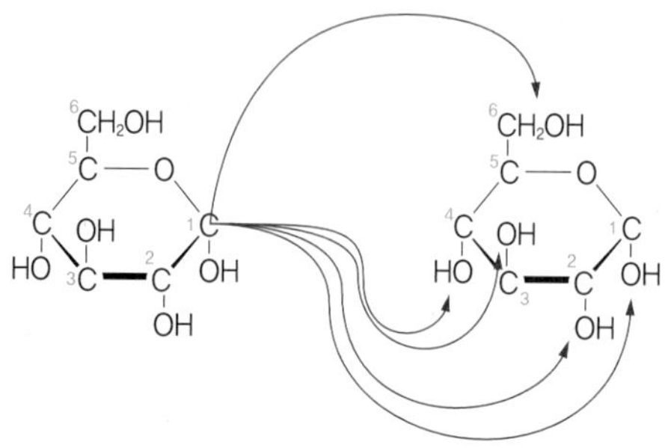

그림 2-9 글루코스의 글리코시드성 결합

헤미아세탈(hemiacetal)

알데하이드기(–CHO)와 알코올(–OH)이 반응하여 생성된 물질

헤미케탈(hemiketal)

케톤기(=CO)와 알코올(–OH)이 반응하여 생성된 물질

피셔 모형(Fisher projection)

단당류의 탄소를 사슬형태(acylic form)로 표현한 것으로 D와 L의 거울상입체이성질체의 형태를 표현하기에 적합함

하워스 모형(Haworth projection)

단당류의 탄소를 고리구조(cyclic form)의 형태를 평면적으로 표현한 것으로 굵은 선은 지면의 위, 수직의 선은 평면의 위 또는 아래를 의미함. α 또는 β의 아노머 형태를 표현하기에 적합함

R–C(H)=O + R'ÖH → R–C(H)(OH)–OR' —(HO–R")→ R–C(H)(OR")–OR'

알데하이드 알코올 헤미아세탈 아세탈

R–C(R)=O + R'ÖH → R–C(R)(OH)–OR' —(HO–R")→ R–C(R)(OR")–OR'

케톤 알코올 헤미케탈 케탈

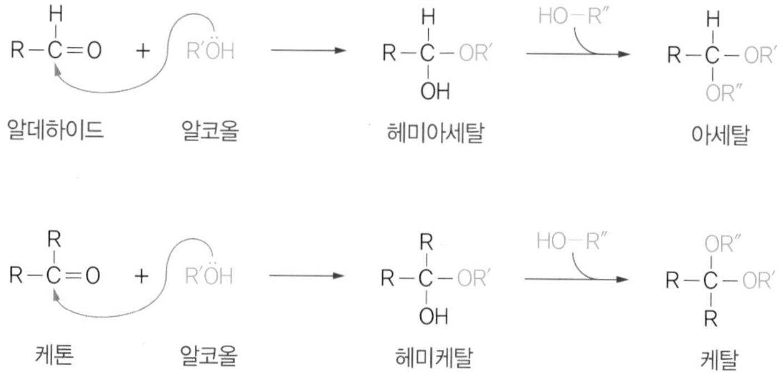

그림 2-10 헤미아세탈과 헤미케탈의 생성과정

2) 고리 형성

단당류가 포함하고 있는 알데하이드기나 케톤기는 탄소원자와 산소원자가 이중결합을 형성하는 매우 불안정한 구조를 형성하고 있어 알코올(R−OH)이나 다른 작용기의 공격을 받기 쉬운 구조를 이루고 있다. 만일 같은 분자 내에 −OH기가 존재한다면 알데히드기의 경우는 헤미아세탈(hemicaetal), 케톤기의 경우는 헤미케탈(hemiketal) 결합을 형성, 안정한 화합물로 변환된다. 그 결과 고리구조 일부에 산소가 포함된 탄수화물인 5각형의 퓨라노스(furanose), 6각형의 피라노스의 고리모양을 형성하게 된다. 단당류의 고리 형성은 정해진 하나의 형태로만 이루어지는게 아니라 여러 가지 형태를 띄며 수용액 중에서는 광학활성 또한 변하게 되는데 이를 변광회전(mutarotation)이라 한다.

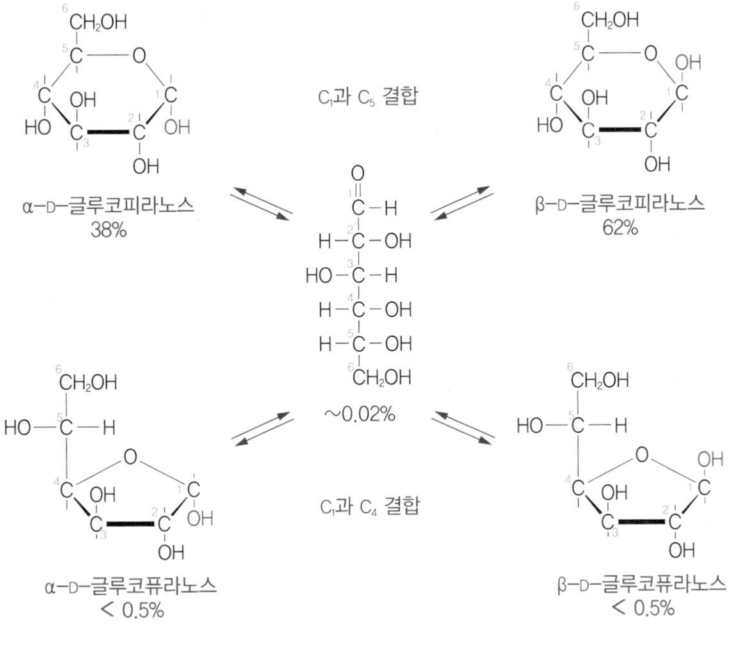

그림 2-11 D-글루코스의 고리구조

피란과 퓨란

피란(pyran, ⬡)은 5개의 탄소원자와 1개의 산소원자가 6각형의 고리를 이룬 유기화합물이고, 퓨란(furan, ⬠)은 4개의 탄소원자와 1개의 산소원자가 5각형의 고리를 이룬 유기화합물임

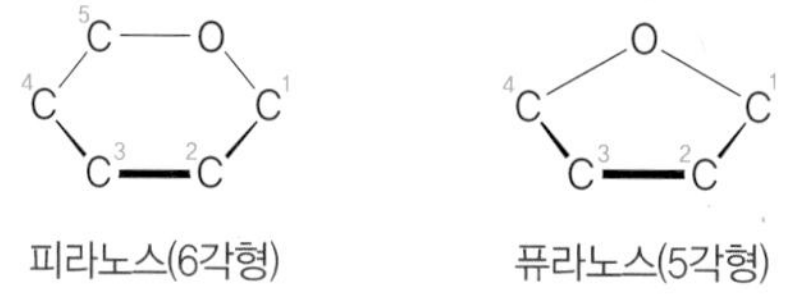

피라노스(6각형) 퓨라노스(5각형)

그림 2-12 피라노스와 퓨라노스

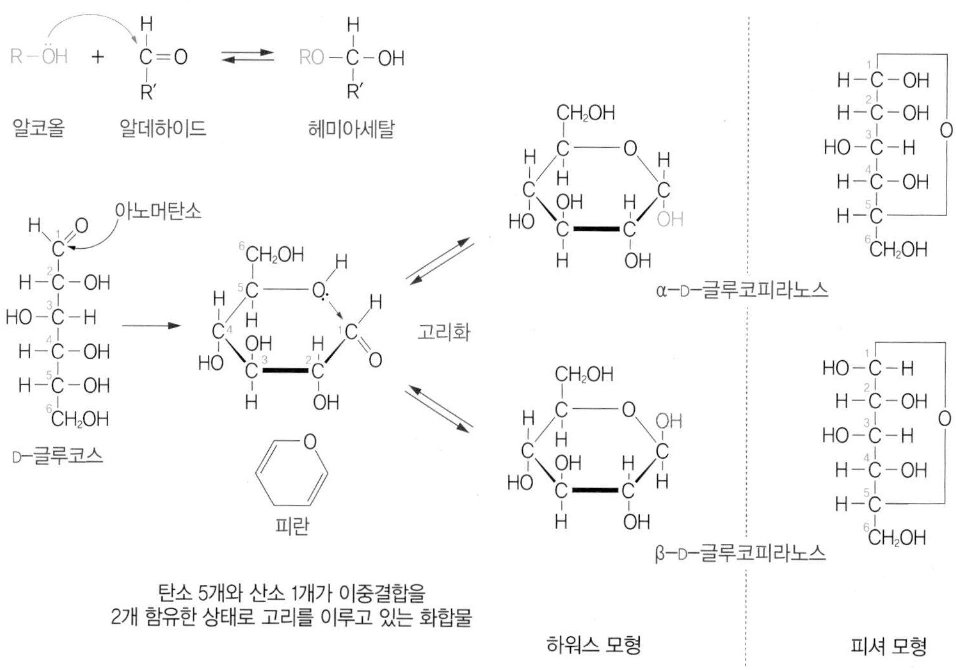

그림 2-13 피라노스의 형성과정과 하워스 및 피셔 모형

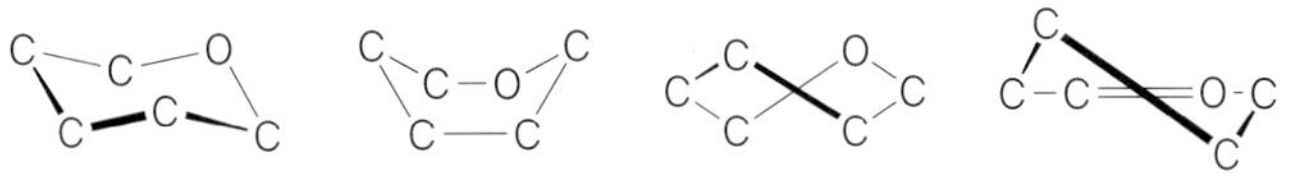

의자 보트 꼬인 보트 반 의자

그림 2-14 피라노스의 입체배열

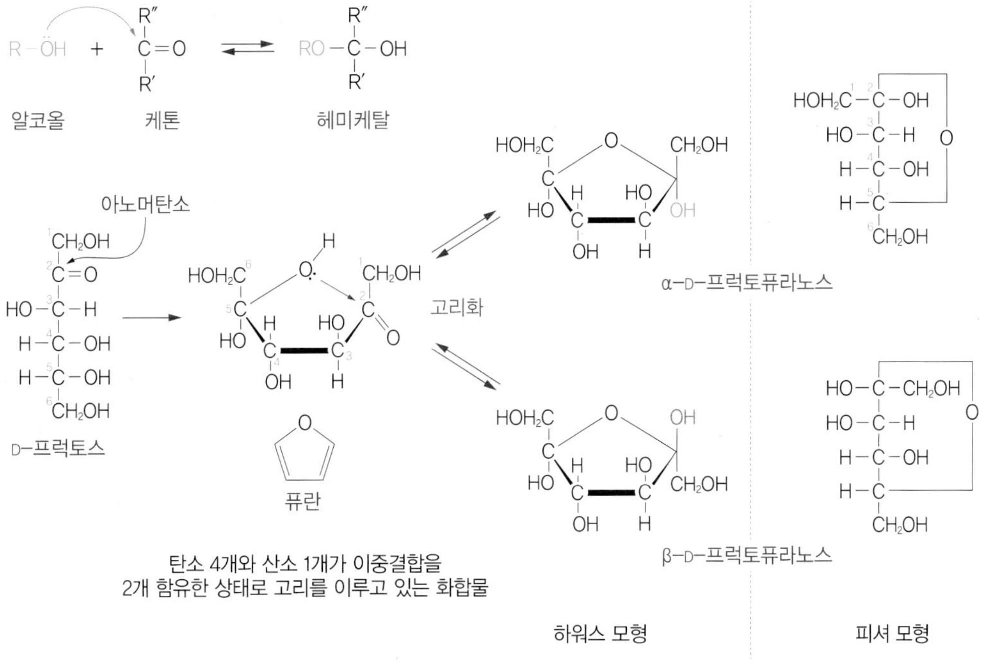

알코올 케톤 헤미케탈

아노머탄소

D-프럭토스

퓨란

탄소 4개와 산소 1개가 이중결합을 2개 함유한 상태로 고리를 이루고 있는 화합물

고리화

α-D-프럭토퓨라노스

β-D-프럭토퓨라노스

하워스 모형 피셔 모형

그림 2-15 퓨라노스의 형성과정과 하워스 및 피셔 모형

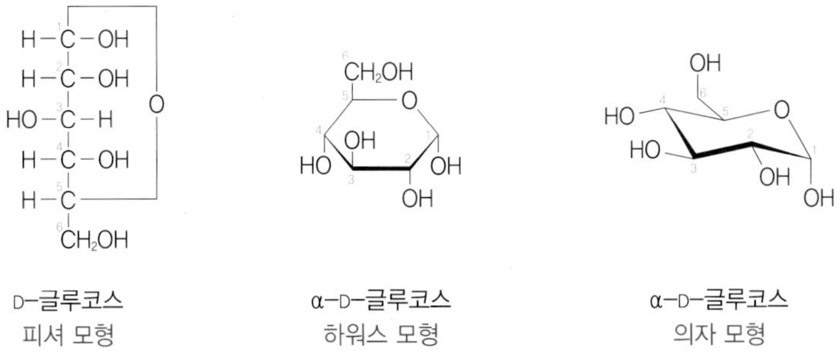

D-글루코스 피셔 모형

α-D-글루코스 하워스 모형

α-D-글루코스 의자 모형

그림 2-16 D-글루코스의 피셔, 하워스 및 의자 모형

3) 글리코시드성 결합

단당류는 반응성이 강한 글리코시드성 −OH기를 갖고 있어 다른 단당류가 갖는 글리코시드성 −OH기 또는 비글리코시드성 −OH기와 결합을 형성할 수 있는데 이러한 −OH기 사이의 결합을 글리코시드성 결합(glycosidic bond)이라 한다. 이 과정에서 물 분자 하나가 빠져 나오면서 중합되며 이로써 이당류, 소당류, 다당류를 이루게 되므로 탄수화물을 지탱하는 가장 주된 결합을 글리코시드성 결합이라 할 수 있겠다. 만일 글리코시드성 결합이 종료된 시점에서 아노머 탄소에 붙어 있는 −OH기(글리코시드성 −OH기)가 당 분자 내에 존재한다면 이를 환원당(reducing sugar)이라 하며, 존재하지 않는다면 비환원당(non-reducing sugar)이라 한다. 단당류는 모두 환원당이며, 수크로스와 트레할로스를 제외한 이당류는 모두 환원당이다. 수크로스와 트레할로스는 두 개의 단당이 중합되는 과정에서 반응성이 강한 글리코시드성 −OH기가 사용되어 더 이상 글리코시드성 −OH기가 존재하지 않기 때문에 비환원당인 것이다.

4) 환원당의 반응

환원당은 글리코시드성 −OH기를 지닌 반응성이 매우 강한 당으로 알칼리 상태에서 자신은 산화하고 다른 물질은 환원시키려는 성질을 나타내게 된다. 환원당의 함유 여부는 펠링(Fehling, Cu^{2+}, 적갈색 침전), 베네딕트(Benedict, Cu^{2+}, 녹갈색~황적색 침전) 및 은경(Tollen, Ag^{+}, 은침전) 반응 등을 통해 확인할 수 있다.

5) 당유도체

단당류 유도체는 산화, 환원 또는 치환반응 등에 의하여 그 구조가 변한 단당류를 말하는 것으로 당알코올, 데옥시당, 싸이오당, 아미노당, 알돈산 우론산 및 당산 등이 당유도체에 해당된다. 대부분의 당유도체는 당알코올은 -ol, 아미노당은 -amine, 알돈산은 -onic acid, 우론산은 -uronic acid, 당산은 -ic acid를 변화된 당의 접미사로 사용하여 명명하고, 데옥시당은 deoxy-, 싸이오당은 thio- 를 접두사로 사용하여 명명하기 때문에 당유도체의 명칭만으로도 그 구조를 짐작할 수 있다.

표 2-3 당유도체의 종류 및 특징

종 류	특 징	변 화	
당알코올	당류의 알데하이드기가 환원되어 알코올로 변함	CHO → CH_2OH	환원형
데옥시당	단당류에서 산소 하나가 제거됨	OH → H	
아미노당	알코올기가 아미노기로 치환됨	OH → NH_2	치환형
싸이오당	알코올기가 싸이오기로 치환됨	OH → SH	
알돈산	알데하이드기가 카복실기로 변함	CHO → COOH	산화형
우론산	알코올기가 카복실기로 변함	CH_2OH → COOH	
당산	알데하이드기 및 알코올기가 모두 카복실기로 변함	CHO → COOH CH_2OH → COOH	

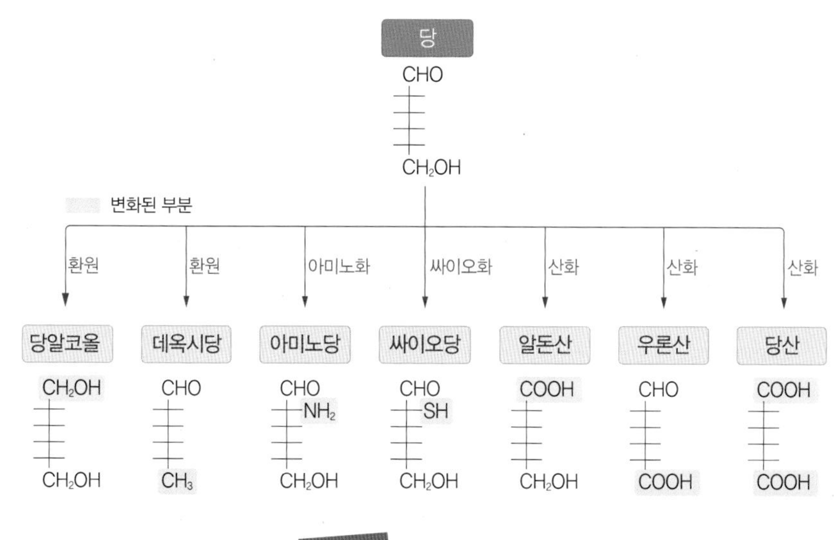

그림 2-17 당유도체의 종류

① 당알코올

당알코올(sugar alcohol)은 단당류의 알데하이드기(−CHO)가 환원되어 알코올(CH_2OH)이 된 구조를 갖는 환원형의 당으로 알디트(aldit) 또는 알디톨(alditol)이라고도 한다. 주로 저칼로리 감미료나 식품 소재로 이용되는 당이다. 당알코올의 명칭은 대개 당의 어미 -오스(-ose)를 -이톨(-itol)로 바꾸어 명명한다. 당알코올은 대개 약 3.0~2.0 kcal/g의 열량을 내어 수크로스에 비해 열량이 낮다. 대부분의 당알코올은 물에 잘 녹으나 소비톨이나 자일리톨은 수크로스에 비해 용해도가 낮아 입 안에서 용해 시 청량감을 준다. 당알코올은 열에 대한 저항성이 강해 식품의 가공 시 갈변반응이 잘 일어나지 않는 특징을 지니고 있어 식품가공에서도 주요한 소재로 사용되고 있다.

표 2-4 당알코올의 종류 및 분포

구분		당류	당알코올	분포
단당류	삼탄당	−	글리세롤	지질성분, 발효식품
	사탄당	에리트로스	에리스리톨	조류, 이끼에 존재
	오탄당	리보스 자일로스 아라비노스	리비톨 자일리톨 아라비톨	식물체 채소류 식물체, 이끼와 양송이류
	육탄당	갈락토스 글루코스 프럭토스 마노스	갈락티톨 소비톨 소비톨/이노시톨 만니톨	홍조류 배, 사과, 복숭아, 살구 등 김치, 김 해조류, 마나나무
이당류		팔라티노스 말토스 락토스	팔라티니트 말티톨 락티톨	
삼당류		말토트리오스	말토트리톨	

자료: 황인경(2001). 식물성 식품의 기능성 물질에 대한 연구동향.

표 2-5 당알코올의 종류 및 특성

종 류	구조식	특 성
에리트리톨 (erythritol)	CH_2OH H–C–OH H–C–OH CH_2OH	■ 저칼로리 감미료로 이용됨 ■ 주로 조류, 이끼에 존재함 ■ 내열성이 높으며 흡습성이 낮아 쉽게 결정을 형성함
자일리톨 (xylitol)	CH_2OH H–C–OH HO–C–H H–C–OH CH_2OH	■ 자일로스가 환원된 것임 ■ 충치 예방에 효과적임 ■ 저칼로리로 무설탕 껌이나 저열량 감미료로 사용됨 ■ 주로 채소류에 존재함
리비톨 (ribitol)	CH_2OH H–C–OH H–C–OH H–C–OH CH_2OH	■ 리보스의 당알코올임 ■ 비타민 B_2(riboflavin)의 구성성분임 ■ 주로 식물체에 존재함
소비톨 (sorbitol)	CH_2OH H–C–OH HO–C–H H–C–OH H–C–OH CH_2OH	■ 자연계에 널리 분포함 ■ 글루코스의 당알코올임 ■ 인공 감미료나 비타민 C(ascorbic acid)의 합성원료로 쓰임 ■ 배, 사과, 복숭아, 살구 등의 과일이나 해조류에 존재함
마니톨 (mannitol)	CH_2OH H–C–OH H–C–OH HO–C–H HO–C–H CH_2OH	■ 마노스의 당알코올임 ■ 버섯, 균류, 김치, 김, 해조류, 만나나무(만나꿀) 등에 존재함 ■ 곶감, 미역, 고구마의 흰가루 성분임 ■ 단맛이 강하나 체내에서는 소화 · 흡수되지 않아 당뇨병 환자의 감미료로 쓰임
둘시톨 (dulcitol)	CH_2OH H–C–OH HO–C–H H–C–OH HO–C–H CH_2OH	■ 갈락토스의 당알코올임 ■ 독성이 있어 식품첨가물로는 이용되지 않음
말티톨 (maltitol)	CH_2OH, O, OH, HO, OH (고리) CH_2OH OH–C–H –O–C–H H–C–OH OH–C–H CH_2OH	■ 말토스의 당알코올임 ■ 천연에서는 발견되지 않음 ■ 에너지 이용률은 매우 낮음 ■ 저열량 감미료 또는 보습제로 사용됨
이노시톨 (inositol)	OH, OH, OH, OH, OH, OH (고리)	■ 식물 중에는 두류와 과일, 동물의 근육, 뇌, 내장 등에 존재하여 근육당(muscle sugar)이라고도 함 ■ 이노시트라고도 하며 많은 미생물의 생육에 필요한 필수물질(growth factor)로 작용함 ■ 환상구조를 갖는 당알코올임

② 데옥시당

당의 −OH기 1개가 H로 된 환원형의 당으로 DNA를 구성하는 데옥시리보스(deoxyribose)가 가장 대표적인 데옥시당(deoxy sugar)으로 탄소의 수보다 산소의 수가 1개 적은 특징을 가지고 있다.

표 2-6 데옥시당의 종류 및 특성

종 류	구조식	특 성
데옥시리보스 (deoxyribose)	CHO CH_2 H−C−OH H−C−OH CH_2OH	■ 리보스의 데옥시당임 ■ 리보스의 C_2의 산소가 제거된 구조임 ■ DNA(deoxyribonucleic acid)의 구성성분임 ■ 동 · 식물의 세포핵에 존재함
람노스 (rhamnose)	O=C−H OH−C−H OH−C−H H−C−OH H−C−OH CH_3	■ 마노스의 데옥시당임 ■ C_6의 산소가 제거된 구조임 ■ 단맛이 강하며 식물계의 색소성분에 존재함
푸코스 (fucose)	O=C−H H−C−OH OH−C−H OH−C−H H−C−OH CH_3	■ 갈락토스의 데옥시당임 ■ C_6의 산소가 제거된 구조임 ■ 갈조류의 다당류인 푸칸(fucan)의 구성성분으로 세포막 또는 껍질에 존재하며 단맛은 거의 없음

데옥시(deoxy−)

화합물 중 산소원자 하나가 제거되었다는 의미임

- 'de−'는 '탈'의 의미로 제거를 나타내며 'oxy−'는 산소를 의미함
- 'di−'는 그리스어 접두사로 숫자 2를 의미함

③ 아미노당과 싸이오당

아미노당(amino sugar)은 당의 수산기(−OH)가 아미노기(−NH_2)로 치환된 당으로, 아미노당을 함유한 다당류를 뮤코다당(muco polysaccharide)이라 한다. 주로 동물의 결합 조직에서 그 함량이 높고 생리활성물질의 구성성분이 되기도 한다.

싸이오당(thio sugar)은 유황당이라고도 하며 당의 수산기(−OH)가 싸이올기(−SH)로 치환된 당으로 주로 매운맛을 내는 무, 마늘, 고추냉이 등의 구성성분이다. 대표적인 싸이오당은 C_2의 수산기(−OH)가 싸이올(−SH, thiol)기로 치환된 싸이오글루코스(thioglucose)가 가장 대표적인 싸이오당이다.

표 2-7 아미노당과 싸이오당의 종류 및 특성

종 류		구조식	특 성
아미노당 (amino sugar)	글루코사민 또는 키토산 (glucosamine, chitosan)	CH_2OH, O, OH, OH, OH, NH_2	■ 글루코스의 아미노당임 ■ 새우, 게 등의 갑각류(절지동물) 껍질의 주성분임 ■ 무코다당, 당단백질, 당지질, 세균세포벽의 구성성분임
	갈락토사민 (galactosamine)	CH_2OH, OH, O, OH, OH, NH_2	■ 갈락토스의 아미노당임 ■ 연골이나 힘줄 등에 존재하며 점액다당(뮤코다당), 콘드로이틴(chondroitin) 황산의 구성성분이기도 함
싸이오당 (thio sugar)	싸이오글루코스 (thioglucose)	CH_2OH, O, SH, OH, OH, OH	■ −OH가 −SH로 치환된 것임 ■ 무, 마늘, 고추냉이의 매운맛 성분인 시니그린(sinigrin)의 구성당임

④ 알돈산, 우론산 및 당산

알돈산(aldonic acid)은 당의 알데하이드기가 카복실기(−COOH)로 산화된 당으로 글루코스가 산화된 글루콘산(gluconic acid)이 대표적인 알돈산이다. 우론산(uronic acid)은 당류의 수산기(−OH)가 카복실기로 산화, 치환된 당이고, 당산(saccharic acid)은 당의 알데하이드기(−CHO)와 수산기가 카복실기로 치환된 산화형 당유도체이다.

표 2-8 알돈산, 우론산 및 당산의 구조 및 특성

종 류		구조식	특 성
알돈산 (aldonic acid)	글루콘산 (gluconic acid)	1 COOH H–2C–OH OH–3C–H H–4C–OH H–5C–OH 6 CH_2OH	■ 글루코스의 C_1의 알데하이드가 카복실기로 산화된 것임 ■ 곰팡이나 세균에 존재함
우론산 (uronic acid)	글루쿠론산 (glucuronic acid)	H, O 1C H–2C–OH OH–3C–H H–4C–OH H–5C–OH 6 COOH	■ 글루코스 C_6의 수산기가 카복실기로 산화된 것임 ■ 헤파린, 콘드로이틴, 히아루론산 등의 성분이며 동물체 내에서 해독작용을 함
	마누론산 (mannuronic acid)	COOH, O, OH, OH HO, HO	■ 마노스가 산화된 것임 ■ 갈조류의 다당인 알긴산의 구성 성분임
	갈락투론산 (galacturonic acid)	COOH, OH, O, OH, OH, OH	■ 갈락토스가 산화된 것임 ■ 펙틴의 기본구성 단위임
당산 (saccharic acid)	글루코스산 (glucosaccharic acid, glucaric acid)	1 COOH H–2C–OH OH–3C–H H–4C–OH H–5C–OH 6 COOH	■ 글루코스의 당산임 ■ 인도 고무나무에 존재함 ■ 수용성임
	갈락토스산 (galactaric acid)	1 COOH H–2C–OH OH–3C–H OH–4C–H H–5C–OH 6 COOH	■ 갈락토스의 당산임 ■ 불용성임

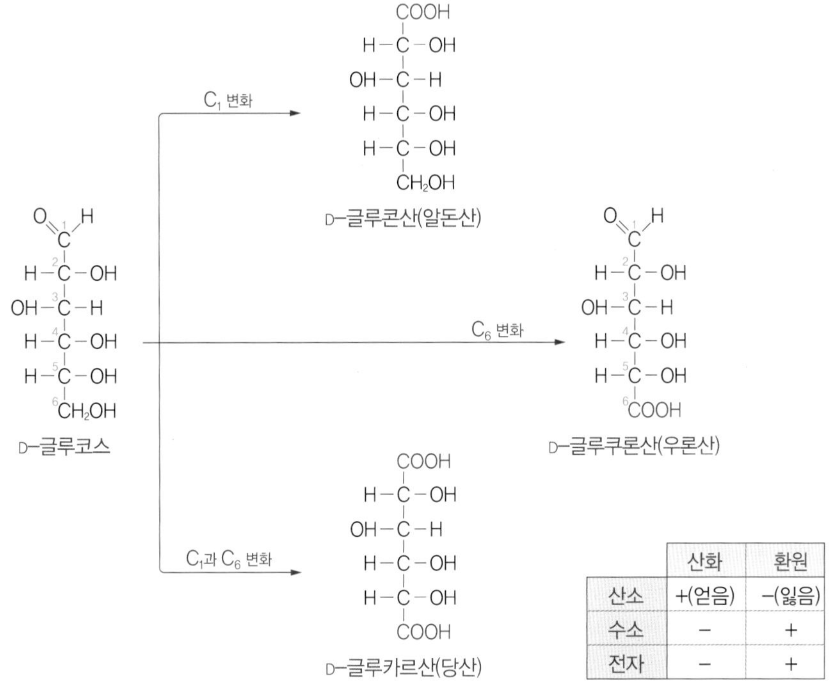

	산화	환원
산소	+(얻음)	–(잃음)
수소	–	+
전자	–	+

그림 2-18 글루코스의 카복실산

6) 배당체

배당체는 글리코시드(glycoside)라고 하며 식물에는 주로 색소물질, 동물에는 뇌지질에 포함되어 있는 세레브로시드(cerebroside)가 주된 배당체로 알려져 있다. 분자 내 구조가 변하여 형성된 것이 아닌 당에 아글리콘(aglycon)이라 불리는 비당물질이 결합한 것으로 다른 당유도체와는 다소 차이가 있다. 비당 부분이 결합하는 위치는 주로 반응성이 상대적으로 강한 아노머탄소의 –OH기에 결합하는 경우가 많다. 배당체는 인체 내에서 당의 저장 수단, 해독, 삼투압 조절, 대사에 필요한 물질의 공급 등의 역할을 하며 식품 중에서 색, 맛 등을 나타내는 기능성 식품 소재로도 사용되고 있다.

표 2-9 각종 배당체의 구성 및 구조

분 류	구성			함유식품 및 특징
	결합당	비당(aglycon)	구 조	
솔라닌 (solanine)	글루코스+ 갈락토스+ 람노스	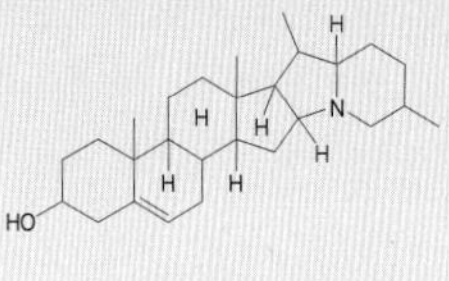 솔라니딘(solanidine)	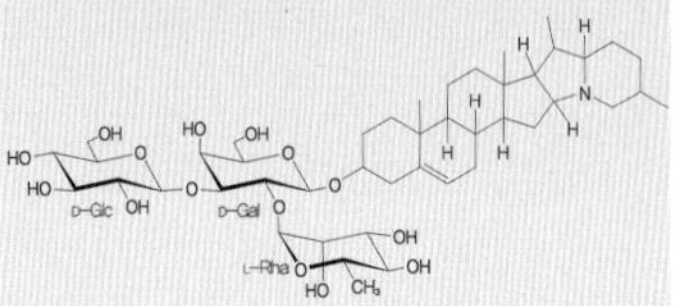 D-Glc, D-Gal, L-Rha	■ 싹튼 감자나 토마토 등에 함유되어 있음 ■ 알카로이드 배당체임
안토시아닌 (anthocyanin)	글루코스, 갈락토스, 람노스	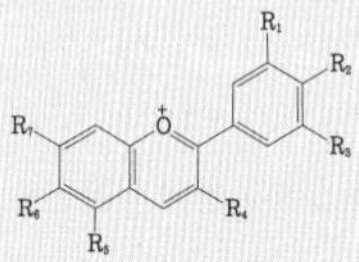 안토사이아니딘 (anthocyanidin)	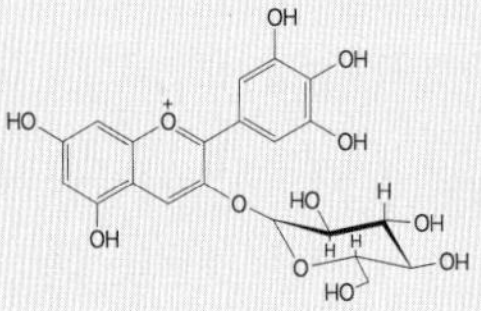	■ pH에 따라 색이 변하는 플라보노이드계 색소의 일종임 ■ 천연의 안토사이아니딘은 단 3종만 존재함 ■ 가지, 포도 등에 함유되어 있음
나린진 (naringin)	루티노스 (rutinose)	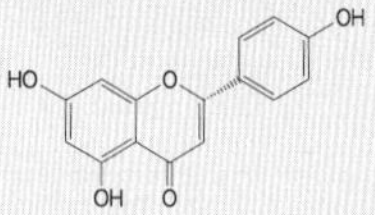 나린제닌(naringenin)	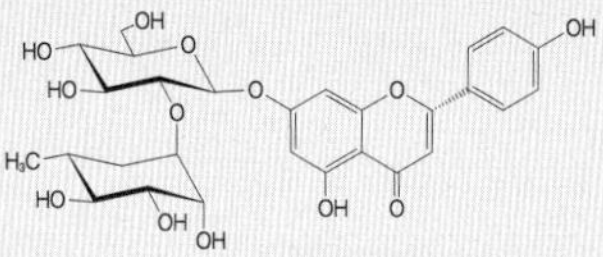	■ 루티노스에 나린제닌이 결합한 것임 ■ 밀감류 쓴맛의 원인물질 ■ 가수분해되면 쓴맛이 없어짐
헤스페리딘 (hesperidin)	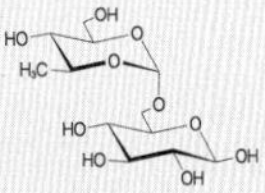	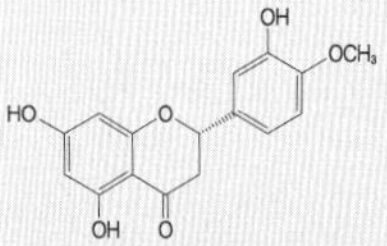 헤스퍼레틴(hesperetin)	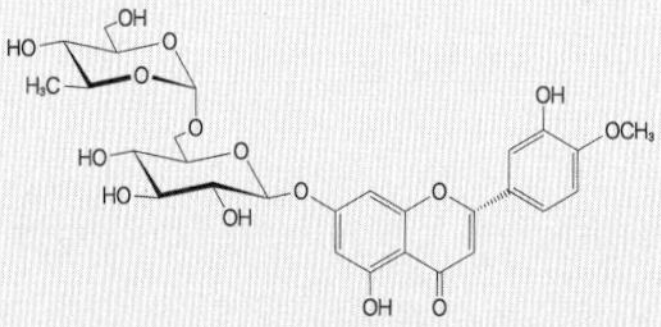	■ 루티노스에 헤스퍼레틴이 결합한 것임 ■ 플라보노이드계 색소 중 플라바논에 속하는 배당체임 ■ 밀감이나 레몬 음료의 백탁의 원인물질임
루틴 (rutin)		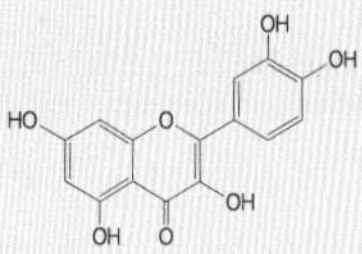 퀴세틴(quercetin)	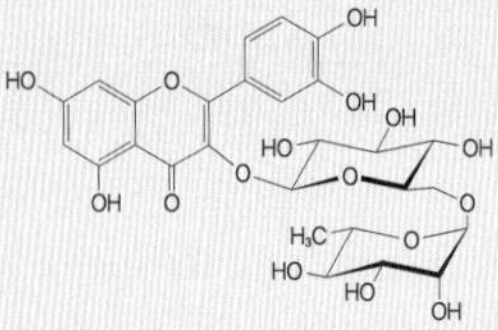	■ 루티노스에 퀴세틴이 결합한 것임 ■ 메밀에 주로 함유되어 있는 고혈압 예방성분임 ■ 플라보노이드 계통의 배당체로 천연에 많이 분포하고 있음 ■ 비타민 P로도 알려짐 ■ 건강식품이나 의약품의 원료로 이용되고 있음

6 단당류

천연에 존재하는 단당류(monosaccharide)는 물에 잘 녹는 결정형으로 6탄당인 글루코스와 프럭토스가 유리상태로 자연계에 가장 많이 존재한다. 단당류는 같은 종류의 당 또는 다른 종류의 당이 지닌 −OH기 사이의 글리코시드성 결합에 의하여 연결되어 글리코시드(glycoside)를 형성하여 이당류(disaccharide), 소당류(oligosaccharide), 다당류(polysaccharide)를 만든다. 단당류는 또한 당 이외의 물질과 결합하여 당유도체인 배당체(glycoside)를 형성하기도 한다. 앞서 언급한 바 있듯이 단당류는 탄소수에 따라 3~6탄당, 포함하는 작용기에 따라서는 알도스와 케토스로 구분한다.

1) 삼탄당

탄소수가 3개인 삼탄당(triose)은 자연계에는 존재하지 않으며 주로 합성에 의하여 만들어지며 세포 호흡에 중요한 역할을 하는 당이다. 대표적인 삼탄당으로는 케토스 계열의 다이하이드록시 아세톤(dihydroxyacetone), 알데하이드 계열의 글리세르알데하이드(glyceraldehyde)가 대표적인 삼탄당이다.

2) 사탄당

사탄당(tetrose)은 탄소수가 4개인 단당류이다. 자연계에서는 유리상태로 존재하지 않고 중간 대사 물질로써 소량 존재한다. 알도스 계열의 에리트로스(erythrose)와 트레오스(threose), 케토스 계열로는 에리트룰로스(erythrulose) 등이 있다.

3) 오탄당

오탄당(pentose)은 탄소수가 5개인 단당으로 가장 대표적인 것은 동·식물의 세포에 주로 존재하고 핵산의 기본구성당인 리보스(ribose), 저열량의 감미료로 쓰이는 자일로스(xylose), 식물에 주로 함유되어 있으면서 펙틴이나 헤미셀룰로스의 구성성분

표 2-10 오탄당의 종류 및 성질

종 류	구조식			특성 및 소재
	쇄상구조(acyclic form)		고리구조(cyclic form)	
	D형	L형		
리보스 (ribose)	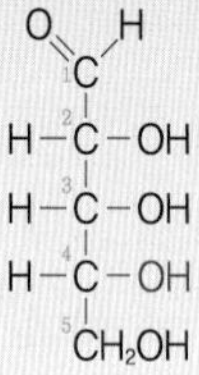 O H C H−C−OH H−C−OH H−C−OH CH_2OH	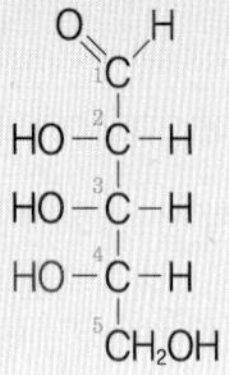 O H C HO−C−H HO−C−H HO−C−H CH_2OH	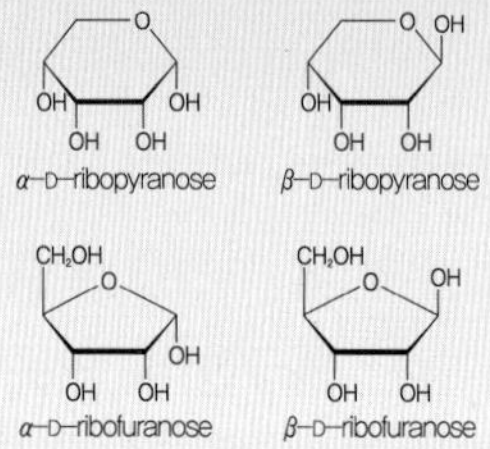 α-D-ribopyranose β-D-ribopyranose α-D-ribofuranose β-D-ribofuranose	■ 천연에 단독으로 존재하지 않음 ■ 핵산(RNA), ATP, 비타민 B_2, 조효소(NAD, NADP, FAD), 조미성분(IMP, GMP)의 구성성분임 ■ 인체 내에서는 소화되지 않으며 비발효성임
자일로스 (xylose)	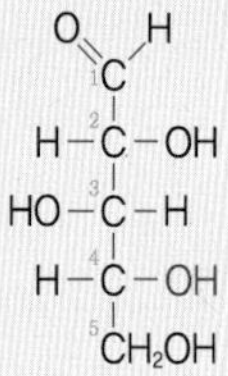 O H C H−C−OH HO−C−H H−C−OH CH_2OH	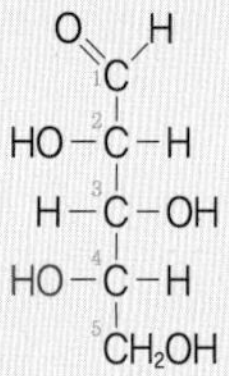 O H C HO−C−H H−C−OH HO−C−H CH_2OH	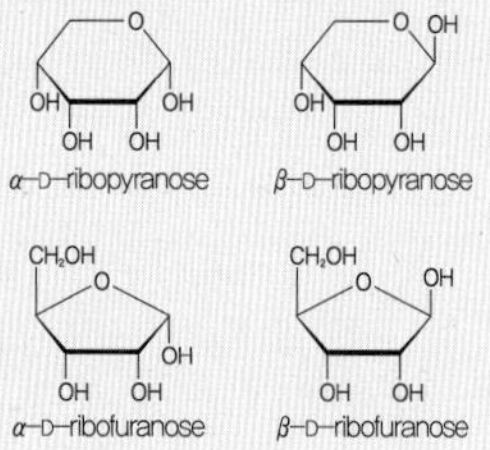 α-D-ribopyranose β-D-ribopyranose α-D-ribofuranose β-D-ribofuranose	■ 볏짚, 밀짚, 나무껍질, 종자류의 껍질 등에 함유되어 있는 자일란(xylan)의 구성성분임 ■ 저칼로리 감미료로 당뇨환자의 식이에 이용됨 ■ 대부분의 효모에 의해 발효되지 않음
아라비노스 (arabinose)	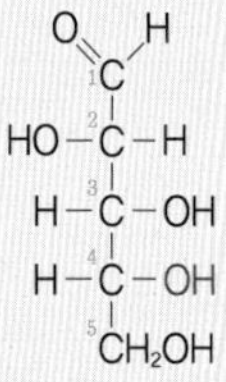 O H C HO−C−H H−C−OH H−C−OH CH_2OH	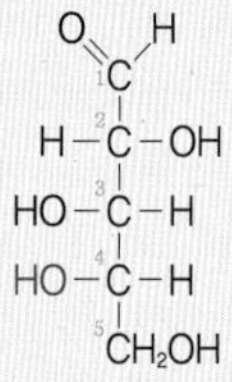 O H C H−C−OH HO−C−H HO−C−H CH_2OH	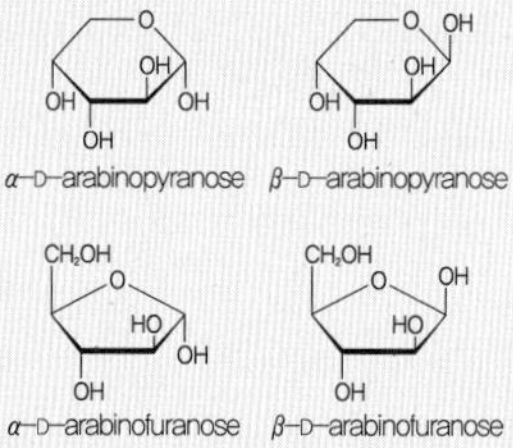 α-D-arabinopyranose β-D-arabinopyranose α-D-arabinofuranose β-D-arabinofuranose	■ 아라비아검(arabia gum)의 주요 당인 아라반(araban)의 구성당임 ■ 자연계에서는 주로 L-형으로 존재함

인 아라비노스(arabinose)이다. 오탄당으로 이루어진 다당류인 펜토산(pentosan)은 대부분 인체 내에 소화효소가 없어 영양원으로 가치는 별로 없는 당이며 주로 초식동물의 사료로 이용된다.

4) 육탄당

전분의 가장 기본구성 단위가 되는 글루코스(glucose)와 천연 당류 중에 가장 단맛이 강한 프럭토스(fructose), 곤약의 주성분인 마노스(mannnose), 뇌 및 신경조직의 구

표 2-11 육탄당의 종류 및 특성

<table>
<tr><th rowspan="3">종 류</th><th colspan="3">구조식</th><th rowspan="3">특성 및 소재</th></tr>
<tr><th colspan="2">쇄상구조(acyclic form)</th><th rowspan="2">고리구조(cyclic form)</th></tr>
<tr><th>D형</th><th>L형</th></tr>
<tr><td>글루코스
(glucose)</td><td>O H
C
H–C–OH
OH–C–H
H–C–OH
H–C–OH
CH₂OH</td><td>O H
C
OH–C–H
H–C–OH
OH–C–H
HO–C–H
CH₂OH</td><td>α-D-glucopyranose
β-D-glucopyranose
α-D-glucofuranose
β-D-glucofuranose</td><td>■ 포도당이라고 함
■ 자연계에 가장 광범위하게 존재하는 당으로 식물체 내에서는 전분, 동물체 내에는 글리코젠(glycogen) 형태로 저장됨
■ 말토스, 락토스, 수크로스 및 배당체의 구성당임
■ 수산기(–OH)의 위치에 따라 α와 β의 입체이성질체(아노머)를 지닌 환원당임
■ α형이 β형보다 더 닮
■ 포유동물의 혈액 중에 약 0.1% 정도 함유되어 있음</td></tr>
<tr><td>프럭토스
(fructose)</td><td>CH₂OH
C=O
OH–C–H
H–C–OH
H–C–OH
CH₂OH</td><td>CH₂OH
C=O
H–C–OH
OH–C–H
HO–C–H
CH₂OH</td><td>α-D-fructopyranose
β-D-fructopyranose
α-D-fructofuranose
β-D-fructofuranose</td><td>■ 글루코스와 더불어 자연계에 가장 많이 존재하는 당으로 과일이나 벌꿀에 그 함량이 높음
■ 천연당류 중 감미도가 가장 높음
■ 비소화성 당류인 돼지감자 또는 다알리아 뿌리의 성분인 이눌린(inulin)의 구성성분임
■ 용해도가 커서 결정화되기 어려움
■ α와 β의 입체이성질체(아노머)를 지닌 환원당임
■ 결합상태는 오각형의 퓨라노스, 유리상태일때는 육각형의 피라노스 형태로 존재함</td></tr>
<tr><td>마노스
(mannose)</td><td>O H
C
OH–C–H
OH–C–H
H–C–OH
H–C–OH
CH₂OH</td><td>O H
C
H–C–OH
H–C–OH
OH–C–H
HO–C–H
CH₂OH</td><td>α-D-mannopyranose
β-D-mannopyranose
α-D-mannofuranose
β-D-mannofuranose</td><td>■ 유리상태로는 거의 존재하지 않음
■ 곤약의 주성분인 만난(mannan)을 구성하는 기본당임
■ 동물이나 식물의 세포막 성분임
■ 감자나 백합뿌리에 많이 함유되어 있으며 발효성이 있음
■ α, β의 이성체가 존재하며 감미도는 비교적 낮음
■ β형의 경우 쓴맛을 나타냄</td></tr>
<tr><td>갈락토스
(galactose)</td><td>O H
C
H–C–OH
OH–C–H
OH–C–H
H–C–OH
CH₂OH</td><td>O H
C
HO–C–H
H–C–OH
H–C–OH
HO–C–H
CH₂OH</td><td>α-D-galactopyranose
β-D-galactopyranose
α-D-galactofuranose
β-D-galactofuranose</td><td>■ 유리상태로는 존재하지 않음
■ 이당류 중 락토스, 삼당류의 라피노스, 사당류인 스타키오스 등의 구성당임
■ 포유동물의 유즙에 주로 존재함
■ 동물의 체내에서 단백질이나 지방과 결합하는 성질이 있어 뇌, 신경조직의 당지질인 세레브로시드(cerebroside)의 구성성분이 되기도 함</td></tr>
</table>

성성분인 갈락토스(galactose)가 가장 대표적인 육탄당(hexose)이다. 육탄당은 다른 당에 비해 비교적 단맛이 강한 특징을 지니고 있으며, 식품공업에서는 감미료나 효모의 영양원으로 많이 사용되고 있다. 육탄당은 모두 환원당으로 효모에 의하여 발효가 되므로 효소를 나타내는 접두사인 zymo-를 붙여 지모헥소스(zymohexose)라고도 부른다.

7 이당류

이당류(disaccharide)는 소당류에 포함하여 분류되기도 하는 당으로 두 개의 단당이 글리코시드성 결합에 의하여 연결된 당이다. 이 과정에서 한쪽 분자는 수소원자 하나, 다른 한 분자는 −OH기를 잃으면서 물분자 하나가 빠져 나오는 탈수(dehydration)의 과정을 거치게 되고 되고 그 중간에 산소원자가 놓이게 된다. 이당류는 결합한 단당의

락토스(갈락토스-β-1, 4-글루코스)

말토스(글루코스-α-1, 4-글루코스)

아이소말토스
(글루코스-α-1, 6-글루코스)

수크로스(글루코스-α-1, 2-프룩토스)

셀로비오스(글루코스-β-1, 4-글루코스)

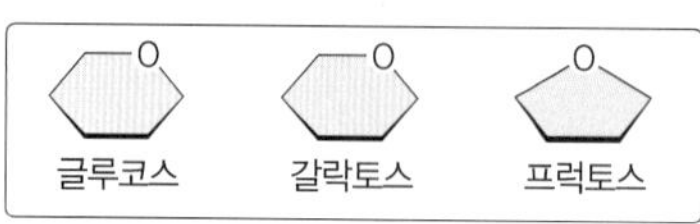

그림 2-19 각종 이당류의 구조

자료: 이주희 외(2010). 대사를 중심으로 한 생화학.

종류에 따라서 구분되며 대표적인 이당류로는 말토스(maltose), 수크로스(sucrose), 락토스(lactose), 트레할로스(trehalose) 등이 있다.

1) 환원성 이당류

단당류의 기본 구성 작용기인 알데하이드나 케톤기의 탄소는 다른 탄소에 붙은 −OH기와 결합하면서 헤미아세탈(hemiacetal) 또는 헤미케탈(hemiketal) 등의 구조를 형성하게 된다. 이 과정에서 새로이 형성된 부제탄소의 −OH기는 다른 탄소에 붙는 −OH기보다 반응성이 강한 −OH기(환원성 말단)를 갖게 되는데 이를 환원당(reducing sugar)이라 한다. 단당류는 모두 환원당이다.

표 2-12 환원성 이당류의 종류 및 특성(1)

분 류	구 성		함유식품 및 특징
	결합당	구 조	
말토스 (maltose)	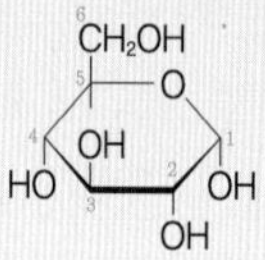 α-글루코스 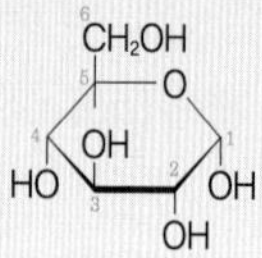 + α-글루코스	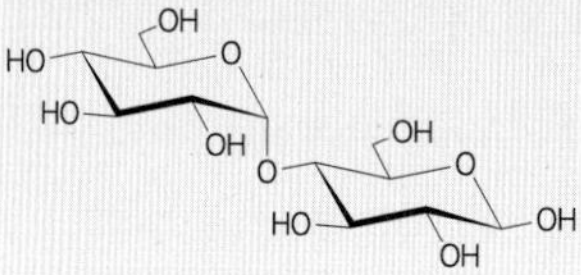	■ 맥아당 또는 엿당이라고도 함 ■ 글루코스 두 분자가 α-1,4결합을 하고 있음 ■ 말테이스(maltase)에 의해 분해되어 글루코스 두 분자가 생성됨 ■ 글리코시드성 −OH기를 갖는 환원당임 ■ 전분을 가수분해하면 얻을 수 있음 ■ 물엿, 맥아 및 발아 곡류에 그 함량이 높음 ■ 수크로스에 비하여 감미도가 낮음 ■ 효모에 의하여 발효가 이루어짐
아이소 말토스 (isomaltose)	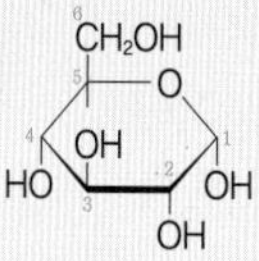 α-글루코스 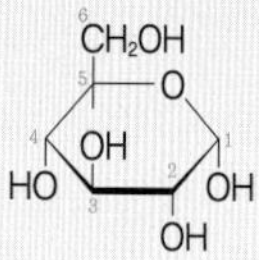 + α-글루코스	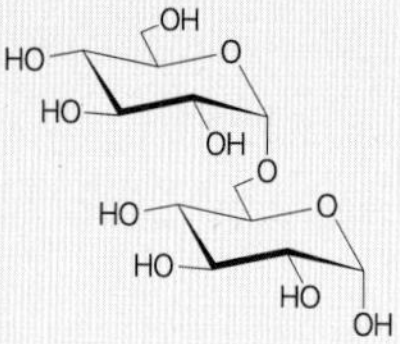	■ 글루코스 두 분자가 α-1,6결합을 하고 있음 ■ 말토스의 이성체임 ■ 전분의 가수분해에 의하여 얻을 수 있으며 청주, 식혜, 벌꿀, 물엿 등에 함유되어 있음
락토스 (lactose)	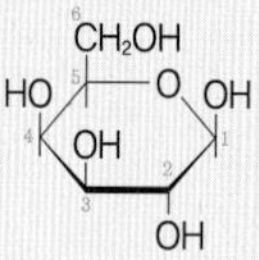 β-갈락토스 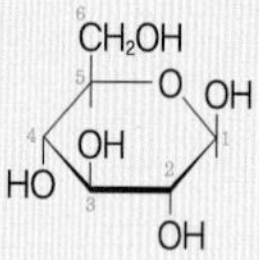 + β-글루코스	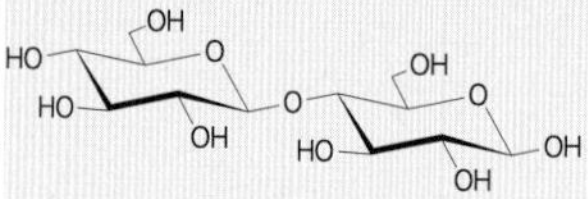	■ 유당 또는 젖당이라고도 함 ■ 갈락토스와 글루코스가 β-1,4결합을 하고 있음 ■ 글리코시드성 −OH기를 갖는 환원당임 ■ 소장의 락테이스(lactase)에 의해 갈락토스와 글루코스가 됨 ■ 글루코스의 형태에 따라 α와 β형으로 구분되며 α형 락토스가 설사를 일으킴 ■ 정장작용을 하며 칼슘 흡수를 촉진함 ■ 식물체에는 거의 존재하지 않고 주로 포유동물의 유즙에 존재함(우유보다는 모유에 그 함량이 높음) ■ 보통의 효모로는 발효되지 않으며 유산균의 영양원이 됨

표 2-13 환원성 이당류의 종류 및 특성(2)

분류	구성		함유식품 및 특징
	결합당	구조	
셀로비오스 (cellobiose)	β-글루코스 + β-글루코스		■ β-D-글루코스 두분자가 β-1,4결합한 것임 ■ 유리상태로는 존재하지 않으며 단맛이 없음 ■ 섬유소(cellulose)의 구성성분임
겐티오비오스 (gentiobiose)	β-글루코스 + β-글루코스		■ β-D-글루코스 두 분자가 β-1,6결합한 것임 ■ 삼당류의 겐티아노스의 구성성분이며 배당체인 아미그달린의 구성단위임 ■ 단맛이 없고 쓴맛이 있음
멜리비오스 (melibiose)	α-갈락토스 + α-글루코스		■ 갈락토스와 글루코스가 α-1,6결합한 것임 ■ 삼당류인 라피노스의 구성당임
팔라티노스 (palatinose)	α-글루코스 + β-프럭토스		■ α-글루코스와 β-프럭토스가 α-1,6결합한 것임 ■ 식품 중에는 감미료로 이용됨
루티노스 (rutinose)	β-람노스 + β-글루코스		■ 람노스와 글루코스가 β-1,6결합한 것임 ■ 배당체인 메밀의 루틴, 감귤류의 헤스페리딘, 나린진의 구성당임

2) 비환원성 이당류

비환원당(non-reducing sugar)은 환원성 말단을 갖지 않는 당으로 이당류 중에는 글리코시드성 결합을 형성하는 과정에서 글리코시드성 −OH 간의 결합이 이루어져 더 이상의 글리코시드성 −OH기가 존재하지 않는 수크로스(sucrose)와 트레할로스(trehalose)가 대표적인 비환원당이다.

표 2-14 비환원성 이당류의 종류 및 특성

분 류	구 성		함유식품 및 특징
	결합당	구 조	
수크로스 (sucrose)	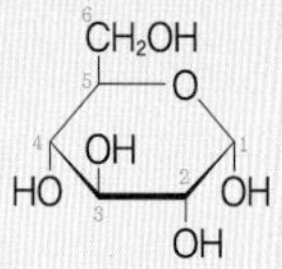 α-글루코스 + 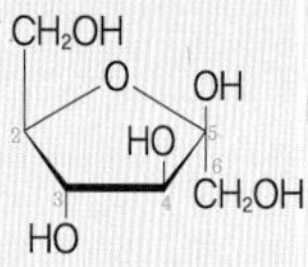 β-프럭토스	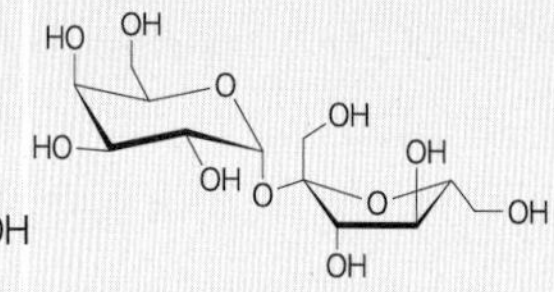	▪ 설탕 또는 자당이라고도 함 ▪ 글루코스와 프럭토스가 결합한 당임(글루코스의 C_1과 프럭토스의 C_2가 α-1,2결합) ▪ 글리코시드성 −OH기가 없는 비환원당임 ▪ α, β의 이성질체가 존재하지 않아 감미의 표준물질이 됨(10% 수용액 기준) ▪ 산 또는 효소(invertase, sucrase, saccharase)에 의하여 가수분해되어 전화당이 됨 ▪ 과실, 종자, 벌꿀 등에 존재하는 소화·흡수가 빠른 당임
트레할로스 (trehalose)	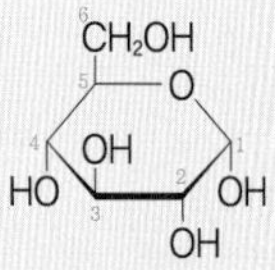 α-글루코스 + 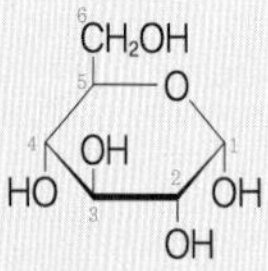 α-글루코스	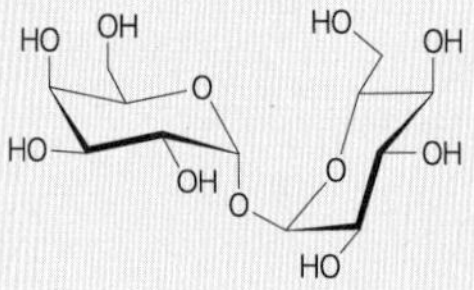	▪ 글리코시드성 −OH기가 없는 비환원당임 ▪ 글루코스와 글루코스가 결합한 당임(포도당의 C_1과 C_1이 α-1,1결합) ▪ 맥각에서 처음 발견되었으며 균, 효모에 다량 함유되어 있음 ▪ 곤충류의 저장에너지원임

표 2-15 설탕과 전화당의 비교

구 분	설탕	전화당
당의 종류	이당류	단당류 + 단당류
선광도	우선성	좌선성
당도	100	120 정도
환원성	비환원당	환원당
함유식품	사탕무, 사탕수수	꿀, 잼

전 화

수크로스가 가수분해되어 우선성의 글루코스와 좌선성의 프럭토스가 동량으로 생성되는 과정에서 용액의 비선광도가 프럭토스의 센 좌선성 성질의 영향을 받아 비선광도가 변하게 되는데, 이를 반전 또는 전화(inversion)라 하고, 수크로스의 가수분해로 생성된 글루코스와 프럭토스의 동량 혼합물을 전화당(inversion sugar)이라 함. 전화당은 주로 설탕보다 더 강한 단맛을 지니며, 벌꿀에 많이 함유되어 있고 식품공업에서는 캔디 제조에 이용되고 있음

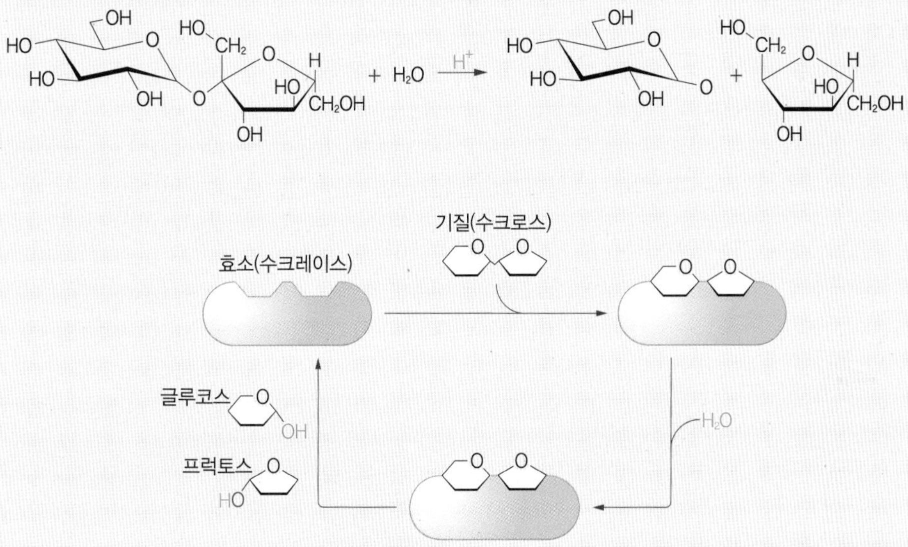

$$\text{Sucrose} + H_2O \xrightarrow{H^+} \text{Glucose} + \text{Fructose}$$

기질(수크로스)

효소(수크레이스)

H_2O

글루코스

프럭토스

그림 2-20 전화당 형성 과정

8 소당류

소당류(oligosaccharide)는 구성당의 수가 3개 이상인 당으로 식물의 뿌리나 두류 또는 유즙에 주로 존재하며 이때의 구성 단당은 대부분이 hexose이다. 식품 중에 존재하는 소당류는 그리 많지는 않다. 가장 대표적인 소당류는 올리고당이 가장 대표적인 소당류이다.

표 2-16 소당류의 종류 및 특성

분류		구성: 결합당	구성: 구조	함유식품 및 특징
3당류	라피노스 (raffinose)	α-갈락토스, α-글루코스, β-프럭토스 (α-글루코스 + β-프럭토스: 수크로스)		■ 갈락토스, 글루코스, 프럭토스가 결합한 것임 ■ 대두, 목화씨와 같은 식물의 종자나 뿌리에 주로 분포함
	멜레지토스 (melezitose)	α-글루코스, β-프럭토스, α-글루코스 (α-글루코스 + β-프럭토스: 수크로스)		■ 글루코스, 프럭토스, 글루코스가 결합한 것임 ■ 주로 만나나무의 수액인 만나의 성분임
	겐티아노스 (gentianose)	β-글루코스, α-글루코스, β-프럭토스 (β-글루코스 + α-글루코스: 겐티비오스)		■ β-글루코스, α-글루코스, β-프럭토스가 결합한 것임 ■ 인버틴(invertin) 효소에 의해 겐티비오스와 프럭토스로 분해됨 ■ 단맛이 없음
4당류	스타키오스 (stachyose)	α-갈락토스, α-갈락토스, α-글루코스, β-프럭토스 (α-갈락토스 + α-글루코스 + β-프럭토스: 라피노스)		■ 라피노스에 갈락토스가 붙은 것임 ■ 대장 내 세균에 의해 발효되어 가스를 생성함 ■ 목화씨나 대추에 그 함량이 비교적 높음

9 다당류

다당류(polysaccharide)는 단당류 또는 단당류의 유도체가 여러 개 결합한 분자량이 큰 화합물로 구성하는 당의 종류가 1개이면 단순다당류(homo polysaccharide) 또는 2개 이상이면 복합다당류(complex polysaccharide)로 구분한다. 다당류의 출처에 따라서는 식물성, 동물성 및 기타로 구분한다.

표 2-17 다당류의 분류

분류		종류
식물성 다당류	저장 다당류	전분, 덱스트린, 이눌린, 글루코만난
	세포벽 구성 다당류	섬유소, 헤미셀룰로스, 펙틴
동물성 다당류	저장 다당류	글리코겐, 키틴, 황산콘드로이틴
기타	식물에서 얻어지는 검	아라비아검, 구아검
	해조류에서 얻어지는 검	한천, 알긴산, 카라기난
	미생물에서 얻어지는 검	덱스트란, 잔탄검

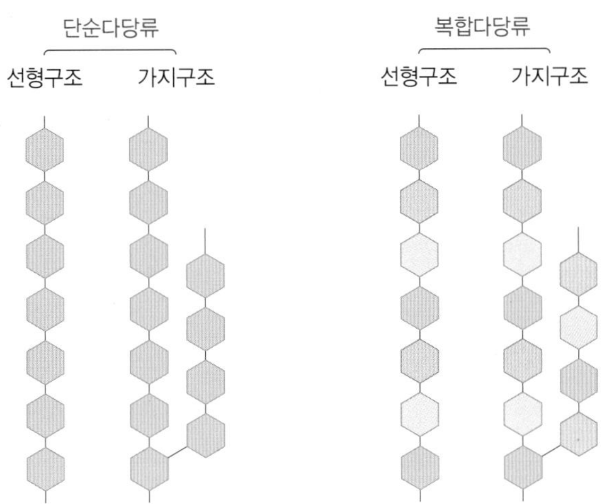

그림 2-21 단순다당류와 복합다당류

1) 단순다당류

한 종류의 단당류 또는 그 유도체가 탈수축합하여 형성된 고분자 화합물로 전분(starch), 글리코젠(glycogen), 셀룰로스(cellulose), 덱스트린(dextrin), 이눌린(inulin), 키틴(chitin) 등이 가장 대표적인 단순다당류이다.

(1) 전분

전분(starch)은 식물체의 광합성 작용에 의하여 형성되고 인간이 섭취하는 열량의 70~80%를 차지할 정도로 천연에 가장 광범위하게 분포하는 식물성 저장탄수화물이다. 전분은 가라앉는 가루라는 뜻으로 녹말이라고도 하며 물에 불용인 성질 때문에 수용액 중에서는 현탁액(suspension)을 만든다. 전분은 백색, 무미, 무취이며 물보다 비중이 큰 특징을 지니고 있다(전분의 비중=1.55~1.65). 전분의 화학구조는 글루코스 수백~수천 개가 중합을 이룬 고분자화합물로 식물체의 세포질(cytoplasm)에 있는 색소체(plasmid)에서 생합성되어 세포질내에 입자(granule)의 형태로 저장된다. 전분입자는 생장점(hilum)을 중심으로 방사상으로 계속 성장하며 결정성 영역(crystall region)과 비결정성 영역(amorphous region)으로 나타난다. 이러한 전분입자의 특성에 의하여 전분입자를 편광현미경으로 관찰하면 십자가 모양의 무늬(maltese cross)가 관찰되는데 십자 무늬의 중앙은 생장점과 정확히 일치한다.

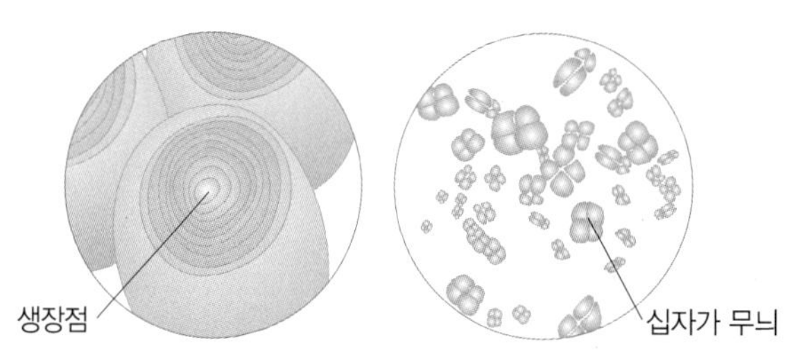

그림 2-22 생장점과 십자가 무늬

① 전분의 형태 및 특성

전분은 생합성되는 식물체의 종류와 저장되는 위치에 따라 크기와 모양이 매우 다양하다. 땅 위에서 전분을 합성하는 곡류와 같은 지상전분의 경우 그 입자의 크기가 일정하면서 작으나 전분을 땅 속의 뿌리 등에 저장하는 감자나 고구마와 같은 서류전분의 경우 전분입자의 크기가 고르지 못하면서 전분입자의 크기는 상대적으로 큰 특징을 갖고 있다.

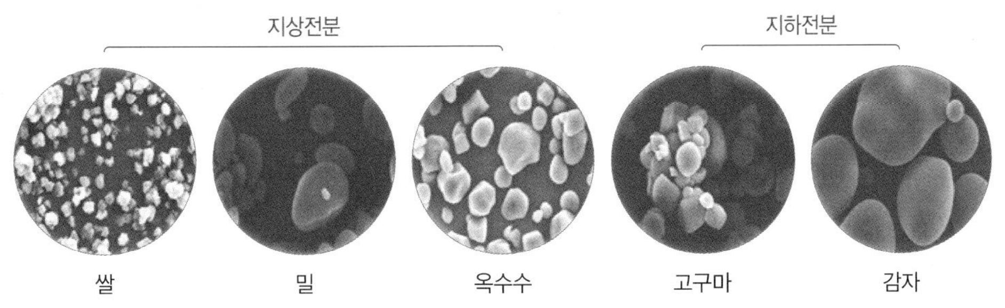

그림 2-23 전분의 입자형태

② 아밀로스와 아밀로펙틴

전분은 포도당 여러 개가 중합된 것으로 α-1,4결합의 직선구조를 갖는 아밀로스(amylose)와 군데군데 α-1,6결합에 의하여 가지구조를 갖는 아밀로펙틴(amylopectin)으로 구성되어 서로 다른 분자구조적 특성을 나타낸다. 전분은 그 출처 및 종류에 따라 아밀로스와 아밀로펙틴의 함량 차이가 있으나 일반적으로 아밀로스와 아밀로펙틴의 함량비를 20:80으로 표현하는 것이 일반적이다.

아밀로스 아밀로스는 α-1,4결합(α-D-glucose간 결합을 형성할 때 C_1과 C_4가 결합)을 한 글루코스가 직선사슬(linear chain) 구조로 길게 늘어진 구조를 나타낸다. 이렇게 길게 늘어진 구조는 글루코스 6~7분자마다 한 번씩 감기는 나선구조(α-helical form)로 나타나게 된다. 아밀로스 분자는 가지를 갖는 구조가 거의 없으며 나선구조로 인하여 안쪽에 빈 내부공간을 갖고 있다. 이 내부공간은 주로 수소원자가 위치하고 있어 내부는 소수성기(hydrophobic), 외부는 수산기(−OH)가 자리하고 있

표 2-18 전분의 특성

종 류	크기(μm)	아밀로스:아밀로펙틴	호화온도(℃)	노화 정도	점 도	투명도
쌀	2~10	20:80	–	높음	중간	불투명함
밀	2~38	25:75	58~64	높음	중간 이하	불투명함
옥수수	4~26	26:74	62~72	높음	중간	불투명함
감자	15~100	23:77	59~68	낮음	매우 높음	투명함
고구마	15~55	20:80	60~78	낮음	높음	흐림

어 친수성(hydrophilic) 성질을 띤다. 때문에 전분으로부터 내부공간에 위치한 소수성 물질의 추출이 어려운 것으로 알려져 있다. 내부의 빈 공간에 지방산이나 아이오딘(iodine, I_2, 요오드) 등의 다른 물질과 결합하여 포접화합물(inclusion compound)을 형성하기도 한다. 아이오딘(I_2)은 전분과 특징적인 정색반응을 나타낸다. 아이오딘정색반응은 아밀로스 분자 내부에 아이오딘이 위치하면서 진한 청색을 나타나며, 아밀로스를 구성하는 사슬의 길이에 따라 발색하는 정도가 다르게 나타나는데 아밀로스의 사슬길이가 길수록 청색은 짙어진다.

아밀로펙틴 아밀로스와 같이 식물에서 주로 발견되는 다당류의 일종이다. 아밀로스의 직선구조 군데군데(보통 18~27개마다)에 글루코스가 α-1,6결합을 형성하는 가지구조(branched chain)를 지닌다. 아밀로스와 아밀로펙틴의 중요한 차이점 중 하나는 포도당의 중합도가 크게 다르다는 것이다. 중합도(degree of polymerization)란 하나의 물질을 이루는 기본단위체의 수로 전분의 경우 기본단위체는 글루코스가 된다. 이로 인해 아밀로스는 물에 잘 녹는 반면, 아밀로펙틴은 물에 잘 녹지 않는 성질을 지녔다. 아밀로펙틴은 호화시킨 전분에 뷰탄올을 가하여 얻은 침전물로부터 분리할 수 있다. 아밀로펙틴은 아밀로스와 같이 나선형 구조를 이루지 못하여 요오드와 포접화합물을 형성하지 못하므로 청색이 아닌 적자색을 나타낸다. 아밀로펙틴과 그 구조가 유사한 동물성 저장탄수화물인 글리코젠(glycogen)의 경우는 8~10개의 글루코스마다 하나의 가지를 가져 아밀로펙틴보다는 가지가 더 많은 특징을 지녔으며 동물의 간이나 근육조직 내에 주로 존재한다.

표 2-19 아밀로스와 아밀로펙틴의 특성

구 분	아밀로스	아밀로펙틴
모 양	직선형, 글루코스가 6개 단위로 된 나선형	가지를 친 나뭇가지 모양
결합방식	α-1,4결합(말토스 결합양식)	α-1,4 및 α-1,6결합(아이소말토스 결합양식)
분자량(중합도)	40,000~340,000(50~3,000)	4,000,000~6,000,000(300~2,000)
아이오딘 반응	청색	적자색
수용액에서의 안정도	노화	안정
용해도	높음	낮음
환원성 말단의 수	1개	다수
X선 분석	고도의 결정성	무정형
호화반응	쉬움	어려움
노화반응	쉬움	어려움
포접화합물	형성함	형성 안 함
함 량	약 20%	80~100%

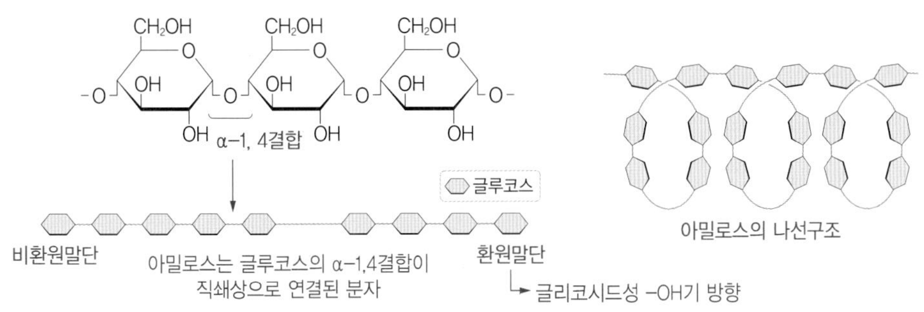

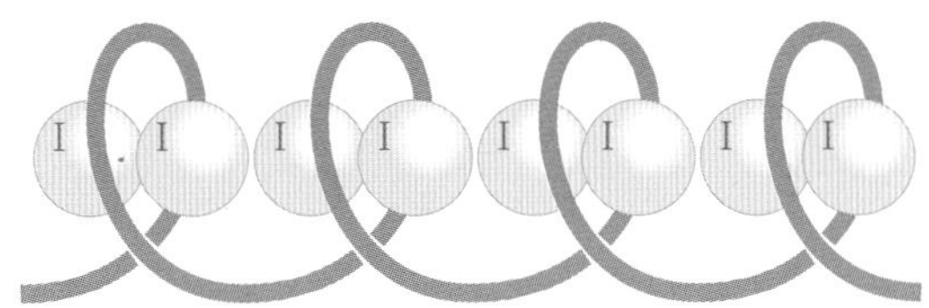

그림 2-24 아밀로스의 분자구조와 포접화합물

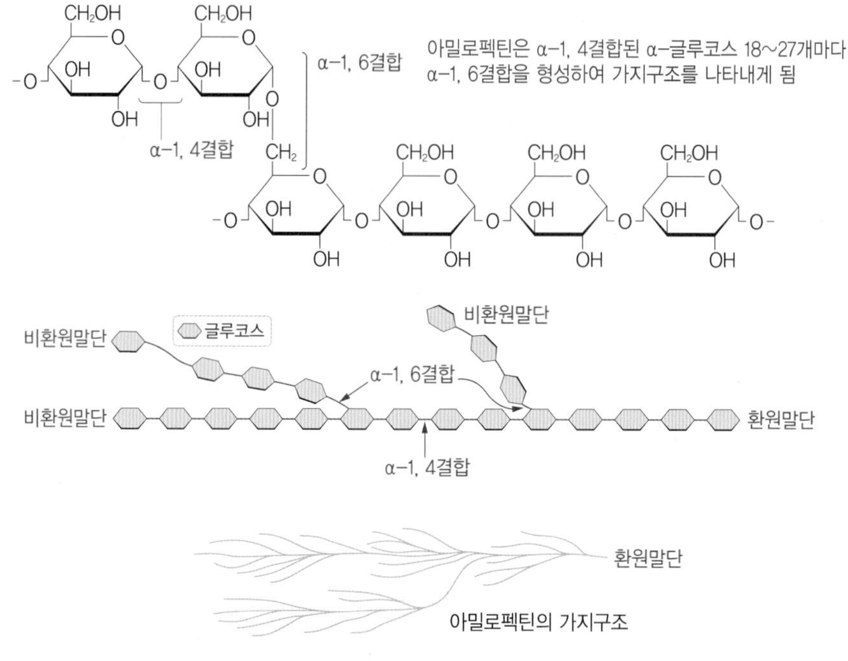

그림 2-25 아밀로펙틴의 분자구조

③ 결정구조

생전분 분자들은 생합성되는 과정에서 치밀하고 규칙적인 배열로 일부 결정성을 띤 구조를 이룬다. 전분입자는 방사상으로 성장하면서 결정성 영역층과 비결정성 영역 층이 교대로 나타나면서 광학적으로는 복굴절(birefringence) 현상을 일으키게 된다. 복굴절현상은 전분이 갖는 미셀(micelle)구조가 그 원인이다. 전분에 X-선을 조사하면 비결정성 영역은 투과하나 결정성 영역에서는 X선이 산란되면서 반점이나 동심원 등의 독특한 X-선 회절도형이 관찰된다. 이러한 X선 회절은 전분의 종류에 따라 회절도(pattern)가 다르다. 쌀, 밀, 옥수수 전분은 A형(A type), 감자, 밤 및 바나나 전분은 B형(B type), 고구마 칡, 녹두 전분은 A형과 B형 혼합 형태인 C형(C type)을 나타낸다. 호화된 전분의 경우 결정구조가 모두 사라진 비결정 또는 무정형의 V형(V type)을 나타낸다.

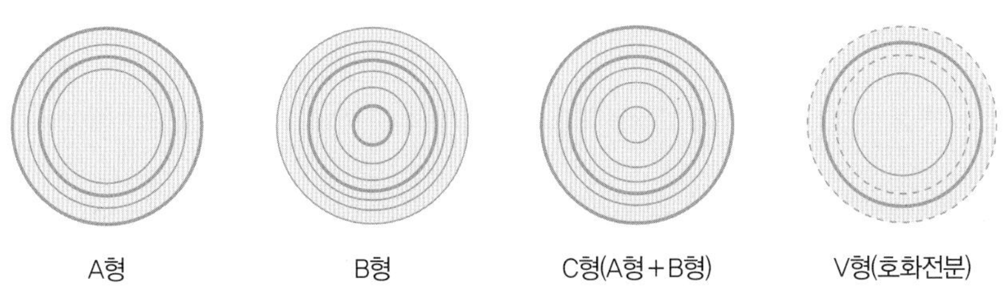

그림 2-26 각종 전분의 X-선 회절도형

④ **전분의 변화**

미셀구조를 지닌 생전분(β전분)은 물에 녹지 않고 소화성도 좋지 못하나, 전분에 물을 가하면 전분입자가 수화를 거쳐 팽윤되면서 미셀입자 내부를 지탱하고 있는 아밀로스와 아밀로펙틴 분자 상호 간의 수소결합이 불안정하게 되면서 호화나 노화와 같은 여러 가지 물리 · 화학적 변화가 발생하게 된다.

호화 전분의 호화(gelatinization)는 물과 함께 전분을 가열하는 과정에서 일어나는 전분의 물리적인 변화현상으로 'α화'라고도 한다. 구조적인 측면에서의 전분의 호화는 전분입자가 갖는 결정구조가 붕괴되어 비결정화된다는 것을 의미한다. 이는 생전분 입자가 갖는 결정성 영역과 비결정성 영역의 규칙적인 반복 구조의 변화, 즉 미셀구조의 변화를 의미한다. 호화전분은 생전분이나 노화전분에 비하여 소화효소의 작용을 쉽게 받아 소화율도 훨씬 좋아진다.

- 호화과정: 전분의 호화는 수화(hydration), 팽윤(swelling), 교질(colloid) 형성의 3단계로 구분된다. 전분 호화의 1단계인 수화는 물에 침지한 전분이 20~30%의 물을 가역적으로 흡수한 상태로 건조에 의하여 원래의 전분으로 돌아갈 수 있는 상태를 말한다. 2단계의 팽윤은 전분 현탁액의 온도가 상승하면 전분입자가 더 많은 수분을 흡수한 비가역적인 상태로 아밀로스 또는 아밀로펙틴 분자 간의 간격이 늘어나 전분입자의 붕괴가 시작되기 직전의 상태를 말한다. 3단계의 교질(콜로이드, colloid) 형성은 전분입자들이 붕괴되어 현탁액이 교질용액으로 변하면서 졸(sol) 상태의 물성을 형성하는 단계이다. 이를 냉각하면 반고체상태의 겔(gel)을 형성하게 된다. 낮은 농도에서 형성된 겔은 수용액상에서 침전되며, 호화전분을

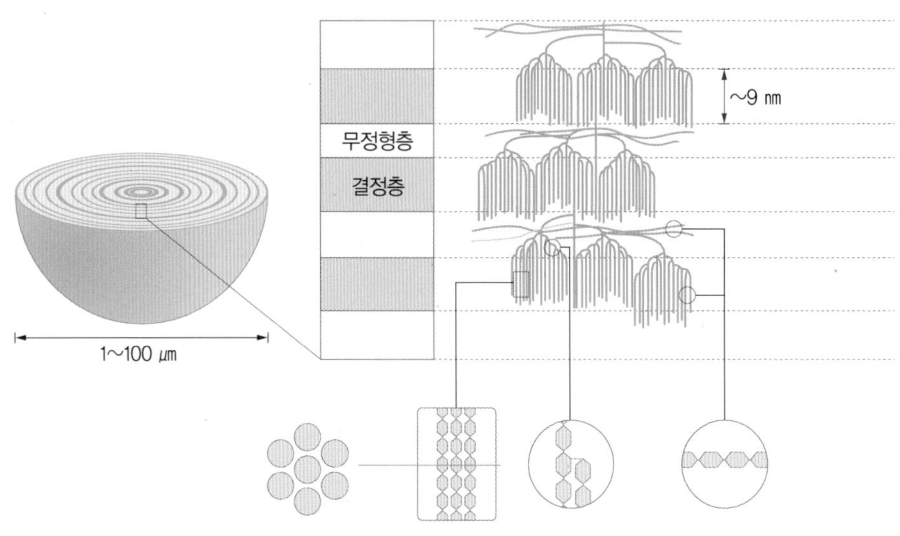

그림 2-27 전분입자의 구조

저장하면 다시 결정을 형성하는 노화가 진행된다.

- 호화 영향인자: 전분의 호화는 크기, 형태, 내부구조와 관련한 전분의 종류, 수분 함량, pH, 온도 및 염류 등에 의하여 영향을 받는다.

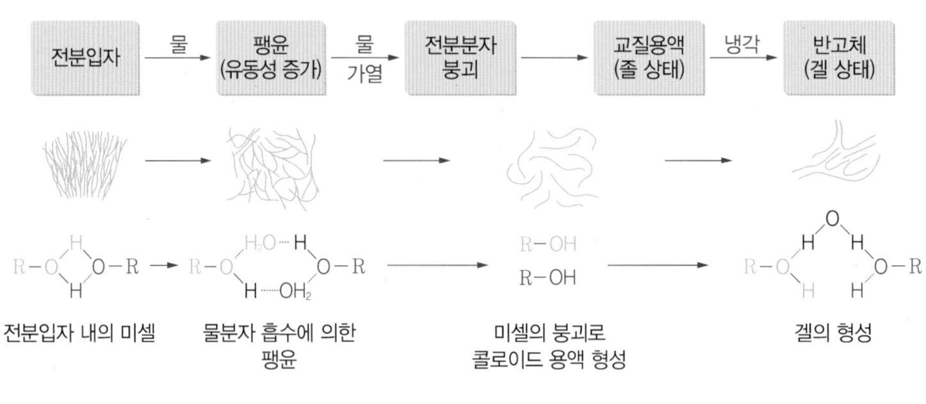

그림 2-28 전분의 호화과정

표 2-20 전분의 호화에 영향을 미치는 인자

종류	요인
전분의 종류	• 입자의 크기가 작은 전분(쌀, 수수 등)이 입자의 크기가 큰 전분(감자, 고구마 등)보다 호화온도가 높음 • 아밀로펙틴의 함량이 높을수록 호화속도는 느림
수분함량	물분자가 전분입자 안으로 흡수되면 전분입자가 팽윤되므로 수분함량이 높으면 호화가 촉진됨
pH	전분분자들 사이의 수소결합은 산 · 알칼리에 의해서 크게 영향을 받는데, 특히 알칼리성일수록 호화는 촉진되고 노화는 지연됨
온도	호화 최적온도는 전분의 종류나 수분의 양에 따라 60℃ 전후이며 온도가 높으면 호화시간은 단축됨
염류	염류는 수소결합에 영향을 주므로 거의 대부분의 염류는 전분의 호화를 촉진함. 그러나 황산염은 호화를 억제시킴

노화 호화상태의 전분을 저장하는 과정에서 전분입자가 서로 수소결합을 형성하면서 다시금 미셀을 형성, 결정화되면서 불용성화되는 과정을 노화(retrogradation) 또는 'β화'라 한다.

- 노화과정: 호화상태의 불규칙적인 배열을 하고 있던 졸 상태의 전분입자들이 수소결합에 의하여 부분적으로 규칙적인 분자배열을 한 미셀구조를 다시 생성하면서 노화가 일어나게 된다. 이 과정에서 재결정화된 전분입자가 생전분과 같은 X-선 회절도를 나타내며, 효소의 작용을 받기 어려워져 소화율이 낮아진다. 전분의 노화는 주로 아밀로스 분자 간의 수소결합에 의하여 발생하며 아밀로펙틴 분자 간의 결합에 의한 노화는 잘 일어나지 않는 것으로 알려져 있다.
- 노화 영향인자: 노화는 전분의 종류, 수분함량, pH, 온도 및 염류 등에 영향을 받는다. 노화는 전분의 크기가 작고 아밀로스의 함량이 높을수록 노화가 잘 일어난다. 수분함량의 경우 30~60%의 구간에서 아밀로스 분자 간의 침전과 회합이 잘 일어나 노화되기 쉽다. pH의 경우 알칼리 상태에서는 노화가 억제된다. 산성에서는 노화가 촉진되나 강산성 상태에서는 노화가 지연된다. 노화가 가장 잘 일어나

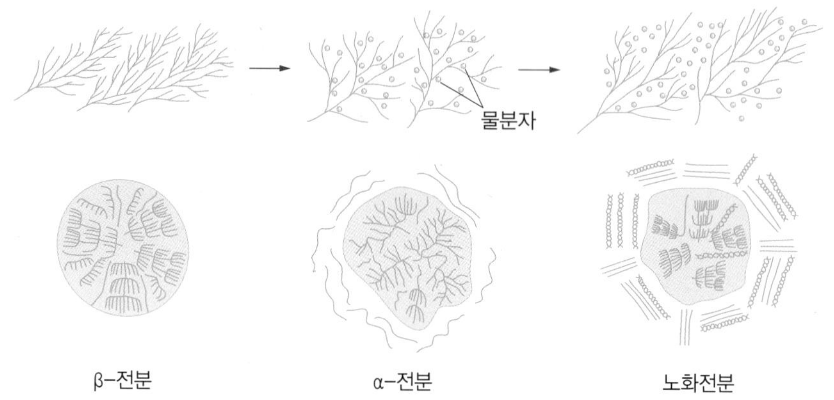

그림 2-29 전분의 호화 및 노화 모형

는 온도는 0~5℃이며 빙결점 이하의 온도 또는 60℃ 이상의 온도에서는 노화가 잘 일어나지 않는다. 염류의 영향으로는 황산염을 제외한 염류의 첨가는 호화는 촉진하나 노화는 억제하는 효과가 있다.

- 노화 억제: 노화의 억제방법 중 건조를 이용한 방법으로는 호화전분을 80℃ 이상의 고온에서 급속건조하거나 10% 이하의 수분함량을 갖도록 동결건조하면 노화를 억제할 수 있다. 또한 호화전분을 60℃ 이상의 고온에서 저장하거나 다량의 당 첨가나 유화제 첨가에 의해서도 노화를 억제할 수 있다.

표 2-21 전분 노화의 영향 요인

종 류	요 인
전분의 종류	전분입자의 크기가 작으면 쉽게 노화됨
수분함량	전분의 수분함량이 30~60%에서 노화가 잘 일어남
pH	일반적으로 산성에서는 노화가 촉진되나 강산성일 때는 노화가 지연됨
온 도	0~5℃의 냉장온도에서 α-전분의 교질구조가 불안정해지기 때문에 노화가 잘 일어남
염 류	▪ 황산염을 제외한 무기염류는 노화를 억제함 ▪ 음이온은 $CNS^- > PO_2^- > CO_3^{2-} > I^- > NO_2^-$ 순으로, 양이온은 $Ba^{2+} > Sr^{2+} > Ca^{2+} > K^+ > Na^+$ 순으로 호화를 촉진하고 노화를 억제함

표 2-22 전분의 노화 억제방법

방법		응용한 식품의 예
수분(15% 이하)	고온(80℃ 이상)	α화미, 쿠키, 비스킷, 과자, 건빵, 라면
	급속냉동 (0℃ 이하)	냉동쌀밥, 냉동면
온도	보온(60℃ 이상)	보온밥솥의 밥
첨가물	다량의 당 첨가	양갱(설탕이 탈수제로 작용하여 노화를 억제함)
	유화제 첨가	빵(전분 콜로이드 용액의 안정도를 증가시켜 노화를 억제함)

호정 및 호정화 전분을 산, 열, 효소 등을 이용하여 분해한 여러 가지 중합도를 가진 물질을 호정(dextrin)이라 하며, 전분에 물을 가하지 않은 상태로 150~190℃의 열로 분해하였을 때 호정으로 변하는 현상을 호정화(dextrinization)라 한다. 호정화는 호화와 혼동하기 쉬운 것으로 호화는 전분의 물리적인 변화만을 의미하나, 호정화는 물리적인 변화뿐만 아니라 약간의 화학적인 변화를 동반한다는 데 그 차이가 있다. 호정화전분은 호화전분에 비해 물에 더욱 잘 녹으며 효소의 작용도 받기 쉽다는 특징을 지니고 있다. 이러한 호정화과정에서 생성되는 물질들은 아이오딘 반응에서 포도당의 중합도에 따라 다른 색을 띠게 된다.

⑤ 전분 분해효소

자연계에 존재하는 전분 분해효소는 효소의 작용부위 및 특성에 따라 표 2-22와 같이 분류되고 있다. 이밖에도 글루코스에 인산기를 붙이는 가인산 분해효소(phosphorylase), 큐엔자임(Q-enzyme)이라고 하는 글루코스의 α-1,6결합을 형성하는 아밀로-트랜스글루코시데이스(amylo-transglucosidase)도 전분 관련 효소로 알려져 있다. 전분 분해효소는 전분당 공업에서도 다양하게 이용되고 있으며 그 제조 공정과 관련된 효소 및 생산제품은 그림 2-29와 같다.

표 2-23 각종 전분 분해효소의 특성

종류	소재 및 특성
α-아밀레이스 (α-amylase)	▪ 타액(침), 췌장액, 발아 중인 종자들, 미생물 등에 존재함 ▪ 전분분자들의 α-1,4결합을 무작위로 가수분해하여 텍스트린(dextrin)을 형성하며, 계속해서 말토스와 글루코스로 분해됨 ▪ 아밀로펙틴의 α-1,6결합에는 작용하지 못하므로 α-아밀레이스 한계 덱스트린이 생성됨 ▪ 전분분자들을 가수분해하여 용액상태로 만들므로 **액화효소**라고 함 ▪ 전분을 가수분해하여 물엿 또는 결정포도당을 만들 때 이용됨
β-아밀레이스 (β-amylase)	▪ 감자류, 곡류, 두류, 엿기름, 타액에 존재함 ▪ 전분분자들의 α-1,4결합을 끝에서부터 말토스 단위로 순서대로 가수분해하여 말토스가 생성됨 ▪ 아밀로펙틴의 α-1, 6결합에는 작용하지 못하므로 β-아밀레이스 한계 덱스트린이 생성됨 ▪ 전분을 가수분해하여 단맛이 증가되므로 **당화효소**라고도 함
글루코아밀레이스 (glucoamylase)	▪ 동물의 간조직과 각종의 미생물에 존재함 ▪ 전분분자들의 α-1,4결합, α-1,6결합, α-1,3결합까지도 글루코스 단위로 끝에서부터 순서대로 가수분해하여 직접 글루코스를 생성함 ▪ 아밀로스는 100% 분해하고 아밀로펙틴은 80~90% 분해함 ▪ 전분을 가수분해하여 고순도의 결정포도당을 공업적으로 생산하는 데 이용됨

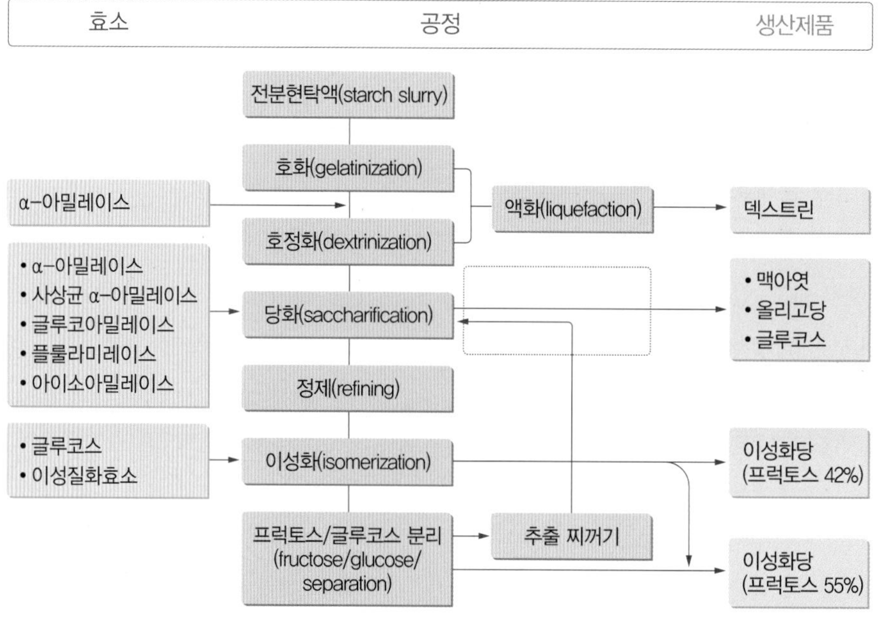

그림 2-30 전분당 공업에서의 효소와 생산제품

⑥ 변성전분

변성전분(modified starch)은 물리 · 화학적 또는 효소적인 방법을 하나 또는 그 이상의 방법으로 전분의 성질을 변화시킨 전분을 말한다. 변성전분은 물리 · 화학적으로 변형 또는 호화과정에서 전분의 호화 및 노화속도 조절, 점도 개선, 소화율 등이 변하게 된다. 변성전분은 식품 분야뿐만 아니라 섬유, 제지공업 등에서 중요한 소재로 이용되고 있다.

표 2-24 각종 변성전분의 종류 및 특성

종 류	제조법	특 성
산처리 전분 (acid modified starch)	전분을 묽은 산과 함께 호화온도 이하로 가열	▪ 분자 크기(평균분자량)가 감소되어 용해성 및 유동도는 좋음 ▪ 노화가 쉽게 발생함 ▪ 냉수에는 거의 녹지 않고 열수 또는 온수에 녹음
산화 전분 (oxidized starch)	산화로 얻어지는 생성물의 총칭	▪ 표백전분(bleached starch)이라고도 함 ▪ 생전분보다 호화온도가 낮고 노화속도가 느림 ▪ 전분 페이스트의 안정성과 분산성이 높음
덱스트린 (dextrin)	전분을 미량의 산과 함께 150~180℃로 가열	▪ 흰색이나 노란색의 분말을 형성함 ▪ 다양한 점도의 전분 유도체를 얻을 수 있음 ▪ 당과류의 접착제 또는 지방대체제로 활용됨 ▪ 물에 잘 녹고 점성이 강함
가교 전분 (cross-linked starch)	전분입자 내 2개의 −OH기와 반응할 수 있는 시약에 작용	▪ 호화가 크게 억제되며 노화가 잘 일어나지 않음 ▪ 냉동 · 해동에 대한 안정성이 높음
α화 전분	전분을 물과 함께 가열 호화한 전분	▪ pre-gelatinized starch 또는 pre-cooked starch라고도 함 ▪ 아밀레이스의 작용이 잘 되기 때문에 소화가 잘 됨 ▪ 주로 즉석식품용으로 이용

⑦ 덱스트린

전분은 산, 알칼리, 효소 등에 의하여 쉽게 가수분해되는데 전분의 가수분해에 의하여 생성된 가수분해 최종 생성물 중 글루코스와 말토스를 제외한 가수분해물의 총칭을 덱스트린(dextrin)이라 한다. 가용성 전분(soluble starch)이 가장 대표적인 덱스트린이며 아밀로덱스트린, 에리트로덱스트린, 아크로모덱스트린, 말토덱스트린의 순으로 분자량이 작아진다. 덱스트린은 전분과는 달리 겔을 형성하지 못하고 단맛이 있다. 덱스트린은 크기, 분자량 및 중합도에 따라 분류된다. 또한 덱스트린 중에는 미생물에 의해 생산되고 향료 등의 휘발성 성분을 포집하여 식품의 냄새성분을 마스킹(masking)할 수 있는 사이클로덱스트린(cyclodextrin)도 있다. 사이클로덱스트린은 글루코스가 α-1,4결합으로 결합하여 환상을 이루고 있는데 환상을 이루는 글루코스의 수에 따라 α(6개), β(7개), γ(8개)로 구분한다.

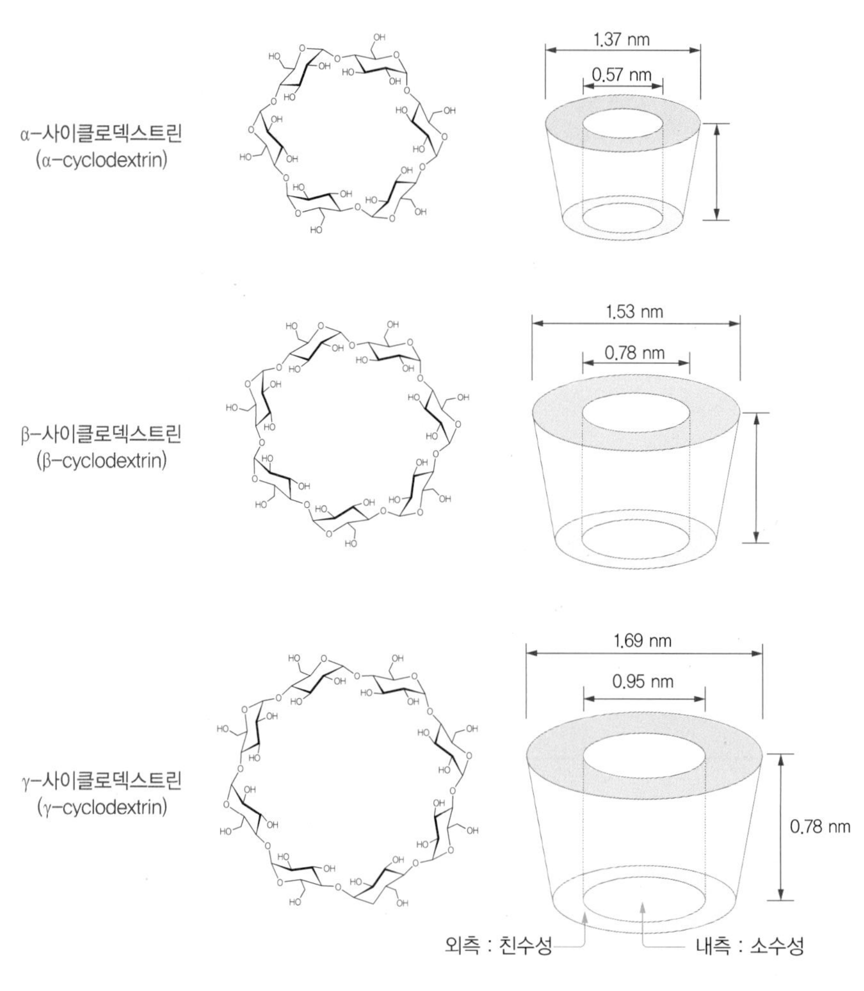

그림 2-31 사이클로덱스트린의 구조

표 2-25 각종 덱스트린의 성질

종 류	아이오딘 반응	침전에 필요한 알코올 농도(%)	특 성
가용성 전분 (soluble starch)	청색	–	▪ 냉수에는 잘 분산되지 않으나 뜨거운 물에 잘 분산됨 ▪ 전분유도체로 취급됨
아밀로덱스트린 (amylodextrin)	청색	40	▪ 가용성 전분(soluble starch)과 유사한 특성을 지님 ▪ 분자량은 10,000이상 이며 냉수에 잘 녹지 않음
에리트로덱스트린 (erythrodextrin)	적갈색	65	▪ 분자량은 6,000~7,000으로 1~3% 정도의 말토스를 함유함 ▪ 환원성이 있으며 냉수에 잘 녹음
아크로모덱스트린 (achromodextrin)	무색	70	▪ 분자량은 3,000~4,000으로 환원성이 있음
말토덱스트린 (maltodextrin)	무색	70	▪ 맥아당으로 분해되기 직전의 상태임 ▪ 중합도가 가장 작은 덱스트린임

(2) 글리코젠

동물성 저장 탄수화물이라 불리는 글리코젠(glycogen)은 글루코스를 기본단위로 하는 단순다당류로 패류나 효모에 많이 함유되어 있으며, 동물에는 주로 간이나 근육조직 내에 보조적인 단기 저장 에너지원으로 쓰인다. 그 구조는 아밀로펙틴과 유사하나 아밀로펙틴에 비해 중합도는 작은 반면, 가지가 더 많은 구조를 지닌다. 결정성은 없으며 세포질 내에 콜로이드 형태로 존재한다.

그림 2-32 아밀로펙틴과 글리코젠의 구조

(3) 셀룰로스

셀룰로스(cellulose)는 섬유소라고도 하며 식물체 세포벽의 주성분으로 식물의 골격을 형성한다. 전분이나 글리코겐과 같이 기본단위는 글루코스이며 반복단위는 글루코스가 β-1,4결합을 한 긴 직선형태의 구조를 지닌 셀로비오스(cellobiose)이다. 중합도는 전분에 비해 크며 인체에는 이를 분해할 수 있는 효소가 없어 소화 · 흡수되지 못하나 장의 연동운동을 촉진, 배변작용과 소화작용을 도우며 저열량의 식이 소재로도 활용되고 있다. 초식동물이나 세균의 셀룰레이스(cellulase)에 의하여 글루코스로 분해되어 에너지원으로 이용되기도 한다.

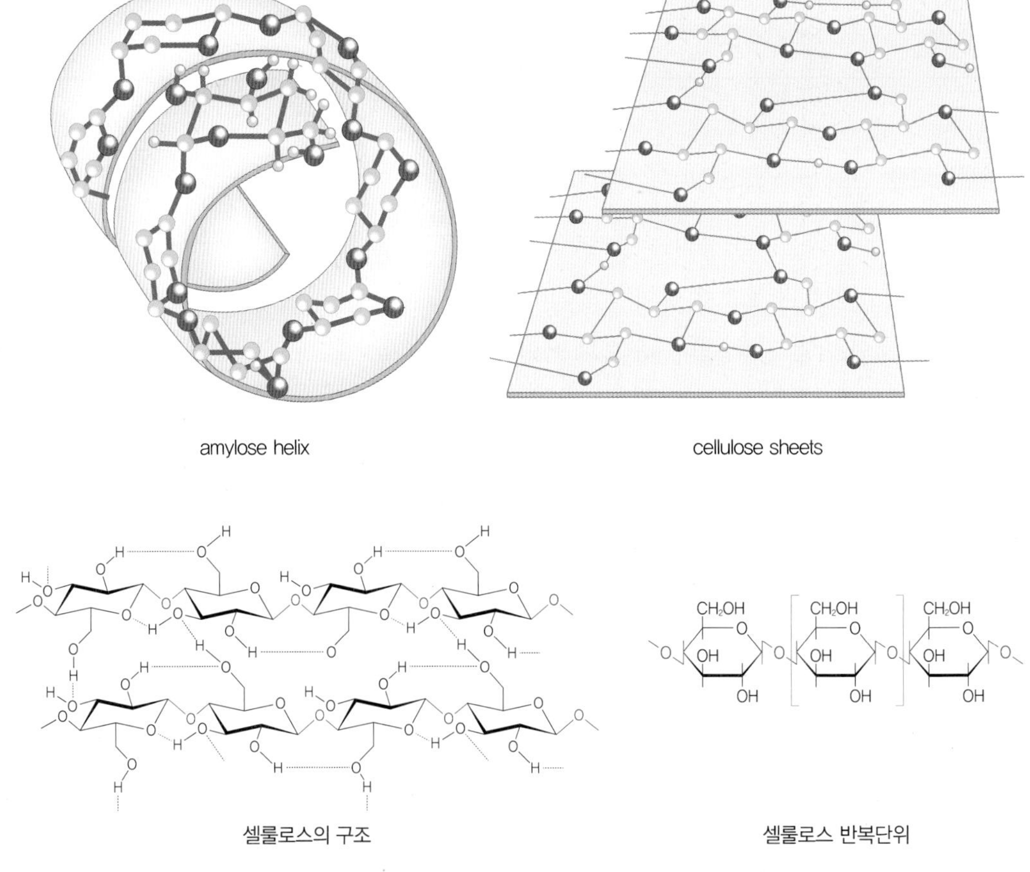

그림 2-33 셀룰로스의 구조

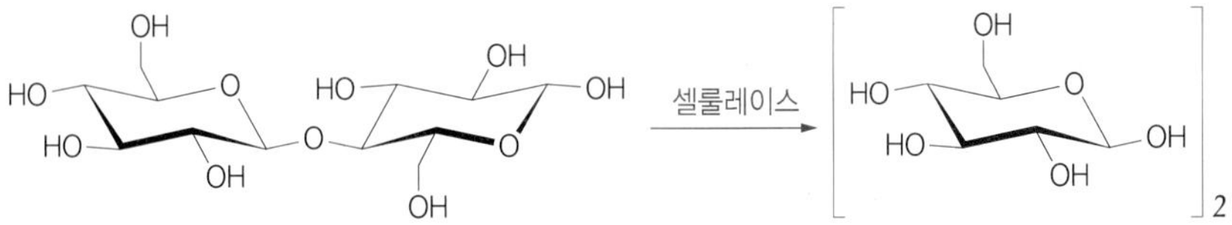

그림 2-34 셀룰로스의 분해

(4) 이눌린

이눌린(inulin)은 β-프럭토스의 중합체로 돼지감자, 다알리아의 뿌리, 백합 뿌리 등에 많이 함유되어 있고 이눌리네이스(inullinase)에 의하여 프럭토스로 분해되며 전분보다는 산에 의해 더 쉽게 분해된다. 인체 내에는 이를 분해하는 효소가 없어 소화 · 흡수되지 않고 주로 프럭토스의 제조원료로 이용되고 있다.

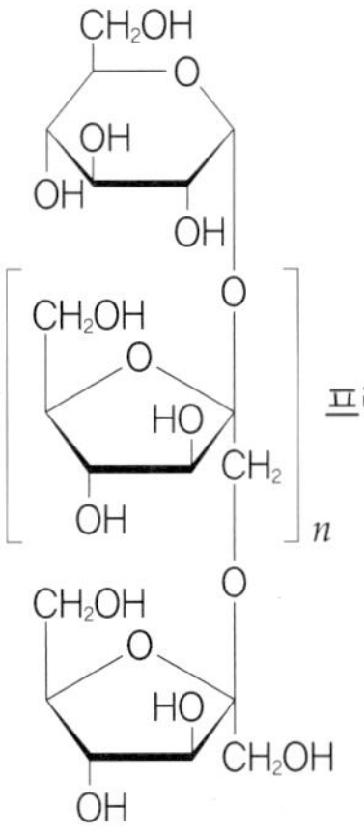

그림 2-35 이눌린의 구조

(5) 키틴

키틴(chitin)은 곰팡이 세포벽의 주성분으로 갑각류, 곤충 및 거미의 껍질을 구성하는 성분이다. N-아세틸글루코사민(N-acetyl-D-glucosamine)이 β-1,4결합으로 연결된 직선형태의 중합체이다. 셀룰로스 다음으로 자연계에 가장 풍부히 존재하는 다당류로 식품에 키틴을 코팅 처리하면 과일의 저장기간 연장, 육류의 철과 산소의 결합 방지와 유리 라디칼 생성 방지의 기능을 할 수 있다.

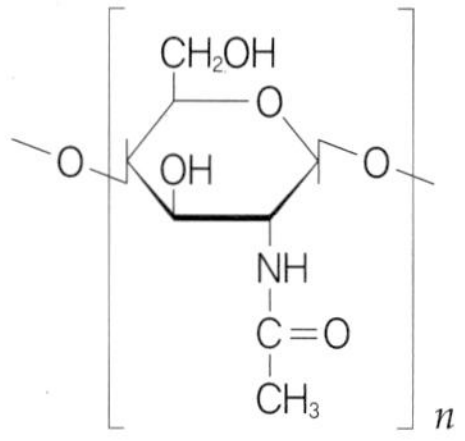

그림 2-36 키틴의 구조

2) 복합다당류

복합다당류(hetero polysaccharides)는 두 가지 이상의 당이 결합하거나 당이 아닌 다른 물질과 결합한 형태를 지닌 다당류로 주로 검류나 식물의 세포벽, 섬유소에 함유되어 있다.

(1) 헤미셀룰로스

헤미셀룰로스(hemicellulose)는 식물의 세포벽 성분에서 셀룰로스를 뺀 여러 가지 다당류의 혼합물을 말하며 식물체에 따라 그 성분 및 구조가 다르다. 헤미셀룰로스는 알칼리에 잘 녹으며 비섬유상의 무정형 물질로 화학구조가 명확히 밝혀지지 않았으며 가수분해되면 자일로스를 주로 형성한다. 이밖에 아라비노스와 람노스의 오탄당과 글루코스, 갈락토스, 마노스 등의 육탄당으로 구성되어 있다.

(2) 펙틴 물질

식물조직의 세포벽 사이에 존재하면서 세포를 서로 결착시키는 시멘트 물질(cementing material)인 펙틴은 과실류의 가공 · 저장 중에 매우 주의하여야 하는 물질이다. 특히 알코올에 용해되지 않고 겔을 형성하는 성질이 있다. 펙틴(pectin substances)은 또한 산과 당의 존재하에서는 겔을 형성하는 특성을 지니고 있어 잼이나 겔리, 마멀레이드의 제조에 이용된다. 펙틴은 불용성의 프로토펙틴(protopectin)과 수용성의 펙틴산(pectinic acid), 펙틴(pectin), 펙트산(pectic acid)을 모두 포함하며 각 펙틴 물질의 특성은 표 2-26과 같다.

표 2-26 펙틴 물질의 종류 및 특징

<table>
<tr><th>종 류</th><th colspan="2">특 징</th></tr>
<tr><td>프로토펙틴
(protopectin)</td><td colspan="2">▪ 덜 익은 과일에 있음
▪ 불용성으로 겔 형성 능력이 없음
▪ 과일 · 채소가 익어감에 따라 프로토펙티네이스에 의해 가수분해되어 수용성 펙틴과 펙틴산이 됨</td></tr>
<tr><td>펙틴산
(pectinic acid)</td><td rowspan="2">▪ 성숙한 과일에 있음
▪ 수용성으로 겔 형성 능력 지님</td><td>분자 속에서 메틸에스터($-COOCH_3$) 형태로 존재하지 않는 카복실기($-COOH$)가 중성염이나 산성염 혹은 그들의 혼합물로 존재</td></tr>
<tr><td>펙틴
(pectin)</td><td>펙틴산, 펙틴산의 중성염과 산성염 또는 그 혼합물에 대한 총칭</td></tr>
<tr><td>펙트산
(pecic acid)</td><td colspan="2">▪ 과숙한 과일에 있음
▪ 수용성이나 찬물에 녹지 않으며, 겔 형성 능력 없음
▪ 분자 속의 카복실기($-COOH$)가 전혀 메틸에스터($-COOCH_3$)의 형태로 되어 있지 않으며, 중성염이나 산성염 혹은 그들의 혼합물로 존재함</td></tr>
</table>

① 펙틴 물질의 구조

펙틴 물질의 기본구성 단위는 갈락투론산(galacturonic acid)으로 직선형태의 나선구조를 하고 있고 갈락투론산의 카복실기($-COOH$)의 일부가 메탄올과 에스터화(esterfication)되거나 소듐(sodium, 나트륨)이나 칼슘 등과 결합하여 염을 형성할 수 있다. 펙틴을 구성하는 카복실기에 메탄올이 결합한 메톡실기($-OCH_3$, methoxyl group)의 함량을 기준으로 7% 이상이면 고메톡실펙틴(high-methoxyl pectin, HMP), 7% 이하이면 저메톡실펙틴(low-methoxyl pectin, LMP)으로 분류한다.

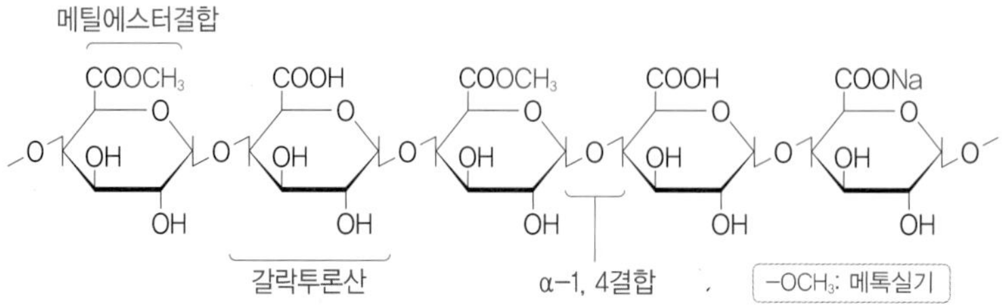

메틸에스터결합
COOCH3 COOH COOCH3 COOH COONa
갈락투론산
α-1, 4결합
-OCH3: 메톡실기

그림 2-37 펙틴의 구조

② 펙틴의 겔화

고메톡실펙틴은 당과 산을 첨가하면 당분자에 의해 펙틴의 물분자가 탈수되면서 분자 간의 가교결합을 형성하여 겔화된다. 이같은 겔화는 양이온을 지닌 산(H^+)을 첨가하면 음전하를 가진 펙틴분자의 COO^-와 결합하여 전기적으로 중성이 되어 겔 구조를 안정화시키게 된다. 저메톡실펙틴은 메톡실기보다는 펙틴 물질 내의 금속 양이온과 COO^- 이온 간의 이온결합을 형성하여 망상구조를 이루어 겔화된다.

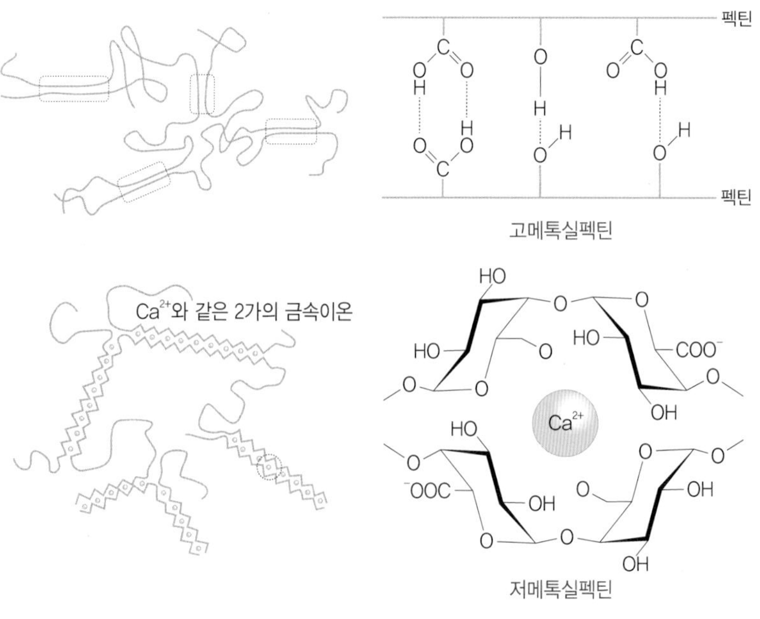

그림 2-38 펙틴의 겔화 모형

③ 펙틴의 변화 및 분해효소

펙틴은 과일의 숙성과정에서 변화되는 성분으로 과일의 경도와 밀접한 연관성을 지니고 있다. 일반적으로 미숙과일에 많은 펙틴 물질은 프로토펙틴이며 적숙과일에는 펙틴이나 펙틴산, 과숙과일에는 펙트산이 주로 함유되어 있다. 이같은 과일의 숙기에 따라 펙틴성분이 변하는 것은 과일에 함유된 펙틴 분해효소가 작용하는 것으로 그 종류 및 특성은 표 2-27과 같다. 펙틴 분해효소는 메톡실기를 분해하여 메탄올을 생성하는 것과 펙틴의 기본사슬인 갈락투론산 사슬을 절단하여 분자량을 저분자화시키는 두 가지 효소로 구분된다.

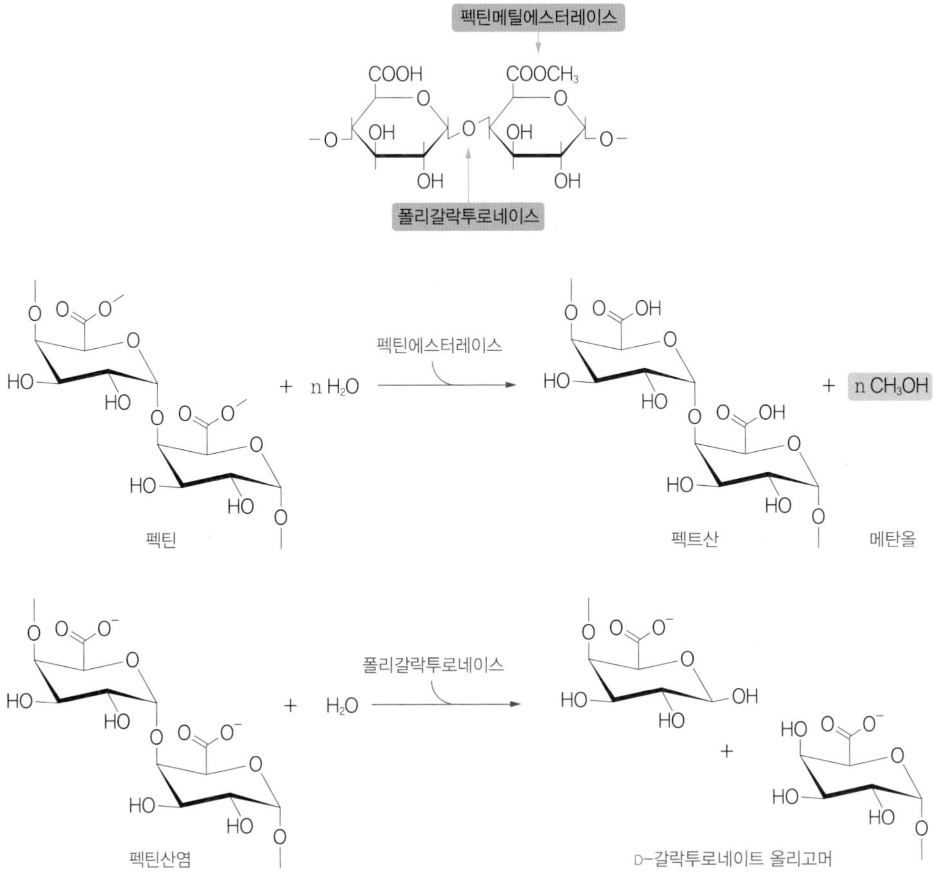

그림 2-39 펙틴 분해효소

표 2-27 펙틴 분해효소

종류	특징
프로토펙티네이스 (protopectinase)	• 식물조직 내 세포막 사이에 존재하며 과일이 익어감에 따라 불용성인 프로토펙틴을 가수분해하여 수용성인 펙틴으로 만들어주는 효소임 • 이 효소에 의해 과일의 조직이 먹기 좋게 연해짐
펙틴(메틸)에스터레이스 (pectin(methyl)esterase) 또는 펙테이스(pectase)	• 펙틴의 메틸에스터결합을 가수분해하는 효소로 감귤의 껍질, 곰팡이 등에 존재함 • 이 효소에 의해 과실이나 채소의 조직은 더 단단해질 수 있으며, 포도주 등의 발효과정에서는 메탄올이 형성되기도 함
폴리갈락투로네이스 (polygalactronase)	• 갈락투론산 분자를 가수분해시켜 분자의 크기를 감소시키는 효소임 • 미생물 또는 고등식품에 존재하며, 절임식품의 연부현상을 일으킴

(3) 검류

낮은 농도에서도 높은 점성을 나타내는 복합다당류의 일종인 검류(gum)는 식품공업에서 유화제, 안정제, 점착제, 팽윤제, 겔 형성제, 결합제 등으로 널리 이용된다. 검류는 물과 결합하여 점성용액이나 겔을 형성하는 친수성 물질이며, 같은 분자량을 가진 경우에 직쇄상의 검류가 가지를 많이 가진 검류보다 점도가 높다. 대표적인 검류로는 아라비아검, 구아검, 한천, 알긴산, 카라기난, 덱스트란 등이 있다.

① 아라비아검

콩과식물인 아라비아고무나무에서 얻는 점액을 굳힌 것으로 아라비아검(arabic gum)의 주요 구성단위는 갈락토스가 β-1,3결합으로 연결된 기본구조를 갖고 있다. 여기에 람노스, 아라비노스, 글루쿠론산이 1,6결합으로 연결되는 가지가 많이 달린 복잡한 구조를 하고 있다. 포타슘(potassium, 칼륨), 마그네슘, 칼슘과 결합하여 염을 형성한다. 분자량은 그 출처에 따라 다르고 독성이 없고 무색·무미·무취이며, 물에 대한 용해도가 매우 높다. 수크로스의 결정화를 방지하여 아이스크림, 셔벗 등의 안정제, 껌, 빵, 과자류의 기초제, 유화제, 농화제 등으로 사용된다.

② 구아검

구아검(guar gum)은 갈락토스와 마노스가 중합한 갈락토만난(galactomannan)으로 갈락토스와 마노스의 구성비는 1:2이다. 냉수에 쉽게 녹으며, 점성은 대단히 높다. 용액은 중성으로 염류에 의한 영향이 거의 없고 광범위한 pH에 안정하다. 전분이나 단백질과 잘 섞이기 때문에 각종 식품의 점도 증가나 젤리 형성에 이용된다. 식품첨가물의 하나로 콜로이드 보호제, 안정제, 증점제, 유화제 등으로 쓰인다.

③ 한천

한천(agar)은 홍조류인 우뭇가사리를 끓인 다음 식혀서 굳힌 끈끈한 물질로 우무 또는 우무묵이라고도 한다. 홍조류의 세포벽 구성성분으로 갈락토스를 기본으로 하는 갈락탄(galactan)이 복합다당류로 검류와 같이 강한 겔 형성능력을 갖는다. 한천은 아가로스(agarose)와 아가로펙틴(agaropectin)의 두 성분으로 구성되어 있으며 식품에서는 안정제, 젤리나 양갱의 원료, 미생물 배양에서는 배지의 고체상태 유지를 위한 소재로 사용되고 있다. 사람에게는 분해효소가 없어 소화·흡수가 되지 않으나 수분 흡수력이 뛰어나 다이어트나 장 개선에 효과가 있는 것으로 알려져 있다.

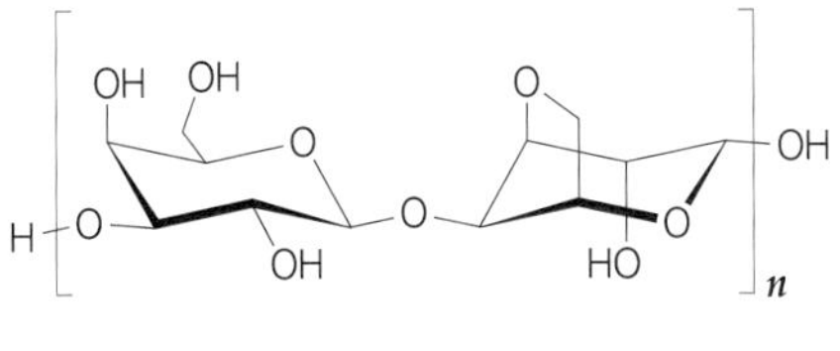

그림 2-40 아가로스의 구조

④ 알긴산

미역이나 다시마 등의 갈조류의 세포막 성분으로 알긴산(alginic acid)의 염을 알긴이라 하며 식품에서는 주로 냉동식품의 안정제로 사용한다.

⑤ 카라기난

카라기난(carrageenan)은 홍조류를 뜨거운 물 또는 뜨거운 알칼리성 수용액으로 추

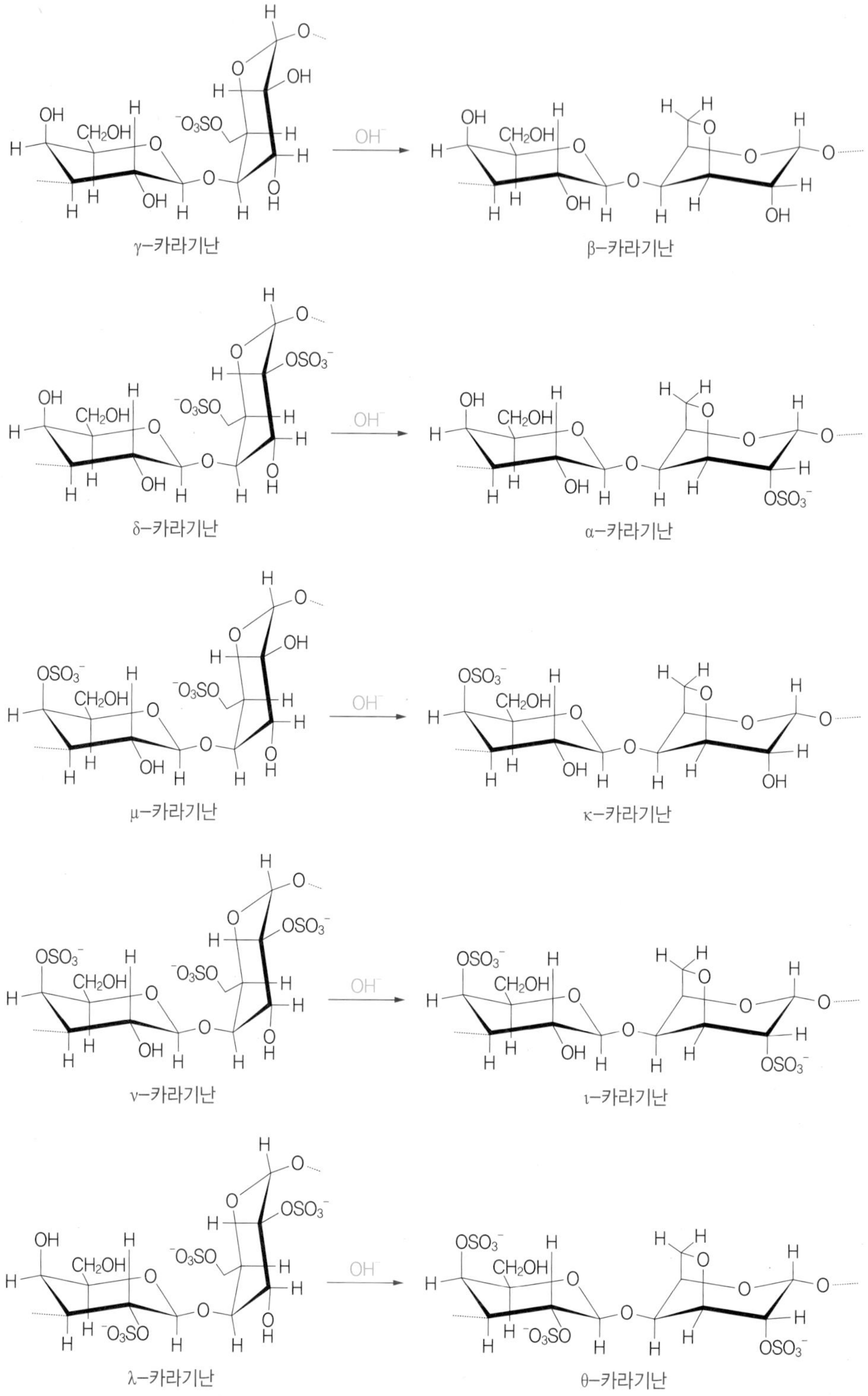

γ-카라기난

OH⁻ →

β-카라기난

δ-카라기난

OH⁻ →

α-카라기난

μ-카라기난

OH⁻ →

κ-카라기난

ν-카라기난

OH⁻ →

ι-카라기난

λ-카라기난

OH⁻ →

θ-카라기난

그림 2-41 카라기난의 구조

출하여 얻는 다당류의 혼합물이다. 단백질과 반응하면 점도가 증가하여 겔을 만드는 특성이 있다. 여러 가지 구조의 카라기난이 존재하며 식품첨가물로 증점제, 안정제, 겔 형성제, 유화제, 착향료 등으로 사용되고 있다.

⑥ 잔탄검(xanthan gum)

미생물(*Xanthomonas campestris*)에 의해 생산되는 검류이다. 글루코스가 β-1,4결합을 하고 마노스, 글루쿠론산, 아세틸 마노스, 피루브산 등이 결합한 구조를 하고 있다. 물에 잘 녹으며 낮은 농도에서도 점도가 비교적 높은 용액을 형성한다. 산, 알칼리, 높은 온도에 안정한 성질이 있어 오렌지 주스의 안정제, 냉장 샐러드 드레싱의 유동성 보존제로 이용되고 있다.

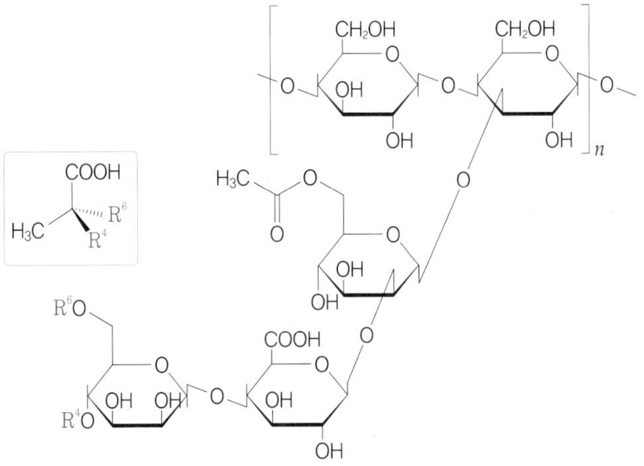

CH_2OH O OH OH n COOH H_3C R^6 R^4 O R^6O R^4O

그림 2-42 잔탄검의 구조

⑦ 덱스트란

덱스트란(dextran)은 프럭토스 또는 수크로스를 배양액으로 하여 루코노스톡 메센테로이데스(*Leuconostoc mesenteroides*) 등의 세균을 배양하면 배양액 속에 축적되며, 전분이나 글리코젠과 유사한 구조를 가지고 있다. 글루코스가 α-1,6결합으로 곧은 사슬 모양으로 이어지고 군데군데에 α-1,4결합이 분지되어 있는 구조를 형성한다.

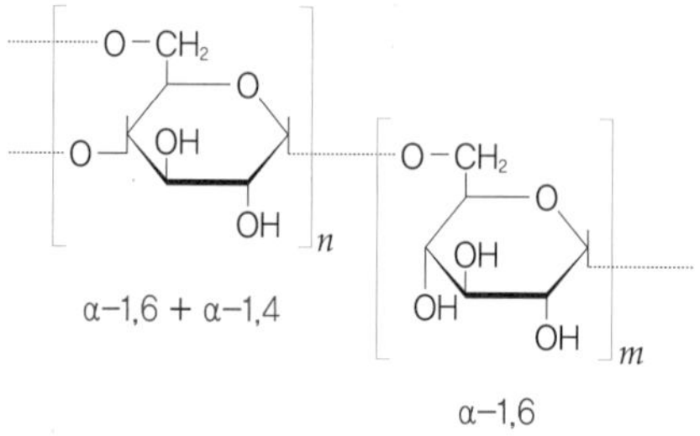

그림 2-43 덱스트란의 구조

(4) 뮤코다당류

뮤코다당류(mucopolysaccharide)는 점액질의 다당류로 헥소사민(hexosamine)이나 시알산(sialic acid) 등의 아미노당을 함유하는 다당류를 가리키는 것으로 모두 생체 내에서 결합조직이나 점막의 구성물질로서 중요한 역할을 맡고 있다.

① 황산콘드로이틴

황산콘드로이틴(chondroitin sulfate)은 연골의 주성분인 아세틸 갈락토사민, 우론산, 황산으로 이루어진 다당류로 인체의 관절, 피부, 혈관벽 등에 존재하는 생리활성 물질이다.

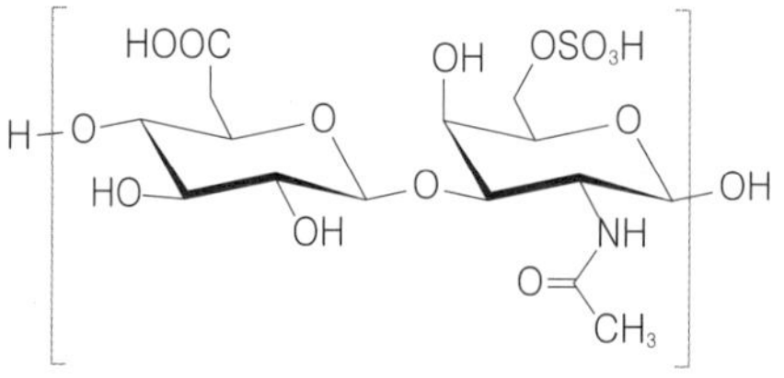

그림 2-44 황산콘드로이틴의 구조

② 히알루론산

히알루론산(hyaluronic acid)은 아세틸글루코사민과 글루쿠론산이 β-1,3결합과 β-1,4결합이 교대로 연결된 구조를 가지는 수용성의 산성 점질 다당류이며 물에 녹으면 높

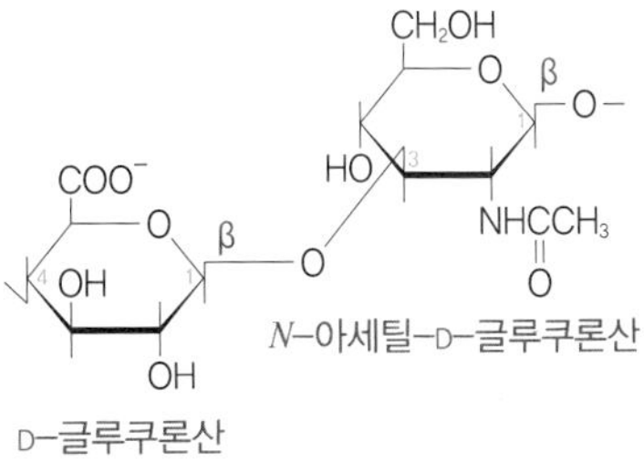

그림 2-45 히알루론산의 구조

은 점성을 나타낸다. 동물의 결합조직, 관절, 동맥벽에 포함되어 있으며 단백질과 복합체를 형성하여 세포를 유지하고 윤활제로 작용한다.

③ 헤파린

헤파린(heparin)은 혈액응고방지 작용을 가진 물질로 간에서 주로 분리된다. N-sulfo-D-glucosamine과 글루쿠론산 그리고 이두우론산이 α-1,4결합한 다당류이다. 헤파린은 각종 조직 중의 비만세포에서 만들어지며 항혈액응고 작용이나 지혈청징 작용이 있기 때문에 혈액응고나 혈전방지 의약품으로 이용되고 있다.

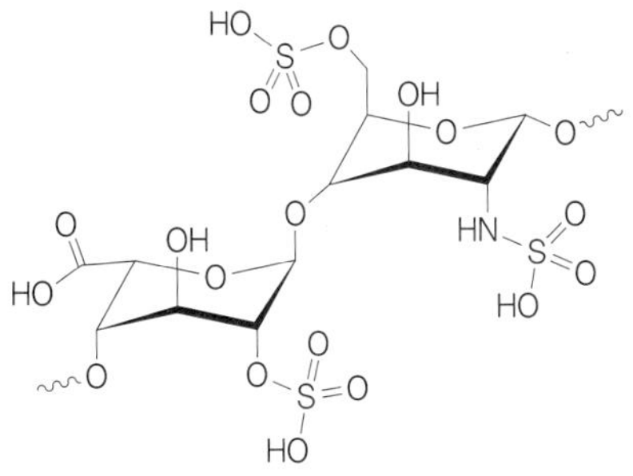

그림 2-46 헤파린의 구조

④ 펩티도글리칸

모든 세균의 세포는 강인한 펩티도글리칸(peptidoglycan)이라는 뮤코다당류와 펩타이드가 결합한 그물구조의 고분자물질로 된 세포벽으로 보호되어 있다. 아세틸글루코사민과 아세틸뮤람산이 β-1,4결합으로 연결된 주쇄에 뮤람산의 카복실기에 4개의 아미노산이 결합된 구조를 갖고 있다.

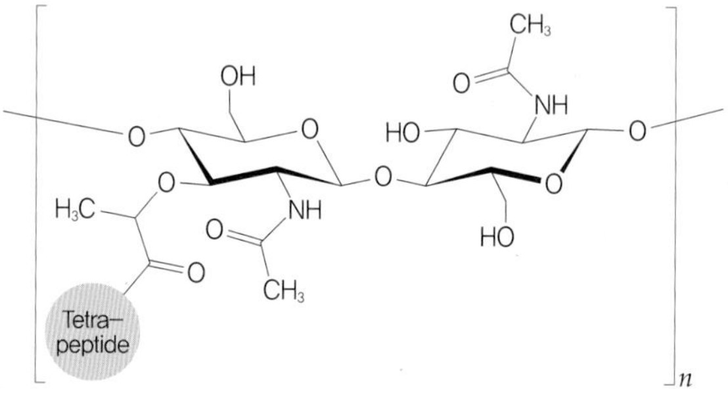

그림 2-47 펩티도글리칸의 구조

3 지질

1. 지질의 정의와 분류
2. 지방산
3. 중성지질
4. 지질의 물리 · 화학적 특성
5. 유지의 산패와 자동산화

Lipid

Chapter 3

지 질

영양학적 관점에서 지질은 오래전부터 탄수화물, 단백질과 함께 3대 영양소의 하나로 중요하게 인식되었다. 지질은 체내에서 단위무게당 가장 높은 열량을 내는 에너지원이면서 피하지방과 내장지방층을 형성하고, 체온 유지 및 신체기관의 보호와 장기고정 등의 생리학적 역할을 수행한다. 조리학적으로는 식품의 향미에 가장 큰 영향을 미치는 성분이며, 튀김과정 중에서 열전달 매체로 매우 중요하다. 또한 이형제로서의 사용과 쇼트닝성은 제과공정에서 매우 중요하다. 스낵류의 경우에는 제품의 바삭함 또는 부드러움에 큰 역할을 한다. 최근에는 DHA, EPA, CLA 등과 같은 기능성 지질과 콜레스테롤, 트랜스지방산과 같은 건강위해 지질에 대해서도 많은 연구가 진행 중이다. 본 장에서는 지방산의 종류, 지질의 정의와 특징, 지방의 산패 등에 대해 자세히 설명하고자 한다.

1 지질의 정의와 분류

1) 지질의 정의

지질은 한 마디로 정의하기 어렵지만 일반적으로 다음의 세 가지로 정리할 수 있다.

- 물에 녹지 않으며, 헥산, 벤젠, 클로로포름 등의 유기용매에 녹는 물질이다.
- 지방산 에스터 및 이 에스터의 구성성분인 지방산(중성지질), 알코올(왁스), 스테로이드 등의 천연물질이다.
- 생체에서 이용할 수 있는 물질이다.

이러한 정의에 따르면 생체 내에서 이용할 수 없는 내연기관의 연료로 사용되는 휘발유와 경유, 양초의 주원료인 파라핀 등은 지질이라 할 수 없다. 하지만 지용성 비타민, 콜레스테롤, 지용성 색소 등은 지질로 분류할 수 있다.

2) 상온 상태에 따른 분류

지질을 분류하는 방법은 매우 다양하다. 이 중 가장 쉽고 흔하게 사용되는 방법은 상온에서의 상태에 따른 구분이다. 상온에서 상태가 고체인 경우를 지방(脂, fat)이라 부르고, 액체인 경우를 기름(油, oil)이라 부른다. 일반적으로 지질의 다른 용어인 유지(油脂)라는 말은 이 두 낱말의 한자어가 합쳐져 만들어진 말이다.

일반적으로 고체로 존재하는 지방을 구성하는 중성지질은 주로 포화지방산(saturated fatty acid; 14:0, 16:0, 18:0)으로 되어 있으며, 동물성 재료에서 얻은 버터, 우지, 돈지 등이 여기에 속한다. 액상으로 존재하는 기름은 불포화지방산(unsaturated fatty acid; 16:1, 18:1, 18:2, 18:3)으로 구성되어 있으며, 식물성 재료에서 얻은 콩기름(대두유), 옥수수기름(옥배유), 참기름과 들기름 같은 것이 여기에 속한다.

지방과 기름은 상온에서의 상태에 따른 분류지만 대부분 동물성인지 식물성인지에 따라 구분하기도 하는데, 일반적으로 동물성은 지방(fat), 식물성은 기름(oil)으로 인식하는 경우도 많다. 하지만 팜유는 식물성 재료에서 얻어지고 이름이 plam oil이지만 실제로는 포화지방산의 함량이 높아 상온에서 고체상이고, 어유(fish oil)는 동물성 재료에서 얻어지면서도 다중 불포화지방산(polyunsaturated fatty acid)이 많이 함유되어 상온에서 액체로 존재한다.

서양의 경우 지방과 기름 중에 지방의 사용을 선호하여 콩기름과 옥수수기름 같은 식물성 기름의 불포화지방산에 수소를 첨가시켜 경화된 경화유를 만들어 사용한다. 경화는 불포화지방산을 포화지방산으로 바꾸어 지방(fat)을 만든다. 이렇게 만든 경화유에는 마가린, 쇼트닝, 경화 대두유 등이 있다.

표 3-1 지질의 상온의 상태에서의 구분

	지방(脂, fat)	기름(油, oil)
상온에서의 상태	고체상	액체상
주요 구성 지방산	포화지방산	불포화지방산
주요 출처	동물성 지질층	식물성 지질층
예외의 경우	팜유, 코코넛유(식물성이면서 fat)	어유(동물성이면서 oil)
주요 유지	우지, 돈지, 버터	콩기름, 옥수수기름, 참기름, 들기름

3) 구성성분과 구조에 따른 분류

지질은 매우 다양한 형태의 화학성분을 포함하고 있다. 이들은 서로 다양한 구성성분과 화학적 구조를 가지고 있으므로 이런 특성에 따라 다음과 같이 다양하게 분류할 수 있다.

(1) 단순지질

지방산이 글리세롤(glycerol)과 에스터 결합을 한 지질로 다음과 같은 것이 단순지질(simple lipid)에 해당한다.

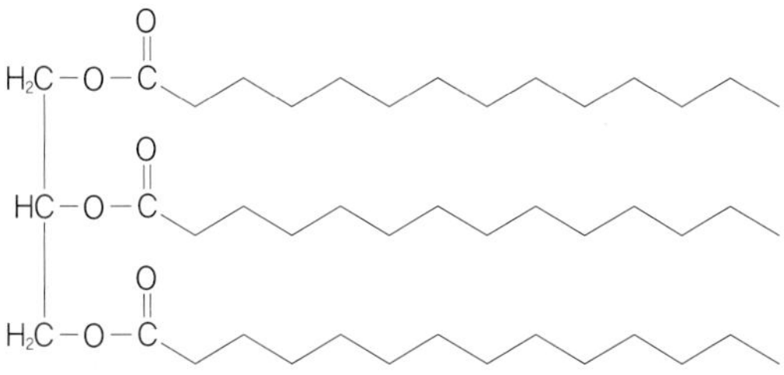

중성지질

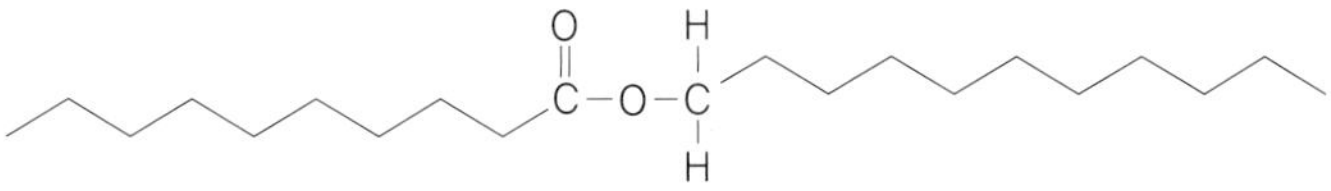

왁스

그림 3-1 중성지질과 왁스의 구조

- 중성지질(neutral fat, triacylglycerol, triglyceride): 일반적으로 –OH기를 3개 가지고 있는 3가 알코올인 글리세롤과 3개의 유리지방산이 에스터 결합한 것
- 왁스(wax): 고급 1가 알코올과 유리지방산이 에스터 결합한 것

(2) 복합지질

복합지질(complex lipid)은 지방산이 글리세롤 또는 아미노 알코올(amino alcohol)과 결합한 에스터에 다른 화합물이 결합한 지질로 다음과 같은 것이 있다.

- 인지질(phospholipid): 글리세롤에 지방산, 질소화합물, 인산이 결합한 것
- 당지질(glycolipid): 지방산, 스핑고신(sphingosine)과 당류가 결합한 것
- 황지질(sulfolipid): 지질에 유황을 함유한 것
- 지단백질(lipoprotein): 단백질과 결합한 지질

(3) 유도지질(derived lipid)

단순지질, 복합지질을 가수분해하여 생성되는 지용성 물질을 유도지질(derived lipid)이라 하며 다음과 같은 것이 있다.

- 지방산(fatty acid): 구성 탄소수 16~18개의 직쇄형의 카복실산
- 고급알코올(higher alcohol): 탄소원자 8~30개를 가진 직쇄 및 환상 알코올
- 탄화수소(hydrocarbon): 지방족 및 환상화합물
- 이소프렌류(isoprenoid): 스테로이드(steroid)와 카로티노이드(carotenoid)류를 분해할 경우 얻어짐

4) 비누화 여부에 따른 분류

지질은 알칼리에 의해 가수분해되어 글리세롤과 비누를 만드는데, 이 과정을 비누화 혹은 검화(saponification)라고 한다. 지질은 비누화가 되는 지질과 비누화가 되지 않는 지질로도 구분한다. 결론적으로 비누화 가능 여부는 지질 분자 내부에 에스터(ester) 결합이 있는가 없는가에 따라 달라진다. 비누화가 되는 지질(saponifiable lipids)에는 중성지질, 왁스류, 인지질 등이 있고, 비누화가 되지 않는 지질(nonsaponifiable lipids)에는 스테롤류와 일부 탄화수소, 지용성 색소가 있다.

5) 복합 · 유도지질류

(1) 레시틴과 세파린

레시틴(lecithin)과 세파린(cephalin)은 식물의 종자와 동물의 뇌, 신경계, 간, 심장, 달걀노른자에 함유되어 있는 인지질이다. 레시틴과 세파린을 구성하는 2개의 지방산 중 하나 이상은 불포화지방산이다. 구성 지방산 중 포화지방산은 16:0와 18:0, 불포화지방산은 18:1, 18:2, 18:3, 20:4 등이 많다.

레시틴은 구조적으로 친수성과 소수성을 모두 가지고 있는 양쪽성 물질(amphoteric substance)로 강한 유화력을 갖고 있기 때문에 아이스크림, 초콜릿 등의 제조 시 유화제로 사용된다.

레시틴과 세파린은 에스터나 뜨거운 알코올에 잘 녹으나 아세톤에는 거의 녹지 않는다. 레시틴과 세파린의 분리에는 염화칼슘($CaCl_2$)이 사용된다. 레시틴과 염화칼슘 착염은 에스터에 잘 녹지 않고, 세파린 착염은 잘 녹는다.

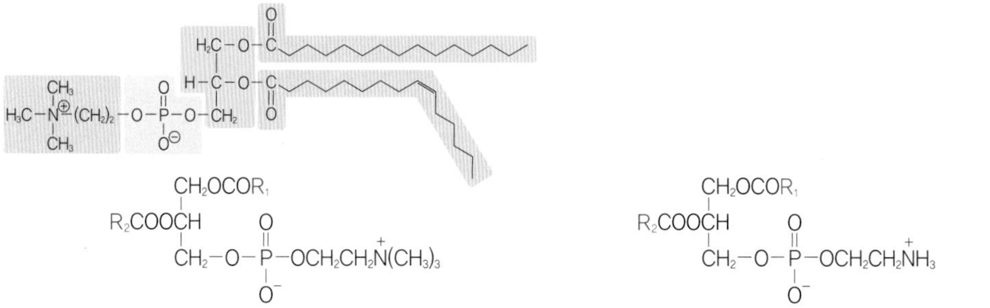

$$\begin{array}{l} CH_2OCOR_1 \\ R_2COOCH \quad\quad O \\ CH_2-O-\overset{\|}{P}-OCH_2CH_2\overset{+}{N}(CH_3)_3 \\ \quad\quad\quad\quad O^- \end{array}$$

레시틴(lecithin, phosphatidylcholine)

$$\begin{array}{l} CH_2OCOR_1 \\ R_2COOCH \quad\quad O \\ CH_2-O-\overset{\|}{P}-OCH_2CH_2\overset{+}{N}H_3 \\ \quad\quad\quad\quad O^- \end{array}$$

세파린(cephalin, phosphatidyl ethanolamine)

그림 3-2 레시틴과 세팔린의 구조

(2) 포스파티딜이노시톨

포스파티딜이노시톨(phosphatidyl inositiol)은 동물의 뇌, 간장, 심장조직과 콩, 밀의 배아, 효모 등에 존재하는 인지질이다. 이것이 가수분해되면 인산, 미오이노시톨(myoinositol), 글리세롤과 두 분자의 지방산이 생성된다. 주요 구성 지방산은 스테아르산(steraric acid), 팔미트산(palmitic acid), 올레산(oleic acid), 리놀레산(linoleic acid) 등이며, 특히 스테아르산과 리놀레산의 함량이 많다.

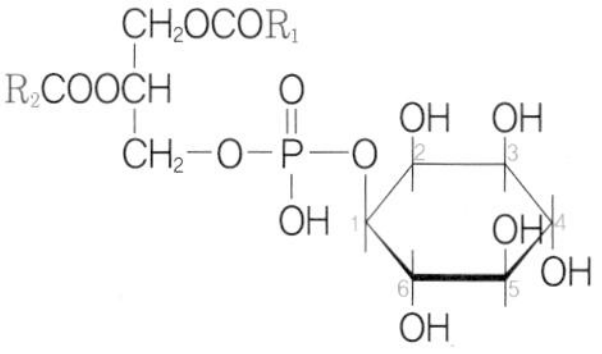

포스파티딜이노시톨(phosphatidyl inositol, inositol phospholipid)

그림 3-3 포스파티딜이노시톨의 구조

(3) 세레브로사이드

세레브로사이드(cerebroside)는 분자 중에 스핑고신(sphingosine)을 함유하고 있어 스핑고지질(sphingolipid)에 속하나, 인산은 함유하지 않으므로 인지질에는 속하지 않는다. 가수분해하면 세레브로사이드는 스핑고신(sphingosine), 지방산, 육탄당 등으로 분해되므로 당지질에 속하며, 이때 가수분해되어 나오는 단당류는 주로 갈락토스이고 포도당은 드물게 발견된다.

세레브로사이드는 동물의 뇌, 비장 등의 지방조직에서 발견된다. 뇌에서 발견되는 세레브로사이드 중 일부는 갈락토스의 3번 위치가 황산으로 에스터화된 황산세레브로사이드이다.

세레브로사이드는 단일물질이 아니며, 구성 지방산의 종류에 따라 크게 4가지 종류로 분류된다.

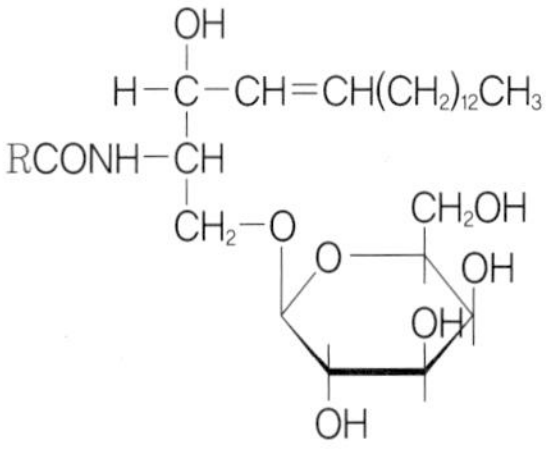

세레브로사이드(cerebroside)

그림 3-4 세레브로사이드의 구조

(4) 스테롤

스테롤에는 콜레스테롤(cholesterol), 엘고스테롤(ergosterol), 시토스테롤(sitosterol), 스티그마스테롤(stigmasterol) 등이 있다. 엘고스테롤, 시토스테롤과 스티그마스테롤이 식물성 식품에서 발견되는데 비해 콜레스테롤은 동물성 식품에서만 발견된다. 따라서 콜레스테롤을 정성분석하면 동물성 지방의 함유 여부를 알 수 있다.

콜레스테롤은 동물의 근육 · 뇌조직을 구성하는 지방에 다량 함유되어 있다. 일반적으로 동물성 지방 중에는 0.1~0.4%, 어유 중에는 1.0~1.5%의 콜레스테롤이 함유되어 있다. 콜레스테롤은 대부분 유리상태로 존재하나, 약 6% 정도의 소량은 지방산과 에스터로 결합되어 존재한다.

시토스테롤은 밀종자유와 옥수수기름에 많으며, 기타 식물성 유지에도 널리 분포되어 있다. 스티그마스테롤은 쌀겨기름, 옥수수기름, 콩기름, 야자유에 많다.

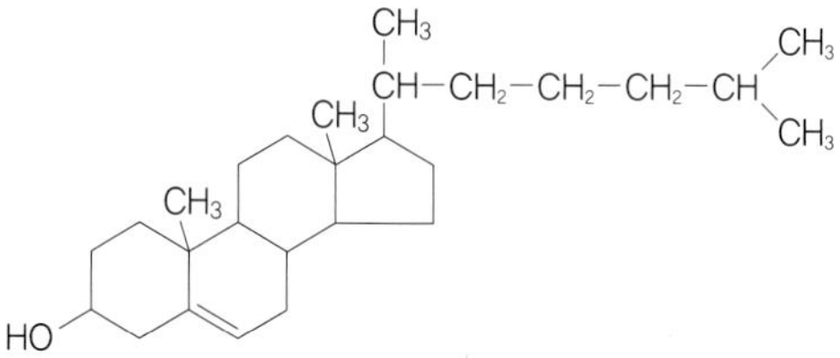

콜레스테롤(cholesterol)

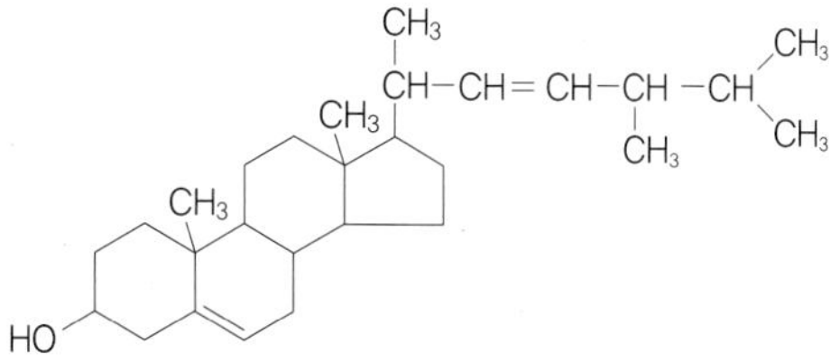

엘고스테롤(ergosterol)

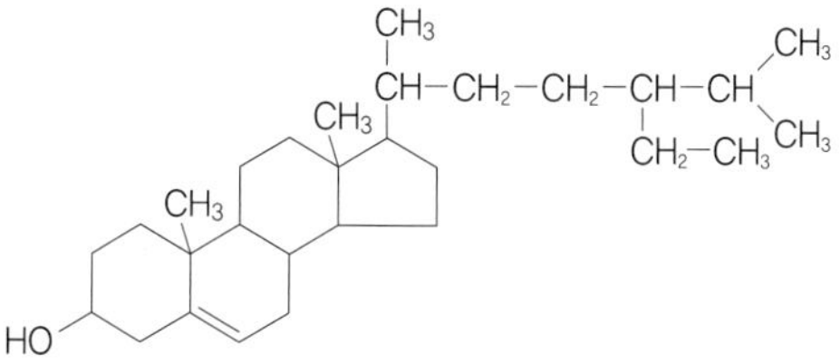

시토스테롤(sitosterol)

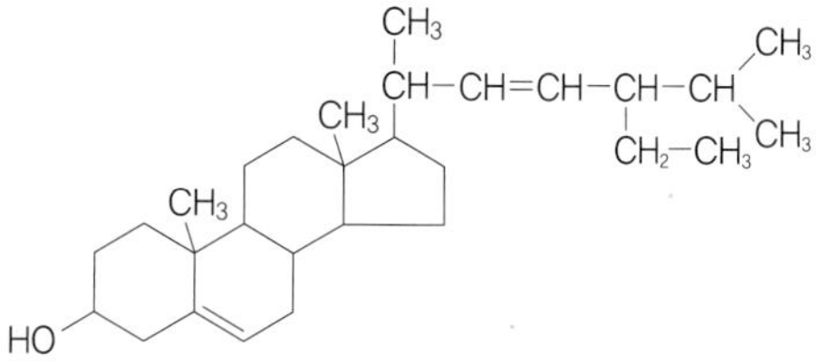

스티그마스테롤(stigmasterol)

그림 3-5 콜레스테롤, 엘고스테롤, 시토스테롤, 스티그마스테롤의 구조

표 3-2 식품 중 콜레스테롤의 함량

식품(시료량)	콜레스테롤 함량(mg)	식품(시료량)	콜레스테롤 함량(mg)
간(85 g)	408	돼지고기(85 g)	70
달걀(1개)	213	칠면조(85 g)	58
새우(85 g)	107	닭가슴살(85 g)	55
쇠고기(85 g)	85	메로구이(85 g)	47
립(85 g)	72		

(5) 밀납

밀납(bees wax)은 고래기름에 존재하는 경납(supermolceti wax)과 함께 대표적인 동물성 왁스이다. 벌꿀에서 주로 얻어지며 녹는점은 62~65℃ 정도이고 정제 전에는 노란색을, 정제 후에는 백색을 띤다. 주성분은 지방산인 팔미트산과 고급 알코올인 미리실 알코올의 에스터이다. 그 외에 탄소수 24~34개의 고급 알코올들도 발견된다.

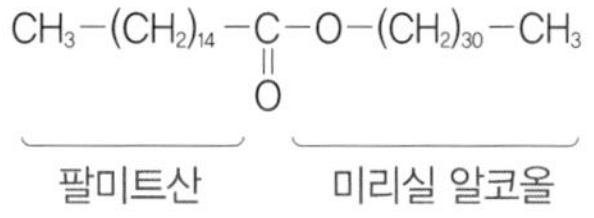

$$CH_3-(CH_2)_{14}-\underset{\underset{O}{\|}}{C}-O-(CH_2)_{30}-CH_3$$

팔미트산 / 미리실 알코올

그림 3-6 밀납의 구조

2 지방산

1) 지방산의 정의

지방산(fatty acid)은 지질의 구성요소로서 지질의 가수분해(lipolysis)로 얻는 물질이다. 일반적으로 직쇄상으로 결합한 탄소사슬이며, 끝에 작용기로 −COOH기를 가지고 있다. 자연계에 존재하는 지방산은 대부분 짝수 개의 탄소를 가지며, 탄소수가 4개인 저급지방산부터 24개 정도의 고급지방산까지 다양하게 발견되지만, 주로 탄소 16개와 18개로 구성되어 있는 지방산이 대부분이다. 지방산은 일반식으로 R−COOH로 표시된다.

지방산은 내부에 이중결합이 있고 없음에 따라 포화지방산과 불포화지방산으로 나뉜다. 포화지방산(saturated fatty acid)은 이중결합을 포함하지 않고 동물성 지방에 많이 함유되어 있다. 단일결합으로 포화되어 있어 쉽게 산화되지 않고 탄소수가 증가하면 융점과 비점이 증가한다. 자연계에 가장 많이 존재하는 대표적인 포화지방산으로는 팔미트산(palmitic acid; $C_{16:0}$, 16:0), 스테아르산(stearic acid; $C_{18:0}$, 18:0) 등이 있다.

포화지방산의 명명은 계통명(systematic name)과 관용명(common name)으로 구분한다. 계통명은 IUPAC법이라고 부르기도 하는데 국제 공인방법에 따라 붙이는 화학명이고, 관용명은 과거부터 관용적으로 사용한 화학명이다. 이 중 계통명은 유기 카복실산의 명명법을 기본으로 이루어진다.

유리지방산은 −COOH기를 가지고 있으므로 −COOH의 탄소까지 포함하는 알케인의 이름 뒤에 '-oic acid'를 붙이면 된다. 탄소 숫자에 따른 알칸의 명명은 이 책의 〈부록〉을 참고하면 된다.

표 3-3 대표적인 지방산의 계통명과 일반명

탄소수	계통명	일반명	약어
4:0	butanoic	butyric	B
6:0	hexanoic	caproic	H
8:0	octanoic	caprylic	Oc
10:0	decanoic	capric	D
12:0	dodecanoic	lauric	La
14:0	tetradecanoic	myristic	M
16:0	hexadecanoic	palmitic	P
18:0	octadecanoic	stearic	St
20:0	eicosanoic	arachidic	Ad
16:1	9-hexadecenoic	palmitoleic	Po
18:1	9-octadecenoic	oleic	O
18:2	9,12-octadecadienoic	linoleic	L
18:3	9,12,15-octadecatrienoic	linolenic	Ln
20:4	5,8,11,14-eicosatetraenoic	arachidonic	An
22:1	13-docodenoic	erucic	E

불포화지방산(unsaturated fatty acid)은 분자 내에 이중결합이 1개 이상 있는 지방산이다. 이중결합의 개수에 따라 올레산(oleic acid) 계열(이중결합 1개), 리놀레산(linoleic acid) 계열(이중결합 2개), 리놀렌산(linolenic acid) 계열(이중결합 3개)과 다중 불포화산 계열(이중결합 4개 이상)으로 나누기도 한다. 불포화지방산은 식물성 유

지에 많이 함유되어 있으며, 불포화되어 있는 부분에서 쉽게 산화반응이 일어나고, 산화반응의 속도는 이중결합의 수가 많을수록 급격히 빨라진다. 또한 불포화도가 클수록 녹는점은 낮아지고 굴절률은 커진다.

흔히 자연 중에 존재하는 불포화지방산은 팔미톨레산(palmitoleic acid; $C_{16:1}$, 16:1), 올레산($C_{18:1}$, 18:1), 리놀레산($C_{18:2}$, 18:2), 리놀렌산($C_{18:3}$, 18:3), 아라키돈산(arachidonic acid; $C_{20:4}$, 20:4), 에이코사펜타노산(eicosapentanoic acid, EPA; $C_{20:5}$, 20:5), 도코사헥사노산(docosahexanoic acid, DHA; $C_{22:6}$, 22:6) 등이 있다.

불포화지방산의 경우는 탄소의 개수와 더불어 이중결합의 개수와 위치를 포함하여야 하므로 계통명이 더 복잡하다. 우선 이중결합의 존재는 '-enoic'이라는 어미를 붙여 표시를 하고, 이중결합의 개수는 2개면 'dienoic', 3개면 'trienoic', 4개면 'tetraenoic'과 같이 어미 '-enoic'의 앞에 그리스 접두어를 붙여 표시한다. 다음으로 이중결합의 위치를 표시해야 된다. 이를 위해서는 탄소에 번호를 붙이는 것이 필요하다. IUPAC법에 의하면 지방산의 탄소번호는 작용기인 −COOH의 탄소부터 번호를 붙이도록 되어 있다.

그림 3-7에서 보는 것처럼 올레산의 이중결합은 −COOH부터 번호를 붙이면 9번째 탄소에 존재한다. 위의 두 가지 규칙에 의해 oleic acid(일반명)의 계통명을 표시하면 9-octadecenoic acid가 된다.

불포화지방산의 이중결합 부분은 대부분 시스형으로 되어 있다. 시스형은 이중결합을 중심으로 탄소의 서로 같은 방향에 위치하고 있는 것이다. 그림 3-7에서 보는 바와 같이 포화지방산(스테아르산)의 경우 직쇄형 구조를 보이는데 반해, 불포화지방산(올레산)은 이중결합 부분이 꺾인 구조를 보인다. 이런 꺾인 구조는 중성지질의 구조에서 상호 간섭을 일으켜 더 큰 물리적 · 입체적 특징 차이를 보인다. 이중결합이 두 개 이상인 경우는 이런 현상이 더 커진다.

또한 이중결합이 2개 이상 배치될 경우 이중결합의 배치 형태에 따라 표 3-4와 같이 다른 명칭이 부여된다.

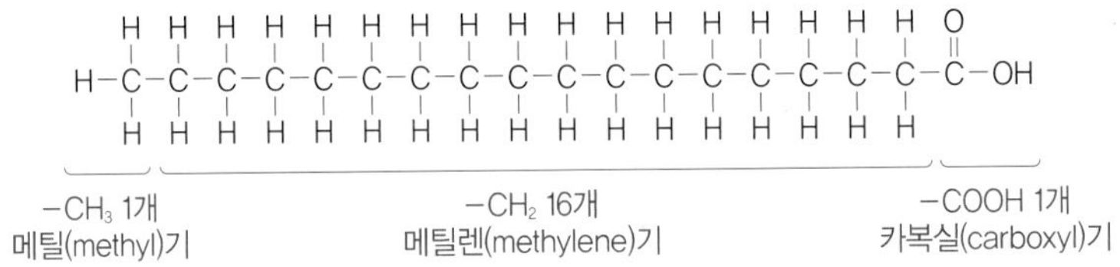

$-CH_3$ 1개
메틸(methyl)기

$-CH_2$ 16개
메틸렌(methylene)기

$-COOH$ 1개
카복실(carboxyl)기

스테아르산의 구조

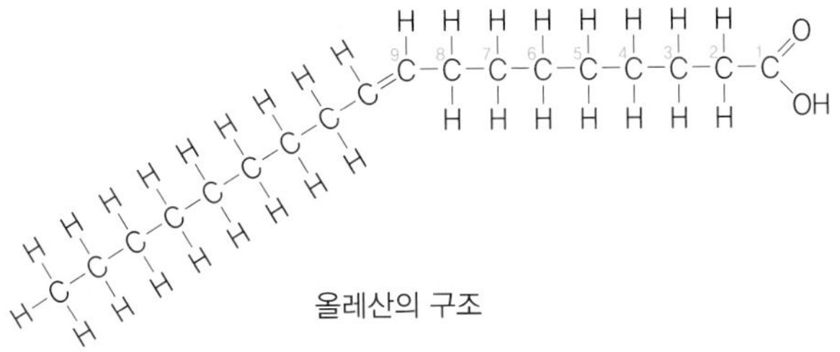

올레산의 구조

그림 3-7 포화 · 불포화지방산의 구조

표 3-4 불포화지방산의 이중결합 배치 형태에 따른 명칭

연이은 형태(cumulated)	공액 형태(conjugated)	비공액 형태(nonconjugated)
−C=C=C−	−C=C−C=C−	−C=C−C−C=C−
−C=C=C=C−	−C=C−C=C−	−C=C−C−C−C=C−

불포화지방산 중 2개 이상의 이중결합은 대부분 비공액 형태로 배치되어 있다. 비공액 형태는 펜타다이엔(pentadiene) 구조나 1,4-펜타다이엔(1,4-pentadiene) 구조로도 부른다. 이중결합이 3개 이상 지방산 내부에 배치될 경우도 비공액 형태로 배치된다. 이럴 경우 이중결합은 탄소 위치에 따라 9번, 12번, 15번순으로 배치된다.

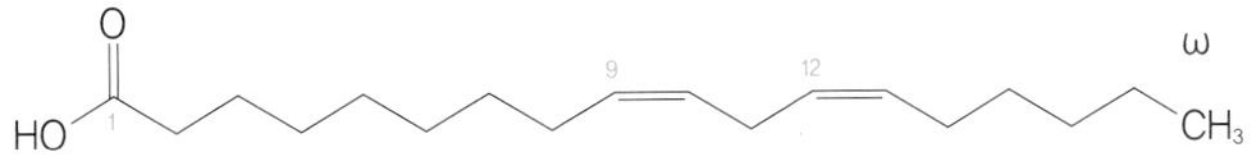

그림 3-8 리놀레산의 구조

IUPAC법에 의해서 작용기인 −COOH기부터 번호를 붙여야 되지만 경우에 따라서는 반대편 메틸기의 탄소부터 번호를 붙이는 것이 유용할 경우가 있다. 이럴 경우 −COOH기의 반대쪽 끝인 $-CH_3$기에서부터 번호를 붙이기 때문에 번호 앞에 **ω**(omega)를 붙인다. **ω**-3계열 지방산은 끝의 탄소부터 3번째 탄소에 이중결합이 나타나는 지방산으로 리놀렌산이나 EPA와 DHA와 같은 고도의 불포화지방산을 포함한다. **ω**-3계열 지방산은 심근경색, 동맥경화 및 혈전의 예방에 효과가 있는 것으로 알려져 있고, 미국 FDA에서 그 효능에 대해 공식적으로 인정한 상태이다. **ω**-3계열 외 **ω**-6계열에는 리놀레산과 아라키돈산이 포함된다.

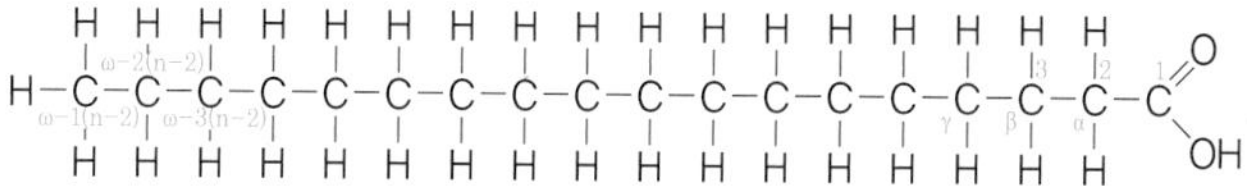

그림 3-9 지방산의 탄소번호 표시법

2) 트랜스지방산과 필수지방산

유지를 구성하는 지방산의 이중결합에 수소를 첨가하는 수소과정 중 시스형 지방산이 트랜스형으로 변하게 되는데, 이를 트랜스지방산(trans fatty acid)이라 한다. 시스형 지방산은 포화지방산과 좌우 탄소의 위치가 달라 구조적으로 큰 차이를 보이는데 비해, 트랜스형으로 변할 경우는 포화지방산의 탄소 배치와 매우 비슷한 모습을 보인다. 트랜스지방산은 심혈관계 질환과 관련되어 건강에 위해를 준다는 연구 보고가 많고 다양한 식품의 영양표시에 그 함량이 표시되고 있다.

시스형에서 트랜스형으로의 변환은 그림 3-11과 같은 과정을 통해 이루어진다. 불포화지방산의 결합이 파이(π)결합과 시그마(σ)결합이 동시에 존재하는 이중결합일 때는 탄소의 회전이 불가능하다. 하지만 열이나 빛을 받게 되면 파이결합이 깨지면서 이중결합이 단일결합으로 변하게 되고 탄소의 회전이 쉬워진다. 이 과정에서 트랜스형으로 배치 변화가 발생하고 이후 잉여 전자들이 다시 파이결합을 만들면 이전에는 없던 트랜스형 지방산이 생긴다. 이런 변화는 상온에서는 일어나지 않고 충분한 양의 열이

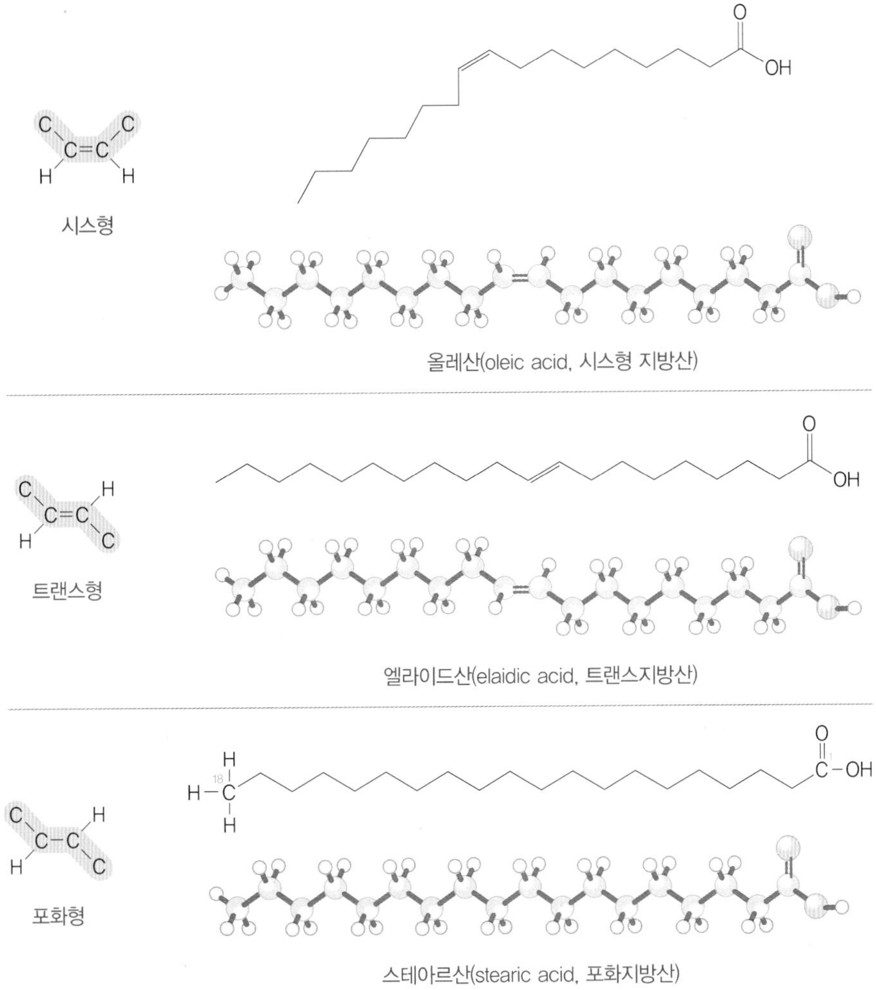

그림 3-10 시스형 · 트랜스형과 포화지방산의 탄소 위치 비교

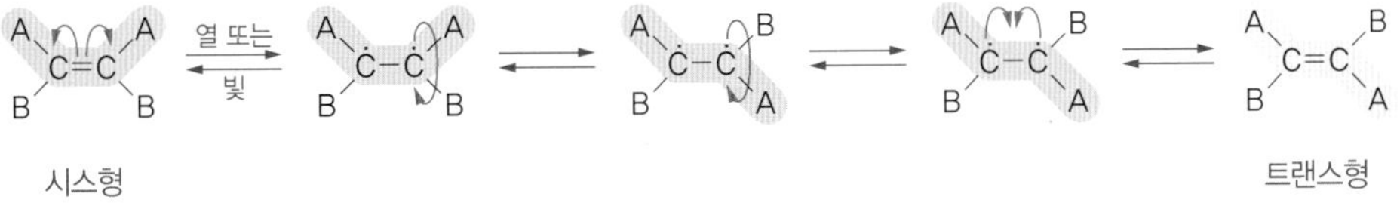

그림 3-11 트랜스지방산의 생성 메커니즘

나 빛이 가해질 경우에만 발생한다. 따라서 자연 중에 존재하는 지질 속에는 트랜스지방산은 존재하지 않는다. 하지만 가열처리 후의 튀김유나 수소를 첨가시킨 마가린, 쇼트닝 같은 경화유에는 트랜스지방산이 존재한다.

필수지방산(essential fatty acid)은 동물의 정상적인 성장과 건강 유지를 위하여 식품을 통해 반드시 공급되어야 하는 지방산을 말한다. 특히 포유동물은 이중결합을 2~3개 갖는 지방산을 합성할 수 없어 리놀레산과 리놀렌산, 아라키돈산을 외부에서 공급해야 한다. 이들은 영양학적으로 비타민으로 분류하여 비타민 F로 부른다. 필수지방산은 생체막의 중요한 구성성분이며 혈중 콜레스테롤 함량을 낮추는 기능을 한다.

3) 식품 중 지방산의 조성

시중에서 판매하고 흔히 사용되는 지질은 매우 다양하며 서로 다른 물리 · 화학적 특성을 보인다. 이런 특성 차이를 보이는 이유 중 하나는 지질을 구성하는 지방산의 조성 차이 때문이다. 시판 유지 중 코코넛유와 팜유는 포화지방산의 함량이 가장 높게, 잇꽃유와 카놀라유는 가장 낮게 나타났다. 올리브유의 경우 이중결합이 하나인 지방산의 함량이 80%나 되었는데 이는 대부분 올레산이라 생각된다. 리놀레산이 가장 많이 함유된 지방은 해바라기유로 나타났다. 아마인유는 다른 유지에 비해 α-리놀렌산의 함량이 가장 높게 나타났다(그림 3-12).

3 중성지질

1) 중성지질의 구조

지질에는 여러 식품성분이 포함되지만 일반적으로는 중성지질(triacylglycerol, triglyceride, TG)을 지칭한다. 중성지질은 3가 알코올인 글리세롤(glycerol)과 카복실기를 가지고 있는 3개의 유리지방산(free fatty acid)이 탈수 · 축합반응에 의해 새로운 3개의 에스터결합(ester bond)을 형성하여 만들어진다. 에스터를 만드는 지방산이 포

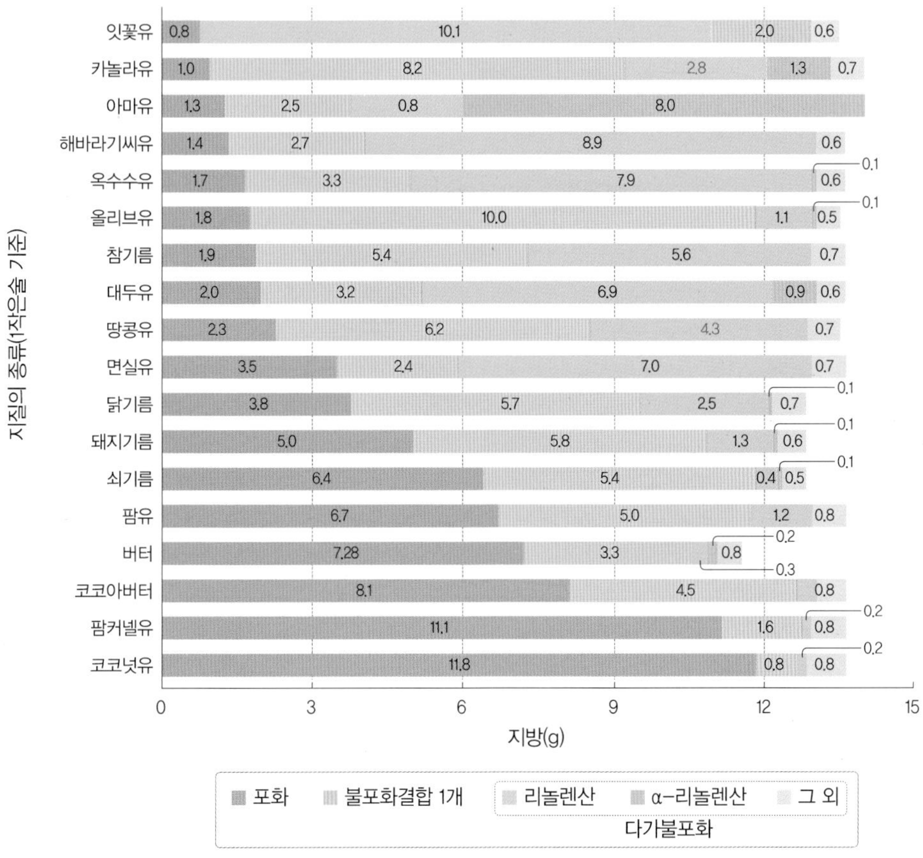

그림 3-12 대표적인 지질의 지방산 조성 비교

화인지 불포화인지에 따라 만들어지는 중성지질의 구조적 형태는 다르게 나타난다. 이런 형태 차이는 중성지질의 물리적 성질에 큰 영향을 미친다.

중성지질이 만들어질 때 경우에 따라서는 2개의 유리지방산과 혹은 1개의 유리지방산만 에스터결합이 만들어지며, 이때는 유리지방산의 수에 따라 다이글리세리드(diglyceride, DG)와 모노글리세리드(monoglyceride, MG)라고 부른다. 중성지질은 소수성의 성질을 갖고 있는데 비해 다이글리세리드와 모노글리세리드는 에스터결합을 만들지 않은 하이드록시기(−OH)가 존재하여 부분적으로 친수성의 성격을 갖고 있어 양쪽성의 성질을 나타낸다.

$$\begin{array}{l} CH_2-OH \\ | \\ CH_2-OH \\ | \\ CH_2-OH \end{array} \quad + \quad \begin{array}{l} HOOC-R_1 \\ HOOC-R_2 \\ HOOC-R_3 \end{array} \quad \longrightarrow \quad \begin{array}{l} CH_2-OOC-R_1 \\ | \\ CH_2-OOC-R_2 \\ | \\ CH_2-OOC-R_3 \end{array} \quad + \quad 3H_2O$$

글리세롤　　유리지방산　　중성지질

그림 3-13 중성지질의 탈수축합과정

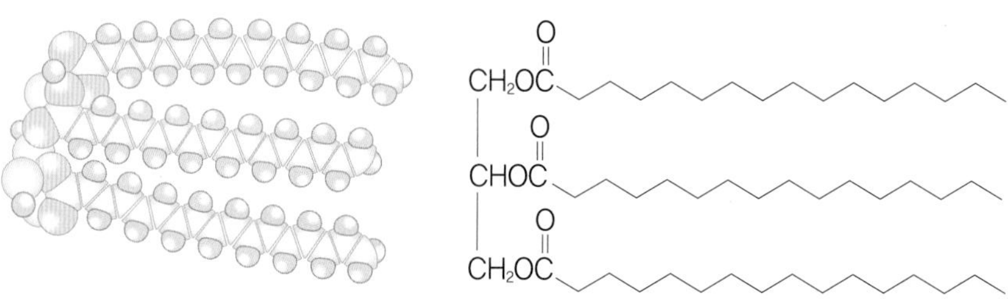

포화지방산으로 구성

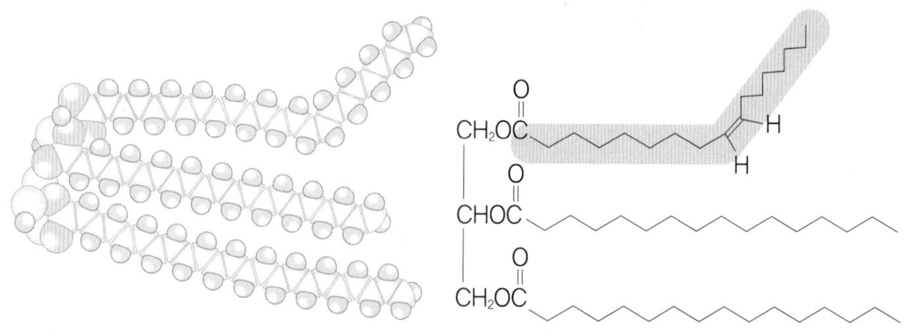

불포화지방산으로 구성

그림 3-14 구성 지방산의 차이에 따른 중성지질의 구조 차이

중성지질은 구성 지방산의 종류가 한 가지로 되어 있는 단순 중성지질(simple glyceride)과 두 가지 이상인 혼합 중성지질(mixed glyceride)로 분류된다. 단순 중성지질의 경우 구성 지방산의 종류에 따라 이름이 달라진다. 구성 지방산이 스테아르산의 경우 트라이스테아린(tristearin), 올레산의 경우 트라이올레인(triolein), 팔미트산인 경우 트라이팔미틴(tripalmitin)으로 명명된다. 하지만 최근에는 더욱 다양한 명명법들이 제시되고 있어 트라이스테아린의 경우 이 이름 외에도 트라이스테라로일글리세롤

(tristearoyl-glycerol), 글리세롤 트라이스테아레이트(glycerol tristearate)와 구성 지방산의 약자로 StStSt로 부른다.

혼합 중성지질의 경우는 단순 중성지질에 비해 명명법이 더욱 다양하다. 중성지질은 글리세롤과 3개의 서로 다른 지방산으로 구성되어 있으므로 지방산이 결합되어 있는 글리세롤의 위치를 표시해 주어야 한다. 글리세롤의 탄소 위치를 표시하는 방법은 $\alpha\beta\alpha'$으로 표시하는 법과 123으로 표시하는 방법이 있다. 스테아르산, 올레산, 미리스트산(myristic acid)으로 구성된 중성지질의 경우 그림 3-15처럼 명명된다.

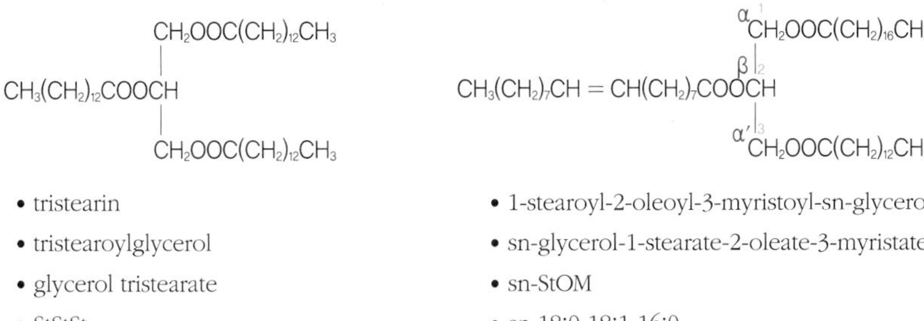

- tristearin
- tristearoylglycerol
- glycerol tristearate
- StStSt

- 1-stearoyl-2-oleoyl-3-myristoyl-sn-glycerol
- sn-glycerol-1-stearate-2-oleate-3-myristate
- sn-StOM
- sn-18:0-18:1-16:0
- α-stearo-β-oleo-α′-myristin

그림 3-15 중성지질 명명의 예

2) 중성지질의 분류

일반적으로 식품 중 구성 지질의 주요 성분은 중성지질이다. 이들은 동물성 · 식물성 지질의 대부분을 차지한다. 일반적으로 중성지질은 전통적으로 다음과 같이 분류한다.

(1) 유지방류

유지방(milk fat)은 포유류, 특히 젖소의 젖에서 얻어지는 지방이다. 유지방을 구성하는 주요 지방산은 팔미트산과 올레산, 스테아르산이다. 하지만 몇몇 동물의 젖에 함유된 C_4~C_{12}개로 구성되어 있는 단쇄 지방산과 가지 달린 지방산, 홀수 개의 지방산은 매우 독특한 성질을 지니고 있다.

(2) 지방류

열대지방에 서식하는 코코넛과 바바수(babasu) 등에서 얻은 지방이다. 이들은 중성지질을 구성하는 지방산의 물리적 배치 때문에 녹는 현상이 매우 좁은 온도 범위에서 일어난다. 불포화지방산과 포화지방산의 비율이 매우 높음에도 불구하고 중성지질에서 모두 포화지방산으로 구성된 삼포화글리세리드(trisaturated glyceride)는 발견되지 않는다. 이 지질들은 초콜릿과 같은 제과류 제조에 광범위하게 사용되고 있으며, 장류의 카카오버터가 가장 널리 사용되고 있다. 카카오 버터에는 라우르산(lauric acid)이 40~50% 정도로 많이 함유되어 있으며, C_6~C_{10}의 지방산은 적당량이, 불포화지방산은 매우 적게 들어 있다.

(3) 식물성 기름류

식물에서 얻어지는 모든 기름(oil)은 올레산과 리놀레산을 많이 함유하고 있으며, 포화지방산은 20%가 되지 않는다. 면실유(cottonseed), 옥배유(corn), 땅콩유(peanut), 해바라기유(sunflower), 잇꽃유(safflower), 올리브유(olive)와 참기름(sasame)이 여기에 속한다. 이 중 대두유(soybean), 밀배아유(wheat germ), 대마씨유(hempseed)와 들기름(perilla)은 리놀레산을 많이 함유하고 있다.

(4) 동물성 지방류

이 그룹의 지방에는 육지에 사는 동물의 지방층에서 얻어지는 우지와 돈지가 대표적이다. C_{16} · C_{18} 지방산이 많이 들어 있으며, 올레산과 리놀레산과 같은 불포화지방산이 소량 존재하고 있다. 때로는 홀수 개의 지방산이 발견되기도 한다. 이 그룹의 중성지질(TG)은 구성 지방산 모두가 포화지방산으로 구성되어 있으며 상대적으로 높은 녹는점을 나타낸다.

5) 수산기름류

수산기름(marine oils)은 긴 사슬의 고도 불포화지방산으로 구성된 중성지질이다. DHA와 EPA와 같은 지방산으로 구성되어 있다. 대부분 이중결합이 6개 이상인 경우가 많고, 불포화도가 높아 일반적인 식물성 · 동물성 지질에 비해 산화에 대한 저항성이 떨어진다.

4 지질의 물리 · 화학적 특성

1) 물리적 특성

지질의 물리적 성질은 다음과 같다.

(1) 용해도

유지는 물에 녹지 않으며 유기용매에 녹는다. 하지만 탄소수 7개 이하의 지방산은 물에 약간 녹을 수 있다. 탄소 4개로 구성된 지방산인 뷰티르산(butyric acid)은 우유 중 유지방을 구성하는 지방산으로 물에 녹는다.

(2) 녹는점과 굴절률

지질을 구성하는 포화지방산의 탄소수가 증가할수록 지방산과 지방산 사이에 겹치는 표면적의 증가로 녹는점(melting point)이 높아진다. 불포화지방산의 함량이 높거나 불포화도가 높으면 높을수록 녹는점은 낮아진다.

지질은 여러 종류의 포화 · 불포화지방산의 혼합물이기 때문에 어느 한순간에 녹지 못하고 일정 범위 동안 서서히 녹게 된다. 이때 중성지질을 구성하는 지방산의 조성이 단순할수록 중성지질의 녹는점은 좁은 범위에서 녹게 된다.

또한 녹는점은 구성 지질의 결정구조에 따라 몇 개의 녹는점을 가질 수 있다. 이를 동질이상현상(polymorphism)이라고 한다. 동질이상현상이란 동일 화합물이 2개 이상의 결정형을 갖는 현상을 말하며 이런 현상은 중성지질뿐만 아니라 지방산 분자에서도 발견된다. 이런 이유로 유지를 구성하는 중성지질 분자가 같다고 하여도 결정형에 따라 녹는점이 달라지기 때문에 유지의 녹는점은 순수한 화합물과 달리 불명확하게 나타난다.

단순 중성지질의 결정형에 따른 녹는점은 표 3-5와 같다. 대부분의 중성지질이 γ-형일 경우 녹는점이 가장 낮고 β-형이 가장 높다. 동질이상현상은 초콜릿 제조 등에 사용된다. 초콜릿의 주요 구성성분인 카카오버터를 어떻게 열처리하느냐에 따라 결정구조가 달라지게 된다. 일반적으로 시판되는 초콜릿의 경우 높은 녹는점을 갖는 결정구조로 만든다. 하지만 유통 중 초콜릿이 녹았다가 굳으면 이 결정구조가 깨지게 되어 초콜릿은 블루밍(blooming) 현상이 나타난다.

유지의 굴절률(refractive index)은 1.45~1.47 정도이며, 탄소수가 많은 지방산 및 불포화지방산의 함량이 높을수록 굴절률이 높다.

(3) 비중

유지의 비중(specific gravity)은 보통 측정온도가 명시되어 있고 대체로 25℃에서 측정하게 된다. 일반적으로 유지의 비중은 0.92~0.94 정도되며, 불포화지방산 함량이 줄어들수록, 지방산 잔기가 줄어들수록 비중이 감소한다. 비중의 경우 트라이스테아린(0.8559), 트라이올레인(0.9125)과 트라이리놀레인(0.9265)으로 중성지질을 구성하는 지방산의 탄소수는 모두 18개로 같지만 이중결합이 0~2개로 증가할수록 비중은 0.8559~0.9265로 증가한다.

표 3-5 단순 지질의 결정형에 따른 녹는점의 비교(℃)

중성지질	γ-형	α-형	β'-형	β-형
tricaprin	−15	18	−	31.5
trilaurin	15	35	−	46.4
trimyristin	33	46.5	54.5	57
tripalmitin	45	56	63.5	65.5
tristearin	54.5	65	62.5	72
triolein	−32	−12	−	4.9
trielaidin	15.5	37	−	42
trierucin	6	17	25	30
trilinolein	−43	−27	−	−13.1

표 3-6 대표 단순 중성지질의 녹는점과 굴절률

중성지질	녹는점, ℃	60℃에서의 굴절률
butyrin	−60(액체상)	1.42015
caproin	−25	1.42715
caprylin	−8.3	1.43316
caprin	31.1	1.43697
laurin	45	1.44039
myristin	56.5	1.44285
palmitin	63~64	−
stearin	71.6	−
olein	−6(고체상)	−

(4) 발연점과 인화점, 연소점

발연점(smoking point)은 유지를 가열할 때 표면에서 엷은 푸른색의 연기가 발생할 때의 온도이다. 이 연기가 튀긴 식품에 흡수되면 풍미가 저하되기 때문에 튀김유로는 발연점이 높은 유지가 더 좋다.

발연점에 영향을 미치는 요인에는 여러 가지가 있다. 구성 지방산의 사슬 길이가 길수록, 불포화도가 낮을수록 발연점은 높아진다. 하지만 유리지방산의 함량이 높거나 불순물의 함량이 높을수록 발연점은 낮아진다. 콩기름의 경우 정제하기 전에는 150℃ 전후인 발연점이 정제를 하고 나면 200℃ 이상으로 올라가게 된다. 이런 현상은 착즙을 해서 만들어 불순물이 포함되어 있는 엑스트라 버진 올리브유(extra virgin olive oil)와 정제과정을 거친 퓨어드 올리브유(pureed olive oil)의 경우에서도 나타난다.

유지에서 발생한 증기가 공기와 섞여 발화하는 온도를 인화점(flash point)이라 하고, 이 연소가 계속적으로 지속되는 온도를 연소점(fire point)이라고 한다. 발연점과 인화점에 비해 연소점은 유지 간의 온도 차이가 크지 않다.

표 3-7 유지의 발연점과 인화점, 연소점

(단위: ℃)

종 류	발연점	인화점	연소점
피마자기름(정제)	200	298	335
옥수수기름(조제)	178	294	346
옥수수기름(정제)	227	326	359
아마인유(조제)	163	287	353
아마인유(정제)	160	309	360
올리브유(조제)	199	321	361
콩기름(조제, 추출기 추출)	181	296	351
콩기름(조제, 용매 추출)	210	317	354
콩기름(정제)	256	326	356

2) 화학적 특성

물리적 성질과 더불어 유지에는 고유의 화학적 성질이 있다. 유지의 화학적 성질은 유지의 품질, 식별, 순도와 변조 검출 등에 사용될 수 있다. 이러한 성질을 나타내는 대표적인 것은 다음과 같다.

(1) 검화가(비누화가)

유지는 KOH와 같은 알칼리 존재하에서 가열하면 가수분해를 일으켜 글리세롤과 지방산의 염인 비누를 만들며 이를 비누화 반응(saponification)이라 한다.

이런 유지의 특성을 이용하여 만든 정의가 비누화가(saponification value, SV)이다. 비누화가는 유지 1 g을 완전히 비누화시키는 데 필요한 KOH의 mg수로 정의되며, 이 값을 통해 유지를 구성하는 지방산의 사슬길이 장단과 분자량을 유추할 수 있다. 일반적으로 사슬길이가 짧고 분자량이 적을수록 비누화가는 커진다. 구성 지방산의 사슬길이가 짧은 버터(210~230), 코코넛유(253~262), 야자유(200~205)는 비누화가가 높고, 사슬길이가 긴 피마자기름(175~183), 콩기름(189~193), 참기름(188~193)은 낮다.

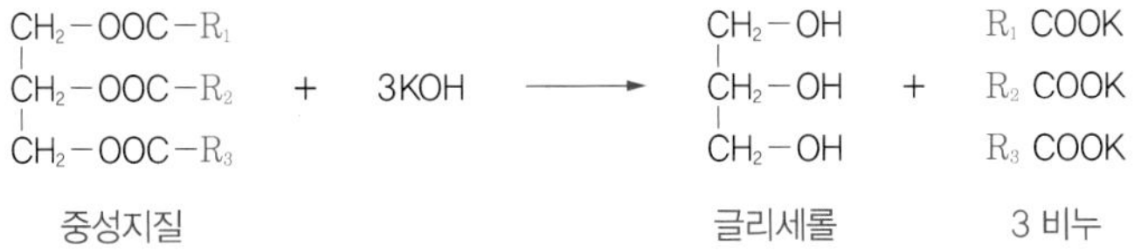

$$\begin{array}{l} CH_2-OOC-R_1 \\ | \\ CH_2-OOC-R_2 \\ | \\ CH_2-OOC-R_3 \end{array} + 3KOH \longrightarrow \begin{array}{l} CH_2-OH \\ | \\ CH_2-OH \\ | \\ CH_2-OH \end{array} + \begin{array}{l} R_1\ COOK \\ R_2\ COOK \\ R_3\ COOK \end{array}$$

중성지질 　　　　글리세롤 　　　3 비누

그림 3-16 비누화 반응

(2) 아이오딘가

아이오딘가(iodine value, IV, 요오드가)는 유지를 구성하는 지방산의 불포화도를 측정하는 항수이다. 그림 3-11과 같이 지방산의 이중결합은 촉매작용에 의해 수소가 첨가되면 단일결합으로 바뀐다. 아이오딘 역시 수소와 같은 방식으로 첨가될 수 있다. 이때 첨가되는 아이오딘의 양을 측정하여 지방산의 불포화도를 측정할 수 있다. 아이오딘의 정의는 유지 100 g이 흡수하는 I_2의 g수로 나타낸다.

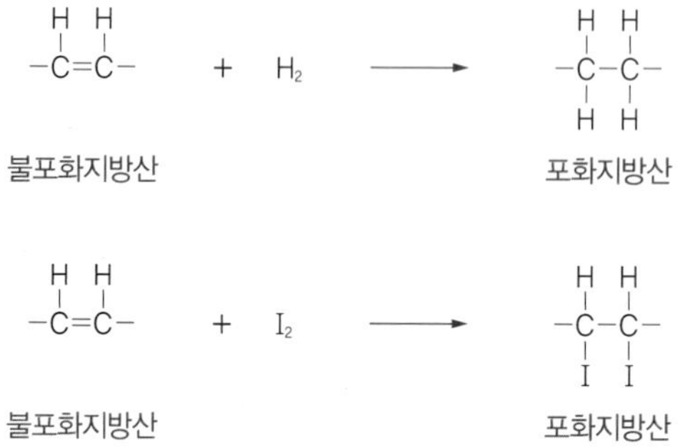

$$-\overset{\text{H}}{\underset{|}{\text{C}}}=\overset{\text{H}}{\underset{|}{\text{C}}}- \quad + \quad H_2 \longrightarrow -\overset{\text{H}}{\underset{\text{H}}{\text{C}}}-\overset{\text{H}}{\underset{\text{H}}{\text{C}}}-$$

불포화지방산 → 포화지방산

$$-\overset{\text{H}}{\text{C}}=\overset{\text{H}}{\text{C}}- \quad + \quad I_2 \longrightarrow -\overset{\text{H}}{\underset{\text{I}}{\text{C}}}-\overset{\text{H}}{\underset{\text{I}}{\text{C}}}-$$

불포화지방산 → 포화지방산

그림 3-17 지방산의 첨가반응

아이오딘가가 높다는 것은 유지를 구성하는 지방산 중 불포화지방산이 많음을 나타낸다. 표 3-8에서도 상온에서 액체 상태인 콩기름 · 아마인유 등은 높은 아이오딘가를, 고체 상태인 버터 · 코코넛기름 · 우지와 돈지 등은 낮은 아이오딘가를 보이고 있다.

표 3-8 유지의 아이오딘가

유지의 종류	아이오딘가	유지의 종류	아이오딘가
콩기름	122~134	우지	93~103.4
해바라기씨기름	129~136	돈지	47~66.5
아마인유	175~202	버터	26~38
참기름	103~117	피마자기름	84
간유	137~166	올리브유	78~88
옥수수기름	111~128	고래기름	90~146
목화씨기름	103~111	코코넛기름	6.2~10

(3) 산가

일반적으로 지방산은 자연 중에 유리 형태로 존재하지 않고 중성지질에 에스터결합 형태로 존재한다. 하지만 유지의 신선도가 떨어지고 오랫동안 저장하게 되면 중성지질에서 분리되어 나와 유리지방산 형태가 된다. 이 지방산을 중화하는 데 필요한 알칼리의 양을 산가(acid value, AV)라고 한다. 산가는 정확하게 1 g의 유지 중에 존재하는 유리지방산을 중화하는 데 필요한 KOH의 mg수로 정의된다. 유지의 산가는 지방의 정제 정도와 산패 정도에 따라 다르게 나타난다. 정제과정을 거친 대두유(0.3~1.8) · 목화씨기름(0.6~0.9) · 올리브유(0.3~1.0)는 산가가 낮게, 참기름(9.8) · 야자유(10) · 코코넛유(2.5~10)은 높게 나타난다.

(4) 로단가

로단가(Rhodan value)는 아이오딘가와 같이 유지의 불포화도를 측정하는 항수로 유지 100 g 중의 불포화결합에 첨가되는 로단[$(CNS)_2$]을 아이오딘으로 환산한 g수로 정의된다. 특히 18:1, 18:2와 18:3의 함량을 결정하는 데 사용된다.

(5) 라이헤이트-마이슬가

라이헤이트-마이슬가(Reichert-Meissl value, RMV)는 수용성 · 휘발성 지방산의 함량을 재는 데 사용된다. 유지 5 g 중의 수용성 · 휘발성 지방산(탄소 4~6개)을 중화하는 데 필요한 0.1N KOH의 mL 수로 정의되며, 버터와 유지방 함유식품의 위조와 함량검사에 사용된다. 표 3-9에서도 우유(23~34)와 버터(17.0~34.5)에서 라이헤이트-마이슬가가 높게 나타났다.

표 3-9 유지의 라이헤이트-마이슬가

유지의 종류	라이헤이트-마이슬가	유지의 종류	라이헤이트-마이슬가
우유	23~34	아마인유	0.95
버터	17.0~34.5	올리브유	0.6~1.5
고래기름	14	야자유	0.9~1.9
코코넛기름	6.6~7.5	참기름	1.1~1.2
옥수수기름	4.3	콩기름	0.5~2.8
닭고기지방	1.8	해바라기씨기름	0.5
피마자기름	1.4	호두기름	0.92

(6) 폴렌스키가

폴렌스키가(Polenske value)는 불용성 · 휘발성 지방산의 함량을 재는 데 사용되며, 유지 5 g 중의 불용성 · 휘발성 지방산(탄소 8~14개)을 중화하는 데 필요한 0.1N KOH의 mL 수로서 정의된다. 주로 야자유나 코코넛유 검사에 이용된다.

5 유지의 산패와 자동산화

1) 산패의 정의와 종류

유지도 다른 성분들과 마찬가지로 시간이 지나면 본래의 품질을 잃고 변질되는데 이런 유지의 변화를 산패(rancidity)라 한다. 이는 단백질의 부패와 탄수화물의 변질 혹은 노화와는 다른 것이다. 일반적으로 산패라고 하면 유지의 보존 중 주로 산화에 의하여 이취와 이미를 나타내는 현상을 지칭한다. 유지의 산패는 메커니즘에 따라 몇 가지로 분류할 수 있다.

(1) 가수분해에 의한 산패

유지가 물, 산, 알칼리와 효소에 의해서 가수분해되어 유리지방산이 발생하는 산패이다. 일반적으로 동 · 식물에는 다양한 라이페이스(lipase)가 존재한다. 이 효소는 유지의 가수분해를 유도하여 유리지방산의 생성을 촉진, 맛의 변화와 불쾌취의 생성 등을 유도한다.

(2) 자동산화에 의한 산패

자동산화(autoxidation)는 유지 산패의 주된 원인이다. 유지는 공기와 접촉하면 자연 발생적으로 산소를 흡수하고, 흡수된 산소는 유지를 산화시켜 산화 생성물을 형성한다. 불포화지방산을 함유한 유지는 이중결합이 공기 중의 산소와 결합하여 산화 생성물을 만든다.

(3) 가열산화에 의한 산패

가열산화(thermal oxidation)는 유지를 산소 존재하에서 150~200℃로 가열할 때 일어나는 산패이며, 이는 튀김 공정 등에서 일어난다. 가열산화는 고온으로 처리되기 때문에 자동산화가 가속화되고, 중합반응에 의한 점도 상승, C–C 결합의 분해에 따른 카보닐화합물의 생성, 이취 생성, 유리지방산의 증가 등의 현상이 나타난다.

유지의 가열과정 중 발생하는 변화를 세부적으로 살펴보면 그림 3-18과 같다. 고온의 상태로 가열된 유지의 경우 노출된 공기 중에서 산소와 수분이 유입되며, 이 과정 중 유지의 산화는 촉진된다. 이 과정 중 산패의 부산물인 공액 이중결합 물질과 알코올, 케톤 등의 카복실 화합물이 생성된다. 그림 3-18에서 튀기기 위해 넣은 감자칩(potato chip)의 경우 100℃ 이상으로 가열되면 칩 내부의 수분이 수증기가 되어 유지 밖으로 증발되어 나가게 된다. 이 과정에서 수분의 빈 공간을 주위의 유지가 채우게 되어 감자칩의 유지 함량이 올라가게 된다. 칩에서 나온 수증기 중 일부는 튀김 유지 중에 잔존하여 가수분해를 촉진시켜 유리지방산과 글리세롤의 함량을 증가시킨다.

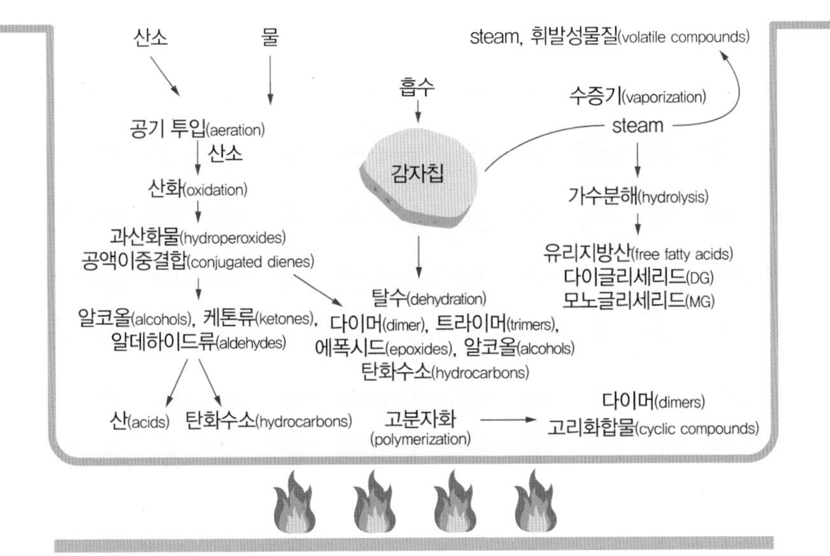

그림 3-18 가열에 의한 유지의 중요 변화

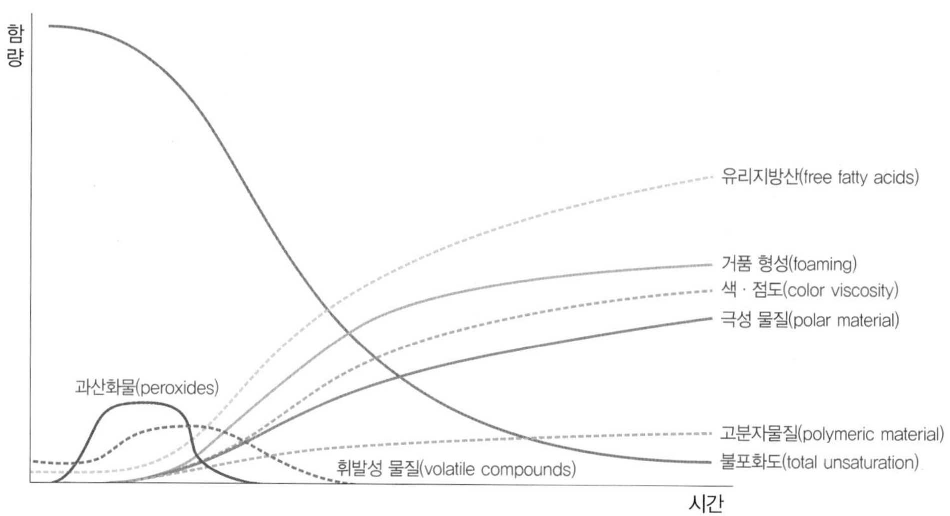

그림 3-19 가열시간에 따른 유지의 물리 · 화학적 특성 변화

그림 3-19는 가열산패가 진행될 경우 유지의 여러 물리 · 화학적 항수들의 변화를 나타낸 그림이다. 가열산패가 진행될수록 유지의 불포화도는 감소하고, 유리지방산, 거품 형성, 색과 점도, 극성 물질 함량과 고분자물질의 함량은 증가한다. 과산화물과 휘발성 물질의 함량은 처음에는 증가하나, 가열산패가 계속 진행될 경우는 감소하는 모습을 보인다.

(4) 유지의 변향

정제한 대두유를 실온에 방치하면 산패가 충분히 진행되지 않은 수일 내에 풀냄새, 콩비린내 같은 이취가 발생한다. 이런 증상을 변향(flavor reversion)이라고 한다. 이는 자동산화와는 다른 현상이다. 변향이 발생하는 메커니즘은 아직 밝혀지지 않았으나 18:2와 18:3이 많은 유지에서 주로 일어나는 것을 통해 이들과 연관이 있을 것이라 생각되고 있다. 변향을 거치면서 발생하는 비린내의 주성분은 2-페틸 퓨란(2-pentyl furan)으로 알려져 있다.

2) 유지의 자동산화

(1) 자동산화 중 성분의 변화

유지의 자동산화는 상온에서 산소가 존재하면 자연스럽게 일어나는 산화반응이다. 자동산화 과정 중 일정 시간 동안 유지는 산소를 흡수하지 않는다. 하지만 이 일정 시간이 지나면 산소의 흡수가 증가하고 더불어 과산화물과 카보닐화합물의 생성도 증가한다. 자동산화 시 산소의 흡수가 관찰되지 않는 시간을 유도기간(induction time)이라고 부르며 이는 유지의 저장성과 밀접한 관계를 갖는다. 유도기간 후에는 과산화물이 생성되나 이는 저장시간이 길어짐에 따라 함량이 증가하다가 최고점 이후에는 함량이 감소한다. 이는 과산화물이 불안정하여 분해되기 때문이다. 과산화물과 달리 카보닐화합물은 최고점 없이 산패기간이 길어져도 계속 증가한다.

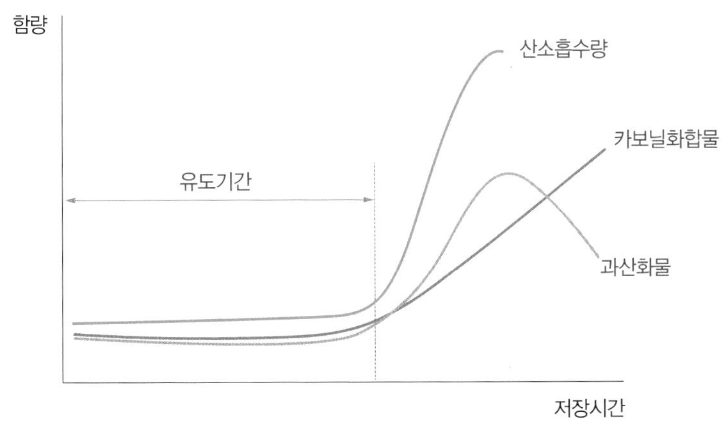

그림 3-20 자동산화 중 중요 성분의 변화

(2) 자동산화의 메커니즘

자동산화의 진행과정은 일반적으로 초기반응(initiation reaction), 전파반응(chain reaction), 종결반응(termination reaction)으로 정리된다. 각 단계에서 일어나는 주요 반응과 특징은 그림 3-21과 같다.

R : H (유지) —열, 빛, 기계적 에너지→ R· + ·H

R : R (불순물) → R· + ·R

R : H + M· (Metal) → R· + H : M

R1 : H + R2· → R1· + R2 : H

R1· + ·O−O· → ROO· 과산화 라디칼

그림 3-21 초기단계의 주요 반응

초기반응 단계는 라디칼 생성단계라 할 수 있다. 라디칼은 홀수 개의 비공유전자를 갖고 있는 화학물질을 지칭하고 이들은 다른 화학물질과의 반응이 활발하다. 유지는 열, 기계적 에너지, 빛, 수분 등에 노출되면 유리 라디칼(free radical)이 생성되며, 이미 생성되어 있던 과산화물이나 유리 라디칼이 있다면 이 단계에서 새로운 라디칼들이 생성된다.

라디칼 생성은 올레산과 리놀레산, 리놀렌산, 아라키돈산과 같은 불포화지방산의 이중결합 부분에서 잘 일어난다. 이중결합에 인접한 메틸렌기(methylene)에서 수소가 제거되어 유리 라디칼이 생긴다. 이것이 공기 중 산소가 결합하여 과산화물 라디칼이 되며, 이것이 다른 분자에서 수소를 제거하여 새로운 라디칼을 만들고 그 자체는 과산화물이 되는 전파단계로 넘어 간다.

전파단계(연쇄단계)는 라디칼 생성단계로 초기 반응단계에서 만들어진 유리 라디칼과 과산화 라디칼(peroxy radical)에 의해 공기 중의 산소가 유지의 이중결합 부분에 결합하여 과산화물을 계속적으로 만들어가는 과정이다. 초기에 사용된 라디칼은 이 반응을 거치면서 다시 재활용되어 과산화물은 계속적으로 만들어진다. 이 단계에서 산소흡수량이 늘어나며 동시에 과산화물 역시 증가하게 된다.

불포화지방산의 경우 수소원자(H)가 제거되어 유리 라디칼이 되면 이중결합의 전위가 일어나고 시스형에서 트랜스형으로의 변화도 동시에 진행된다. 리놀레산(18:2)의 경우 생성되는 과산화물의 90% 이상은 공액 형태(conjugated-form)로 이중결합이 배치되어 있고, 이중결합이 주로 시스-트랜스 혹은 트랜스-트랜스형으로 존재한다.

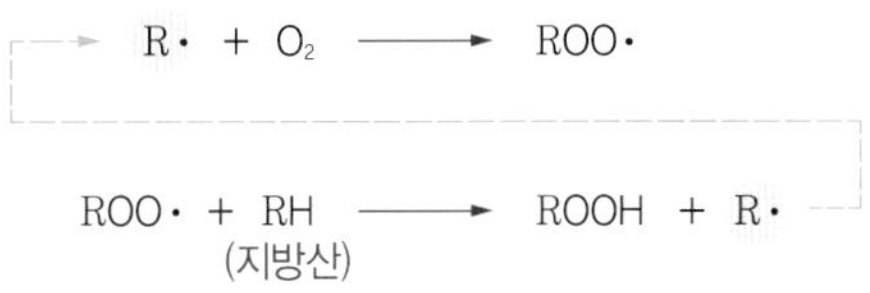

$$R\cdot + O_2 \longrightarrow ROO\cdot$$

$$ROO\cdot + RH \longrightarrow ROOH + R\cdot$$

(지방산)

그림 3-22 전파단계의 주요 반응

마지막 종결단계에서는 각종 복잡한 물질들이 생성된다. 이때 일어나는 반응은 크게 중합반응과 분해반응으로 나눌 수 있다. 중합반응에 의해 앞 과정에서 만들어진 유리 라디칼들은 라디칼로서의 특성을 잃게 된다. 또한 자동산화 이전 유지에는 없었던 고분자 중합체들이 만들어진다. 중합반응에서 만들어진 고분자 중합체는 유지의 점도를 증가시키고, 색을 짙게 하는 성분이 된다.

종결단계에서 일어나는 분해반응에 의해 이전에는 없었던 알데하이드(aldehyde), 케톤(ketone), 알코올(alcohol), 카복실산(carboxylic acid) 등의 저분자 성분들이 생성되며, 이런 분자들을 카보닐 화합물(carbonyl compound)이라 한다. 분해반응에 의해 생성된 저분자 성분은 분자량이 작아 쉽게 휘발이 되어 공기 중으로 확산되며, 이취(off flavor)를 갖고 있어 산패에 의한 산패취의 주요 성분이 된다. 분해반응에 의해 전파단계에서 만들어진 과산화물은 분해되기 때문에 종결단계에서는 과산화물가가 오히려 감소한다. 대신 카보닐화합물들은 증가하며 이 성분들의 양을 측정하는 카보닐가(carbonyl value) 역시 증가한다.

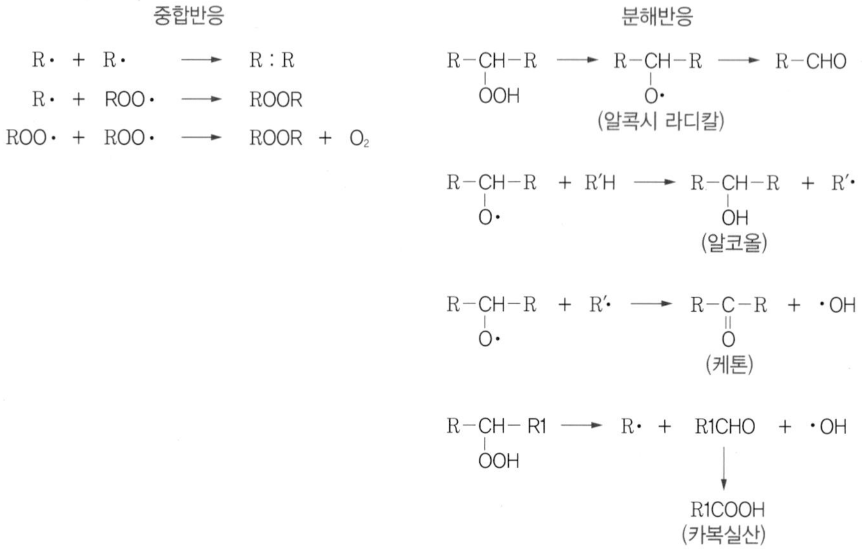

중합반응

R· + R· ⟶ R : R

R· + ROO· ⟶ ROOR

ROO· + ROO· ⟶ ROOR + O_2

분해반응

R−CH(OOH)−R ⟶ R−CH(O·)−R (알콕시 라디칼) ⟶ R−CHO

R−CH(O·)−R + R′H ⟶ R−CH(OH)−R (알코올) + R′·

R−CH(O·)−R + R′· ⟶ R−C(=O)−R (케톤) + ·OH

R−CH(OOH)−R1 ⟶ R· + R1CHO + ·OH

R1CHO ⟶ R1COOH (카복실산)

그림 3-23 종결반응의 주요 반응

(3) 자동산화에 의한 유지의 변화

자동산화를 거치면서 유지의 물리 · 화학적 특성은 다음과 같은 많은 변화를 받는다. 이런 특성 변화는 대부분 유지의 품질에 나쁜 영향을 미친다.

- 이중결합의 전위(rearrangement)가 일어난다. 앞에서 설명했듯이 자연 중의 불포화지방산은 비공액 형태(non-conjugated form)로 존재하는데, 자동산화를 거치면서 이중결합의 전위가 일어나 공액 형태(conjugated form)로 변화한다.
- 산패취와 같은 이취가 생성된다. 자동산화의 분해반응을 통해 이전에는 없던 알데하이드, 알코올 등의 저분자 향기성분이 생성된다.
- 고분자인 중합체의 생성으로 인하여 유지의 점도가 증가하게 된다.
- 이중결합은 산패가 우선적으로 진행되는 부분이다. 따라서 이중결합이 많은 지방산은 산패 진행 시 우선적으로 손실된다. 따라서 불포화도를 측정하는 아이오딘가는 산패가 진행될수록 감소한다. 필수지방산은 이중결합을 많이 함유하고 있는 영양적으로 중요한 지방산이다. 자동산화과정 중 다른 지방산들보다 이들

필수지방산들의 분해가 더욱 빨리 일어나 영양적으로 손실을 입게 된다.

- 필수지방산과 더불어 이중결합을 많이 가지고 있는 비타민 A와 카로틴(carotene)의 감소 역시 두드러지게 나타난다.
- 자동산화를 거치면서 시스형으로 존재하던 불포화지방산이 트랜스형으로 변화한다. 트랜스형으로 바뀌면 지방산의 소화율이 감소하게 된다. 그 이유는 리놀렌산(18:3)의 경우 트랜스형의 이중결합이 하나라도 존재하면 리폭시데이스(lipoxidase)의 작용을 받지 않기 때문이다.
- 인체 유해물질들이 생성된다. 심혈관계질환의 유발 원인이 트랜스지방산과 독성을 나타내는 카보닐화합물들이 생성된다.
- 유지의 투명도가 저하되어 식품으로서의 가치가 저하된다.
- 유리지방산의 함량이 늘어나면서 산가가 높아진다.
- 유지의 산패가 진행됨에 따라 관능검사 결과가 나빠진다.

표 3-10은 콩기름이 산화되어 중합체의 함량이 증가함에 따른 과산화물가와 관능검사 결과의 관계를 나타낸 것이다. 표에 나타난 것처럼 중합체의 함량이 증가함에 따라 관능검사 결과는 나쁘게 나타나는데 이는 중합체가 유지의 풍미에 직접 영향을 주는 것이라고는 생각되지 않는다. 아마도 중합체의 생성조건 중 만들어지는 알데하이드가 직접 풍미에 영향을 미쳐 관능검사 결과를 저하시키는 것으로 생각된다.

표 3-10 산패 대두유 중의 중합체 함량과 관능검사 결과의 관계

보존시간(hr, 60℃)	중합체(%)	과산화물가	관능검사(10점법)
0	1.4	0.73	7.8
92	2.8	40.8	5.8
140	3.1	67.3	5.1
188	4.4	108.0	5.5
236	5.6	155.0	4.8

(4) 자동산화에 영향을 미치는 외부요인

유지의 자동산화에는 많은 인자들이 영향을 미친다. 이들 중 유지의 산화를 촉진시키는 역할을 하는 물질을 산화촉진제(pro-oxidants)라 하고, 산화를 억제하는 물질을 항산화제(antioxidants)라고 한다. 흔히 유지 중에 존재하는 금속, 금속염, 광선, 온도, 수분, 산화효소, 헤모글로빈 등은 산화촉진제로, 토코페롤, 비타민 C, 세사몰, 고시폴 등은 항산화제로 알려져 있다.

이들 중 대표적인 몇 가지를 설명하면 다음과 같다.

① 불포화도

지방산의 이중결합은 라디칼을 생성하는 주요 부분이다. 따라서 지방산의 불포화도가 증가할수록 라디칼의 생성은 촉진되어 자동산화는 급격히 빨라진다. 18:0, 18:1, 18:2와 18:3의 산패속도를 비교한 결과, 이중결합의 수가 0에서 3개로 증가할수록 자동산화의 속도는 1 : 11 : 114 : 179로 급격히 빨라지는 것으로 나타났다.

② 온도

온도의 증가는 유리 라디칼 생성을 촉진시켜 자동산화의 초기반응을 빨리 일어나게 하여 전체적으로 자동산화의 반응속도를 증가시킨다. 표 3-11에서 보는 바와 같이 상온에 비해 49℃에서 저장한 경우 아이오딘가와 카보닐화합물의 비율이 높게 나타났다. 하지만 0℃ 이하에서는 온도가 떨어질수록 유지 속의 수분이 동결되어 산패를 촉진시킨다.

③ 금속

금속의 표면은 유리 라디칼과 연쇄반응의 촉매로 작용되기 때문에 유지 중의 금속은 미량으로도 산패를 크게 촉진시킨다. 일반적으로 사용하는 금속 중 구리(Cu)의 촉진 정도가 가장 크다. 올레산에 금속을 첨가하고 상온과 49℃에서 저장, 실험한 결과는 표 3-12와 같다. 이 표에서 온도만을 변화시킨 결과에 비해 금속을 같이 첨가한 경우 산패의 속도가 매우 빠르게 나타났다. 이는 두 가지 이상의 영향인자에 의한 상승효과 때문이라 생각된다.

표 3-11 온도에 의한 올레산 자동산화의 영향

상온				
기간(일)	3	6	12	24
아이오딘가	79	78	63	59
카보닐화합물(%)	0.49	0.68	0.87	1.24
49℃				
기간(일)	7	14	21	28
아이오딘가	81	70	57	42
카보닐화합물(%)	0.56	1.41	1.78	1.79

표 3-12 금속에 의한 올레산 자동산화의 영향 (0.5% Cu 존재하에서의 변화)

상온						
기간(일)	1	2	4	7	14	28
아이오딘가	78	74	66	61	50	32
카보닐화합물(%)	0.69	1.22	2.02	2.26	2.63	3.05
49℃						
기간(시간)	8	16	34	48	96	169
아이오딘가	84	73	62	51	16	9
카보닐화합물(%)	1.08	1.08	1.67	2.04	2.09	2.01

④ 광선과 색소

광선 역시 라디칼의 생성을 촉진하는 인자로 유지의 산패를 촉진시킨다. 여러 파장의 광선 중 특히 청색, 보라색을 갖는 자외선 조사에 의해 산패는 더 촉진된다. 따라서 갈색병이나 이 파장을 막아 주는 포장재를 사용하여 유지를 저장하여야 광선에 의한 산패를 막을 수 있다.

식품 중에 존재하는 헤모글로빈, 시토크롬 C 등의 헴화합물, 클로로필 혹은 아조

(azo)계 식용색소는 광감성 물질(photosensitizer)로서 작용한다. 색소는 가시광선에 의해 예민하게 반응하여 들뜬 상태로 변하게 되고, 들뜬 상태의 색소가 지방산에 작용하여 유리 라디칼의 생성을 돕는다.

⑤ 수분

유지 중에 함유된 미량의 수분은 금속의 촉매작용에 영향을 주어 자동산화를 촉진시킨다. 금속은 주로 물층 및 물층과 유기층과의 계면에서 촉매작용을 현저히 한다. 따라서 수분함량이 많을 경우 금속의 촉매작용은 빨라진다. 유지의 산패속도는 단분자층 수분함량에서 가장 낮다. 단분자층 수분함량보다 수분함량이 적을 경우는 단분자층이 파괴되어 식품 중 지질이 공기 중 산소와 직접 접촉하게 되므로 산패가 빨라진다.

⑥ 산소분압

산패는 산소를 소비하는 반응으로 산소가 없을 경우 반응은 억제된다. 산소분압을 증가시킬 경우, 산소분압이 낮은 영역에서는 산소압에 비례하여 산패가 촉진되나 약 150 mmHg 이상에서는 산소압의 증가에 영향을 받지 않는다. 이런 이유에서 통조림 제품의 저장에 있어서 탈기를 충분히 하여 통조림 내부의 산소분압이 낮을 경우는 지방의 산패는 억제되고, 산소분압이 일정값 이상이 되면 산화 억제효과가 나타나지 않는다.

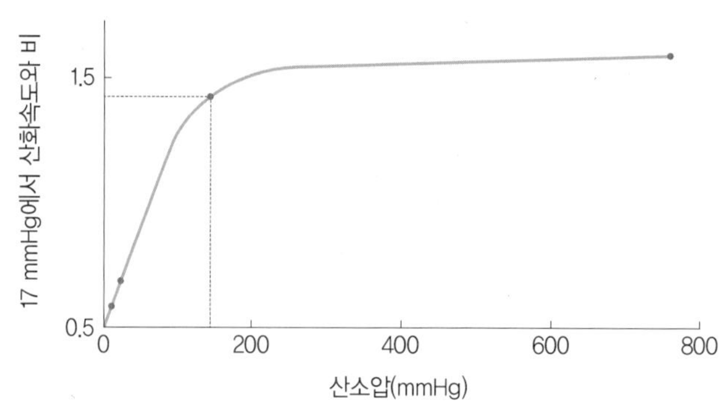

그림 3-24 산소분압에 의한 에틸리놀레이트(ethyl linoleate)의 산패 변화

⑦ 항산화제와 상승제

천연이나 합성 항산화제(antioxidant)의 첨가는 자동산화의 초기단계에서 유리 라디칼의 생성을 억제시켜 유지의 자동산화를 억제하는 역할을 한다. 항산화제는 일반적으로 유리 라디칼의 생성만을 억제시켜 줄 뿐 분해 · 중합반응을 억제시키지는 못한다. 그림 3-26의 반응식에서처럼 항산화제는 라디칼을 과산화물(hydroperoxide)로 변화시켜 전파단계로의 진행을 저지시킨다. 이 과정에서 항산화제 자체는 유리 라디칼 A•로 되며 이것은 상승제(BH)로부터 수소를 받아 AH로 변하여 항산화력을 회복한다.

항산화제는 일반적으로 천연항산화제와 합성 항산화제로 구분된다. 대표적인 천연 항산화제로는 세사몰(sesamol), 토코페롤(tocopherol), 아스코브산(ascorbic acid), 고시폴(gossypol), 로즈마리 엑기스 등이 있으며, 합성 항산화제로는 dibutyl hydroxy toluene(BHT), butyl hydroxy anisole(BHA), propyl gallate(PG), ethyl protocatechuate(EP) 등이 있다.

세사몰은 참기름 중에 존재하며 자연계에 존재하는 항산화제 중 항산화력이 매우 높다. 이는 참기름의 강한 산화 안정성의 주요 원인이라 생각된다. 세사몰은 참기름 배당체인 세사몰린(sesamolin)의 형태로 존재한다.

토코페롤은 각종 식물성 종자유에 광범위하게 함유되어 있고 매우 광범위하게 사용되고 있는 항산화제이다. 토코페롤의 항산화력은 비교적 약하나, 비타민 E로서 영양적 가치는 높다. 토코페롤의 항산화력은 $\delta > \gamma > \beta > \alpha$ 순으로 나타난다.

상승제(synegist)는 스스로는 항산화 능력이 없는 물질이지만 항산화제와 같이 사용할 경우 항산화제의 항산화효과를 크게 증가시키는 물질이다. 대표적인 예로 구연산(citric acid), 피트산(phytic acid), 중인산염 등이 있다. 이들 물질은 식품 중의 중금속과 킬레이트 결합을 하여 금속이 산패의 촉매로 작용하는 것을 방해하므로 항산화력을 증가시키는 역할도 한다.

$$\text{ROO}\cdot + \text{AH} \longrightarrow \text{ROOH} + \text{A}\cdot$$

$$\text{A}\cdot + \text{BH} \longrightarrow \text{AH} + \text{B}\cdot$$

그림 3-25 항산화제의 작용 반응식

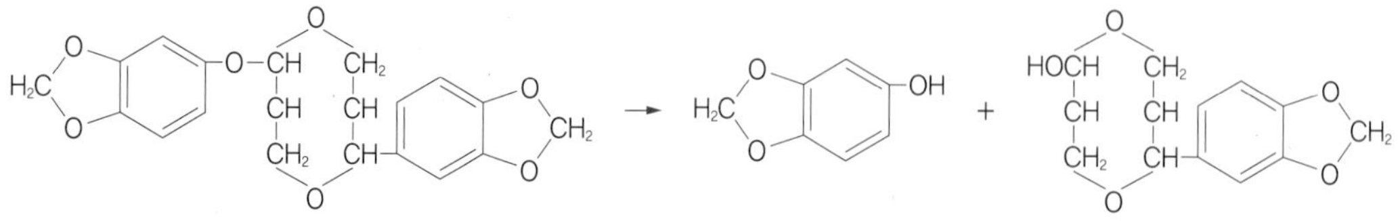

세사몰린(sesamolin) → 세사몰(sesamol) + 세사민(sasamin)

그림 3-26 세사몰의 구조와 존재 형태

3) 유지의 산패 측정법

유지의 산패 측정은 식품위생적으로 중요하고, 식품의 안정성 · 안전성 · 가공성 등을 연구하는 데도 매우 중요하다. 유지의 산패 정도를 측정하는 방법은 유지의 산패를 촉진하는 부분과 산패가 진행된 정도를 측정하는 부분으로 나눌 수 있다.

(1) 과산화물가

과산화물 함량 측정법(peroxide value, POV)은 유지 중에 존재하는 과산화물의 함량을 측정함으로써 산패 진행 정도를 알 수 있다. 자동산화 중 전파과정에서 과산화물이 생성되므로 이 측정법은 자동산화의 초기 산패 정도를 측정하는 방법이다. 과산화물가는 유지 1 kg당 들어 있는 과산화물의 밀리당량으로 표시한다. 재현성이 좋아 유지제품의 품질관리와 규격 기준으로도 사용된다. 하지만 과산화물은 불안정한 물질로 산패가 계속 진행되면 분해되는 특성이 있어 산패의 진행 정도와 완벽하게 비례관계를 갖는다고 할 수 없다. 식물성 기름의 경우 과산화물값이 60~100meq/kg, 동물성 지방의 경우 20~40meq/kg 정도에 도달하는 시간을 유도기간으로 정한다.

(2) 카보닐가

유지의 산패가 진행되어 최종단계가 되면 카보닐화합물이 생성되며, 이때 생성된 카보닐화합물의 함량을 측정하면 산패의 정도를 알 수 있다. 카보닐화합물은 과산화물과 달리 산패가 진행되는 과정 중 분해되어 줄어들지 않는다. 하지만 일부 카보닐화합물은 이취를 생성하며, 휘발성 때문에 일부 소실될 수 있으므로 주의할 필요성도 있다.

(3) TBA가

TBA가(thiobarbituric acid value)는 과산화물가와 마찬가지로 유지의 산패 측정에 사용된다. TBA가는 유지 1 kg 중에 함유된 말론알데하이드(malonaldehyde)의 몰 수로 정의한다. TBA가 측정 시 시료와 시약을 반응시켜 붉은색의 착색 물질을 만들고 비색 정량법으로 측정하여 산패 정도를 알 수 있다.

(4) ρ-아니시딘가

아세트산이 존재할 경우 아니시딘은 알데하이드화합물과 반응하여 노란색을 생성한다. 생성된 노란색은 350 nm에서 흡광을 측정한다. 만약 카보닐화합물의 이중결합이 짝지은 형으로 배치되어 있다면 발색의 정도는 더 강해진다. 즉, 아니시딘가(ρ-anisidine value)는 2-알케날(alkenal) 화합물을 측정하는 방법이다. 이와 함께 Totox 혹은 산화가(oxidation value)는 과산화물가를 두 배로 곱하고 거기에 아니시딘가를 합한 것으로 표현하는데 이는 유지의 산패 정도를 표시하는 값이다.

(5) 오븐법

유지나 유지식품을 접시에 담아 실온이나 실온보다 높은 온도에서 보관하여 산패 진행을 가속화시킨 후 일정 시간마다 관능검사를 통해 산패를 확인하는 방법이다. 일반적으로 가온 처리를 오븐으로 하기 때문에 오븐법(oven test)이라 부른다. 실험방법이 매우 쉽고 비교적 정확하게 측정할 수 있으나, 관능검사 시 측정하는 사람마다 개인차가 존재하기 때문에 산패의 진행 정도를 객관화시키기 어렵다는 단점이 있다. 이 방법은 제과제품과 같이 부수지 않고는 유지를 추출하기 어렵거나 관능검사 외에는 유지의 산패를 측정하기 곤란한 식품의 산패 측정에 자주 사용된다.

(6) 산소흡수속도 측정법

자동산화가 진행됨에 따라 유지는 주위의 산소를 감소시킨다. 산패가 빠르게 진행된다면 산소의 감소속도 역시 빠르게 일어날 것이다. 이에 착안하여 압력계가 달린 밀폐용기 속에 유지를 넣고 상온 혹은 가온 저장하면서 용기 속의 압력 감소를 통해 산소의 흡수 정도를 측정하여 산패를 측정하는 방법이다.

(7) 활성산소법

활성산소법(active oxygen method, AOM)은 유지의 산패를 촉진시켜 단시간에 유도기간을 측정할 수 있게 고안된 방법이다. 유지 속에 산소를 계속 불어 넣으면서 상온 혹은 가온 조건에서 저장하게 되면 유지의 산패는 매우 빠르게 진행된다. 이렇게 하면 12~48시간 내에 유지의 유도기간을 측정하여 산패에 대한 안정성을 측정할 수 있다. 렌시멧(rancimat)은 활성산소법을 쉽게 진행할 수 있도록 고안된 대표적 측정기기이다. 렌시멧은 특수제작된 용기에 소량의 유지를 넣고 가온 처리를 하면서 반응을 시키는 구조를 가지고 있다. 실험 시 산패가 진행될수록 유지 속에서 휘발성 이취 성분들이 발생하게 되며 이 성분을 증류수에 포집하게 된다. 이 경우 증류수의 전기전도도가 증가하게 되고, 이 증가 정도를 전극으로 측정하여 그래프에 표시, 유도기간을 측정하게 된다.

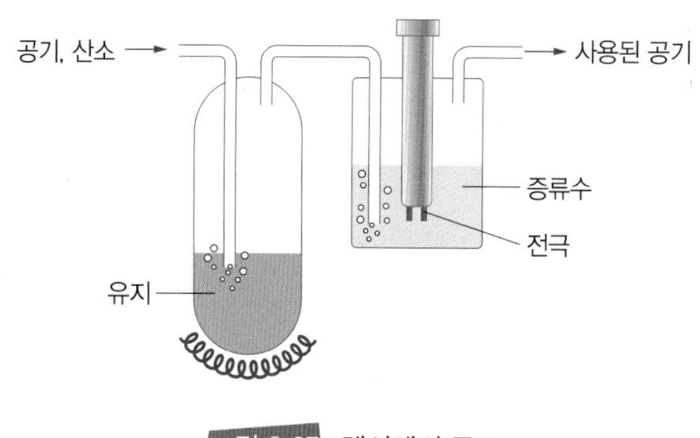

그림 3-27 렌시멧의 구조

4

단백질

protein

단백질은 그리스어인 proteios('제 1'이라는 뜻)에서 유래하였는데 이는 생명을 유지하는 데 있어서 가장 중요한 물질이라는 의미이다. 단백질은 아미노산으로 구성되어 있는 고분자화합물로 생물체를 구성하는 요소로서 매우 중요하다. 또한 효소, 호르몬, 항체, 저장단백질, 보호단백질로서 세포나 생물체의 생명현상을 유지하는 데 중요한 역할을 한다.

단백질은 일반적으로 탄소 50~52%, 수소 6~7%, 산소 20~23%, 질소 12~19%, 황 0.2~3.0%로 구성되어 있다. 단백질은 탄소, 수소, 산소만으로 구성되어 있는 다른 거대분자인 탄수화물, 지질과 달리 분자 내에 약 16% 정도의 질소를 포함하고 있다. 따라서 식품의 질소량을 측정하여 16/100=6.25를 곱하면 단백질량을 계산할 수 있다. 이때 사용된 6.25를 단백질의 질소계수(nitrogen coefficient 또는 N-factor)라고 한다. 그런데 식품 중에 존재하는 질소화합물이 단백질만은 아니며 식품에 따라 유리아미노산, 아마이드, 퓨린과 피리미딘 염기류 및 크레아틴류 등 비단백태 질소를 함유하고 있으므로 식품 중의 질소량에 질소계수를 곱하여 산출한 단백질을 조단백질이라고 부른다.

이 장에서는 단백질을 구성하는 아미노산의 종류, 성질 등과 단백질의 구조와 종류, 성질, 변성, 식품가공 중의 단백질 변화 및 식품단백질 등에 대하여 설명하고자 한다.

1 아미노산

아미노산(amino acids)은 단백질을 구성하는 기본단위 물질로 천연의 단백질을 구성하는 아미노산은 약 20여 종이 있다. 이외에 흔하지 않은 아미노산이 천연에 존재하는데 이들은 생물학적 기능을 가지고 있다. 아미노산은 한 분자 내에 한 개 또는 그 이상의 아미노기($-NH_2$)와 한 개 또는 그 이상의 카복실기(−COOH)를 가지는 화합물로 카복실기가 결합되어 있는 탄소 위치를 기점으로 하여 아미노기가 결합한 탄소의 위치에 따라 α-, β-, γ-아미노산이라 부른다.

자연계에 존재하는 단백질은 대부분 α-아미노산으로 구성되어 있다.

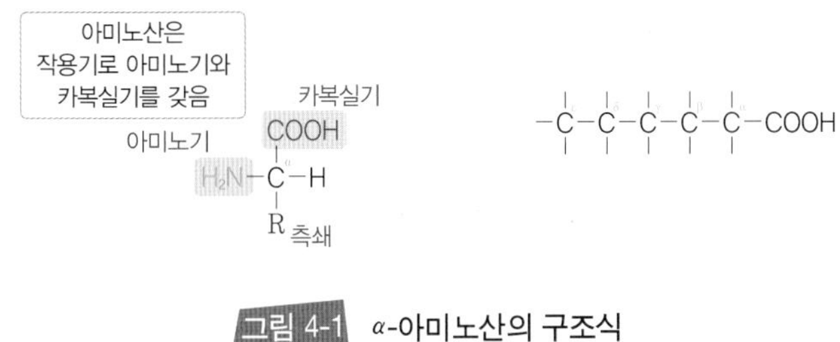

그림 4-1 α-아미노산의 구조식

1) 아미노산의 구조

천연단백질을 구성하는 아미노산은 프롤린과 하이드록시프롤린을 제외하고는 모두 α위치의 탄소에 아미노기를 가진 카복실산이다. 측쇄인 R이 수소인 글리신을 제외하고는 모든 아미노산이 α-탄소에 4개의 각각 다른 원자나 기(R, NH_2, COOH, H)가 결합되어 있는 비대칭 탄소원자(asymmetric carbon atom)로 되어 있으므로 L-형과 D-형의 두 입체이성체가 생긴다. 아미노산도 당의 경우와 마찬가지로 글리세르알데하이드를 기준으로 하여 D-형과 L-형을 결정한다. 각종 식품에 함유되어 있는 유리아미노산(free amino acid)이나 일반적인 단백질을 구성하는 아미노산은 α-L-아미노산이다.

한편 D-형 아미노산은 일부 항생물질이나 미생물의 세포벽에서 발견된다.

2) 아미노산의 종류와 분류

(1) 단백질을 구성하는 아미노산

단백질을 구성하는 아미노산은 약 20여 종에 이르며 이들은 측쇄(R)의 화학구조에 따라 표 4-1과 같이 분류된다.

아미노산은 측쇄에 탄화수소기를 가지고 있는 지방족 아미노산, 벤젠기를 가지고 있는 방향족 아미노산, 헤테로 고리를 가지고 있는 복소환(複素環) 아미노산(heterocyclic amino acids)으로 크게 나눈다. 또한 분자 중에 존재하는 아미노기와 카복실기의 수에 의해 아미노기와 카복실기를 하나씩 가지고 있는 중성 아미노산, 2개의 카복실기와 1개의 아미노기를 가지고 있는 산성 아미노산, 2개의 아미노기를 비롯하여 다른 염기성기(예: 구아니딜기 또는 이미다졸기 등)와 1개의 카복실기를 가지고 있는 염기성 아미노산으로 구분된다. 이외에도 분자 중에 함유된 원자나 원자단의 특징에 의해 황원자를 가지는 함황아미노산, 수산기(−OH)를 가지는 하이드록시 아미노산, 이미노기(=NH)를 가지는 이미노산(imino acid) 등으로 분류되기도 한다.

단백질을 구성하는 여러 종류의 아미노산 중에서 발린, 류신, 아이소류신, 트레오닌, 라이신, 메싸이오닌, 페닐알라닌, 트립토판 등 8개의 아미노산은 성인의 경우 인체의 단백질 형성에 필요하나 체내에서 합성이 되지 않아 반드시 식품으로부터 섭취해야 하므로 이를 필수아미노산(essential amino acid)이라 한다. 이외에 아르지닌과 히스티딘은 성인에게는 필요 없으나 성장발육기의 어린이와 회복기 환자에게 필수적인 아미노산이므로 이들을 준필수아미노산이라고도 한다. 이들 이외에 인체 내에서 합성되는 아미노산을 비필수아미노산(non-essential amino acid)이라고 한다.

필수아미노산

아이소류신	류신	라이신	메싸이오닌	페닐알라닌
트레오닌	트립토판	발린	아르지닌(준필수)	히스티딘(준필수)

표 4-1 단백질을 구성하는 아미노산

분류	종류	구조	특성
		$H_2N-\underset{R}{\overset{COOH}{C}}-H$	아미노산의 공통 부분
중성아미노산	글리신 (Gly, G)	$-H$	• 분자량이 가장 적은 아미노산 • D, L 이성체가 없음 • 젤라틴(gelatin), 피브로인(fibroin) • 동물성 단백질에 존재 • 새우, 게, 조개의 감칠맛 성분
중성아미노산	알라닌 (Ala, A)	$-CH_3$	• 체내에서 합성 • 대부분 단백질에 함유 • 3대 영양소의 상호 대사작용에 관여
중성아미노산	발린 (Val, V)	$-CH(CH_3)CH_3$	• 체내에서 합성 안 됨 • 필수아미노산 • 대부분 단백질에 존재 • 우유단백질(casein)에 8% 정도 함유
중성아미노산	류신 (Leu, L)	$-CH_2-CH(CH_3)CH_3$	• 체내에서 합성 안 됨 • 필수아미노산 • 대부분 단백질에 존재 • 우유, 치즈에 함유
중성아미노산	아이소류신 (Ile, I)	$-CH(CH_3)-CH_2-CH_3$	• 필수아미노산 • 효모작용에 아실알코올로 변하여 퓨젤유(fusel oil)의 주성분이 됨
중성아미노산	세린 (Ser, S)	$-CH_2OH$	• 체내 합성 가능 • 세리신(sericine)에 70%, 카세인, 난황단백질에 함유
중성아미노산	트레오닌 (Thr, T)	$H-\underset{CH_3}{C}-OH$	• 필수아미노산 • 혈액의 피브리노젠(fibrinogen)에 많이 함유
산성아미노산	아스파르산 (Asp, N)	$-CH_2-COOH$	• 대부분 단백질에 존재 • 글로불린, 아스파라거스, 카세인에 분포
산성아미노산	글루탐산 (Glu, E)	$-CH_2-CH_2-COOH$	• 식물성 단백질에 많음. • 채소 중 존재하는 Na-글루탐산(MSG)은 조미료의 주성분
산성아미노산	아스파라진 (Asn, D)	$-CH_2-CONH_2$	• 가수분해되면 아스파트산과 NH_3가 생성 • 단맛이 있음 • 아스파라거스, 감자, 두류, 사탕무 등이 발아할 때 특히 많음
산성아미노산	글루타민 (Gln, Q)	$-CH_2-CH_2-CONH_2$	• 식물성 식품에 존재 • 사탕무의 즙, 포유동물의 혈액에 함유
염기성아미노산	라이신 (Lys, K)	$-CH_2-CH_2-CH_2-CH_2-NH_2$	• 필수아미노산 • 동물의 성장에 관여 • 동물성 단백질에 함유 • 식물성 단백질에는 부족 • 곡류를 주식으로 하는 경우 결핍 우려
염기성아미노산	아르지닌 (Arg, R)	$-CH_2-CH_2-CH_2-NH-C(=NH)-NH_2$	• 생선단백질에 함유 • 분해효소인 아르지네이스에 의해 요소와 오니틴이 생성
염기성아미노산	히스티딘 (His, H)	$-CH_2$ (이미다졸 고리: N, NH)	• 필수아미노산 • 이미다졸핵을 가진 환상 아미노산 • 혈색소와 프로타민에 많이 함유 • 부패성 세균에 의해 히스타민 생성
방향족아미노산	페닐알라닌 (Phe, F)	$-CH_2-C_6H_5$	• 필수아미노산 • 환상 아미노산의 일종 • 대부분 단백질에 존재 • 헤모글로빈이나 오보알부민에 함유 • 체내에서 타이로신의 합성에 모체가 됨
방향족아미노산	타이로신 (Tyr, Y)	$-CH_2-C_6H_4-OH$	• 대부분 단백질에 존재 • 체내에서 페닐알라닌의 산화로 생성 • 타이로시네이스의 작용으로 갈색색소인 멜라닌 생성
함황아미노산	시스테인 (Cys, C)	$-CH_2-SH$	• 체내 산화 · 환원작용에 중요한 작용 • –SH기가 2개 연결되어 시스틴이 됨 • 체내에서 메싸이오닌으로부터 생성
함황아미노산	메싸이오닌 (Met, M)	$-CH_2-CH_2-S-CH_3$	• 필수아미노산 • 체내에서 부족한 경우 시스틴으로 대용할 수 있음 • 혈청알부민이나 우유의 카세인에 많음 • 간의 기능에 관여
기타아미노산	트립토판 (Trp, W)	CH_2, N, H (인돌 고리)	• 필수아미노산 • 인돌핵 • 체내에서 나이아신으로 전환될 수 있어 결핍증상인 펠라그라 예방 • 효모, 견과류, 어류, 종자, 가금류 등에 함유
기타아미노산	프롤린 (Pro, P)	HN, COOH (피롤리딘 고리)	• 이미노기(imino group)를 가지고 있음 • 콜라겐과 같은 연골조직이나 프롤라민, 젤라틴, 카세인에 함유

단백질의 영양가는 단백질을 구성하고 있는 아미노산 중 필수아미노산의 종류와 양에 의해 결정된다. 체단백질을 구성할 때 필수아미노산은 체내에서 합성되지 않으므로 어느 하나라도 부족하면 단백질의 합성은 일어나지 않는다. 따라서 단백질의 영양가는 섭취한 필수아미노산 중에서 가장 부족한 필수아미노산에 의해 좌우된다. 이와 같이 함량이 가장 부족하여 단백질의 영양가를 결정하는 필수아미노산을 제한아미노산(limiting amino acid)이라고 한다. 대개의 경우 라이신, 트립토판, 트레오닌, 메싸이오닌이 제한아미노산이 되는 경우가 많다. 각종 식품의 제한아미노산은 표 4-2와 같다.

표 4-2 각종 식품의 제한아미노산

식 품	제한 아미노산	식 품	제한 아미노산
대두	메싸이오닌	옥수수	라이신, 트립토판
땅콩	라이신, 메싸이오닌	감자	라이신, 트립토판
밀	라이신	쌀	라이신, 트레오닌

(2) 단백질을 구성하지 않는 아미노산

아미노산 중에는 단백질을 구성하지는 않지만 유리상태 또는 비타민 등 특수한 화합물의 구성 성분으로 존재하는 것이 20여 종이 있다. 이들 중 식품과 관계가 깊은 것은 표 4-3과 같다.

표 4-3 단백질을 구성하지 않는 아미노산

일반명	구조식	소재 및 역할
베타-알라닌 (β-alanine)	$H_2N-CH_2-CH_2-COOH$	• 자연계에 존재하는 유일한 베타-아미노산(β-amino acid)으로 판토텐산(pantothenic acid), 코엔자임 A(coenzyme A)의 구성 성분 • 근육 속에 유리상태 또는 다이펩타이드로 존재
시트룰린(citrulline)	$H_2N-C(=O)-(CH_2)_3-CH(NH_2)-COOH$	• 수박의 과즙에 존재 • 아르지닌의 가수분해에 의해 생성 • 요소사이클 중에서 요소 생성에 관여
오니틴 (ornithine)	$H_2N-(CH_2)_3-CH(NH_2)-COOH$	• 동 · 식물조직에 존재하며 요소사이클 중에서 요소 생성에 관여
다이하이드록시페닐알라닌 (dihydroxyphenyl alanine, DOPA)	$(HO)_2C_6H_3-CH_2CH(NH_2)-COOH$	• 타이로신 산화로 생성된 멜라닌 색소의 전구체
감마-아미노뷰티르산 (γ-aminobytyric acid, GABA)	$CH_2(NH_2)CH_2CH_2COOH$	• 감자, 사과 속에서 발견 • 뇌 속에 존재 • 혈압강하 작용
알린(alline)	$CH_2=CH-CH_2-S-CH(NH_2)-COOH$	• 마늘에 존재 • 마늘 냄새성분인 알리신의 전구체
타우린(taurine)	$H_2N-CH_2-CH_2-SO_3H$	• 오징어, 문어, 담즙에 존재 • 말린 오징어의 표면을 하얗게 만듦
테아닌(theanine)	$CH_2=CH-CH_2-S-CH(NH_2)-COOH$	• 녹차, 차의 감칠맛 성분

3) 아미노산의 성질

(1) 용해성

아미노산은 일반적으로 물과 같은 극성 용매와 묽은 산이나 알칼리에는 잘 녹으나 에스터, 클로로포름, 아세톤 등과 같은 비극성 유기용매에는 전혀 녹지 않는다. 그러나 타이로신과 시스테인은 물에 녹기 어렵다. 한편 대부분의 아미노산은 알코올에 녹지 않으나 프롤린과 하이드록시프롤린은 알코올에 잘 녹는다.

(2) 양성 전해질

아미노산은 한 분자 내에 알칼리로 작용하는 아미노기($-NH_2$)와 산으로 작용하는 카복실기($-COOH$)를 동시에 가지고 있으므로 양성 물질이라 한다. 또한 아미노산은 수용액 중에서 음이온($-COO^-$)과 양이온($-NH_3^+$)으로 해리되어 분자 내에 염을 형성하여 양성 이온(zwitter ion)의 상태로 존재하므로 양성 전해질(ampholyte)이라고도 한다.

따라서 아미노산 용액을 전기영동장치에 넣고 전류를 통하면 산성용액에서는 H^+이온을 받아 +로 하전되어 음극으로 이동하고, 알칼리 용액 중에서는 OH^-이온이 존재하므로 H^+가 떨어져 나와서 −로 하전되어 양극으로 이동한다.

아미노산은 중성에 가까운 어떤 특정한 pH에서는 양전하와 음전하가 상쇄되어 전하가 0이 되므로 전장 내에서 어느 전극으로도 이동하지 않는다. 이때의 pH를 등전점(isoelectric point, pI)이라고 한다. 아미노산들의 등전점은 구조와 해리상수가 다른 기능기들의 차이로 인하여 각각 다르나 일반적으로 중성 아미노산의 등전점은 pH 7 부근의 약산성에, 산성 아미노산은 산성쪽에 염기성 아미노산은 알칼리성에 있다.

등전점에서 아미노산은 불안정하여 침전되기 쉬우며 용해도, 점도, 삼투압은 최소가 되고 흡착성과 기포성은 최대가 된다.

아미노산은
양성 전해질임

$H_3N^+-C(COOH)(R)-H$	⇌ (H^+ / OH^-)	$H_3N^+-C(COO^-)(R)-H$	⇌ (H^+ / OH^-)	$H_2N-C(COO^-)(R)-H$
양이온(산성)		양성 이온(중성)		음이온(알칼리성)

그림 4-2 수용액 중의 아미노산 이온

(3) 광학성 성질

아미노산은 글리신을 제외하고는 전부 비대칭 탄소원자(부제탄소원자)를 가지고 있으므로 2개의 광학이성체가 존재한다. 단백질을 구성하는 아미노산은 거의 모두 L-형이고, D-형은 일부 세균이 생산하는 항생물질이나 미생물의 세포벽에서 발견되고 있다.

(4) 자외선 흡수성

단백질을 구성하는 아미노산 중 방향족 아미노산인 타이로신, 트립토판, 페닐알라닌은 자외선을 흡수하며 이들의 최대흡수파장(λ_{max})은 각각 274.5, 278, 260 nm이다. 거의 모든 단백질에는 이들 방향족 아미노산이 함유되어 있으므로 분광광도계를 이용하여 280 nm 파장에서 흡광도를 측정하여 수용액 중의 단백질 함량을 알아낼 수 있다.

시스틴은 이황화결합(−S−S−)이 존재하기 때문에 238 nm에서 자외선을 약간 흡수하며, 모든 아미노산은 210 nm 근처의 파장에서 자외선을 흡수한다. 아미노산 중에서 트립토판, 타이로신, 페닐알라닌만이 형광성을 나타낸다. 트립토판은 단백질에 결합한 경우에도 348 nm에서 최대형광을 나타낸다.

(5) 맛

일반적으로 단백질은 타우마틴(thaumatin) 등을 제외하고는 맛이 없으나 그 분해생성물인 아미노산은 각각 특유한 맛을 가지고 있어 식품의 맛과 밀접한 관계를 가지고 있다. 특히 글루탐산은 감칠맛을 내기 때문에 소듐염(monosodium glutamate, MSG)은 조미료로 널리 사용되고 있다. 아미노산 중에서 L-시스틴, DL-호모시스틴 등은 거의 맛이 없으며, L-류신, L-아이소류신, L-페닐알라닌, L-트립토판 등 소수성 아미노산(hydrophobic amino acid)은 쓴맛을, 글리신, L-알라닌, DL-세린, L-하이드록시프롤린, L-라이신 등은 단맛을 낸다.

4) 아미노산의 화학적 반응

아미노산의 화학적 반응은 여러 가지가 있으나 식품화학에서 중요한 대표적인 화학반응은 다음과 같다.

(1) 카복실기 제거 반응(탈탄산 반응)

아미노산은 $Ba(OH)_2$와 같이 가열하면 카복실기가 제거되어 아민이 생성된다. 이 반응은 미생물, 특히 부패세균에 의해서도 일어난다. 예를 들면 히스티딘은 카복실기가 제거되면 히스타민이 되어 알레르기 반응에 관여한다.

$$R-CH(NH_2)-COOH \xrightarrow[\text{부패세균}]{Ba(OH)_2\text{와 가열}} R-CH_2(NH_2) + CO_2$$

(2) 아질산과의 반응(탈아미노 반응)

α-아미노산의 아미노기는 아질산(HNO_2)과 반응하여 질소가스를 발생한다.

$$R-CH(NH_2)-COOH \xrightarrow{NHO_2} R-CH(OH)-COOH + N_2\uparrow + H_2O + H^+$$

이 반응은 정량적이므로 아미노산, 펩타이드, 단백질 중의 α-아미노기 측정에 이용되는 반 슬라이크(Van Slyke)법의 원리이다. 프롤린과 하이드록시프롤린에서는 일어나지 않고 일반적으로 아미노기에서 일어난다.

(3) 알데하이드와의 반응

$$R-CH(NH_2)-COOH + R'-C(=O)-H \longrightarrow R-CH(N=CH-R')-COOH + H_2O$$

아미노산의 α-아미노기는 알데하이드와 축합하여 시프(Schiff) 염기를 만드는데, 이 반응은 비효소적 갈변반응인 마이야르(Maillard) 반응의 첫 번째 단계이다.

(4) 닌하이드린과의 반응

아미노산은 산화제인 닌하이드린과 반응하여 암모니아, 탄산가스, 알데하이드를 생성한다. 이때 생성된 암모니아는 산화형 및 환원형 닌하이드린과 반응하여 570 nm에서 흡광도를 갖는 청자색의 화합물을 만든다.

이 반응은 아미노산의 정성 또는 정량에 널리 이용된다. 그러나 프롤린과 하이드록시프롤린은 440 nm에서 최대흡수를 갖는 황색 화합물을 생성하고, 아스파라진과 글루타민은 갈색을 나타낸다.

(5) 2,4-플루오로다이나이트로벤젠(FDNB)과의 반응

FDNB(1-fluoro-2,4-dinitrobenzene)는 아미노산의 아미노기와 반응하여 황색의 다이나이트로페닐 아미노산(DNP-아미노산)을 생성한다. DNFB는 폴리펩타이드의 N-말단 아미노기와도 반응하므로 생거(Sanger)의 DNP법이라 하여 단백질의 N-말단 아미노산 분석에 이용된다.

2 단백질

단백질은 수백 개 이상의 아미노산이 펩타이드 결합으로 연결되어 있는 고분자 화합물이다. 구조가 매우 복잡하기 때문에 형태에 따라서 분류하기가 어려우므로 용해도에 따라서 분류하는 것이 일반적이다. 그러나 단백질의 조성과 이화학적 성질의 차이, 구조상의 특징 및 출처 등에 따라서도 분류할 수 있다.

1) 단백질의 구조

단백질은 20여 종의 아미노산이 펩타이드 결합을 하여 하나의 긴 사슬을 이루고 있다. 펩타이드 결합은 한 아미노산의 α위치의 아미노기($-NH_2$)와 다른 아미노산의 카복실기(−COOH)가 축합하면서 1분자의 물이 빠져나와 −CO−NH−와 같은 아마이드 결합을 이루는 것을 말한다.

여기서 R_1, R_2, R_3, …는 각 아미노산 고유의 곁사슬을 나타내며, 펩타이드 결합의 기본인 −CHR−CO−NH−의 연속체를 주사슬이라고 한다. 주사슬의 한쪽 끝은 $-NH_2$가 유리되어 있기 때문에 아미노기 말단(N-말단)이라 하고, 다른 한쪽 끝은 −COOH가 유

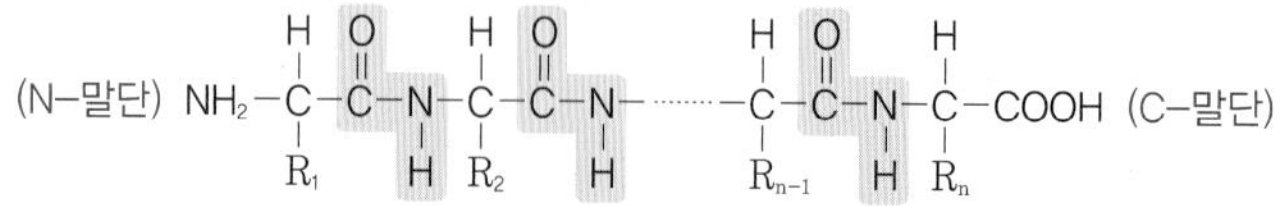

$$(\text{N-말단})\ NH_2-\overset{\overset{\displaystyle H}{|}}{\underset{\underset{\displaystyle R_1}{|}}{C}}-\overset{\overset{\displaystyle O}{\|}}{C}-\underset{\underset{\displaystyle H}{|}}{N}-\overset{\overset{\displaystyle H}{|}}{\underset{\underset{\displaystyle R_2}{|}}{C}}-\overset{\overset{\displaystyle O}{\|}}{C}-\underset{\underset{\displaystyle H}{|}}{N}-\cdots\cdots-\overset{\overset{\displaystyle H}{|}}{\underset{\underset{\displaystyle R_{n-1}}{|}}{C}}-\overset{\overset{\displaystyle O}{\|}}{C}-\underset{\underset{\displaystyle H}{|}}{N}-\overset{\overset{\displaystyle H}{|}}{\underset{\underset{\displaystyle R_n}{|}}{C}}-COOH\ (\text{C-말단})$$

그림 4-3 펩타이드결합

리되어 있기 때문에 카복실기 말단(C-말단)이라 한다. 2개의 아미노산으로 이루어진 펩타이드를 다이펩타이드, 3개의 아미노산으로 이루어진 것을 트리펩타이드, 여러 분자의 아미노산으로 이루어진 것을 폴리펩타이드라고 한다.

단백질과 같은 거대분자의 구조는 그림 4-4와 같이 1차, 2차, 3차, 4차 구조로 나눈다.

1차 구조(primary structure)는 폴리펩타이드 중의 아미노산 배열순서를 일컫는다. 단백질 사슬의 길이와 아미노산 결합순서는 단백질의 이화학적 · 구조적 · 생물학적 성질 및 기능을 결정한다. 아미노산 배열순서는 2차, 3차 구조를 결정하는데 중요한 역할을 하며, 궁극적으로는 단백질의 생물학적 기능성을 결정한다. 대부분의 단백질은 100~500개의 아미노산으로 구성되어 있다. 그림 4-5는 유청 단백질인 α-락트알부민의 1차구조를 나타낸 것으로, N-말단은 글루탐산이고 C-말단은 류신으로 123개의 아미노산으로 구성되어 있으며 4개의 이황화결합을 하고 있다.

2차 구조(secondary structure)는 곁사슬 상호 간의 작용에 의해서 생긴 α-나선(α-helix), β-구조, β-턴 및 불규칙 코일(random coil)로 이루어져 있다.

α-나선은 주사슬 펩타이드결합의 카보닐기(=CO)와 다른 펩타이드 결합의 이미노기

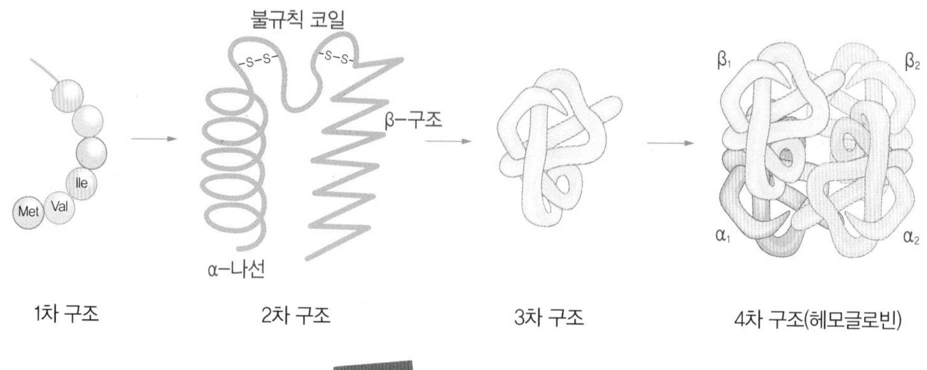

그림 4-4 단백질의 4차 구조

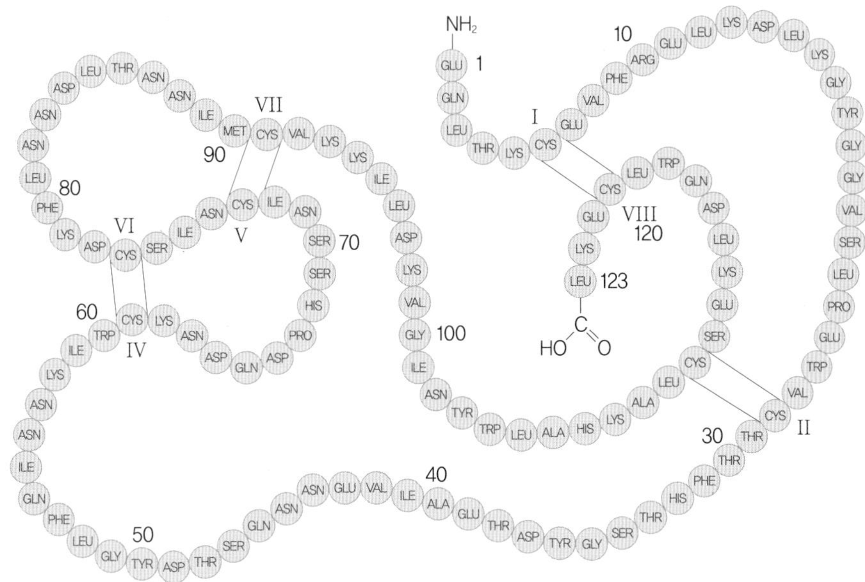

그림 4-5 유청단백질인 α-락트알부민의 1차 구조

(=NH)가 수소결합을 하여 서로 끌어당기기 때문에 주사슬이 나선모양으로 오른쪽으로 감는 구조를 갖게 된다. 나선구조의 최대 안정을 위해서는 축을 중심으로 한 번 회전하는 데 아미노산 잔기의 수는 3.6개, 간격은 0.54 nm가 필요하다.

병풍구조(pleated sheet structure)는 그림 4-6과 같이 분자 간 수소결합에 의해 입체적으로 주름을 잡으며 늘어진 구조로 β-구조라고도 부른다. 인접한 폴리펩타이드 사슬의 N-말단→C-말단이 같은 방향으로 배열되었을 때는 평행 β-구조(parallel β-structure)라 하고 서로 반대 방향인 경우에는 역평행 β-구조(antiparallel β-structure)라 한다.

β-구조 간의 주사슬 연결은 역평행 β-구조의 경우 헤어핀 연결에 의해서, 평행 β-구조의 경우는 교차연결에 의해서 이루어진다.

β-구조 형성에서 폴리펩타이드 사슬의 180° 역전은 2개의 아미노산 잔기의 거리에서 이루어지는데 이러한 사슬의 역전을 β-턴, β-폴드 또는 β-밴드라고 한다.

β-턴은 보통 4개의 아미노산 잔기가 그 자체에 되접어 꺾여서 형성되고 수소결합에 의해 안정화된다. 대부분 β-턴의 아미노산 배열순서는 첫번째 위치에 아스파라진, 시스테인, 아스파트산이 있고, 두 번째 위치에는 아스파라진, 아스파트산, 글리신이, 세 번

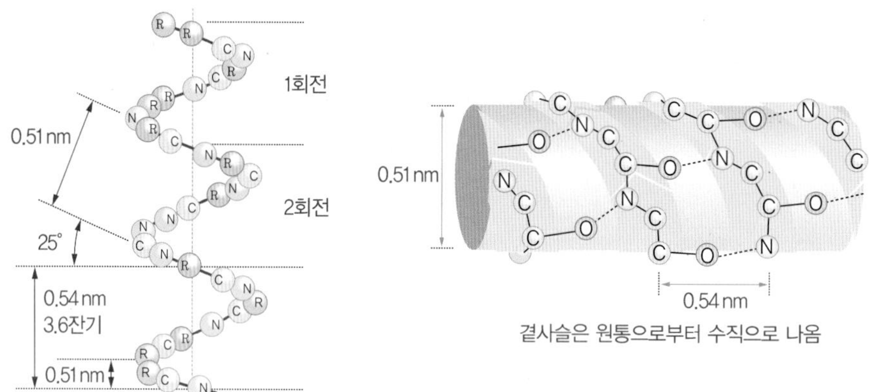

α-나선구조의 모형

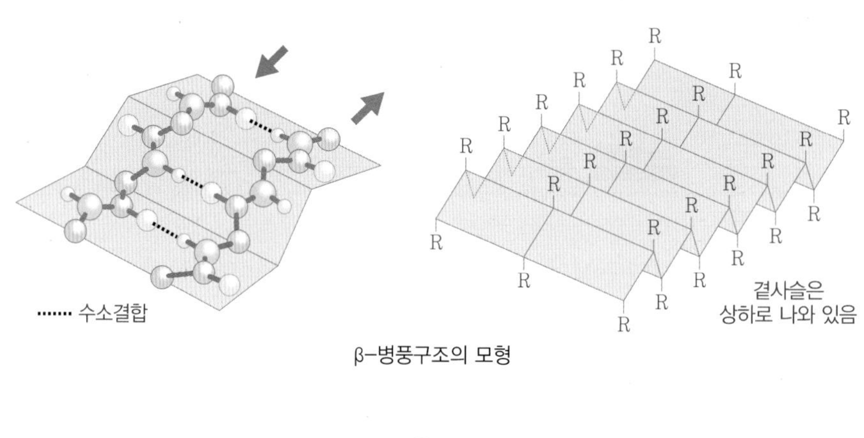

β-병풍구조의 모형

N C

β-턴구조

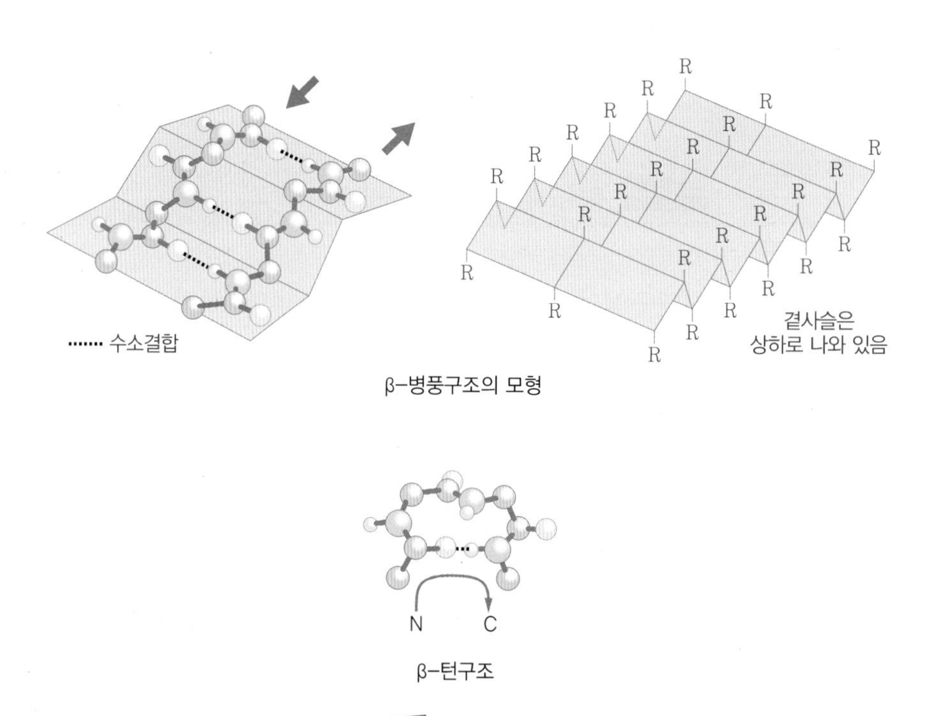

그림 4-6 단백질의 2차 구조

째 위치에 아스파라진, 아스파트산, 글리신이, 네 번째 위치에 트립토판, 글리신, 타이로신이 있다. 프롤린은 β-턴의 두 번째 위치에 있는 경향이 매우 강하다. 대부분의 β-턴은 극성 아미노산의 존재와 관련되므로 단백질 표면에서 일어난다.

각 아미노산이 α-나선, β-구조 및 β-턴에서 존재하는 빈도는 각각 다르다. α-나선 형성은 글루탐산, 메싸이오닌 및 류신이 잘 일어나고, β-구조 형성은 발린, 아이소류신, 페닐알라닌에서 잘 일어난다. 한편 프롤린, 글리신, 아스파트산, 아스파라진, 세린은 β-턴을 잘 형성하게 한다.

단백질은 각 2차 구조의 함량에 따라 주로 α-나선만 가지는 α 단백질(예: met-myoglobin), 주로 β-구조를 함유한 β 단백질(예: concanavalin A), 두 가지 형태의 2차 구조를 가지는 α+β 단백질(예: lysozyme)과 α-나선과 β-턴이 대체로 교대해서 일어나는 α/β 단백질(예: carboxypeptidase A)로 나눌 수 있다.

β-턴은 α-나선과 β-구조 이외에 약 20%의 비율로 모든 구상 단백질에서 공통 구조 요소로 흔히 발견되기 때문에 2차 구조의 다른 형태로 생각되고 있다.

표 4-4 단백질의 2차 구조 함량(%)

단백질	α-나선	β-구조	β-턴	불규칙 코일
메트미오글로빈(metmyoglobin)	87.6	0	6.5	5.9
소혈청알부민(bovine serum albumin)	67.0	0	0	33.0
콘카나발린 A(concanavalin A)	2.5	63.3	22.0	12.2
베타락토글로불린(β-lactoglobulin)	6.8	51.2	10.5	31.5
트립신(trypsin)	8.4	55.8	24.1	15.7
알파락트알부민(α-lactalbumin)	26.0	14.0	0	60.0
라이소자임(lysozyme)	45.7	19.4	22.5	12.4
파파인(papain)	27.8	29.2	24.5	18.5
카복시펩티데이스 A(carboxypeptidase A)	39.7	30.3	20.5	9.5

불규칙 코일은 주사슬이 특정한 수소결합을 만들지 않고 불규칙한 구조를 나타내는 상태를 말한다. 이것은 폴리펩타이드 사슬이 흐트러진 실처럼 복잡하게 구부러지고 휘어져 있다.

3차 구조(tertiary structure)는 긴 폴리펩타이드 사슬이 그림 4-7과 같이 수소결합, 이황화결합, 이온결합, 소수성결합 등에 의하여 휘어지고 구부러져서 구상 및 섬유상의 복잡한 공간배열을 이룬 것을 말한다.

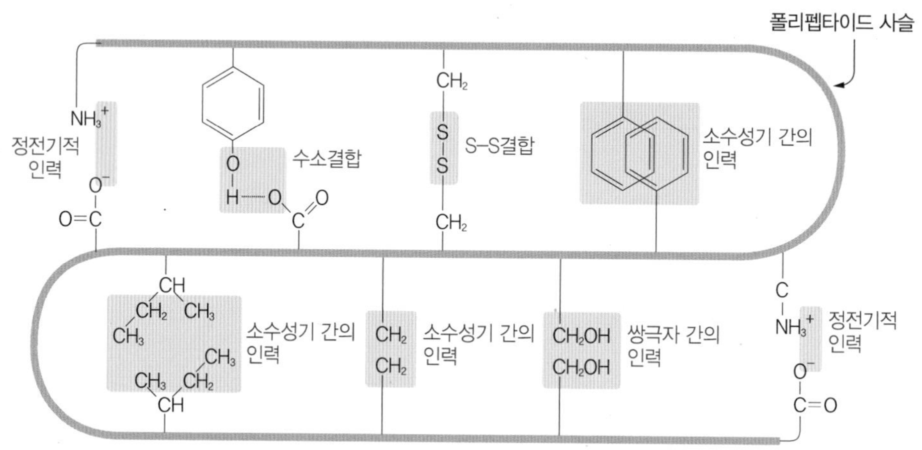

그림 4-7 단백질의 3차 구조를 이루는 결합 모식도

4차 구조(quarternary structure)는 3차 구조의 단백질이 다시 회합(association)에 의하여 뭉쳐져 하나의 생리기능을 가지는 단백질의 집합체이다. 회합의 기초가 되는 하나의 단백질을 소단위(subunit) 또는 단량체(monomer)라 하며, 이들 기본단위 단독으로는 불활성을 나타내지만 이들이 회합하면 생리기능을 나타낸다.

그림 4-8 헤모글로빈의 4차 구조

2) 단백질의 분류

(1) 이화학적 성질에 의한 분류

단백질은 그 조성 및 이화학적 성질에 따라 단순단백질(simple protein), 복합단백질(conjugated protein), 유도단백질(derived protein)의 3가지로 크게 분류된다.

① 단순단백질

단순단백질(simple protein)은 아미노산만으로 구성된 단백질로서 특정 용매에 대한 용해 특성에 따라 다음과 같이 분류된다.

- 알부민: 물, 묽은 염류용액, 묽은 산 및 묽은 알칼리에 잘 녹으며 가열에 의하여 응고된다. 각종 아미노산을 소량씩 전부 함유하였으나 글리신 함량이 아주 적고 분자량이 비교적 낮다. 동식물세포의 원형질에 함유되어 있는 대부분의 단백질이 여기에 속한다. 오브알부민(ovalbumin, 난백), 락트알부민(lactalbumin, 젖), 세럼 알부민(serum albumin, 혈청), 류코신(leucosin, 맥류), 레구멜린(legumelin, 대두) 등이 이에 해당한다.
- 글로불린: 물에는 거의 녹지 않고 묽은 염류용액, 묽은 산 및 묽은 알칼리에 잘 녹으며 가열에 의하여 대개 응고된다. 글로불린은 각종 아미노산을 함유하고 있으나 글리신 함량이 많은 점이 알부민과 다르고, 동 · 식물계에 많이 분포되어 있다. 세럼글로불린(serum globulin, 혈청), 락토글로불린(lactoglobulin, 젖), 미오신(myosin, 근육), 글리시닌(glycinin, 대두), 비실린(vicilin, 콩류) 등이 여기에 속한다.
- 글루텔린: 물, 묽은 염류용액에는 녹지 않고 묽은 산, 묽은 알칼리에 잘 녹으며 가열에 의하여 응고되지 않는다. 곡류의 종자 단백질과 화본과(禾本科) 식물의 배유(胚乳) 중에 많이 함유되어 있으며 글루탐산을 많이 함유하고 있다. 오리제닌(oryzenin, 쌀), 글루테닌(glutenin, 밀), 호데인(hordein, 보리) 등이 그 예이다.
- 프롤라민: 프롤라민의 용해성은 글루텔린과 비슷하나 글루텔린이 알코올에 녹지 않는데 비하여 프롤라민은 70~80%의 알코올에 녹는 특징이 있다. 이들 단백질은 곡류의 종자에 많이 함유되어 있으며 글루탐산과 프롤린을 다량 함유하고 있다. 제인(zein, 옥수수), 글리아딘(gliadin, 밀), 호데인(hordein, 보리) 등이 이에 속한다.

표 4-5 단순단백질의 분류

분 류	용해성(+: 가용, −: 불용)					특 징	예
	물	0.8% NaCl	약산 pH 6	약알칼리 pH 8	60~80% 알코올		
알부민 (albumun)	+	+	+	+	−	• 열응고성 • 동 · 식물 중에 널리 존재함	난백(ovalbumin) 유즙(lactabulim) 혈청(serum albumin) 근육(myogen)
글로불린 (globulin)	−	+	+	+	−	• 열응고성 • 동 · 식물 중에 널리 존재함 • 글루탐산과 아스파르트산이 많음	근육(myosin) 유즙(lactoglobulin) 난백(ovalglobulin) 혈청(serum globulin) 대두(glycine)
글루텔린 (glutelin)	−	−	+	+	−	• 식물의 종자에 존재 • 비열응고성	쌀(oryzenin) 밀(glutenin) 보리(hordenin)
프롤라민 (prolamin)	−	−	+	+	+	• 식물의 종자에 존재 • 비열응고성	옥수수(zein) 밀(gliadin) 보리(hordein)
히스톤 (histone)	+	+	+	−	−	• 동물의 체세포와 정자의 핵에 존재 • 히스티딘, 아르지닌이 많음 • 비열응고성 • 염기에 강함	흉선 히스톤 간장 히스톤 적혈구 히스톤
프로타민 (protamin)	+	+	+	−	+	• 핵산과 결합하여 아르지닌에 많음 • 통상의 용액에 불용 • 비열응고성 • 어류의 정자에 존재	연어(salmine) 정어리(clupeine) 고등어(scombrin)
알부미노이드 (albuminoid)	−	−	−	−	−	• 경단백질 • 동물체의 보호조직에 존재	결합조직, 피부(collagen) 결합조직, 힘줄(elastin) 머리털, 손톱(keratin) 명주실(fibroin)

- 알부미노이드: 경단백질(scleroprotein)이라 하며 물, 묽은 염류용액, 묽은 산, 묽은 알칼리에 녹지 않고, 효소의 가수분해에 저항력이 있는 것으로 구조나 결합기능을 하는 섬유성 단백질이다. 콜라겐(collagen, 근육조직), 케라틴(keratin, 손톱 머리털, 뿔), 엘라스틴(elastin, 인대) 등이 여기에 속한다.
- 히스톤: 물, 묽은 염류용액, 묽은 산, 묽은 알칼리에 잘 녹으나 암모니아에는 잘 녹지 않으며 가열에 의해 응고되지 않는다. 아르지닌, 라이신을 많이 함유한 염기성 단백질로 동물의 체세포핵이나 정자핵(精子核)에 DNA나 단백질과 공존하며 적혈구 중의 글로빈, 흉선 중의 흉선 히스톤 등이 알려져 있으며, 식물계에는 존재하지 않는다.
- 프로타민: 용해성은 히스톤과 비슷하나 알칼로이드 시약에 의하여 알칼리성에서 침전되지 않는 점이 히스톤과 다르다. 아르지닌을 다량 함유한 염기성 단백질로서 어류의 정자핵 중에 DNA와 결합하여 존재한다. 살민(salmine, 연어), 클로페인(clupein, 청어), 스콤브린(scombrin, 고등어), 스투린(sturin, 상어) 등이 여기에 속한다.

② 복합단백질

복합단백질(conjugated protein)은 아미노산으로 구성된 단순단백질에 핵산, 당질, 지방질, 색소, 금속 및 인 등의 비단백성 물질이 결합한 단백질이다. 이 중 비단백성 물질을 보결원자단(prosthetic group)이라 한다. 복합단백질은 보결원자단의 종류에 따라 다음과 같이 6가지로 나눈다.

- 인단백질(phosphoprotein): 단순단백질과 인산이 결합한 것으로 식물성 식품에는 존재하지 않고 동물성 식품에서 많이 발견된다. 대표적인 것으로 우유의 카세인(casein), 난황의 비텔린(vitellin) 등이 있다.
- 지단백질(lipoprotein): 지방질과 단백질이 결합한 것으로 지방질 부분은 레시틴과 세팔린 등의 인지질로 이루어진 것이 많다. 유화력을 가지고 있으며 거의 모든 동·식물세포에 들어 있다. 난황의 리포비텔리닌(lipovitellinin)이 대표적이다.
- 핵단백질(nucleoprotein): 단순단백질에 핵산(DNA, RNA)이 결합한 단백질로 단백질 부분은 염기성의 히스톤 또는 프로타민이다.

표 4-6 복합단백질의 분류

분류	특징	예
인단백질 (phosphoprotein)	• 인산이 에스테르형으로 단백질의 일부에 결합 • 칼슘염으로 존재하는 산성 단백질로 묽은 알칼리 용액에 녹음 • 동물성 식품에 많이 존재	카세인(유즙) 비텔린(vitellin, 난황) 비텔리닌(vitellinin, 난황)
지단백질 (lipoprotein)	• 지방질(인지질, 콜레스테롤)과 단백질의 결합 • 지방질 부분은 종류에 따라서 질과 양이 각각 다르나 레시틴과 세팔린 등의 인지질에 많음	리포비텔린(lipovitellin, 난황) 리포비텔리닌(lipovitellinin, 난황)
핵단백질 (nucleoprotein)	• 핵산(DHA, RNA)과 염기성 단백질이 결합 • 단백질(히스톤, 프로타민)과 핵산이 결합된 복합단백질 • 세포핵 중에 주로 존재 • 동 · 식물세포의 주성분이며, 식품의 맛과 관련 있음	동물체의 흉선(thymus, 흉선, 적혈구) 어류의 정자 식물체의 배아(germ), 효모, 세균 등
당단백질 (glycoprotein)	• 당류와 단백질이 결합 • 조직이나 장내의 윤활작용과 동 · 식물세포 및 조직의 보호작용	뮤신(mucin, 동물의 점액, 타액, 소화액) 뮤코이드(mucoid, 혈청, 결체조직) 오보뮤코이드(ovomucoid, 난백 등)
색소단백질 (chromoprotein)	• 색소(pigment)와 단백질의 결합 • 산소 운반, 호흡작용, 산화 · 환원작용에 관여	헤모글로빈(hemoglobin, 혈액) 미오글로빈(myoglobin, 근육) 사이토크롬(cytochrom, 체조직) 헤모시아닌(hemocyanin, 연체동물의 혈액) 카탈레이스(catalase, 효소 등)
금속단백질 (metalloprotein)	• 금속이 결합된 단백질	철단백질: 페리틴(ferritin) 구리단백질: 타이로시네이스(tyrosinase), 아스코르비네이스(ascorbinase, 식물 조직체의 산화효소) 아연단백질: 인슐린(insulin) 등

- 당단백질(glycoprotein): 단백질에 당질이 결합한 것으로 독특한 점성이 있어 점성 단백질(mucoprotein)이라고도 한다. 이 단백질은 동·식물세포와 조직의 보호작용을 하며 조직 및 장내의 윤활작용을 한다. 당단백질 중 초산에 의해 침전되는 것을 뮤신(mucin), 침전되지 않는 것을 뮤코이드(mucoid)라 한다. 오보뮤코이드(ovomucoid, 난백), 오보뮤신(ovomucin, 난백), 뮤신(mucin, 타액, 점막 분비물) 등이 여기에 속한다.
- 색소단백질(chromoprotein): 단순단백질과 색소가 결합한 것으로 색소성분은 엽록소(chlorophyll), 카로티노이드(carotenoid), 헴(heme), 플래빈(flavin) 등이다. 이들은 생체 내에서 중요한 생리작용을 나타내며 식품의 색과 밀접한 관계가 있다. 헤모글로빈(hemoglobin, 혈액), 미오글로빈(myoglobin, 근육), 클로로필 단백질(chlorophyll protein, 녹색잎), 아스타잔틴 단백질(astaxanthin protein, 갑각류의 껍질), 옐로 엔자임(yellow enzyme, 우유, 혈액, 조직) 등이 여기에 속한다.
- 금속단백질(metalloprotein): 금속(Fe, Cu, Zn 등)과 단백질이 결합한 것으로 철단백질로는 페리틴(ferritin, 간), 구리단백질로는 헤모사이아닌(hemocyanin, 연체동물의 혈액), 폴리페놀 산화효소(polyphenol oxidase), 아스코브산 산화효소(ascorbate oxidase) 등이 있고, 아연 단백질로는 인슐린(insulin, 췌장)이 있다.

③ 유도단백질

유도단백질(derived protein)은 천연단백질이 화학적 또는 효소적 방법에 의해서 변형된 것으로 변형된 정도에 따라서 1차 유도단백질과 2차 유도단백질로 나뉜다.

1차 유도단백질은 물리적 또는 화학적으로 변성된 것으로 분자 골격의 대부분은 그대로이나 성질이 다르므로 변성단백질(denatured protein)이라고도 한다. 레닛(rennet)으로 응고시킨 카세인(casein)과 콜라겐(collagen)을 물과 같이 가열하여 얻어지는 젤라틴(gelatin) 등이 그 예이다.

2차 유도단백질은 분해가 일어난 것으로 프로테오스(proteose), 펩톤(peptone), 펩타이드(peptide) 등이 있다.

(2) 형태에 의한 분류

단백질은 구조와 형태에 따라서 섬유상 단백질과 구상 단백질로 나눈다.

① 섬유상 단백질

섬유상 단백질은 긴 섬유상의 폴리펩타이드 사슬이 수소결합 또는 이황화결합에 의해 일정한 방향으로 규칙적인 배열을 하여 섬유모양을 가지는 단백질로 보통의 용매에 녹지 않는다. 섬유상 단백질에는 콜라겐, 엘라스틴, 케라틴 등이 있다.

② 구상 단백질

아미노산 측쇄의 여러 가지 결합에 의해서 폴리펩타이드 사슬이 구부러지고 겹쳐져서 전체적으로 둥근 모양을 가지는 구상의 단백질로 비교적 물에 잘 용해된다. 구상 단백질에는 알부민, 글로불린, 헤모글로빈, 인슐린 등이 있다.

(3) 출처에 의한 분류

단백질은 그 출처에 따라 식물성 단백질(plant protein)과 동물성 단백질(animal protein)로 나뉜다. 식물성 단백질은 곡류 단백질과 두류 단백질로, 동물성 단백질은 육류 단백질, 난류 단백질, 어류 단백질, 우유 단백질로 나눌 수 있다.

3) 단백질의 성질

(1) 분자량

단백질은 고분자 화합물로서 그 분자량이 수만~수백만에 이르러 셀로판 등의 반투막을 통과하지 못하며 물에 녹으면 콜로이드 용액을 형성한다. 단백질은 그 구조가 복잡하고 정제하기가 어려워 정확한 분자량을 알 수 없다. 단백질의 분자량은 삼투압, 광산란법, 점도, 확산, 초원심분리에 의한 침강법 등에 의해 추정해 왔으나, 최근에는 크기배재 크로마토그래피(size exclusion chromatography, SEC), SDS-PAGE(sodium dodecyl sulfate-polyacrylamide gel electrophoresis) 등이 일반적으로 분자량 측정에 사용되고 있다. 분자의 크기는 대체로 60~70 μm 정도이며 그 형태에 따라 섬유상과 구상 단백질이 있다.

(2) 용해성

단백질이 용매에 녹으면 식염이나 설탕이 물에 녹아 진정용액을 만드는 것과는 달리 용매 중에 분산되어 점조한 콜로이드 용액이 된다.

단백질은 분자 중에 물과 결합할 수 있는 $-COOH$, $-NH_2$, $-OH$, $=NH$, $-COO^-$, $-NH_3^+$ 등의 친수성기를 가지고 있어 이들이 물과 수소결합을 하여 수화(hydration)됨으로써 용해된다. 단백질에 결합되는 물의 양은 단백질의 농도, 다른 이온들의 물에 대한 경쟁 및 용액의 pH 등에 따라 결정된다. 중성 또는 등전점에서의 단백질 용해도는 단백질 원료의 준비와 가공의 각 단계에서 흔히 측정하는 첫 번째 기능성이다. pH, 이온력 또는 열처리에 따른 질소용해도(nitrogen solubility index, NSI) 시험이 가장 흔히 사용된다. 대부분의 단백질은 묽은 중성 염류 용액에 잘 녹는데 이 현상을 염용(salting-in)효과라고 한다. 이것은 중성염의 해리로 생성된 이온이 단백질 분자의 이온화된 기능기와 작용함으로써 단백질 분자 사이의 인력을 감소시키기 때문이다. 그러나 중성염류의 농도가 높을 때는 염과 단백질이 물에 대하여 경쟁하기 때문에 단백질은 침전, 염석(salting-out)된다. 황산암모늄은 일반적으로 사용되는 중성염인데 이것은 용해도가 높고 단백질 변성을 최소화시킬 수 있다. 이와 같은 염석현상은 단백질 정제방법의 하나로 이용되고 있다.

(3) 등전점

단백질은 아미노산처럼 H^+ 및 OH^-의 적당한 농도에서 그 분자 속의 양과 음의 하전이 완전히 중화되어 전기적으로 중성이 될 수 있는데, 이때의 pH를 그 단백질의 등전점(isoelectric point, pI)이라고 한다. 이 등전점에서는 단백질의 용해도가 가장 적어 쉽게 침전되기 때문에 단백질의 분리 및 정제에 자주 이용된다. 분리대두단백질(soy protein isolate)의 경우 두유를 pH 4.5로 맞춰 침전시켜 제조한다. 또한 단백질은 등전점에서 점도, 삼투압, 팽윤 등은 최소가 되고 흡착성, 기포력, 탁도, 침전 등은 최대가 된다. 대부분 식품 단백질의 등전점은 pH 4~6이다.

표 4-7 각종 식품 단백질의 등전점

단백질	소 재	등전점	단백질	소 재	등전점
알부민(albumin)	달걀	4.5~4.7	미오신(myosin)	육류	5.4
락트알부민 (lactalbumin)	우유	5.1	글루테닌 (glutenin)	밀	5.2~5.4
락토글로불린 (lactoglobullin)	우유	4.5~5.5	글리아딘 (gliadin)	밀	6.5
카세인(casein)	우유	4.6	제인(zein)	옥수수	5.8
미오겐(myogen)	육류	6.3	글리시닌(glycinin)	콩	4~5

(4) 전기영동

단백질은 등전점보다 낮은 pH 용액에서는 +로 하전되고, 등전점보다 높은 용액에서는 −로 하전된다. 따라서 단백질 용액에 전장을 걸어주면 음으로 하전된 단백질은 양극으로, 양으로 하전된 단백질은 각각 음극으로 이동하며 등전점에는 하전이 0이 되어 이동하지 않는데 이러한 현상을 전기영동이라고 한다. 그 이동의 정도는 전하의 대소, 분자의 크기, 모양 및 수화 등과 관계가 있다. 이를 이용하여 단백질의 분리, 정제와 순도의 검정 등을 할 수 있다.

(5) 단백질의 침전성

단백질은 음이온과 양이온을 가진 양성화합물이므로 트라이클로로아세트산(trichloroacetic acid), 피크르산(picric acid), 설포살리실산(sulfosalicylic acid), 타닌산(tannic acid) 등의 유기침전제나 Hg^{2+}, Cd^{2+}, Pb^{2+} 등의 중금속 염류, 알코올, 아세톤 등의 유기용매에 의해 불용성의 염을 형성하여 침전한다. 이러한 반응은 식품성분에서 비단백질 질소화합물과 혼재하는 단백질의 분리정제에 이용된다.

(6) 단백질의 정색반응

단백질은 구성하는 아미노산의 종류와 화학적 성질에 따라 여러 가지 정색반응을 나타낸다.

- 닌하이드린(ninhydrin) 반응: 단백질 및 α-아미노산 용액에 1% 닌하이드린 용액을 가하여 가열하면 청자색 또는 적자색을 나타낸다. 이 반응은 α-아미노산뿐만 아니라 아민과 암모니아와도 반응한다.
- 뷰렛(biuret) 반응: 단백질 용액에 NaOH 용액을 가하여 알칼리성으로 하고 여기에 $CuSO_4$ 용액 1~2방울을 가하면 적자색 또는 청자색을 나타낸다. 이 반응은 2개 이상의 펩타이드결합이 있는 단백질 또는 펩타이드에서만 일어나는 반응이다.
- 잔토단백질(xanthoprotein) 반응: 단백질 용액에 진한 질산 몇 방울을 떨어뜨리면 흰색의 침전이 생기고, 이것을 다시 가열하면 황색 침전이 생기거나 용해되어 황색의 용액이 된다. 이것을 냉각시켜 암모니아를 가해 알칼리성으로 만들면 등황색이 된다. 이 반응은 벤젠고리 때문에 일어나는 반응으로 단백질 내에 벤젠고리를 가지고 있는 타이로신, 페닐알라닌, 트립토판이 존재할 때 일어난다.
- 밀론(Millon) 반응: 단백질 용액에 밀론시약을 가하면 흰색 침전이 생기고, 이것을 가열하면 적색이 된다. 이것은 페놀기 때문에 일어나는 반응으로 단백질 내에 페놀기를 가지고 있는 타이로신이 존재할 때 일어난다.
- 황(S) 반응: 단백질에 40%의 NaOH 용액을 넣고 가열한 다음 초산납 수용액을 가하면 검은 침전이 생긴다. 이 반응은 황(황화수소 잔기) 때문에 일어나는 반응으로 단백질 내에 시스틴, 시스테인이 존재할 때 일어난다. 그러나 메싸이오닌과는 반응하지 않는다.
- 홉킨스 콜(Hopkins-Cole) 반응: 단백질 용액에 글리옥실산(glyoxylic acid)을 넣고 잘 혼합한 후 서서히 진한 황산을 가하면 그 경계면에 보라색의 고리가 생긴다. 이 반응은 인돌기 때문에 일어나는 반응으로 단백질 내에 트립토판이 존재할 때 일어난다.

표 4-8 단백질의 정색반응

반응명	시 약	반응색(산물)	확인 가능한 정보
닌하이드린 반응	1% 닌하이드린 시약	청자색 또는 적자색	유리 아미노기 존재
뷰렛 반응	NaOH, $GuSO_4$	적자색 또는 청자색	펩타이드 결합의 존재
잔토단백질 반응	질산, 암모니아	등황색	벤젠고리 존재
밀론 반응	밀론 시약	적색	페닐기 존재
황반응	40% NaOH, 초산납	검은 침전	황화수소 잔기의 존재
홉킨스-콜 반응	글리옥실산, 진한 황산	보라색 고리	인돌기 존재

4) 단백질의 변성

동식물에 존재하는 천연단백질은 그 구성 아미노산들이 펩타이드 결합에 의해 연결되는 1차 구조 이외에 단백질 분자 내의 이온결합, 수소결합, 이황화결합, 소수성결합 등에 의해 단백질의 고차 구조가 유지되어 고유한 형태와 성질을 나타내고 있다. 이러한 천연단백질이 물리적, 화학적, 효소적 작용을 받으면 공유결합은 파괴되지 않은 채로 분자 내 구조의 변형이 일어나는데 이를 변성이라고 한다. 즉, 변성은 단백질의 1차 구조는 변하지 않고 2~4차 구조의 고차 구조가 변하는 현상을 말한다.

- ○ 물리적 변성 요인 : 열, 동결 및 건조, 표면장력, 광선, 압력, pH
- ○ 화학적 변성 요인 : 염류, 유기용매, 금속이온, 알칼로이드

단백질의 변화 중 가장 중요한 것이 변성이며, 단백질 식품의 가공 · 저장 · 조리과정 중에 변성이 많이 일어나므로 이에 대한 지식은 식품화학에서 매우 중요하다.

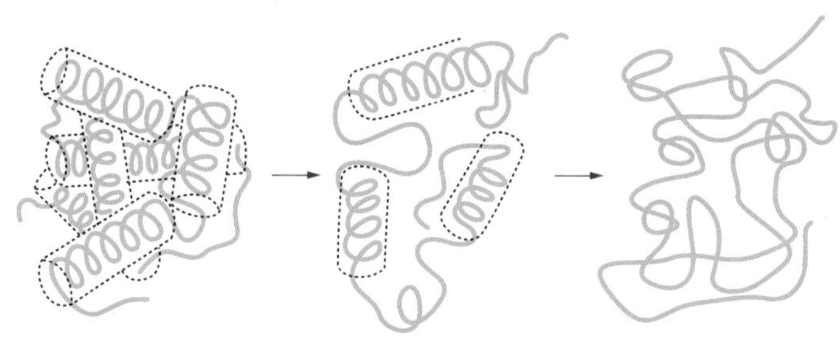

그림 4-9 단백질의 변성

표 4-9 식품의 조리, 가공에 의한 단백질의 변성

변성 요인	식품의 예
가열	삶은 달걀, 달걀찜, 구운 고기, 어묵
표면장력	스펀지케이크, 아이스크림
동결	냉동두부
탈수	건조오징어
산	요구르트
금속이온	두부(칼슘이온, 마그네슘이온)

(1) 변성 단백질의 성질

① 생물학적 특성의 상실

천연 단백질이 변성되면 본래 단백질이 가지고 있는 효소 활성이나 독성, 면역성 등의 생물학적 특성을 상실하게 된다.

② 용해도의 변화

단백질이 물에 용해되어 있는 경우 소수성기는 물에서 멀어지고자 구조 내부에 들어가 있지만 단백질이 변성되면 구조가 풀려서 소수성기가 분자 표면에 나타나게 되므로 단백질의 친수성이 감소하고 따라서 용해도가 감소하게 된다.

③ 반응성의 증가

단백질이 변성되면 본래의 단백질 표면에서는 잘 보이지 않던 -OH기, -SH기, -COOH기, $-NH_2$기 등과 같은 활성기가 표면에 나타나 반응성이 증가한다.

④ 효소에 의한 단백질의 분해

단백질이 열에 의하여 변성되면 응고되어 굳은 것과 같이 보이지만 오히려 소화가 잘 된다. 이것은 구상이나 섬유상을 이루고 있던 폴리펩타이드 사슬이 열에 의하여 풀어지므로 효소에 의해 분해될 수 있는 반응 장소가 증가하기 때문이다. 그러나 지나친 가열은 오히려 단백질의 소화를 나쁘게 한다.

⑤ **기타 물리적 및 화학적 성질 변화**

구상 단백질이 변성하여 풀린 구조로 변하기 때문에 점도, 확산계수 등이 커진다. 또 단백질 분자 내부에 묻어 있는 여러 아미노산 잔기가 표면에 노출되기 때문에 자외선에 대한 흡광도가 단파장 방향으로 이동하여 증가하기도 하고(변성 청색 이동), -SH 잔기도 노출되어 화학반응이 일어나기 쉬워진다.

(2) 물리적 요인에 의한 변성

① **열변성**

대부분의 단백질은 가열변성에 의해 응고 또는 겔화된다. 그러나 예외적으로 불용성인 콜라겐은 가열에 의해 변성되어 가용성인 젤라틴이 된다. 열변성을 일으키는 온도는 단백질에 따라서 다르고, 실온에서부터 100℃까지 폭넓다. 생리적으로 중요한 효소의 기능을 갖는 단백질은 그 활성을 잃는다. 열변성에 의해 단백질은 프로테이스의 소화성이 높아진다.

단백질의 열변성은 온도, 수분, pH, 전해질의 존재, 당이나 지방의 존재 등에 의해서 영향을 받는다. 단백질의 연변성은 주로 60~70℃ 근처에서 잘 일어나며 온도가 높을수록 잘 일어난다. 수분이 많으면 비교적 낮은 온도에서 열변성이 일어나며 수분이 적으면 높은 온도에서 열변성이 일어난다. 단백질에 전해질이 존재하면 변성 온도가 낮아지고 변성 속도는 빨라진다. 단백질은 등전점에서 가장 잘 응고한다. 이온의 전하가 클수록 단백질 변성이 잘 일어난다. 단백질에 당이 존재하면 응고온도가 높아지며 당의 양이 많아지면 응고온도는 점점 상승한다. 이는 당이 응고단백질을 다소 용해시키기 때문이며 이와 같은 현상을 단백질의 해교작용(peptization)이라고 한다.

② **동결 · 건조에 의한 변성**

어육의 건조에 의한 변성은 가열에 의한 변성과는 상당히 다르다. 어육은 건조시키면 육섬유를 형성하는 직쇄상의 폴리펩타이드 사슬 사이의 수분이 제거되고, 인접한 폴리펩타이드 사슬이 서로 접근하여 재결합함으로써 견고한 구조로 변한다. 건조한 어육은 염석, 응집 등에 의한 육단백질의 변성이 일어나 물에 침지시켜 수분을 흡수시켜도 흡수성이 나쁘고 생육처럼 되지 않는다.

어육의 동결에 의한 변성은 분산매인 물이 동결함으로써 단백질 입자가 상호 접근하여 결합되고, 또 액체의 빙결로 잔존액 중에 용존되어 있는 염류나 산의 농도가 높아져서 변성된다. 이와 같은 변성은 어육에서는 -1~-5℃ , 쇠고기에서는 -1.5~-3℃에서 가장 현저히 일어나며, -20℃에서는 변성이 최소가 된다. 변성이 최대가 될 때를 최대빙결정대라고 한다. 식품에서는 얼음 결정을 최소화하고, 변성의 시간을 최소로 줄이기 위해서는 최대빙결정대를 되도록 빨리 통과시키기 위해 급속 동결이 필요하다. 동결식품을 해동시키면 변성된 단백질이 재배열된다. 그러나 물과의 친화성이 저하되어 단백질이 원래 상태 때와 같이 물에 분산되기 어려우므로 식품의 보수성이 저하되고, 수분은 드립되어 유출된다. 따라서 동결식품을 해동시킬 때에는 일반적으로 10℃ 부근의 공기 중에서 완만하게 해동시키는 것이 좋다.

③ 표면장력에 의한 변성

단백질이 단일분자막의 상태로 얇은 막을 형성하게 되면 표면장력에 의하여 불용성이 되는데 이와 같은 현상을 단백질의 계면변성이라고 한다. 계란 흰자를 세게 저어서 거품을 내면 변성이 일어나며, 빵 반죽을 발효시키는 동안에 생성된 이산화탄소의 기포 표면에 밀가루 단백질인 글루텐이 얇게 분산되면 표면장력으로 변성되어 강한 막이 형성된다.

④ 광선, 압력에 의한 변성

단백질은 광선에 의해 3차 구조의 결합이 절단되어 변성이 일어난다. 특히 α-선, β-선, γ-선 및 X-선 조사에 의해 변성되는 것은 물론 상온에서 자외선을 조사할 경우 단백질은 그의 등전점에서 변성이 현저히 일어난다.

단백질은 5,000~10,000 기압의 압력과 초음파 등에 의해서도 변성이 일어난다.

(3) 화학적 요인에 의한 변성

① pH에 의한 변성

단백질 용액에 산이나 알칼리를 전하가 변하기 때문에 이온결합에 변화가 일어나 단백질이 변성된다. 산이나 알칼리에 의한 단백질의 변성은 단백질을 등전점에 이르게 하여 응고시키는 것이다. 우유에 젖산균이 자라면 pH가 낮아져서 카세인의 등전점에 도달하게 되고 카세인이 변성되어 침전된다. 요구르트, 치즈 등의 제조는 pH에 의한 단백질의 응고 원리를 이용한 것이다.

② 염류에 의한 변성

단백질 용액에 소량의 중성염을 넣으면 단백질 분자 사이의 인력을 약화시키고 그 결과 단백질이 용해되기 쉬워지면서 용해도가 증가한다. 이를 염용(salting in)이라고 한다. 그러나 다량의 중성염을 넣으면 물이 염을 용해시키는데 사용되기 때문에 단백질을 용해시키는데 부족하게 되며, 염류가 해리되면서 생긴 이온이 단백질의 전하를 중화시켜서 단백질 분자 사이의 반발력이 감소되기 때문에 단백질이 응집, 침전된다. 이와 같은 현상을 염석(salting out)이라고 한다.

③ 유기용매에 의한 변성

알코올이나 아세톤과 같은 유기용매를 단백질 수용액에 넣으면 단백질이 변성되어 침전된다. 이 반응은 등전점 부근에서 가장 잘 일어난다. 그러므로 알코올 참가에 의해 우유의 침전반응의 유무를 보는 알코올 시험은 우유의 신선도 판정에 이용된다. 이것은 우유가 변질되면 산이 증가하므로 등전점 부근의 pH로 되어 알코올 첨가 시 침전반응을 일으키기 때문이다. 알코올에 의한 단백질 침전은 친수성이 강한 알코올의 탈수작용에 의해 단백질 분자의 수화가 대단히 적어지기 때문인 것으로 생각된다.

④ 금속이온에 의한 변성

2가 또는 3가의 금속이온은 단백질의 변성을 일으킨다. 대두단백질인 글리시닌은 열에 의해 변성되지 않으나 칼슘이온이나 마그네슘이온에 의하여 쉽게 응고된다.

칼슘이온이나 마그네슘이온은 대두단백질인 글리시닌의 카르복실기에 결합하여 분자 사이에 가교를 만들어 응집하는 것으로 생각되며, 결합된 칼슘은 투석에 의해 쉽게 제거되지 않는다. 이 원리는 두부의 제조에 응용되고 있다. 과일이나 채소를 설탕조림하고자 할 때 모양이 너무 부서지지 않도록 하려면 백반을 넣으면 된다. 백반에는 알루미늄이 있어서 단백질을 응고시키기 때문이다. 한편 수은, 은, 구리, 철, 납 등의 중금속도 단백질과 화합물을 생성하여 침전한다.

⑤ **알칼로이드 시약에 의한 변성**

단백질 용액에 타닌산, 설포살리실산, 피크릭산 등과 같은 알칼로이드 시약을 넣으면 단백질이 침전된다. 이는 알칼로이드 시약이 단백질의 극성 잔기에 결합하기 때문에 일어난다. 이와 같은 반응은 단백질과 비단백질이 혼재하고 있는 물질에서 단백질을 제거하는데 이용된다.

(4) 효소에 의한 변성

단백질은 효소의 작용에 의해서 변성 및 가수분해 된다. 우유 단백질의 약 80% 정도를 차지하고 있는 카세인은 구상의 카세인 미셀로 존재하며 칼슘, 인, 미량의 마그네슘 및 구연산을 함유하고 있다. 미셀에서 α-카세인과 β-카세인은 칼슘이온에 의해 응집하고 있으나 κ-카세인은 응집하지 않고 미셀 표면에 존재하며 보호콜로이드의 구실을 하므로 안정화 된다. 응유효소인 레닌은 κ-카세인에 작용하여 파라-κ-카세인과 당을 함유하고 있는 글리코마크로펩타이드로 분해된다.

글리코마크로펩타이드는 친수성이 강해서 카세인에서 유리되므로 카세인 미셀은 불안정하게 되어 우유 중의 칼슘이온과 결합하여 응고되며 소화효소의 작용을 받기 쉬워진다. 이 응고물을 커드라고 한다. 따라서 레닌을 주요 성분으로 하는 응유효소제인 레넷은 치즈를 제조하는데 이용된다.

변성 단백질의 성질

① 생물학적 특성의 상실 : 천연단백질의 효소 활성, 독성이나 면역성 상실
② 용해도의 변화 : 천연단백질의 구조가 풀려서 소수성기가 분자 표면에 노출되어 용해도 감소
③ 반응성의 증가 : 변성되면 보이지 않던 –OH기, –SH기, –COOH기, $-NH_2$기 등 활성기가 노출되어 반응성 증가
④ 효소에 의한 단백질의 분해 : 변성되면 구조가 풀어지면서 효소에 의한 반응 장소 증가로 소화가 잘 됨
⑤ 기타 물리적 및 화학적 성질 변화 : 점도나 확산계수 증가, 자외선 흡광도 증가, 기타 화학반응 발생 용이

5) 단백질의 분해

(1) 광선에 의한 분해

아미노산이나 단백질 중에는 빛에 의해 분해를 일으키는 것이 있다. 트립토판은 빛에 대단히 불안정하기 때문에 그 용액에 햇빛을 조사하면 갈색으로 착색되므로 식품 갈변의 원인이 된다. 만일 자외선을 조사하면 광분해가 일어나서 알라닌, 아스파트산, 하이드록시안트라닐산을 생성한다. 단백질도 햇빛이나 자외선 조사로 인하여 변할 수 있다. 카세인 용액을 형광물질이 존재하는 상태에서 햇빛을 조사하면 카세인 중의 트립토판이 분해되어 영양가가 떨어진다.

(2) 단백질의 자기소화

식품은 자신이 가지고 있는 효소에 의해서 자체 성분이 분해되는 경우가 있는데 이를 자기소화(autolysis)라고 한다.

육류는 시간이 지나면 자신이 가지고 있는 프로테이스에 의해서 자기소화가 일어나서 단백질이 펩타이드나 아미노산으로 가수분해되어 수용성 질소화합물이 많아지며 맛이 좋아지는데 이와 같은 변화를 숙성이라고도 한다. 그러나 자기소화된 단백질은 미생물이 이용하기 쉬우므로 미생물에 의한 부패가 빨리 일어나게 된다.

6) 식품가공 중 단백질의 이화학적 · 영양학적 변화

(1) 아미노카보닐 반응에 의한 단백질 구조의 변화

단백질이 아미노카보닐 반응을 받으면 아미노기가 수식되어 단백질 표면의 전하에 변화가 생겨 등전점이 산성쪽으로 이동하므로 전기영동의 이동도에도 변화가 생긴다. 따라서 양(+)과 음(−)의 전하가 균형을 이루어 안정되어 있던 단백질 고차 구조의 안정화 요인이 파괴되어 단백질이 변성된다. 그러나 오브알부민−포도당의 초기반응 단계에서는 단백질이 크게 변성하지 않고 부분적인 변성만 일어나며, 이들 단백질끼리 응집해서 큰 중합체를 형성한다. 이 중합체의 입자량이 커지는 만큼 변성도 진행된다. 중기 이후의 반응에서는 가용성 중합체가 더욱 더 중합하여 불용성이 되는 등 물성 변화도 커진다.

(2) 라세미화

일반적으로 식품 단백질은 L-아미노산으로 구성되어 있다. L-아미노산 잔기는 알칼리를 처리하면 OH^-에 의해 α탄소로부터 전자를 추출하여 carbanion을 생성한다. 이 시스템에 산을 가해서 중화시키면, H^+가 carbanion을 위와 아래에서 동일한 확률로 공격해서 같은 양의 L-아미노산과 D-아미노산을 생성한다.

아미노산 잔기의 라세미화 속도는 측쇄의 전자를 잡아당기는 힘에 영향을 받으며 아스파트산, 세린, 시스테인, 글루탐산, 페닐알라닌, 아스파라진, 트레오닌은 다른 아미노산 잔기보다 훨씬 빠른 속도로 라세미화한다. 단백질의 라세미화 속도는 유리 아미노산보다 10배 빠르다. 단백질을 구성하는 아미노산이 라세미화되면 단백질의 소화성이 저하되어 영양가가 떨어진다. 일반적으로 D-아미노산은 장 점막에서 흡수가 잘 되지 않으며, 흡수된다 하더라도 단백질 생합성에 이용되지 못하므로 영양성이 없다. 또한 D-프롤린 같은 D-아미노산은 닭에서 신경독성을 일으킨다.

라세미화 이외에 알칼리 pH하에서 생성된 carbanion은 β-이탈반응을 하여 데하이드로알라닌을 생성한다. 시스테인 및 글리코실 혹은 포스포릴세린 잔기는 다른 아미노산보다 이 경로로 가는 경향이 강하므로 알칼리 처리한 단백질에서 D-시스테인이 많이 발견되지 않는다. 시스테인은 시스틴보다 알칼리 처리에 대해서 안정하다.

라세미화(racemization)

- 광학활성체인 2종의 광학대칭체를 물리적 또는 화학적 방법에 의해서 당량(當量)의 화합물을 만드는 일로, 광학비활성화라고도 한다.
- 물리적으로는 열 · 빛의 조사 또는 용매에 녹이는 방법이 있고, 화학적으로는 알칼리, 산 등을 사용하는 방법이있다.
- 광학적으로 불안정한 활성체에서는 장시간 방치하기만 해도 라세미화하는 화합물도 있다. 또 합성에서 분자 내 치환반응과 같은 평면구조인 중간체를 거칠 때에도 라세미화 현상이 일어난다.

(3) 단백질 가교의 형성

반응성이 매우 강한 데하이드로알라닌은 라이신의 ε-아미노 그룹, 시스테인의 싸이올(thiol) 그룹 및 오니틴(ornithine, 아르지닌의 구아니딜기를 가수분해해서 생성된 것)의 δ-아미노 그룹 및 히스티딘 잔기와 같은 친핵 그룹과 반응하여 가교결합이 형성된다. 이것은 데하이드로알라닌의 이중결합이 친핵적 부가반응을 하기 쉽기 때문에 일어난다. 이들 가교결합을 가수분해하면 라이시노알라닌(lysinoalanine), 란싸이오닌(lanthionine), 오니티노알라닌(ornithinoalanine) 및 히스티디닐알라닌(histidinyl-alanine) 가교를 생성한다.

이 중 라이시노알라닌이 알칼리 처리한 단백질에서 흔히 발견되는 가장 중요한 가교인데, 이것은 쉽게 접근할 수 있는 라이신 잔기가 많이 때문이다. 이와 같은 가교결합에 의해 단백질은 소화성과 생물가가 저하되고, 라이신 등 필수아미노산의 효능이 없어져 영양가가 감소한다. 한편 라이시노알라닌을 함유하고 있는 알칼리처리 대두단백질을 쥐에게 투여했을 때 신장장해가 일어난다고 알려져 있다. 여러 가지 상업용 식품의 라이시노알라닌 함량은 표 4-10과 같다.

라이시노알라닌의 형성 정도는 pH와 온도의 영향을 받으며, pH가 높을수록 라이시노알라닌의 형성이 많아진다. 우유에서와 같이 식품을 고온처리하면 중성 pH에서도 상당한 양의 라이시노알라닌이 생성된다. 단백질에서 라이시노알라닌의 생성을 방지 또는 최소화시키기 위해서는 시스테인, 암모니아 또는 아황산과 같은 저분자 친핵화합물을 첨가하면 효과적이다.

표 4-10 가공식품 중 라이시노알라닌(LAL) 함량

식품	LAL(μg/g 단백질)
옥수수 칩	390
토르티야	200
타코 쉘	170
농축우유	590~860
초고온 멸균 우유	160~370
고온 단시간 살균 우유	260~1030
분무 건조 우유 분말	0
농축 탈지 우유	520
건조 난백 고형물	160~1820
카세인 칼슘	370~1000
산분해 식물성 단백질	40~500
분리대두단백	0~370
효모추출액	120

(4) 산화제가 단백질에 미치는 영향

식품의 가공 · 저장 중 살균, 표백, 독성의 제거 및 물성 개량 등을 목적으로 산화처리를 하는 경우가 있다. 과산화수소나 벤질 과산화물(benzyl peroxide)은 우유에서 살균제로 사용되고, 밀가루나 분리 대두단백 및 어육단백 농축물에서는 탈색제로, 지방종자가루에서는 독성제거제로 사용된다. 이때 단백질 중의 산화되기 쉬운 아미노산 잔기는 메싸이오닌이나 시스테인이 있고, 이외에 시스틴과 트립토판이 있다. 메싸이오닌은 메싸이오닌 설폭시드(methionine sulfoxide)로, 시스테인과 시스틴은 시스테인산으로, 트립토판은 N-포밀 키뉴레인 등으로 산화되어 영양가가 감소한다. 기타, −SH기가 이황화결합으로 산화된다.

한편 지방의 산화생성물과 단백질과의 반응도 중요하다. 지질의 불포화지방산은 유리 라디칼(free radical) 및 하이드로과산화물(hydroperoxide)로 산화된다. 이 지질 유리 라디칼은 단백질(PH)과 반응하고 단백질을 중합시킨다.

지질 유리 라디칼과 단백질이 반응하면 단백질 유리 라디칼(P•)이 생성된다. 이 P•를 통해서도 단백질은 중합한다.

일반적인 식품에 있어서 실제로 산화 단백질 중합체 중의 지질함량을 측정한 결과, 상기 양자의 중합화 기구가 같은 비율로 단백질 중합에 관여하는 것으로 밝혀졌다.

어육(fish meal) 등의 산화와 품질과의 관계를 검사한 결과, 지질의 산화가 크면 그만큼 단백질도 중합해서 열화도 크다고 보고 있다. 또한 과산화물과 단백질이 과도하게 반응하면 급성 독성을 일으킬 수도 있다.

(5) 가열처리가 단백질에 미치는 영향

단백질 용액을 가열처리하면 단백질 변성이 일어나고, 겔(gel)화 또는 응고할 수가 있다. 이 현상을 이용해서 많은 가공식품이 제조되고 있다. 여기에서는 단백질이 가열처리에 의해서 받는 화학적 반응의 영향에 대해서 살펴보자.

① 함황아미노산 잔기의 반응

단백질 용액을 가열처리했을 경우 생성되는 가열취는 주로 함황아미노산 잔기에 의해서 일어난다. 즉, 시스틴, 시스테인, 메싸이오닌은 맨 먼저 휘발성 유황화합물인 H_2S

를 생성한다. 그러나 한편 이들 화합물은 가열에 의한 불쾌한 냄새의 요인이 되기도 된다.

시스테인 및 시스틴 잔기가 관여하는 이황화결합 생성 연쇄반응은 단백질의 응집이나 겔화의 원인이 된다. 이황화결합의 주된 생성기구는 SH−SS 교환과 SH의 산화반응에 기인하는데, 전자는 중성 및 알칼리성에서 −SH기가 mercaptaid ion(RS^-)으로서 반응한다. 따라서 반응속도는 mercaptaid 농도에 의존하므로 pH의 영향을 받기 쉽다.

② 아이소펩타이드의 반응

일반적인 식품 단백질에서는 아미노결합을 통한 폴리펩타이드 사슬 간의 가교결합은 일어나지 않는다.

그러나 건조공정 등 과잉의 열처리를 받은 탄수화물 함량이 적은 단백질 식품에서는 ε-N-(γ-아스파틸)라이실 가교와 같은 아이소펩타이드(isopeptide)가 생성되는 경우가 있다. 아이소펩타이드의 생성기구는 글루탐산 또는 아스파트산의 유리 카복실기와 라이신의 탈수 · 축합반응, 글루타민 또는 아스파라진 아마이드의 카보닐기가 ε-아미노기와 반응해서 탈암모니아하여 아마이드 결합을 하는 것이다.

아이소펩타이드는 장내에서 효소에 의해 분해가 잘 일어나지 않으므로 이러한 가교는 단백질의 소화율과 라이신의 생체 이용률을 저하시킨다.

③ 기타의 반응

단백질을 가열하면 아미노산 잔기의 라세미화가 일어난다. 카세인, 라이소자임, 폴리-L-아미노산 분말을 180~300℃에서 20분간 가열하면 아스파라진, 글루타민, 알라닌, 라이신 잔기가 거의 라세미화되고 프롤린 이외의 다른 아미노산 잔기도 어느 정도 라세미화된다. 앞에서 설명한 알칼리처리 이외에도 라세미화가 생기는 것에 주의를 요한다.

한편 라이시노알라닌이 식품의 일반적인 조리, 가공공정 중 가열에 의해서도 생성된다. 예를 들어, 난백을 끓이면 3분에서 140 ppm, 10분에서 270 ppm, 30분에서 370 ppm의 라이시노알라닌이 생성된다.

3 식품 단백질

1) 식물성 단백질

식물성 식품의 단백질은 그 식품의 중요한 구성 성분으로 곡류, 두류에는 상당한 양의 단백질을 함유하고 있다. 한편 채소류나 과실류에는 단백질 함량이 매우 적기 때문에 중요하게 생각되지 않는다. 따라서 식물성 단백질은 곡류 단백질과 두류 단백질로 분류한다.

곡류 단백질은 일반적으로 라이신 함량이 적고, 두류에는 시스테인과 메싸이오닌 등 함황아미노산이 부족하다. 땅콩 단백질은 라이신, 트립토판, 메싸이오닌 및 트레오닌이 부족하다. 따라서 동물성 단백질의 섭취가 부족한 우리나라 사람들에게는 식물성 단백질의 영양가를 보완하기 위하여 이들을 잘 혼합하여 섭취하는 것이 중요하다.

(1) 곡류 단백질

① 쌀 단백질

현미에는 7~11%의 단백질이 함유되어 있는데, 특히 쌀겨와 배아 주변에 많이 함유되어 있고 쌀 중심부에는 적게 들어 있다. 그러나 도정에 의해 비교적 단백질 함량이 높은 배아가 제거되므로 백미의 단백질 함량은 6~10% 정도로 다소 감소한다. 쌀의 단백질은 글로불린 9.6~10.8%, 알부민 3.8~8.8%, 프롤라민 2.6~3.3%, 글루텔린 66.1~78.0%로 구성되어 있다. 이 중 가장 많이 함유된 단백질은 글루텔린계의 오리제닌(oryzenin)이다.

쌀의 저장 단백질은 주로 글루텔린인 반면 다른 곡류의 저장 단백질은 프롤라민이다. 글루텔린은 라이신과 트립토판이 부족하지만 프롤라민보다 더 균형된 아미노산 조성을 갖고 있기 때문에 쌀의 단백질 함량은 다소 낮지만 다른 곡류에 비하여 단백질 품질이 더 좋다.

② 밀 단백질

밀은 10~18%의 단백질을 함유하고 있고, 빵을 만들 수 있는 특성을 지닌 단백질을 갖고 있는 것이 특이하다. 밀 단백질은 용해도에 따라 4종으로 구분된다.

이들 중 가장 중요한 단백질은 글루텔린에 속하는 글루테닌(glutenin)과 프롤라민에 속하는 글리아딘(gliadin)이며 전체 단백질량의 50% 이상을 차지하고 있다. 글루테닌은 밀가루 반죽에 탄성을 주고 글리아딘은 반죽에 연성을 주는 작용을 한다.

이 두 단백질에 물을 첨가하고 반죽을 하면 소위 글루텐(gluten)이 형성된다. 글루텐은 탄성체로 밀가루 속의 전분입자를 연결하여 빵의 골격구조를 이루며 반죽 중에 갇힌 가스기포의 발산을 방지한다.

따라서 밀가루의 글루텐 함량과 글루텐의 글루테닌과 글리아딘의 비율이 밀가루로 만든 빵, 케이크, 국수, 과자류 등의 품질에 큰 영향을 준다.

글루텐 단백질은 글루타민 함량이 높으나 필수아미노산인 라이신, 메싸이오닌 및 트립토판 함량이 적다. 글루텐 단백질이 물에 녹지 않는 것은 아미노산 조성과 관련되어 글루탐산과 아스파트산이 아마이드로 존재하여 수소결합을 하기 때문에 소수성 측쇄

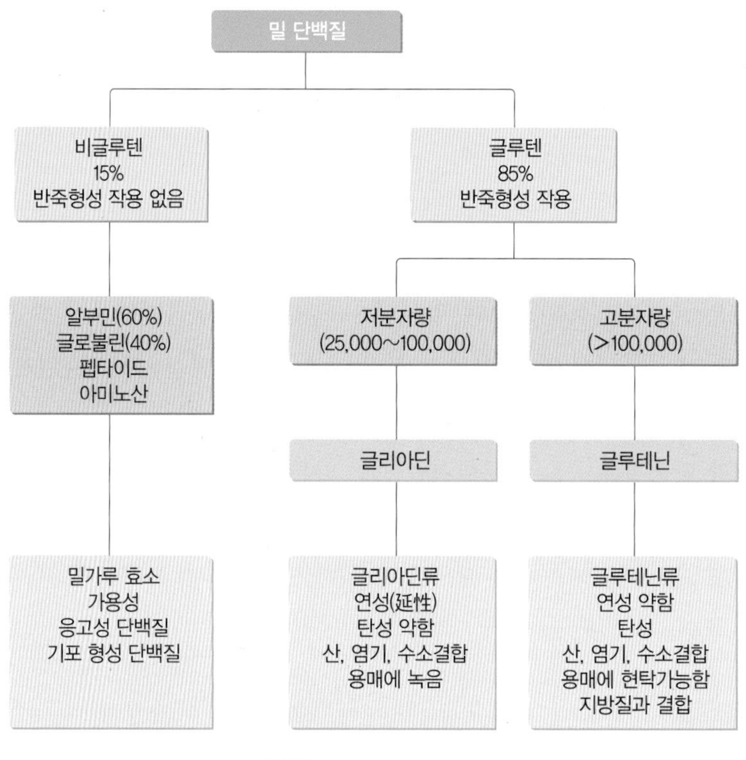

그림 4-10 밀단백질의 주요 분획

함량이 높아진 데 기인한다. 밀가루 글루텐 중 이황화결합은 폴리펩타이드 사슬의 가교결합에 중요한 역할을 한다. 비글루텐 단백질인 알부민과 글로불린은 전체 단백질의 13~35%를 차지하며 이들은 당단백질, 핵단백질 및 각종 효소를 포함하고 있다.

(2) 대두 단백질

대두에는 35~40%의 단백질이 함유되어 있는데 질소화합물의 약 90%가 물에 녹는다. 이 수용성 단백질 중 84%는 글로불린이고 알부민은 약 5%, 프로테오스(proteose)는 약 4%, 비단백태 질소화합물이 6% 정도이다.

대두 중 단백질은 단백체(蛋白體, protein body) 또는 직경 2~20 μm의 호분립(糊粉粒, aleuron grain)에 함유되어 있다. 대두 단백질은 메싸이오닌과 트립토판을 제외한 모든 필수아미노산의 좋은 급원이기 때문에 밭의 쇠고기라 불린다. 라이신의 함량이 높기 때문에 곡류 단백질의 강화에 적합하다.

2) 동물성 단백질

(1) 육류 단백질

근육 단백질은 약 70%의 구조 단백질(structural protein) 또는 섬유상 단백질(fibrillar protein)과 약 30%의 수용성 단백질로 구성되어 있다. 섬유상 단백질은 약 32~38%의 미오신(myosin), 13~17%의 액틴(actin), 7%의 트로포미오신(tropomyosin)과 6%의 육기질 단백질(stroma protein)을 함유하고 있다. 육류 및 어육 단백질은 고도로 규칙적으로 배열을 하고 있는데 이것이 제품의 특이성을 나타낸다.

근육조직은 결체조직(connective tissue)과 근육섬유조직(muscle fiber tissue)으로 구성되어 있으며, 결체조직의 함량이 많을수록 육질이 질겨지고 소화율이 나빠질 뿐만 아니라 품질이 떨어진다.

근육은 직경이 0.01~0.1 nm, 길이가 수 cm인 섬유(fiber)로 되어 있고, 섬유는 근초(sarcolemma)로 덮여 다발을 이루며, 그 속에 지방과 결체조직을 함유하고 있다.

섬유는 근원섬유(cross-straited myofibrils)에 의해 가로무늬를 나타내고, 근원섬유는

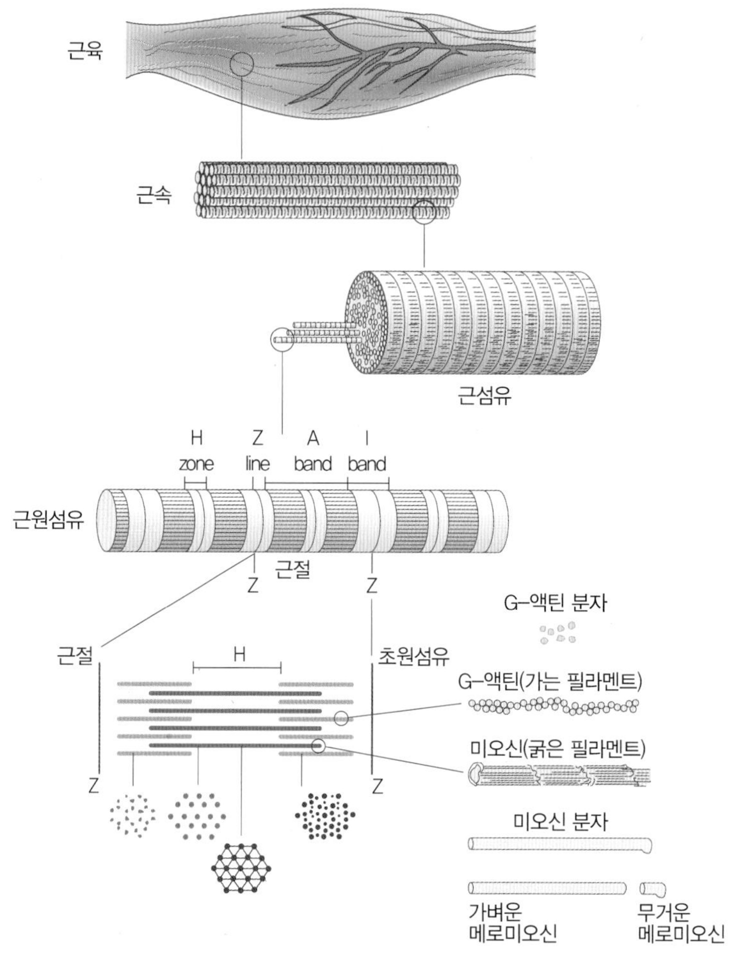

그림 4-11 근섬유 구성분의 배열

근장(sarcoplasm)이라고 하는 세포질 중에 들어 있다. 섬유의 주변에는 핵이 들어 있고 각종 근섬유 구성분의 배열은 그림 4-11에 나타낸 바와 같다. 근섬유는 그 외에 미토콘드리아, 리보솜, 리소좀 및 글리코젠 입자 등을 함유하고 있다.

섬유가 근육의 대부분을 차지하고 있지만 세포의 공간이 12~18%나 된다. 육류는 약한 염용액(이온강도≤0.1)으로 쉽게 추출되는 형태의 가용성 단백질, 수축성 단백질 및 결합조직의 육기질 단백질 등 세 가지 형태의 단백질을 함유하고 있다.

① 결체조직의 단백질

결체조직을 구성하고 있는 주요 단백질은 콜라겐과 엘라스틴이다.

- 콜라겐: 콜라겐은 결체조직에 여러 형태로 존재하며, 결합조직의 양과 특성은 유연도나 질김 등 육류품질에 가장 중요하다. 콜라겐은 글리신-프롤린-하이드록시프롤린-글리신과 같은 특이한 아미노산 배열을 하고 3중 나선을 이루며 근육과 조직, 피부, 골격, 치아 및 힘줄 등을 구성한다.

  콜라겐 섬유의 구조 단위는 길이 2,800Å, 직경 15Å의 트로포콜라겐으로 이들은 엇갈린 배열을 하고 그 길이의 1/4은 중복되어 섬유를 이룬다. 이 섬유가 쌓여 결합조직을 형성한다.

  이들 구조의 형성에서 중요한 것은 하이드록시프롤린과 하이드록시리신이 많다는 것이다. 2염기 및 2산 아미노산의 함량은 많으나 트립토판과 시스틴은 존재하지 않는다.

  콜라겐은 이들 특수한 아미노산 조성 때문에 사슬 간 교차결합이 거의 없고, 산이나 알칼리에서 쉽게 팽윤된다. 콜라겐 섬유를 수용액에서 60~70℃로 가열하면 원래의 길이가 1/3 또는 1/4로 수축되며, 80℃로 가열하면 포유류의 불용성 콜라겐은 가용성 단백질인 젤라틴으로 변한다.
- 엘라스틴: 엘라스틴은 그 분자구조가 코일상으로 불규칙하게 서로 엉켜진 구조를 갖고 있으며 고무와 같이 탄력성을 가지고 있다. 이 엘라스틴은 콜라겐과 함께 주로 인대조직(靭帶組織, ligament tissue), 동맥혈관의 벽 등에 존재한다. 이 단백질의 특성은 다른 단백질과 달리 극성 아미노산의 함량이 적고, 글리신, 류신, 페닐알라닌, 프롤린, 발린, 알라닌 등과 같은 비극성 아미노산의 함량이 높아 물에서는 팽윤이 잘 되지 않는다. 또한 산, 알칼리 또는 트립신과 같은 단백질 분해효소에 의해 잘 분해되지 않는다.

② 근육섬유조직의 단백질

근육섬유조직을 구성하고 있는 단백질로서는 알부민에 속하는 미오겐(myogen)과 글로불린에 속하는 미오신(myosin) 복합체가 가장 중요하다. 미오겐은 황산암모늄의 포화용액에 의해서 침전되는 구상 단백질로, 육류조직에서는 미오겐 섬유체로서 불용성의 섬유상으로 존재한다. 미오겐 복합체는 미오겐, 액틴 및 기타 구상 단백질로 구성되어 있다. 액틴은 구상 액틴(globular actin)인 G-액틴과 섬유상 액틴(fibrous actin)인 F-액틴의 두 가지 형태가 있으며 이들은 가역적으로 변화한다. F-액틴과 미오신의 복합체인 액토미오신은 에이티페이스(ATPase)의 기능을 갖고 있어 ATP를 ADP로 분해하고, 이때 생성된 에너지는 액토미오신의 길이가 수축하여 근육의 수축작용을 하는데 소비된다. 액토미오신은 다른 단백질과 결합하여 액토미오신 복합체를 형성하며, 이들이 다시 여러 개가 모여 근섬유, 즉 미오피브릴(myofibril)을 형성한다.

(2) 어육 단백질

어육 단백질은 용해도에 따라 표 4-11과 같이 3종류로 구분된다. 어류의 골격근육은 결합조직의 sheets 사이에 배열된 짧은 섬유로 구성되어 있고, 결합조직의 양은 포유류의 경우보다 적고 섬유의 길이도 짧다. 어류 근육의 근원섬유는 포유류처럼 무늬모양을 하고 있으며 주단백질은 미오신, 액틴, 액토미오신 및 트로포미오신이다.

가용성 단백질에는 대부분의 근육효소가 들어 있고 그 양은 전체 단백질의 약 22%에 달한다. 어육이 축육류보다 연한 것은 결체조직의 함량이 적기 때문이다. 어육 액토미오신은 아주 불안정하여 가공, 저장하는 동안에 쉽게 변한다. 동결 저장 중에 액토미오신은 용해도가 점차 감소되어 어육은 질겨진다.

표 4-11 용해도에 따른 어육 단백질의 분류

단백질 종류	용해도	이온 강도	소 재
미오겐	쉽게 녹음	≥0	주로 근장, 근육 세포액
골격 단백질	덜 녹음	약 3.0 이상	주로 근섬유, 수축성 요소
육기질 단백질	녹지 않음	불용성	주로 결체조직, 세포벽 등

(3) 달걀 단백질

달걀 단백질은 난백(egg white) 및 난황(egg yolk) 단백질로 구성되며 높은 생물가를 가진 우수단백질 식품 중의 하나이다.

① 난백 단백질

난백은 10~11%의 단백질을 함유하며 건물 중으로는 83%에 이른다. 난백에는 적어도 8종의 단백질이 함유되어 있으며 이들은 각기 특이한 성질을 가지고 있다(표 4-12 참조). 이들 중 가장 많이 함유된 단백질은 오브알부민(ovalbumin)으로 54%를 차지하고 있으며, 콘알부민(conalbumin)이 13%, 오보뮤코이드(ovomucoid)가 11% 정도를 점유하고 있다.

오브알부민은 난백 단백질의 54%를 차지하는 주요 단백질로 인당질 단백질(phosphoglycoprotein)이다. 오브알부민은 분자량이 45,000으로 2분자의 N-아세틸-글루코사민과 4분자의 마노스로 구성된 탄수화물이 아스파라진에 결합되어 있다. 오브알부민은 인의 함량에 따라 A_1, A_2, A_3(2:1:0)으로 구분되는데 A_3가 열에 의한 변성에 가장 민감하고, 그 다음이 A_2, A_1 순이다.

콘알부민은 알부민의 13%를 차지하며, 분자량이 70,000 정도인 폴리펩타이드로 오보트랜스페린이라고도 한다. 이 단백질은 1 mol당 2 mol의 Fe^{3+}를 함유하고 있으며 Fe^{3+}가 매우 단단하게 결합되어 있다. 콘알부민은 단백질 1 mol당 마노스 3.5 mol과 글루코사민 5.6 mol을 함유하고 있다.

콘알부민은 철 이외에 Co, Cu, Zn과 Al을 결합할 수 있다. Fe^{3+}와의 복합체는 470 nm에서 최대흡광도를 나타내고 황색을 띤다. 콘알부민은 Fe^{3+}와 결합하면 가열, 압력, 단백질 분해효소 및 변성제에 대한 변성에 대하여 저항성이 커진다.

콘알부민의 금속 복합체가 금속을 함유하지 않은 콘알부민보다 훨씬 안정한 것은 킬레이트화가 단백질의 2차, 3차 구조를 안정화시키고 수정하여 새로운 결합을 형성하기 때문이라고 생각된다. 콘알부민의 생물학적 역할과 기능은 항미생물작용과 지방산화를 방지시키는 간접적 역할을 하는 것 이외에는 알려져 있지 않다. 콘알부민은 pH 3.2에서는 불안정하여 몇 초 내에 변성이 일어나지만, pH 4.2에서는 같은 정도의 변성이 일어나기 위해서는 수일이 걸린다. 이 단백질은 pH 7.0, 60℃에서 3.5분간 가열했을 때 100% 변성되지만, pH 9.0에서는 동일한 조건에서 50%만 변성된다.

오보뮤코이드는 마노스와 글루코스를 함유한 당단백질로 난백 단백질의 약 11%를 차지하고 있으며, 열에 매우 안정하고 트립신 저해작용을 한다.

라이소자임(lysozyme)은 3가지 분획으로 구성되어 있는 글로불린으로 이 중 G_1 분

표 4-12 난백 단백질의 조성

성 분	함량(%)	등전점(pH)	특 징
오브알부민(ovalbumin)	54	4.6	쉽게 변성, –SH기 함유
콘알부민(conalbumin)	13	6.0	철과 결합, 항미생물작용
오보뮤코이드(ovomucoid)	11	4.3	트립신 저해
라이소자임(lysozyme)	3.5	10.7	다당류 분해효소, 항미생물작용
오보뮤신(ovomucin)	1.5	4.5~5.0	점성, 시알산(sialic acid) 함유, 바이러스와 반응
플래보단백질(flavoprotein) 아포단백질(apoprotein)	0.8	4.1	리보플래빈과 결합
단백질 분해효소 저해제 (proteinase inhibitor)	0.1	5.2	단백질 분해효소 저해
아비딘(avidin)	0.05	9.5	바이오틴과 결합, 항미생물작용
미확인 단백질	8	5.5, 7.5	주로 글로불린류
비단백성 물질	8	–	잘 밝혀져 있지 않음

획이 세균 세포벽을 분해할 수 있는 글리코시데이스의 일종이다. 이 효소작용은 그람 양성균에는 효과적이지만 그람 음성균에는 효과적이지 못하다. 이 항미생물작용은 훈제 같은 소고기, 비엔나 소시지, 치즈, 멸균 우유, 포도주 등의 식품에서 식품보존제로 사용이 검토되고 있다. 라이소자임은 분자량이 14,000~17,000이고 히스티딘, 아르지닌 및 라이신을 많이 함유한 염기성 단백질로 등전점이 10.7이다. 이 단백질은 열, 냉동 및 변성제 등에 대한 저항성이 크며 파파인, 트립신과 같은 단백질 분해효소의 작용을 거의 받지 않는다. 이것은 라이소자임이 4개의 이황화 가교에 의해 분자가 단단하게 결합되어 있기 때문이다.

오보뮤신은 물로 희석하면 난백으로부터 침전하는 불용성 단백질로 분자량이 7,600,000인 일종의 점질 단백질이다. 이 단백질은 인플루엔자 바이러스에 의한 적혈구의 응고 및 혈액응고 작용을 저해한다.

아비딘(avidin)은 난백 단백질에 소량 함유(0.05%)되어 있는 단백질로 비타민 중의 하나인 비오틴과 결합하여 생체가 바이오틴을 이용할 수 없게 하는 특성을 가지고 있는데, 이 성질은 열변성에 의해 상실된다.

② 난황 단백질

난황은 상당량의 지방질을 함유하며 그의 일부는 지질 단백질의 결합형태로 존재한다. 지질 단백질은 난황 단백질의 21%를 차지하는 좋은 유화제여서 난황은 식품제조 및 가공에서 유화제로 널리 쓰인다. 난황의 단백조성과 각 단백질의 특성은 표 4-13과 같다.

지질 단백질에는 2가지 종류가 있는데 리포비텔린(lipovitellin)은 17~18%의 지방과 1%의 인을 함유하고 있는 고밀도 지질 단백질로, 지방 부분은 약 75%의 레시틴을 함유하고 있어 유화작용을 한다. 리포비텔리닌(lipovitellinin)은 36~41%의 지방과 0.29%의 인을 함유하고 있는 저밀도 지질 단백질인 동시에 인단백질로 난황의 지방저장을 위한 수단으로 작용한다.

리베틴(livetin)은 지방을 함유하지 않은 구상 단백질로 성장하는 배(胚)의 면역보호작용을 한다.

포스비틴(phosvitin)은 약 10%의 인과 6.5%의 탄수화물을 함유한 인지질 단백질이다. 이 단백질은 Fe^{3+}와 결합하는 경향이 강하므로 인과 철을 저장하는 단백질로 알려져 있다.

표 4-13 난황의 단백조성과 각 단백질의 특성

성분	함량(%)	특성
리베틴(livetin)	5	효소 함유, 잘 밝혀져 있지 않음
포스비틴(phosvitin)	7	10% 함유
리포단백질(lipoprotein, 총단백질)	21(33)	유화제

(4) 우유 단백질

우유는 약 3%의 단백질을 함유하고 있다. 수분을 제외한 전체 고형물에 대해서는 단백질 함량이 25~30%에 달하며, 달걀 및 육류 단백질과 함께 가장 품질이 우수한 식품

단백질 중의 하나이다. 우유 단백질은 인단백질인 카세인을 약 80%를 함유하고 있으며, 그 외에 β-락토글로불린 8.5%, α-락트알부민 5.0%, 면역 글로불린 1.7% 등을 함유하고 있다. 우유 단백질을 pH 4.6까지 산성화시킨 후 침전시키면 카세인과 유청단백질로 분리할 수 있다. 카세인을 제외한 유청 중의 단백질을 황산암모늄으로 1/2 포화시키거나 황산마그네슘으로 완전 포화시키면 락토글로불린과 락트알부민으로 분획할 수 있다.

카세인은 지름 30~300 nm의 구형에 가까운 입자로서 산에 의한 침전 이외에 레닛(rennet)의 작용이나 식염으로 포화시켜 분리할 수도 있으며, 카세인의 조성은 그 분리 방법에 따라 다르다.

천연상태에서 카세인 입자는 칼슘과 인을 비교적 많이 함유하고 있고, 마그네슘과 구연산은 비교적 적게 함유하고 있어 카세인 인산(phosphocaseinate) 또는 카세인 칼슘(calcium caseinate)이라고 흔히 말한다. 카세인에 효소 레닌(rennin)을 pH 4.7 부근에서 작용시키면 단백질의 제한적인 가수분해가 일어나 파라카세인이 된다. 이 파라카세인이 Ca^{2+}와 결합하면 불용성인 파라카세인의 칼슘염을 형성하여 응고하게 된다.

이 반응은 우유에서 레닌 효소를 이용하여 치즈를 만들 때 사용되는 응고반응의 원리이다. 카세인은 전기영동에 의하여 α-, β-, γ-카세인으로 분리되며 그 비율은 각각 75%, 22%, 3%이다. α-카세인 중 칼슘에 의해 침전되는 것을 '칼슘에 예민한 카세

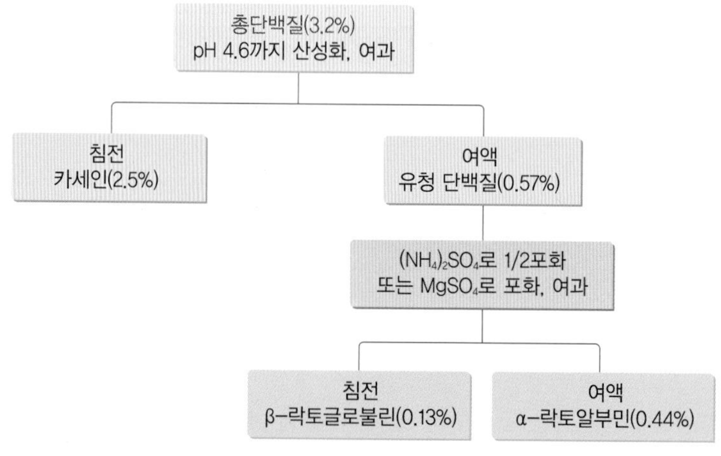

그림 4-12 침전에 의한 우유단백질의 분리

인' 또는 α_s-카세인이라 하고 그 나머지는 κ-카세인이라 하는데, 이것은 카세인 미셀(casein micelle)을 안정화시키는 작용을 한다. 우유의 pH를 4.7로 조절하였을 때 침전되지 않은 단백질들을 유청단백질(whey protein)이라고 부른다. 여기에는 β-락토글로불린과 β-락트알부민이 가장 많이 함유되어 있고, 그 외에 프로테오스-펩톤과 면역글로불린 등이 함유되어 있다.

4 단백질의 기능적 특성

기능성(functionality)이란 식품에서 원료의 유용성에 영향을 주는 성질을 말하며 여기서 영양가는 제외된다. 대부분의 단백질 기능적 성질은 식품의 관능적 특성, 특히 조직 특성에 영향을 주지만 식품의 준비·가공·저장과정에서 식품이나 원료의 물리적 행동에 중요한 역할을 하여 식품에 바람직한 특성을 주는 물리·화학적 성질이다.

단백질이 여러 가지 바람직한 원료로 전환되어 식품에 사용되기 위해서는 식품의 다른 성분, 예를 들면 물, 지방과 작용한 후 또는 가공 후에 적절한 특성을 가지고 있거나 주어야 한다. 단백질 또는 단백질 혼합에서 필요한 기능적 성질의 형태는 적용되는 식품 시스템에 따라 다르다.

단백질의 기능성에는 용해도, 점도, 유화력, 수분 및 유지 흡착력, 거품 형성력 및 안정성, 겔 형성력 등이 있다. 단백질의 기능성에 영향을 미치는 인자는 단백질의 물리·화학적 성질, 즉 아미노산의 종류, 분자의 크기나 형태에 따라서 일차적으로 영향을 받으며 pH, 이온 세기, 점도 등에 따라서도 복잡한 외적인 영향을 받는다. 육류 시스템에서는 수분결합도, 용해도, 팽윤도, 점도, 겔 형성능이 단백질의 유용도를 결정하는 데 가장 중요한 성질이며, 음료에서는 단백질의 용해도가 중요하다. 분쇄 육류의 경우는 단백질이 수분을 흡수하고 가열하면 겔화가 일어나야 하고, 휘핑크림의 경우는 열에 안정한 거품 형성능이 있어야 한다. 단백질의 유화력은 등전점에서 최소를 나타내고, 등전점으로부터 산성·알칼리성으로 갈수록 유화력이 증가한다.

단백질의 유화작용은 단백질이 변성되어 아미노산 곁사슬의 소수성기와 친수성기가 드러나고 이들이 물과 기름의 계면에 흡착된 후 계면장력을 저하시켜서 기름 중에

표 4-14 식품에 응용되는 단백질의 기능적 성질

기능적 성질	작용 방식	적용 식품
용해성	단백질의 흡수, 용매화 · 분산	음료
점도	수분 결합, 점조성	수프, 그레이비 소스(gravies), 샐러드 드레싱
겔화	단백질망 형성 및 응고	육류, 두부, 치즈
응집 · 점착	단백질이 점착물질로 작용	육류, 소시지, 제빵, 파스타류
탄성	글루텐의 소수결합, 겔의 이황화 가교	육류, 제빵
유화	지방유화액의 형성 및 안정화	소시지, 수프, 케이크
지방 흡착	유리지방 결합	육류, 소시지, 도넛
향미 결합	흡착, 포집, 방출	모방 육류, 제빵 등
거품	가스 포집을 위한 안정된 막 형성	휘핑크림, 카스텔라

물을 분산시키거나 물 중에 기름을 분산시켜 분산된 입자가 다시 유리하지 않도록 안정화시키는 데 있다. 그러나 등전점에서는 분자 상호 간의 전기력 반발력이 최소가 되고 결합력이 강해 단백질이 변성되는 것을 막기 때문에 유화력이 낮아진다.

거품 형성력과 안정성은 단백질의 성질을 이해하거나 예상하는 데 필요하며 빵류, 유제품 등과 같은 단백질 이용 식품에 중요하다. 거품 형성은 단백질 간의 복합적 상호작용과 여러 요소에 의존하기 때문에 단순히 설명하기는 어렵다. 그러나 일반적으로 거품 형성력 및 안정성은 가용성 단백질 용액의 pH, 이온 세기, 이물질, 온도 등에 크게 영향을 받으며, 거품 형성력은 단백질 용해도와 높은 상관관계를 가지나 거품 안정성은 그렇지 않다. 일반적으로 수용성 단백질이 염용성 단백질보다 거품 형성력과 안정성이 더 우수하다.

겔화는 변형된 단백질 분자가 집합하여 질서정연한 망상 구조를 형성하는 과정을 말한다. 겔화는 단백질의 중요한 기능성으로 유제품, 응고된 난백, 어묵, 빵 반죽, 두부, 압출법으로 텍스처화한 식물성 단백질과 같은 여러 가지 식품의 제조에 중요한 역할을 한다. 대부분의 단백질은 용액으로부터 겔화가 일어나지만 어떤 것은 불용성 단백질의 현탁액으로부터도 일어난다. 따라서 단백질의 용해도가 겔화에 필수적인 조건은 아니다.

5 비타민

1. 지용성 비타민

2. 수용성 비타민

vitamin

Chapter 5

비타민

비타민은 탄수화물, 단백질, 지질 등의 영양소가 체내에서 그 기능을 충분히 발휘할 수 있도록 도와주며, 미량으로 작용하는 필수 영양소이다. 비타민은 체내에서 합성될 수 없거나 합성되었다고 해도 최소한이기 때문에 반드시 음식으로 섭취해야 한다. 동물이 생명을 유지하는 데는 효소, 호르몬, 비타민이라는 유기화합물이 촉매로 작용한다.

1911년 카시미르 풍크(Casimir Funk)는 쌀겨로부터 각기병 예방인자인 아민(amine)을 처음 분리하였다. 그로부터 생명현상의 유지에 꼭 필요한 아민이라는 의미로 '비타민'이라는 용어가 사용되기 시작하여 지금은 성장이나 질병의 예방, 특히 암의 예방에 필요한 영양소로 주목받고 있다. 지금까지 20여 종의 비타민이 밝혀졌으며, 발견 순서에 따라 알파벳(A, B, C)으로 명명하였으나 구조가 밝혀지면서 화학명으로도 불리고 있다.

비타민은 매일 1~100 μg 정도만 필요한 미량 영양소이다. 효소나 호르몬도 미량으로 체내 대사를 조절하는 유기화합물이지만 합성이 가능하다는 점에서 비타민과는 구별된다. 무기질도 미량으로 필요하지만 유기화합물이 아니라는 점에서 비타민과 다르다.

비타민은 유지에 녹는 지용성 비타민과 물에 녹는 수용성 비타민으로 나눌 수 있다(표 5-1).

표 5-1 지용성 비타민과 수용성 비타민의 비교

특성 \ 종류	지용성 비타민	수용성 비타민
종 류	비타민 A, D, E, K	비타민 B군, C
용해성	유기용매에 용해됨	물에 용해됨
필요성	매일 공급할 필요는 없음	매일 공급이 필요함
전구체	있음	없음
독 성	과량 섭취 시 체내에 저장되어 독성 유발	독성이 심하지 않음
흡수성	체내 흡수가 어려움	체내 흡수가 쉽고 빠름
저장성	간, 지방조직에 저장됨(예외: 비타민 A, E)	필요량 이상은 배설됨(예외: 비타민 B_{12})

비타민 단위

비타민은 극히 미량이기 때문에 mg, μg 등의 중량단위가 사용되나, 효력이 다른 여러 가지 작용물질이 존재하는 일부에 대해서는 국제단위(International Unit, IU)가 사용되고 있다.

1 지용성 비타민

지용성 비타민은 물에는 녹지 않고, 유지나 지방에 잘 녹는 성질을 가진 것으로 비타민 A, D, E, K가 있다(표 5-2).

표 5-2 지용성 비타민의 종류와 특성

종류 \ 특성		생리작용	성질					결핍증 · 과잉증	급원식품	
			산	알칼리	산소	광선	열		식품	함량
비타민A (레틴올)		• 성장 촉진 • 눈 보호 • 상피세포 보호 • 세포분화 및 증식	×	○	×	×	○	결핍증 야맹증, 안구건조증, 피부각질화, 유아성장 지연, 면역기능 약화 과잉증 두통, 식욕 부진, 태아 기형, 피부질환, 탈모, 간비대	쇠간(삶은 것) 돼지간(삶은 것) 장어 난황 붉은고추(마른 것) 김(마른 것) 당근	10,000 5,044 540 453 4,623 3,750 1,257
비타민 D	D_2 (에르고칼시페롤) D_3 (콜레칼시페롤)	• 뼈의 성장과 석회화 • 칼슘, 인의 흡수 촉진 • 골조직 형성	×	○	×	×	×	결핍증 골연화증, 구루병, 골다공증, 유아발육 부진 과잉증 신 · 동맥의 석회화, 식욕 부진, 구토, 변비	목이(말린 것) 꽁치 장어 표고(말린 것)	440 19 18 17
비타민 E	토코페롤 토코트리에놀	• 생식기능 정상화 • 산화(노화) 방지 • 비타민 A의 흡수 증가	×	×	×	×	×	결핍증 동물의 불임증, 근위 축증, 적혈구 수명 단축, 빈혈 과잉증 근육 허약, 두통, 피로, 비타민 K의 대사 방해	참기름 콩기름 옥수수기름 올리브유	42.4 17.6 12.0 7.6
비타민 K	K_1(필로퀴논) K_2(메나퀴논) K_3(메나디온)	혈액 응고	○	×	○	×	○	결핍증 혈액응고 지연, 신생아 출혈 과잉증 혈전증, 경한증, 빈혈, 황달	김(마른 것) 파슬리 쑥 시금치 갓	2,600 850 340 270 260

※ ○: 안정, ×: 불안정

※ 함량 단위

비타민 A: RE/100 g, 비타민 D · K: μg/100 g, 비타민 E: mg/100 g

자료: 농촌진흥청 국립농업과학원(2011). 표준 식품성분표 제8차 개정판.

1) 비타민 A: 레틴올

비타민 A(retinol, axerophthol)는 1913년에 메콜럼(Mecollum)과 데이비스(Davis)에 의해 발견되었으며, 1922년에 무어(Moor)에 의해 식물체 내의 카로틴이 동물체 내에서 비타민 A로 작용한다는 것이 보고되었다.

① 구조

비타민 A는 β-이오논(ionone) 핵과 아이소프렌(isoprene) 사슬로 되어 있으며, 끝에는 알코올기(−OH)기를 가지고 있는 고급 탄화수소이다. 비타민 A는 레틴올과 똑같은 생리작용을 가진 화합물의 총칭이며 레틴올(retinol), 레틴알(retinal), 레틴산(retinoic acid)의 형태로 존재한다(그림 5-1).

체내에서 비타민으로 합성될 수 있는 물질을 프로비타민 또는 전구체라 하며 비타민 A의 전구체인 카로틴에는 α-카로틴, β-카로틴, γ-카로틴, 크립토잔틴 등이 있다(그림 5-2). 비타민 A의 효력은 β-카로틴이 가장 크고, 크립토잔틴, α-카로틴, γ-카로틴의 순이다. β-카로틴은 두 개의 β-이오논 핵을 가지고 있기 때문에 두 분자의 비타민 A가 생성되며, α-카로틴, γ-카로틴과 크립토잔틴은 1개의 β-이오논 핵을 가지므로 한 분자의 비타민 A가 생성된다. 카로틴은 흡수율이 나빠 10~30% 정도밖에 흡수되지 않는다. 그러나 지방과 함께 섭취하면 흡수율이 50% 이상이 된다. 따라서 β-카로틴의 효력은 비타민 A의 1/3이므로 비타민 A를 β-카로틴의 형태로 섭취할 때는 비타민 A 섭취량의 3배를 필요로 한다. β-이오논 핵 고리가 없는 라이코펜은 비타민 A를 만들지 못한다. 동물성 식품에는 비타민 A의 형태로 함유되어 있고 식물성 식품에는 카로티노이드(carotenoids)의 형태로 들어 있다.

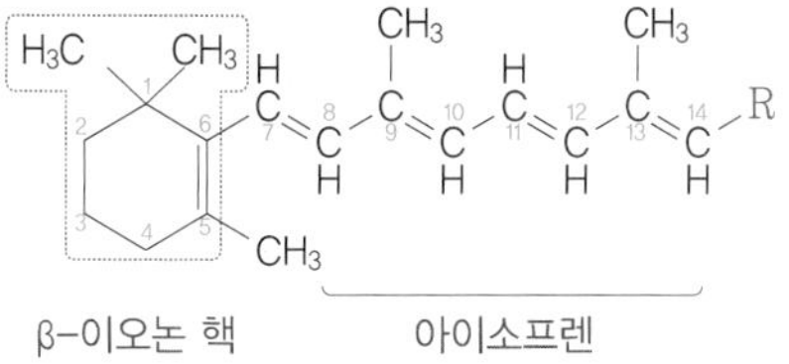

레틴올 : R = $-CH_2OH$
레틴알 : R = $-CHO$
레틴산 : R = $-COOH$

그림 5-1 비타민 A의 구조

② 성질

비타민 A는 산에는 불안정하고 열과 알칼리에는 비교적 안정하나, 이중결합을 많이 가지고 있으므로 광선이나 공기 중의 산소에 의하여 산화분해되기 쉽다. 그러나 산소가 없는 곳에서는 120℃로 가열하거나 건조하여도 분해되지 않는다. 식품 중의 유지방이 산화되면 비타민 A도 급속히 산화된다.

③ 결핍 · 과잉

비타민 A는 시각색소(로돕신)의 형성, 피부 · 각막 등의 각화 방지, 암의 예방, 성장 촉진 및 생식기능에 관여한다. 부족하면 야맹증, 안구건조증, 감염증에 대한 저항성의 저하, 피부 각질화 및 성장 지연 증세가 나타난다.

비타민 A는 체내에 축적될 수 있기 때문에 장기간 과량 섭취하면 급성 증상으로 두통, 구토 및 현기증이 나타나고, 만성 증상으로는 탈모, 입술 균열, 피부 건조 및 간 비대화가 일어난다. 그러나 프로비타민 A의 β-카로틴은 필요에 따라 체내에서 비타민 A로 변할 수 있기 때문에 많이 섭취해도 과잉증은 일어나지 않는다.

④ 식품

비타민 A는 주로 동물성 식품인 동물의 간, 고지방 생선(장어), 난황, 버터, 치즈 등에 많다. 프로비타민 A의 β-카로틴은 식물성 식품이 주요 급원이며 붉은고추, 당근, 호박, 녹색 채소 등에 많다. 김 등도 카로틴을 많이 함유하고 있으나 흡수율이 대단히 낮다.

비타민 A의 단위

1레틴올당량(Retinol Equivalent, RE)
= 1 μg 레틴올
= β-카로틴/6 (μg)
= 그 외 카로티노이드/12 (μg)
= 3.33 레틴올 IU

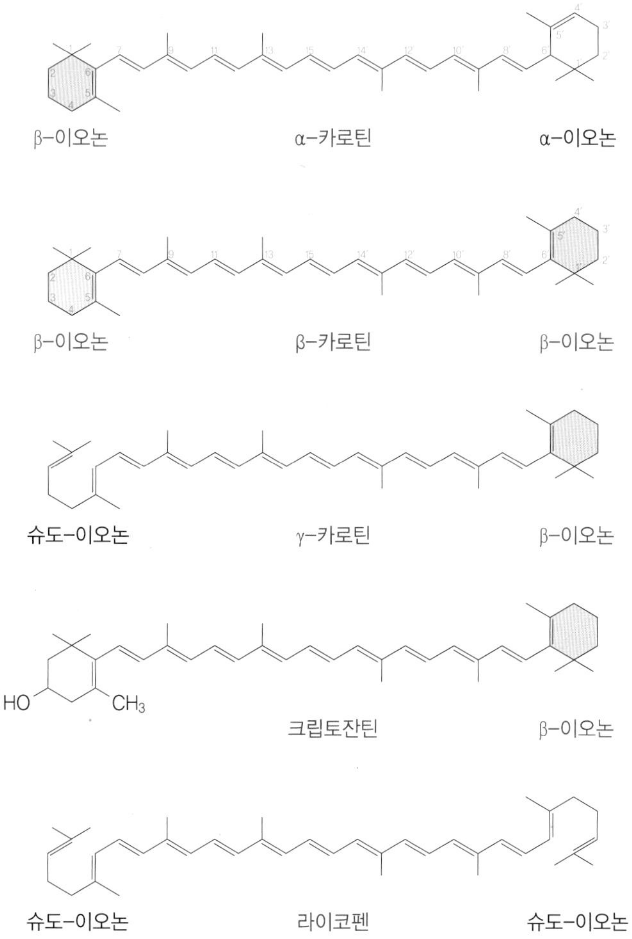

β-이오논 α-카로틴 α-이오논

β-이오논 β-카로틴 β-이오논

슈도-이오논 γ-카로틴 β-이오논

HO CH_3 크립토잔틴 β-이오논

슈도-이오논 라이코펜 슈도-이오논

그림 5-2 프로비타민 A의 구조

자료: 조신호 외(2010). 식품학.

2) 비타민 D: 칼시페롤

비타민 D(calciferol)는 뼈의 석회화(calcification)와 관계가 있어 칼시페롤이라고도 한다. 항구루병 인자인 비타민 D는 스테로이드 핵을 가진 프로비타민 D가 자외선의 조사를 받아 생기는 것이다.

① 구조

비타민 D의 전구체인 에르고스테롤(ergosterol)과 7-데하이드로콜레스테롤(7-dehydrocholesterol)은 자외선 조사에 의해 각각 비타민 D_2와 D_3가 된다(그림 5-3).

건표고에 자외선을 쬐면 비타민 D_2가 증가한다. 그러므로 자외선은 비타민 D의 활성화에 반드시 필요하며, 이와 같은 비타민 D의 활성화는 호르몬, 혈중 인산농도 그리고 비타민 D 자체의 농도에 의해서도 영향을 받는다.

② 성질

비타민 D_2와 D_3는 산, 산소, 광선, 열에 대해서는 불안정하지만, 알칼리에서는 안정하다. 그러나 가공 · 조리과정에서는 비교적 안정하므로 손실이 적다.

③ 결핍 · 과잉

비타민 D의 결핍 증세는 지질 섭취가 부족하거나 엄격한 채식주의자, 햇빛에 노출되는 시간이 부족한 사람들(지하 및 야간 근무자, 공해가 심한 지역의 거주자) 또는 극도의 스트레스를 받는 사람들에게 나타난다.

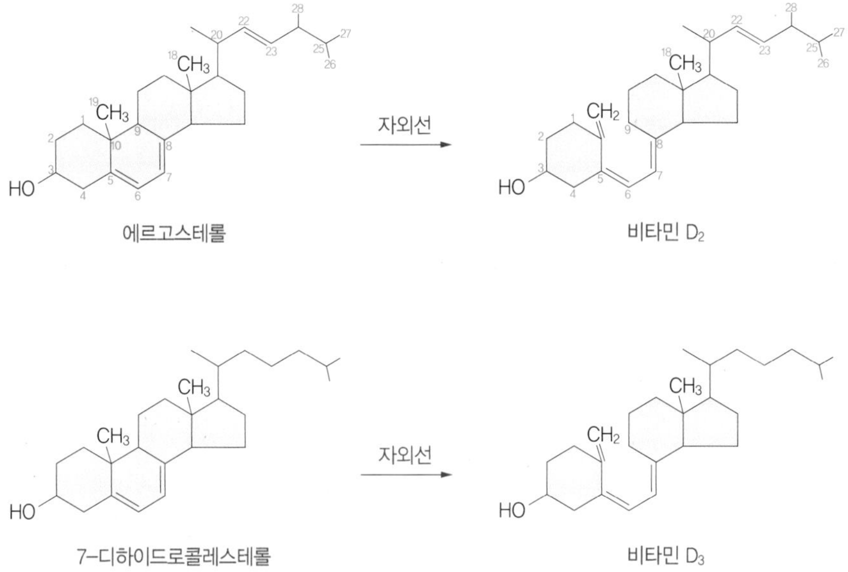

그림 5-3 비타민 D의 구조 및 전구체로부터 전환

비타민 D의 결핍증으로 어린이는 구루병, 성인은 골연화증이 나타난다.

과잉되면 혈청 칼슘 농도가 증가하는 고칼슘혈증(hypercalcemia), 성장 지연, 체중 감소 및 식욕 부진, 구토가 나타난다.

④ 식품

비타민 D_2의 전구체인 에르고스테롤은 버섯, 효모 등의 식물에 주로 많이 함유되어 있으며, 비타민 D_3는 어간유, 기름진 생선, 난황에 다량 들어 있다. 우유, 달걀, 버터 및 치즈에는 소량이 함유되어 있기 때문에 마가린과 우유에 비타민 D를 강화하기도 한다.

3) 비타민 E: 토코페롤

비타민 E는 1922년 에반스(Evans)와 비숍(Bishop)이 발견했으며, 생식 · 출산(tocos)과 관계가 있어 토코페롤(tocopherol)이라고 부른다. 비타민 E는 항산화 효과를 지니므로 노화 방지에 기여할 수 있으며, 점성의 담황색 유상물질로 α, β, γ, δ형의 토코페롤이 존재한다. 비타민 E로서의 활성은 α형이 가장 크지만, 항산화제로서의 활성은 δ형이 가장 크다. 비타민 E의 효력은 $\alpha>\beta>\gamma>\delta$의 순으로 감소하며, 불포화지방산 · 인지질 · 비타민 A의 산화를 막아 비타민 A의 흡수율을 증가시킨다. 그러므로 비타민 E는 지질과산화 등이 원인이 되어 발병하는 동맥경화, 백내장, 암 등을 예방한다. 또한 비타민 E는 철의 흡수를 돕고, 노화를 방지한다.

① 구조

자연계에 있는 비타민 E는 토콜(tocol)의 유도체로서 크로만(chroman) 핵에 결합하는 메틸기의 수와 위치에 따라 α, β, γ, δ-토코페롤로 구분한다(그림 5-4).

② 성질

비타민 E는 공기 중의 산소, 열 및 광선에 비교적 안정하지만 불포화지방산과 공존할 때는 생체 내에서 쉽게 산화된다. 또한 강한 항산화력을 지니고 있기 때문에 지방의 산패나 비타민 A의 산화분해를 방지한다.

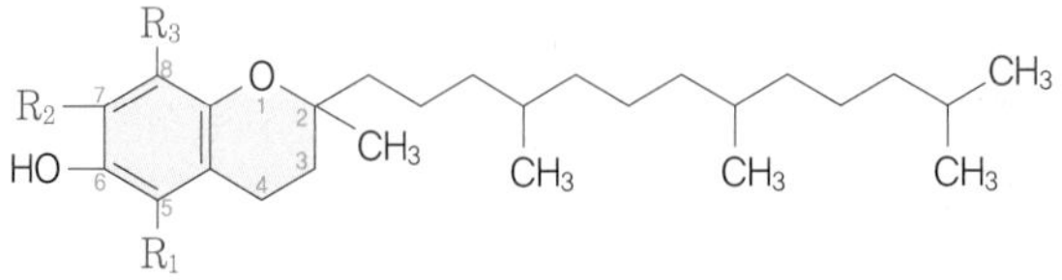

	R_1	R_2	R_3	화 학 명	생물학적 활성도(%)
α-토코페롤	CH_3	CH_3	CH_3	5,7,8-trimethyl tocol	100
β-토코페롤	CH_3	H	CH_3	5,8-dimethyl tocol	50
γ-토코페롤	H	CH_3	CH_3	7,8-dimethyl tocol	26
δ-토코페롤	H	H	CH_3	8-methyl tocol	10

그림 5-4 비타민 E의 구조

③ **결핍 · 과잉**

비타민 E의 결핍은 동물에서는 불임으로 나타나지만, 사람의 평소 식생활에서는 나타나지 않는다.

④ **식품**

비타민 E는 식물성 기름(γ-토코페롤 풍부) · 마가린 · 쇼트닝 · 밀배아에 많이 함유되어 있고, 육류 · 생선 · 과일 및 채소에는 소량 함유되어 있다.

4) 비타민 K: 필로퀴논

1929년 담(Dam)에 의해 발견되었으며, 혈액 응고(koagulation)와 관계가 있어 그 첫 자를 따서 비타민 K라고 이름이 붙여졌다. 비타민 K 활성을 가진 물질로는 식물에서 추출한 K_1(필로퀴논, phylloquinone)과 생선기름과 육류에서 발견한 K_2(메나퀴논, menaquinone) 등이 있으며, 인공적으로 합성한 K_3(메나디온, menadione)가 있다. 이 중 K_3는 수용성이어서 혈액 응고 치료제로 사용하기 쉽고 천연 비타민 K보다 활성이 더 커서 비타민제로 널리 사용된다.

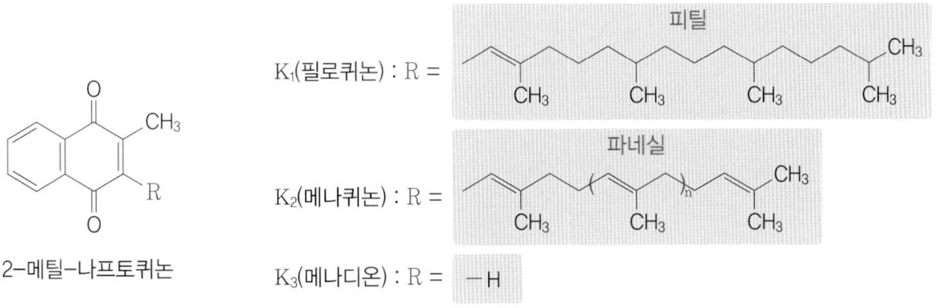

2-메틸-나프토퀴논

K_1(필로퀴논) : R = 피틸

K_2(메나퀴논) : R = 파네실

K_3(메나디온) : R = —H

그림 5-5 비타민 K의 구조

① 구조

비타민 K는 나프토퀴논(naphtoquinone)의 유도체이다. K_1은 2-메틸-나프토퀴논(2-methyl-naphthoquinone)기에 피틸(phytyl)기가 축합되었으며, K_2는 2-메틸-나프토퀴논기에 파네실(farnesyl)기가 축합되었다(그림 5-5).

② 성질

비타민 K는 열, 산, 환원제에는 안정하지만 알칼리, 광선, 산화제에는 불안정하여 조리·가공 중에는 비교적 손실이 적으나 햇빛에 노출되면 손실이 크다. 비타민 K_1은 담황색 유상물질이며, K_2는 담황색 결정으로 알칼리에서는 K_1보다 안정하다.

③ 결핍·과잉

비타민 K는 장내 세균에 의해 합성되므로 결핍증은 드물지만 부족하게 되면 혈액 응고가 지연되며, 신생아의 경우에는 무균 상태로 출생하므로 장내 세균에 의한 합성이 어려워 출혈이 일어날 수 있다. 반면 과잉되면 황달이나 출혈성 빈혈이 일어나지만 비타민 K는 독성도 낮고 배설도 빠르므로 잘 발생하지 않는다. 그러나 혈전이나 경색 등 혈액이 응고되기 쉬운 병의 치료를 위해 약을 복용하는 사람은 발효식품, 미역, 김, 양배추 등 비타민 K를 많이 함유한 식품의 섭취는 피해야 한다.

④ 식품

비타민 K는 해조류, 녹황색채소, 양배추, 대두, 차 등에 많다.

2 수용성 비타민

수용성 비타민은 유지에는 녹기 어려우며 물에 비교적 잘 녹는 성질을 가진 것으로 비타민 B 복합체(B_1, B_2, 나이아신, B_6, B_{12}, 엽산, 판토텐산, 바이오틴 등 8종)와 비타민 C 등이 있다. 이들은 여러 조효소를 구성하여 체내 대사에 관여하며, 이 중 비타민 C는 인체에 필요한 일부 물질들의 합성에 관여한다. 수용성 비타민은 체내에 저장하기 어렵고, 소변으로 배출되기 때문에 매일 일정량을 꾸준히 섭취해야 한다(표 5-4).

표 5-4 수용성 비타민의 종류와 특성

특성 / 종류	생리작용	성질					결핍증	급원식품	
		산	알칼리	산소	광선	열		식품	함량
비타민 B_1 (티아민)	• TPP 등의 조효소 • 탄수화물대사 촉진 • 식욕 및 소화기능 자극 • 신경기능 조절	○	×	×	○	×	피로, 권태, 각기병, 신경염, 중추신경장애, 식욕 부진	돼지고기(안심) 현미 땅콩(볶은 것) 대두(마른 것)	0.91 0.54 0.35 0.53
비타민 B_2 (리보플래빈)	• FMN, FAD 산화환원효소 • 성장 · 발육 촉진 • 입 안 점막 보호 • 체내 산화 · 환원작용	○	×	○	×	○	성장 저해, 구순구각염, 설염	쇠간(삶은 것) 소콩팥 효모 분유 표고	4.1 4.1 2.6 1.3 0.21
나이아신	• 에너지대사에 관여하는 NAD, NADP 공급 • 열량소 산화 · 환원작용	○	○	○	○	○	펠라그라, 흑설병, 피부 · 점막 손상	땅콩(볶은 것) 쇠간 돼지간 보리(겉보리, 보리쌀) 참깨(흰깨, 볶은 것)	19.1 14.7 11.8 5.8 5.2
비타민 B_6 (피리독신)	• 단백질대사에 관여 • 헴 합성 • 지방 합성	○	○	○	×	×	피부염, 습진, 기관지염	쇠간(삶은 것) 현미 꽁치 쇠고기(등심) 감자	0.91 0.62 0.45 0.39 0.27
비타민 B_{12} (코발아민)	• 항악성빈혈작용 • 혈액 생성 • 성장 촉진	×	×	○	○	○	악성빈혈, 손발 지각 이상	쇠간 돼지간 고등어(생것) 돼지고기(살코기)	52.8 25.2 12 5.5
엽산 (폴라신)	• 항빈혈작용 • 핵산 합성 • 성장 촉진	×	○	×	×	×	거대적아구성 빈혈	브로콜리 해바라기씨 쇠간(삶은 것) 난황(삶은 것) 시금치	372 237 217 146 146
판토텐산	• 탄수화물 및 지질대사에 필요한 코엔자임 A의 구성성분 • 스테롤 합성 • 헤모글로빈 합성	×	×	○	○	○	피로, 불면, 손발 화끈거림, 근육 경련, 빈혈	쇠간 난황 땅콩 닭고기(붉은살) 대두	7.7 4.4 2.8 1.7 1.7
바이오틴	• 포도당 · 지방산 합성 • 항피부염인자	○	×	×	○	○	탈모, 발톱 깨짐, 위장 증상	쇠간 달걀 닭고기 굴 시금치 백미	99 12 10 10 6.9 6.0
비타민 C (아스코브산)	• 콜라겐 · 스테로이드 호르몬의 합성 • 감기 예방 • 철 흡수 촉진	○	×	×	×	×	괴혈병, 잇몸 출혈, 전염병 노출	딸기(개량종) 풋고추(재래종) 고춧잎 무청 시금치	99 92 81 62 60

※ ○: 안정, ×: 불안정

※ 함량 단위

비타민 B_1 · B_2 · 나이아신 · B_6 · 판토텐산 · C: mg/100 g, 비타민 B_1 · 엽산 · 바이오틴: μg/100 g

자료: 농촌진흥청 국립농업과학원(2011). 표준 식품성분표 제8차 개정판.

1) 비타민 B_1: 티아민

비타민 B_1은 비타민 중에서 가장 먼저 발견된 것으로(1919년) 티아민(thiamin: 함유황성 아민) 또는 아눌린(aneurin)이라고도 한다.

① 구조

비타민 B_1의 구조는 피리미딘 핵(pyrimidine ring)과 티아졸 핵(thiazole)이 메틸렌기(methylene group)로 연결된 것이다(그림 5-6). 식물과 동물조직에 널리 분포하고 있으며 주로 티아민 피로포스페이트(thiamin pyrophosphate, TPP) 형태이나 이보다 적은 양으로 티아민인산, 티아민2인산, 티아민3인산의 형태로도 존재한다.

식품에 포함된 비타민 B_1은 티아민에 인산이 에스터 결합하고 있는 티아민인산에스터가 주요하다.

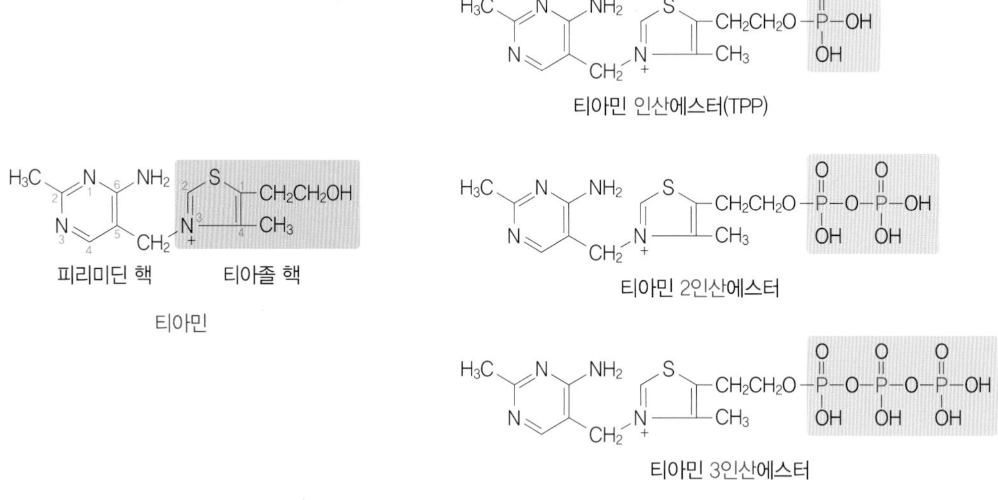

그림 5-6 비타민 B_1과 인산에스터의 구조

② 성질

비타민 B_1은 광선에 의해서는 거의 분해되지 않지만 비타민 B_1 중에 형광물질이 같이 존재하면 쉽게 분해된다. 또한 물에 잘 녹고, 산성에서는 안정하지만 중성이나 알칼리성에서는 매우 불안정하여 급속히 분해되면서 강한 형광을 갖는 싸이오크롬(thiochrome)을 생성한다.

어패류, 담수어의 내장, 고사리, 고비 등에는 비타민 B_1을 분해하는 효소 티아미나제(thiaminase)가 존재하는데 가열처리에 의해 효소가 불활성화되므로 보통의 식생활에서는 영향이 없다.

비타민 B_1이 아황산(H_2SO_3) 용액 중에서 매우 불안정한 것은 비타민 B_1의 피리미딘 핵과 티아졸 핵의 결합을 분해하기 때문이다. 특히 이 반응은 pH 6 부근에서 가장 잘 일어난다. 일반적인 가열조리에서는 20~30% 정도의 비타민 B_1이 파괴된다. 냉동식품을 해동할 때 즙액(drip)을 통해서도 비타민 B_1의 약 10%가 손실된다.

티아민은 마늘의 알리신(allicin)과 결합하여 알리티아민(allithiamin)이 된다. 알리티아민의 형태로 존재하는 티아민은 흡수가 잘 되므로 마늘과 함께 섭취하면 티아민의 이용률이 높아진다.

③ 결핍 · 과잉

동물조직에 주로 존재하는 비타민 B_1인 TPP는 생체 내 탄수화물대사에서 중요한 역할을 하는 피루브산 탈수소효소 등의 조효소로 작용하므로 비타민 B_1이 결핍되면 대사가 순조롭게 진행되지 못하여 탄수화물의 분해산물인 피루브산과 유산이 조직 속에 축적되기 때문에 각기병의 증상인 신경염, 부종, 식욕 감퇴 및 권태감 등이 나타난다. 비타민 B_1은 수개월 동안 대량 투여하여도 부작용과 독성이 없다.

④ 식품

비타민 B_1은 일반적으로 동물성 식품보다 식물성 식품에 많이 들어 있다. 식물성 식품에는 콩류나 곡류에 특히 많은데, 곡류에는 배아와 겨층에 많고 배유에는 적으므로 현미, 땅콩, 대두, 건조효모에 많다. 동물성 식품 중에서는 동물의 간, 돼지고기, 명란, 대구알에 많이 들어 있다.

2) 비타민 B_2: 리보플래빈

비타민 B_2(riboflavin)는 1954년에 기오르기(Gyorgyi)에 의해 난백에서 분리되었다. 성장(growth)인자란 뜻에서 비타민 G라고도 하며 리보스를 함유하여 리보플래빈이라고 한다.

① 구조

비타민 B_2는 당알코올인 리비톨(ribitol)이 아이소알록사진(isoalloxazine) 고리에 결합한 구조를 이루고 있는 리보플래빈이다. 리보플래빈에 인산을 하나 결합하고 있는 플래빈모노뉴클레오타이드(FMN), 리보플래빈과 아데닌이 인산을 2개 결합하고 있는

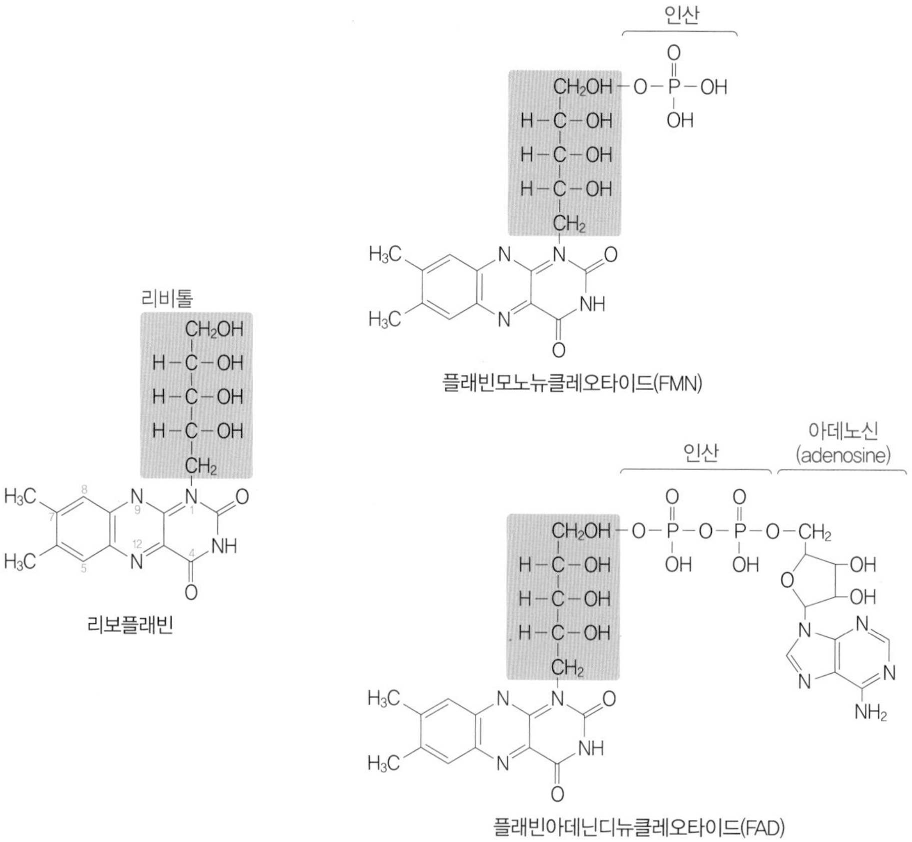

리보플래빈

플래빈모노뉴클레오타이드(FMN)

플래빈아데닌디뉴클레오타이드(FAD)

그림 5-7 비타민 B_2(리보플래빈, FMN, FAD)의 구조

플래빈아데닌디뉴클레오타이드(FAD)가 있다(그림 5-7).

② 성질

비타민 B_2는 입 안의 점막을 보호하며 성장을 촉진하는 황색 침상의 결정으로 수용액은 독특한 녹황색 형광을 띤다. 산, 열, 공기, 산화제에는 안정하나 광선에 불안정하여 알칼리성에서 빛에 노출되면 루미플래빈(lumiflavin)으로 되고, 산성·중성에서는 루미크롬(lumichrom)으로 분해되어 비타민 효력을 상실한다. 우유를 햇빛에 2시간 동안 노출시키면 약 50%의 리보플래빈이 파괴된다. 비타민 B_1이나 C가 B_2와 함께 공존하면 광분해로부터 비타민 B_2를 보존할 수 있으며, 리보플래빈의 파괴를 방지하기 위해 갈색 병에 보관하거나 착색필름으로 코팅하는 방법도 있다.

③ 결핍

비타민 B_2는 단독에 의한 결핍보다는 다른 비타민 B 복합체가 부족할 때 결핍증이 나타나기 쉽다. 비타민 B_2는 탄수화물, 지질 및 단백질대사에서 산화·환원반응을 촉매하는 효소들의 조효소로 작용하므로 결핍되면 성장 정지, 피로, 식욕 부진, 구순구각염, 설염 및 피부염 등의 증상이 나타난다.

④ 식품

비타민 B_2는 미생물이 합성하기 때문에 동·식물계에 널리 분포한다. 간이나 콩팥에 많고, 건조효모, 우유(탈지분유), 난백 및 건표고 등에 많으나 해조류에는 적다.

3) 나이아신

나이아신(niacin)은 니코틴산(nicotinic acid)과 니코틴아마이드(nicotinamid)를 포함하는 명칭이다.

① 구조

나이아신(niacin)은 비타민 중 구조가 가장 간단하다. 나이아신은 생체 내에서 에너지대사에 필수적인 NAD(nicotinamide adenine dinucleotide) 및 NAD에 인산이 결합한 NADP(nicotinamide adenine dinucleotide phosphate)의 구성성분으로 존재한다(그림 5-8). 나이아신은 다양한 산화환원효소의 조효소로서의 역할을 하며, 생체 내 트립토판(tryptophan)으로부터 합성(트립토판 60 mg으로부터 나이아신 1 mg 생성)되지만 충분한 양은 아니므로 음식물로부터 섭취해야 한다. 동물성 식품에는 니코틴아마이드와 NAD가, 식물성 식품에는 니코틴산과 NAD가 들어 있고, 신선한 식품 중에는 NAD가 많다.

② 성질

나이아신은 신맛을 지닌 백색 침상결정이며, 열, 산, 알칼리, 광선에 가장 안정하고 산화도 잘 되지 않아서 조리나 가공에 의한 손실이 거의 없으나, 조리 중 용출에 의한 손실이 발생한다.

③ 결핍

나이아신이 부족하면 피부와 점막에 약한 손상이 일어나고, 심하게 결핍되면 피부염, 설사, 정신이상, 색소 침착이 일어나는 펠라그라 증세가 나타난다. 개의 경우에는 입 점막과 혀가 흑색으로 변하는 흑설병이 생긴다. 나이아신은 이와 같은 증세를 예방하므로 항펠라그라성 인자 또는 항흑설병 인자로 불린다.

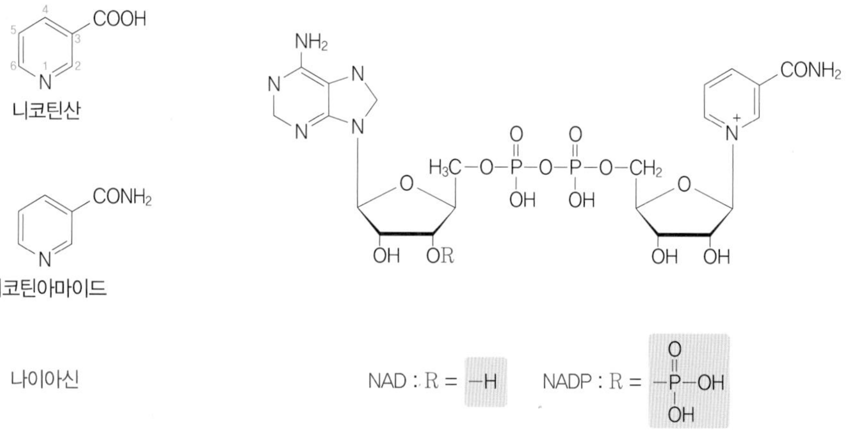

그림 5-8 나이아신과 NAD(P)의 구조

④ 식품

나이아신은 땅콩, 쇠간, 육류, 곡류 등에 많으며, 과일이나 채소에는 부족한 편이다.

4) 비타민 B_6: 피리독신

비타민 B_6(pyridoxine)는 피리미딘(pyridine)의 유도체라는 뜻으로 피리독신 또는 항 피부병 인자이기 때문에 아데르민(adermin)이라고도 부른다.

① 구조

천연의 비타민 B_6는 피리독신(pyridoxine), 피리독살(pyridoxal), 피리독사민(pyridoxamine) 세 종류로 존재한다. 이 세 종류의 인산에스터인 피리독신인산, 피리독살 인산, 피리독사민인산을 포함한 6종이 있다(그림 5-9). 이들 6종의 비타민 B_6는 생체 내에서 효소의 작용에 의해서도 환원된다.

② 성질

비타민 B_6는 생체 내에서 쉽게 상호 변환되고 평형상태를 이루고 있는데, 특히 피리독살과 피리독사민이 비타민 B_6의 주성분이다. 식물성 식품에서는 피리독신과 피리독신인산이, 동물성 식품에는 피리독살과 피리독살인산이 많이 함유되어 있다. 이 화합물들은 체내에서 상호 전환될수 있으므로 비타민 B_6로서의 효능은 동일하다. 활성형은 피리독살-5-인산(pyridoxal-5-phosphate, PLP)으로 아미노산대사와 헴 색소의 합성

R_1, HO, CH_2OH, H_3C, N, 1, 2, 3, 4, 5, 6

R_2, HO, $CH_2O-P(=O)(OH)-OH$, H_3C, N

피리독신(PN) : $R_1 = -CH_2OH$(에틸알코올)
피리독살(PL) : $R_1 = -CHO$(알데하이드)
피리독사민(PM) : $R_1 = -CH_2NH_2$(아민)

피리독신 5′-인산 : $R_2 = -CH_2OH$
피리독살 5′-인산 : $R_2 = -CHO$
피리독사민 5′-인산 : $R_2 = -CH_2NH_2$

그림 5-9 비타민 B_6의 구조

에 관여하며, 조혈작용, 신경전달물질 합성에도 관여한다. 아미노산대사의 중요성 때문에 단백질 섭취량이 증가하면 비타민 B_6의 필요량도 증가한다. 그 수용액은 산, 알칼리, 산소에는 안정하나 광선과 열에는 불안정하다.

③ 결핍

비타민 B_6의 결핍증은 비타민 B 복합체가 전반적으로 부족할 때 발생하는데, 귀·코·입의 습진이나 지루성 피부염 증세가 나타난다.

④ 식품

비타민 B_6는 쇠간, 쌀배아(현미), 꽁치, 쇠고기, 감자, 마늘, 피스타치오 등에 함유되어 있으며, 채소에는 적다.

5) 비타민 B_{12}: 코발아민

비타민 B_{12}(cobalamine)는 1926년 미노트(Minot)에 의해 항악성빈혈인자임이 발견되었고, 적혈구의 생성, 지방과 탄수화물 대사, 단백질·DNA 합성 등에 관여한다.

① 구조

비타민 B_{12}는 비타민 중 가장 복잡한 구조를 가진 화합물군을 말하며 코린환의 중심에 1개의 코발트를 가지므로 코발아민이라고도 한다(그림 5-10).

② 성질

비타민 B_{12}는 수용성이며 광선, 열, 공기에 안정하다. 그러나 산에는 비교적 안정하지만, 강산이나 알칼리 용액에서는 불안정하다. 그러나 가공·저장 중에 비타민 B_{12}의 손실은 거의 일어나지 않는다.

③ 결핍

비타민 B_{12} 결핍증은 엄격한 채식주의자에게서 발생하기 쉽다. 비타민 B_{12}는 항악성빈혈인자라 부르며, 악성 빈혈은 엽산 투여로도 치료가 가능하다. 비타민 B_{12}는 장내

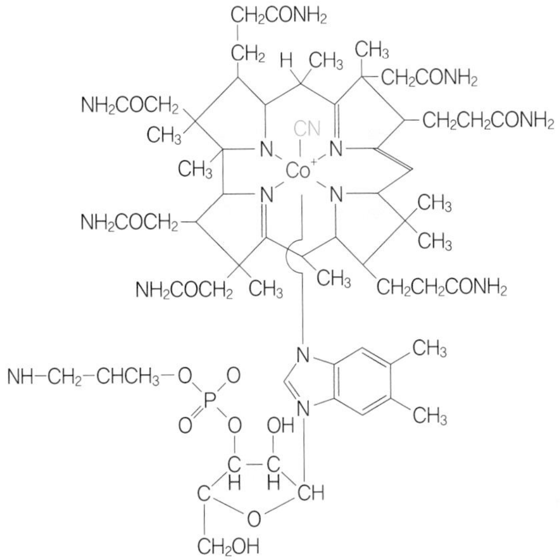

그림 5-10 비타민 B_{12}의 구조

세균에 의해서도 합성되므로 흡수에 장해가 없는 건강한 사람에게는 결핍증이 나타나지 않으나, 위를 절제한 사람이나 노인의 경우에는 결핍되는 경우가 있다.

④ 식품

비타민 B_{12}는 쇠간, 우유, 달걀, 알 등의 동물성 식품에 주로 존재하나, 식물성 식품에는 해조류나 밀 등에 조금 들어 있다.

6) 엽 산

엽산(folic acid)은 1941년에 미첼(Mitchell)이 식물의 잎(folium)에 존재한다는 뜻에서 유래하였으며, 1938년 데이(Day)가 인공 사육한 원숭이(monkey)의 빈혈에 유효한 쇠간, 효모 중의 성분이라는 의미에서 비타민 M 또는 비타민 B_9이라고도 한다.

① 구조

식품에 포함된 엽산은 5,6,7,8-테트라하이드로엽산(tetrahydrofolic acid, THF)과 그

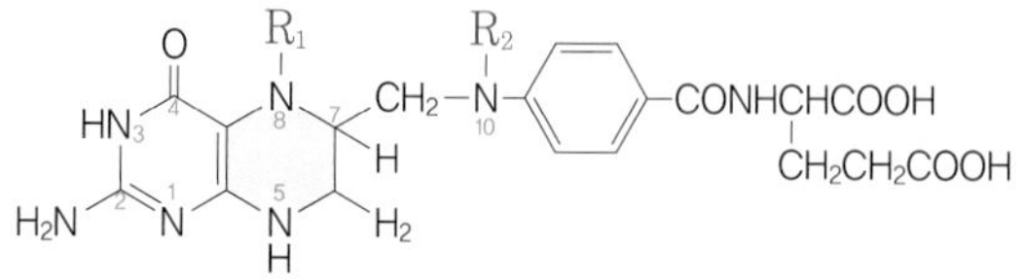

$$\text{[5,6,7,8-Tetrahydrofolate structure: pteridine ring with } R_1\text{ on N5, } CH_2\text{–N(}R_2\text{)–}C_6H_4\text{–CONHCHCOOH–}CH_2CH_2COOH]$$

5, 6, 7, 8-테트라하이드로엽산 : $R_1 = -H$, $R_2 = -H$

유도체는 R_1과 R_2에 $-H$, $-CHO$, $-CH_3$, $-CH{=}NH$ 등이 결합한다.

그림 5-11 엽산의 구조

유도체이다(그림 5-12). 엽산은 체내에 흡수되면 조효소형의 엽산이 되고, 핵산, 염기, 아미노산, 단백질 등의 생합성에 관한 효소의 조효소로 작용한다.

② 성질

엽산은 엷은 황색의 결정으로 수용성이기 때문에 가공·조리과정 중 손실되기 쉬운 비타민이다. 엽산은 산성에서 열이나 광선에 의해 쉽게 분해되나 알칼리성에서는 안정하다. 광선에 의해서 분해되어 조리, 가공, 저장에 쉽게 손실된다. 엽산은 식품 중에 폴리글루탐산(polyglutamate), 혈청에는 모노글루탐산(monoglutamate) 형태로 존재한다.

③ 결핍

엽산이 부족하면 비정상적 크기의 미숙한 적혈구가 증가되어 발생하는 거대적아구성 빈혈에 걸리는데, 대개 알코올 중독자에게서 많이 발견된다. 미국에서는 비타민 결핍증 중에서 엽산 결핍증이 가장 많이 나타난다고 한다.

④ 식품

브로콜리, 해바라기씨, 시금치, 쇠간, 난황 등이 좋은 급원이다.

7) 판토텐산

판토텐산(pantothenic acid)은 그리스어인 *panthothen*(모든 곳에 존재한다는 뜻)에서 유래하였으며, 모든 동 · 식물성 식품 중에 널리 분포되어 있다.

① 구조

판토텐산은 판톤산(pantoic acid)과 β-알라닌(β-alanine)이 펩타이드 결합을 한 것이다(그림 5-12).

② 성질

판토텐산은 공기, 광선, 열에는 안정하여 식품 중에 존재할 때에는 판토텐산 칼슘염(calcium pantothenate)의 형태로 존재한다. 또한 산과 알칼리에는 불안정하여 쉽게 분해되지만 일반적인 조리 조건에서는 안정한 편이다.

③ 결핍

평소의 식사를 통해서는 특별한 결핍증상이 나타나지는 않는다. 만약 결핍되면 피로, 불면, 메스꺼움, 근육 경련 및 손 · 발의 화끈거림의 증상이 나타난다.

④ 식품

쇠간 · 난황 · 땅콩 · 대두 등에 다량 함유되어 있고, 채소 · 과일 및 우유에는 소량 함유되어 있다.

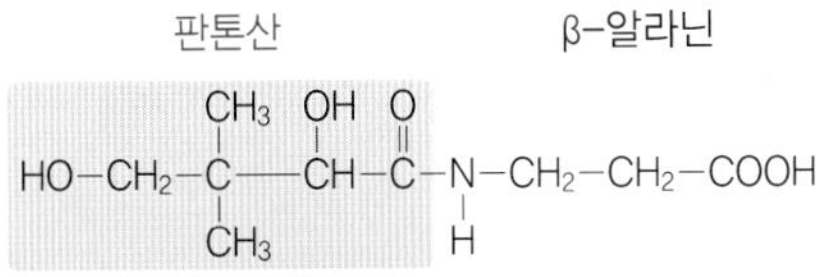

판톤산 β-알라닌

$$HO-CH_2-\underset{CH_3}{\overset{CH_3}{C}}-\overset{OH}{CH}-\overset{O}{\overset{\|}{C}}-\underset{H}{N}-CH_2-CH_2-COOH$$

그림 5-12 판토텐산의 구조

8) 바이오틴

바이오틴(biotin)은 1927년에 보아스(Boas)에 의해 항난백장애인자(anti-egg white injury factor)로 발견되었으며, 피부염과 관계가 있어 항피부염인자(haupto factor), 비타민 H라고도 한다.

① 구조

바이오틴은 이미다졸(imidazole)과 싸이오펜(thiophen)에 유사한 것이 결합한 것으로서 황을 함유한 것이 특징이다(그림 5-13). 식품에 함유된 바이오틴은 단백질의 라이신에 결합한 것이 많다. 이 결합형 바이오틴은 소화관 내에서 유리된 바이오틴이 되어 흡수된다.

② 성질

백색의 고운 가루이며 열, 산, 광선에는 안정하나 알칼리나 산화제(H_2O_2)에 불안정하다. 바이오틴은 장절제 수술로 세균에 의한 합성이 감소되거나 생난백을 과량으로 섭취하면 결핍될 수 있는데, 이는 난백 중에 함유된 당단백질인 아비딘(avidin)이 바이오틴의 흡수를 방해하기 때문이다. 이는 바이오틴의 섭취로 예방이 가능하므로 바이오틴을 항난백장애인자라 부른다.

③ 결핍

바이오틴이 결핍되면 메스꺼움, 구토, 식욕 부진 등의 위장 증상이나 탈모, 지루성 피부염, 설염 등의 피부 증상이 나타난다.

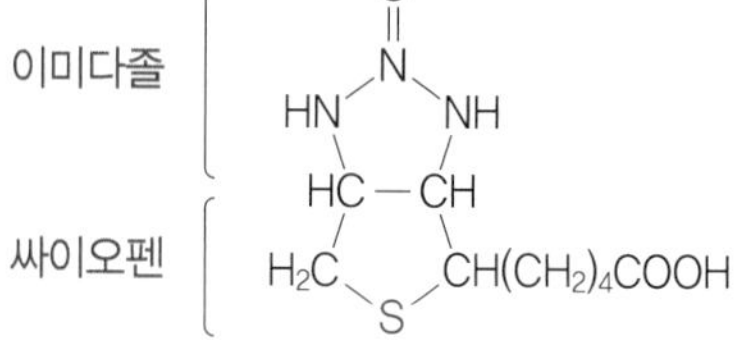

이미다졸 / 싸이오펜: O=N(HN, NH), HC—CH, H_2C, S, $CH(CH_2)_4COOH$

그림 5-13 바이오틴의 구조

④ **식품**

바이오틴은 동·식물성 식품에 널리 분포하며, 쇠간, 달걀, 닭고기, 효모, 굴, 시금치, 콩, 우유에 다량 함유되어 있다.

9) 비타민 C: 아스코브산

비타민 C(ascorbic acid)는 항괴혈병성 비타민(antiscorbutic vitamin)이라는 뜻에서 아스코브산이라고 부른다.

① **구조**

비타민 C는 신맛의 백색 판상결정으로 환원형(L-ascorbic acid)과 산화형(L-dehydro-ascorbic acid)이 존재하며 당과 유사한 구조를 갖고 있다. 산화형은 환원형의 1/2 정도의 효력을 지닌다(그림 5-14).

② **성질**

비타민 C는 콜라겐이나 스테로이드 호르몬을 합성하며, 철의 흡수를 촉진하여 감기에 대한 저항력을 증가시키는 효과도 보고되었다. 아스코브산에는 강한 환원성이 있어 유지류나 비타민 등의 산화방지제로 이용된다. 그 밖에 육제품의 발색 시 환원제나 갈변반응에 의한 변색 방지 등 식품가공에 중요한 역할을 하고 있다.

비타민 C는 수용액 상태에서 산에는 안정하나 알칼리, 열, 산소, 금속(Cu, Fe), 아스코비네이스(ascorbinase)에는 불안정하다.

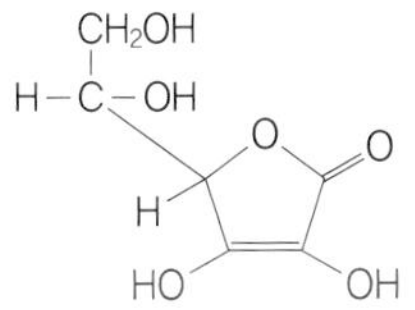

L-아스코브산
(환원형 비타민 C)

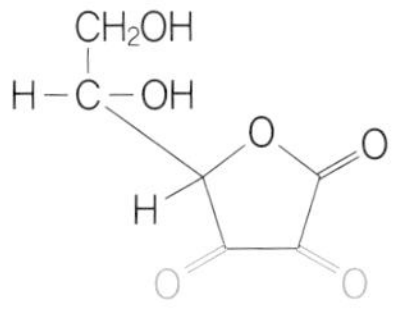

L-데하이드로아스코브산
(산화형 비타민 C)

그림 5-14 비타민 C의 구조

③ 결핍

비타민 C가 결핍되면 모세혈관이 약해져 쉽게 멍들고, 콜라겐 합성이 저하되어 연골이나 근육조직의 변형이 일어난다. 이외에도 점막과 피부의 출혈, 빈혈, 쇠약 증세 등이 나타난다.

④ 식품

비타민 C는 풋고추 · 고춧잎 · 무청 · 시금치 · 브로콜리 · 파슬리 · 딸기 · 감귤류 · 키위와 같은 채소 및 과일류에 다량 들어 있고, 수조육류 · 생선 · 알류 및 유제품 등에는 소량 들어 있다.

비타민 F: 필수지방산

비타민 F는 필수지방산(essential fatty acid)으로 지방(fat)에서 유래되어 비타민 F로 명명하였으며, 다른 비타민보다 소요량이 많아서 필수지방산이라고 부른다.

- 구조: 리놀레산, 리놀렌산, 아라키돈산의 지방산은 모두 CH_3 측으로부터 6번과 9번의 탄소가 이중결합을 이루고 있으며, 어느 것이나 레시틴의 구성성분이다.
- 결핍: 쥐에서는 성장 정지, 생식 감퇴, 피부염, 탈모 등이 나타나고, 사람에서는 습진성 피부염이나 기관지염 등이 나타난다. 필요량은 보통 식사를 통하여 하루에 지방을 30 g 내외(1일 총열량의 1~2%)로 섭취하면 충분하다.
- 식품: 비타민 F는 식물성 유지에는 리놀레산과 리놀렌산이 주성분으로 들어 있으나 동물성 유지에는 적게 들어 있다.

비타민 L

비타민 L(anthranili acid)은 유즙의 분비(lactation)에 관여한다는 뜻에서 비타민 L이라고 명명되었다. 비타민 L은 뇌하수체 전엽을 비대시켜 유즙 분비 호르몬인 프롤락틴(prolactin)의 생성, 유즙 분비를 촉진시킨다. 비타민 L은 다른 비타민과는 달리 L_1(anthranilic acid)과 L_2(adenylthiomethyl pentose)가 서로 대용될 수 없으며, 두 가지가 함께 있어야 효과를 낼 수 있다. L_1은 간장에 많으며, L_2는 효모에 많이 들어 있다. 사람은 장내 세균에 의하여 합성되므로 결핍될 염려는 없다.

비타민 L은 동 · 식물성 식품에 널리 분포되어 있으며, 특히 간, 효모 및 쌀겨 등에 많다.

비타민 P

비타민 P(bioflavonoids)는 모세혈관의 침투성(permeability)을 조절한다는 뜻에서 명명되었으며, 시트린(citrin)이라고도 한다.

비타민 P는 혈관의 저항성을 강하게 하여 뇌출혈을 예방하는 중요한 비타민이며, 조리 · 가공에 의해서 손실이 적으나 저장 중에 변질이 잘 된다. 식품 중에는 엽채류에 광범위하게 분포되어 있으며, 특히 감귤류의 껍질과 메밀에 많이 함유되어 있다.

6
무기질
1. 다량 무기질
2. 미량 무기질
3. 알칼리 생성원소와 산 생성원소
mineral

Chapter 6

무기질

무기질은 인체에 존재하는 원소 중에서 유기화합물을 구성하는 탄소, 수소, 산소, 질소를 제외한 원소의 총칭이다. 무기질은 생체 내에서 에너지원은 되지 않지만 생리기능 조절과 신체 발육에 절대적으로 필요한 영양소이다. 식품을 550~600℃에서 태워 완전히 연소시켜 남는 부분을 재(ash: 회분)라 한다. 식품 및 인체의 구성성분으로 중요한 생리작용을 하는 무기질은 약 20여 종으로, 인체 내에서 체중의 약 2~4%를 차지하고 있으며, 인체에서는 합성할 수 없으므로 음식물로부터 섭취할 필요가 있다. 무기질은 1일 필요량에 따라 다량 무기질과 미량 무기질로 나눈다.

무기질의 생리적 역할과 인체 중 무기질 조성은 다음과 같다(표 6-1, 표 6-2).

다량 무기질

1일 필요량이 100 mg 이상인 무기질(Ca, P, K, Na, Cl, Mg, S)

미량 무기질

1일 필요량이 100 mg 이하인 무기질(Fe, Zn, Cu, Mn, I, Co, F, Se, Mo)

표 6-1 무기질의 생리적 역할

역할		종류
구성소	인체구성	• 뼈, 치아: Ca, P, Mg • 머리털, 손톱, 피부: S
	생체 유기 화합물 (단백질, 핵산, 비타민 등)	• 인단백질, 인지질, ATP: P • 함황아미노산(시스테인, 시스틴, 메싸이오닌): S • 헤모글로빈: Fe • 갑상선 호르몬: I • 비타민 B_{12}: Co • 인슐린: Zn
조절소		• 체액의 pH 조절: Na, K, Cl, P • 삼투압 조절: Na, Cl • 신경자극 전달: Na, K, Ca, Cl • 근육의 탄력성 유지: Ca • 효소반응의 활성화: Mg, Cu, Zn, Ca, Na, S, Fe 등 • 효소의 구성성분: Fe, Cu, Zn, Mg, I, S, P, Mo

표 6-2 인체 중의 무기질 함량과 구성비율(g/70 kg, 남성)

종 류	함량(g)	구성(%)	종 류	함량(g)	구성(%)
Ca	1,160	50.8	Na	63	2.9
P	670	29.4	Mg	21	1.1
K	150	6.7	Fe	4.5	0.2
S	112	5.1	Zn	2.0	0.099
Cl	85	3.7	I	0.02	0.001

1 다량 무기질

다량 무기질은 인체의 구성성분과 체액의 산·알칼리 평형, 삼투압 유지에 주로 관여한다.

표 6-3 다량 무기질의 종류와 특성

종 류	생리작용	결핍증 · 과잉증	함유(mg/100g)	
칼슘 (calcium, Ca)	• 골격과 치아의 형성 • 혈액의 응고 촉진 • 근육의 수축 · 이완작용 • 신경 흥분 억제 • 효소의 활성화(ATPase) • 삼투압 유지	결핍증 골격과 치아의 발육 부진, 골연화증, 구루병, 신경 전달 이상으로 근육 경직과 경련, 내출혈 과잉증 신장결석	잔멸치 가공치즈 매생이 검은콩 고춧잎 우유	913 633 574 220 211 100
인 (phosphorus, P)	• 골격과 치아의 형성 • 에너지대사에 관여 • 삼투압 및 pH 조절 • 지방산의 이동	결핍증 골격과 치아의 발육 부진, 골연화증, 성장 부진, 구루병 과잉증 신부전증이 있는 경우 골격 손실 가능	잔멸치 가공치즈 검은콩 쇠간(삶은 것) 고등어	977 844 629 404 201
소듐 (sodium, Na)	• 체액의 산 · 알칼리 평형 • 삼투압 조절 • 신경 흥분 억제 • 타액효소(ptyalin)의 활성화	결핍증 식욕 부진, 소화 불량 과잉증 고혈압, 칼슘 손실 증가	잔멸치 자반고등어 라면 햄 베이컨	3250 2091 1005 1000 706
염소 (chlorine, Cl)	• 체액의 산 · 알칼리 평형 • 삼투압 조절 • 위액의 산성 유지 • 소화에 관여 • 신경 자극 전달	결핍증 위액의 산도 저하, 식욕 부진, 소화 불량 과잉증 고혈압	오이지 라면 절인 배추 소시지	3400 3035 2760 2400
마그네슘 (magnesium, Mg)	• 골격과 치아의 형성 • 근육과 신경의 흥분 억제 • 당질대사 효소의 조효소 구성성분	결핍증 신경계 자극 감수성 촉진, 혈관 확장, 경련 과잉증 신장기능의 이상(허약증세 야기), 설사	아몬드 콩가루 시금치 무청	294 310 104 58
포타슘 (potassium, K)	• 체액의 산 · 알칼리 평형 • 삼투압 조절 • 근육 수축 • 신경자극 전달 • 글리코겐 및 단백질 합성	결핍증 근육 이완, 발육 부진, 체액의 이동, 구토, 설사 과잉증 신장기능 이상 시 심장박동 느려짐	잔멸치 시금치 감자 당근 바나나	1149 502 396 362 335
황 (sulfur, S)	• 함황아미노산의 구성성분 • 효소의 활성화 • 항독소 작용 • 세포 단백질, 비타민, 담즙산의 구성 요소	결핍증 손톱과 발톱, 모발의 발육 부진, 체단백질의 질적 저하 과잉증 거의 없음	콩가루 땅콩 돼지고기 쇠고기 밀가루	410 380 300 270 190

자료: 농촌진흥청 국립농업과학원(2011). 표준 식품성분표 제8차 개정판.

1) 칼 슘

칼슘(calcium, Ca)은 체중의 약 2%를 차지하며 체내에 가장 많이 존재하는 무기질로 그 중 약 99%는 뼈와 치아에 인산염{$Ca_3(PO_4)_2$} 또는 탄산염($CaCO_3$)의 형태로 존재하고, 나머지 1%는 혈액과 근육 중에 분포되어 생체기능 조절에 관여한다.

비타민 D, 락토스(lactose), 펩타이드, 단백질 등은 칼슘의 흡수를 촉진하지만, 인산(phosphoric acid), 수산(oxalic acid), 피트산(phytic acid), 식이섬유, 지방 등은 칼슘의 흡수를 저해한다. 곡류나 콩류에 함유되어 있는 피트산과 과일 · 채소의 수산은 칼슘과 불용성 염을 형성하여 칼슘의 흡수를 방해한다. 또한 식품 중의 칼슘과 인의 비율도 칼슘의 흡수에 영향을 준다. 칼슘과 인의 비율이 1:1 또는 1:1.5 정도가 흡수율이 가장 좋으며, 일반적으로 젖산칼슘과 구연산칼슘은 수용성이어서 흡수가 잘 되지만 탄산칼슘과 인산칼슘은 물에 녹기 어려우므로 흡수가 잘 되지 않는다.

일반적으로 동물성 식품에 함유된 칼슘이 식물성 식품의 칼슘보다 흡수가 좋으며 보통 식사에서 칼슘 흡수율은 약 40%이다.

2) 인

체내에 존재하는 인(phosphorus, P)의 약 85%는 칼슘과 결합하여 인산칼슘염{$Ca_3(PO_4)_2$}의 형태로 존재하는데, 이들의 대부분은 골격과 치아를 형성한다. 나머지 인은 인지질, 인단백질, 핵산, ATP 등의 인산화합물로서 존재하고 생체 내에서 세포막의 구성성분, 에너지대사 등에 중요한 역할을 한다.

비타민 D는 인의 흡수를 촉진하고, Mg, Fe, Ca 등은 인의 흡수를 방해한다. 식품 중의 칼슘과 인의 섭취비율은 인의 흡수에 영향을 미치는데 지나치게 칼슘 양이 많으면 인의 흡수가 나빠진다. 그러나 한국인의 식사에서는 칼슘과 인의 섭취량의 비가 1:3 정도이므로, 오히려 인의 과잉 섭취가 문제가 되고 있다.

3) 소듐과 염소

생체 내의 소듐(sodium, Na)은 주로 세포외액 중에 이온의 형태로 존재하며 삼투압 조절, 산 · 알칼리 평형, 수분량 유지 등의 역할을 한다.

채소를 많이 먹으면 포타슘의 섭취가 많아지는데, 포타슘의 섭취량이 많아지면 소금(NaCl)의 배설량이 많아지므로 염화소듐(NaCl)의 소요량도 늘어난다. 또한 고열 또는 심한 노동에 의하여 땀을 많이 흘렸을 때나 기타 병으로 염화소듐의 배설량이 많아지면 소듐을 더 많이 섭취하여야 한다.

염소(chlorine, Cl)는 소듐과 포타슘의 생리작용을 보조한다.

시중에 유통 중인 소금은 천일염, 기계염(정제염), 재제소금, 죽염, 기타소금 등이 있다. 식약청에서 소금 종류별로 구성비를 분석한 결과, 소금의 주 성분인 염화소듐 비율이 모두 80% 이상이며, 기계염이 99%, 재제소금과 죽염 등 기타소금은 88% 이상인 것으로 나타났다.

특히 최근 일본의 방사능 사고와 관련해서 천일염의 경우 유용한 무기질을 많이 함유한 '건강소금'으로 인기를 끌고 있으나 이 소금도 역시 염화소듐 함량을 많이 가지고 있으므로 과다섭취에 주의해야 한다. 체내에 필요한 최소 소금 필요량은 0.5~1.0 g(=소듐 200~400 mg)으로 매우 적어 소금 결핍의 위험률은 낮기 때문에 일상생활에서 소듐 적게 먹기 실천은 건강과 직결되는 요인이 될 수 있다.

소금의 인체생리 기능은 신경의 자극 전달, 근육의 흥분성 유지, 삼투압 조절과 산 · 염기의 균형을 조절하는 등 체내에서 중요한 기능을 담당하고 있기 때문에 소금 섭취가 증가할수록 혈관을 수축시켜 고혈압을 일으키며, 우리의 입맛을 중독시켜 우리 혀를 마비시켜서 더 많은 음식을 먹게 한다.

우리나라 국민들 대다수가 소금 과다섭취의 위험성에 이미 노출되어 있기 때문에 소금의 종류에 관계없이 하루에 소금 5 g(소듐 2 g) 이상을 섭취하면 고혈압, 심혈관계질환, 신장병 등의 원인이 될 수 있다. 또 각종 병이 합병증을 초래해 많은 사람들을 중증만성질환자로 만들 수도 있어 건강을 위해서는 현명한 소금 섭취 요령이 필요하다.

4) 마그네슘

마그네슘(magnesium, Mg)은 대부분 인산염 또는 탄산염으로 골격에 존재하며, 나머지는 혈액과 근육 중에 있다. 마그네슘은 엽록소의 구성성분으로 녹색채소에 함유되어 있으므로 녹색채소를 많이 먹는 사람에게는 부족한 경우가 거의 없다.

5) 포타슘

포타슘(potassium, K)은 소듐과 대조적으로 주로 세포내액 중에 염화물(KCl), 인산염(K_2HPO_4), 탄산염(K_2CO_3, $KHCO_3$)으로 존재한다.

포타슘은 특히 식물성 식품에 많이 함유되어 있으며 그중에서도 어패류, 육류, 시금치, 감자 등에 많다. 따라서 보통의 식생활을 하면 충분히 섭취되어 부족한 일은 없다.

6) 황

황(sulfur, S)은 함황아미노산(시스테인, 시스틴, 메싸이오닌), 비타민 B_1, 담즙산, 연골(chondroitinsulfate), 점액성 다당질(heparin), 글루타싸이온(glutathione) 등을 구성하는 필수 무기질이다. 함유식품은 동물의 결체조직, 육류, 우유, 달걀, 콩류, 파, 마늘, 양파, 무, 배추, 부추 등에 많다.

2 미량 무기질

미량 무기질은 효소, 색소, 비타민, 혈색소, 근육색소, 단백질의 구성성분으로 각종 반응 및 식품의 색에 기여한다. 영양과는 관계없으나 독성이 있는 카드뮴(Cd), 납(Pb), 수은(Hg), 비소(As) 등의 미량 무기질도 있다.

표 6-4 미량 무기질의 종류와 특성

종 류	생리작용	결핍증 · 과잉증	함 유	
철 (iron, Fe)	• 헤모글로빈의 구성성분 • 산화적 호흡의 촉매작용 • 조효소의 성분 • 효소의 활성화	결핍증 철결핍성 빈혈, 피로, 유아 발육 부진, 손 · 발톱 편평 과잉증 혈색소증으로 심장, 췌장에 철 축적, 심부전, 당뇨병 유발	검은콩 쇠간 쑥 맛조개	7.8 6.8 6.0 5.5
아연 (zinc, Zn)	• 췌장 호르몬 인슐린의 성분 • 탄산무수화효소(carbonic anhydrase)의 구성성분	결핍증 발육 장해, 탈모, 빈혈 과잉증 철 · 구리 흡수 저하, 설사, 구토, 면역기능 억제	굴 쇠간 가재 현미	18.1 6.1 2.9 2.4
구리 (copper, Cu)	• 헤모글로빈의 합성 촉진 • 철의 산화작용 • 철의 흡수와 운반에 관여	결핍증 저혈색소성 빈혈 과잉증 복통, 오심, 구토, 간질환	코코아 굴 새우 쇠간	4.0 3.5 3.0 2.7
아이오딘 (iodine, I)	갑상선 호르몬의 성분 (기초대사 촉진)	결핍증 갑상선종 과잉증 갑상선기능 항진증	해초 대구 굴 시금치	62,400 330 126 56
불소 (fluorine, F)	• 골격, 치아의 경화 • 충치 예방	결핍증 심근 장해 과잉증 반상치, 불소증, 위장장애	고등어 정어리 연어 새우	1900 1100 600 450
망간 (manganese, Mn)	• 발육에 관여 • 단백질대사에 관여 • 글루코스 산화작용 • 지방산의 합성반응 활성화	결핍증 생식작용 불능, 성장장애 과잉증 신경근육계 이상	쌀 귀리 감자 시금치	9.6 3.7 1.0 0.9
코발트 (cobalt, Co)	• 비타민 B_{12} 구성성분 • 적혈구 생성에 관여	결핍증 비타민 B_{12}의 결핍, 악성빈혈	기장 동부콩 양상추 호밀	22.6 18.8 14 11

※ 함유량 단위

- 철, 아연, 구리: mg/100 g
- 아이오딘, 불소, 망간, 코발트: μg/100 g

자료: 농촌진흥청 국립농업과학원(2011). 표준 식품성분표 제8차 개정판.

1) 철

철(iron, Fe)의 60~70%는 혈중 혈색소(hemoglobin)에 있고, 3~5%는 근육의 미오글로빈(myoglobin)을 구성하며, 나머지는 간 내장의 페리틴(ferritin), 철효소(cytochrome, catalase, peroxidase)에 존재한다.

체내의 철은 약 70%가 헴철(heme iron), 약 30%가 비헴철(nonheme iron)로 존재한다. 헴철은 주로 적혈구의 헤모글로빈과 육색소의 미오글로빈의 구성성분이며, 이들의 철단백질은 효소의 운반이나 효소의 세포 내 유지 작용을 한다. 그밖에 사이토크롬(cytochrome)이나 카탈라제의 효소에도 헴철이 포함되어 이들의 효소는 산화환원반응, 해독 등의 생체반응을 촉매한다. 비헴철은 저장철 성분으로 페리틴(ferritin)이나 헤모시데린(haemosiderin)의 형태로 존재하고 또 혈소의 트랜스페린(transferrin)과 결합해 운반된다.

헴철은 철이 포피린(porphyrin, Fe^{2+}) 고리의 중심에 단단히 결합하여 있기 때문에 그대로 흡수되며, 비헴철은 제I철만이 흡수된다. 식물성 식품 중에 존재하는 철은 대부분 제II철(Fe^{3+})의 형태이기 때문에 이들은 위액 중 염산에 의하여 환원되어야만 흡수될 수 있다. 식물성 식품을 동물성 식품과 함께 섭취하면 철의 흡수율이 높아진다고 한다.

철은 동·식물계에 널리 분포하고 있으며, 제1철은 제2철보다 흡수가 잘 된다. 비타민 C는 제2철을 제1철로 환원시키기 때문에 비타민 C를 많이 함유한 식품의 철이 흡수가 잘 된다. 식품 중에 존재하는 피트산이나 인산은 철과 함께 불용성 염을 형성하므로 피트산이나 인산이 많은 곡류나 콩류의 철 이용률은 낮다.

페리틴

철을 함유한 단백질의 하나로 간장, 췌장, 비장, 골수 등에 존재하는 아포페리틴(apoferritin)이라는 단백질과 결합한 철의 주요 저장 형태

헤모시데린

페리틴과 비슷한 단백질과 철과의 결합물이 거대화된 물질

트랜스페린

혈소단백질인 β-글로불린의 일종으로 Fe^{3+}와 결합해 각 조직으로 철을 운반함

2) 아연

아연(zinc, Zn)의 60%는 근육에 있으며, 30%는 골격에 함유되어 있다. 아연은 인체 내에서 알칼리성 인산가수분해효소(alkaline phosphatase), 알코올 탈수소효소(alcohol dehydrogenase) 등 각종 효소의 구성성분이며 필수 무기질이다. 아연의 흡수를 저해하는 식품성분으로서 곡류(소맥밀기울이나 현미곡물빵 등)에 많이 함유된 피트산이나 식품첨가물의 인산염이 있다.

알칼리성 인산가수분해효소

인산화합물을 가수분해하는 효소의 일종으로 알칼리측에 최적 pH가 있는 효소

알코올 탈수소효소

알코올의 탈수소에 의한 알데하이드(혹은 케톤)의 형성을 가역적으로 촉매함

3) 구리

구리(copper, Cu)는 간이나 혈액 속에 존재하는데, 주로 당단백질(ceruloplasmin) 형태로 있다.

연체동물이나 갑각류의 혈색소인 헤모시아닌(hemocyanin), 타이로시네이스(tyrosinase), 아스코브산염 산화효소(ascorbate oxidase), 폴리페놀 산화효소(polyphenol oxidase) 등 많은 생체 내 효소의 구성성분이다.

4) 아이오딘

체내 아이오딘(iodine, I)의 약 80%는 갑상선 호르몬의 성분으로 존재하고 나머지는 근육, 피부 및 내분비 조직 등에 분포되어 있다. 아이오딘는 해조류와 해산물, 해안지역의 토양에서 자란 농작물 등에 풍부하다.

5) 코발트

코발트(cobalt, Co)는 체내 간장 및 췌장, 흉선에 많이 존재하며 악성 빈혈의 예방인자인 비타민 B_{12}의 구성성분으로 간이나 신장 등에 많다. 코발트가 결핍되면 빈혈이 유발된다.

6) 그 밖의 미량 원소

망간(manganese, Mn)은 간, 이자, 송과선, 유선 등에 분포하고 미토콘드리아에 가장 많다. 또한 망간은 피루브산 카복실화효소(pyruvate carboxylase), 아지네이스(arginase), 글루타민 합성효소(glutamine synthetase)와 (초)과산화물 제거효소(superoxide dismutase)의 보조효소로 작용한다. 망간은 밀의 배아, 콩류, 녹색채소, 견과류에 많이 함유되어 있다.

몰리브덴(molibdenum, Mo)은 인체의 정상적인 성장에 필요한 미량 원소로, 산화환원효소의 보조인자로서 대사작용에 관여한다.

셀레늄(selenium, Se)은 인체의 간, 심장, 신장, 비장에 주로 분포되어 있으며, 포유동물, 조류 및 일부 세균 등에 필수 미량성분으로 생체세포를 보호한다. 암을 예방하고 유기체의 면역능력을 향상시키는 작용을 하며, 체내에서 산화방지제의 역할을 하고, 비타민 E의 활성을 높인다. 셀레늄은 육류, 곡류, 해산물, 우유 및 유제품에 많다.

불소(fluorine, F)는 뼈와 치아에 존재하며, 충치 발생과 충치와 관련 있는 세균의 성장을 억제하고, 골다공증 및 귀경화증의 예방효과가 있다. 하지만 불소가 과잉되면 치아에 반점이 나타나는 반상치가 생길 수도 있다.

3 알칼리 생성원소와 산 생성원소

식품에 함유되어 있는 무기질 중에서 칼슘 · 마그네슘 · 소듐 · 포타슘 · 철 · 구리 · 아연 · 망간 · 코발트 등은 체내에서 양이온이 되므로 알칼리 생성원소, 인 · 황 · 염소·아이오딘 등은 체내에서 음이온이 되므로 산 생성원소라고 한다. 따라서 식품은 알칼리 생성원소와 산 생성원소의 함유비율에 따라 알칼리성 식품과 산성 식품으로 구분된다. 알칼리성 식품과 산성 식품의 종류와 주요 식품의 알칼리도와 산도는 다음과 같다(그림 6-1, 그림 6-2, 표 6-5).

그림 6-1 알칼리성 식품

그림 6-2 산성 식품

표 6-5 주요 식품의 알칼리도와 산도

알칼리성 식품			산성 식품		
식품명		알칼리도	식품명		산 도
해조류	다시마 미역	40 16	곡류	귀리 현미 옥수수 백미 밀가루	15 9~14 5 4.3 3.4
채소류	시금치 당근 무 양배추 토마토	15.6 10 10 4.9 3~5	어패류	참치 오징어, 문어 도미 대합 장어	15.3 10~20 8.6 7.5 7
과일류	귤 사과 감	3.6 3 2.7	육류	쇠고기 닭고기 돼지고기	12~13 10.4 6.2
감자류	고구마 감자	6~10 5~9	난 · 유류	난황 치즈 버터	19.2 4.3 4
난류	난백	3.2	두류	땅콩 완두콩	3.0 2.5
유즙	모유 우유	3 2			
두류	대두 팥	10.2 7.3			
기초식품류	흑설탕	15			

알칼리성 식품

총 알칼리도: Ca^{2+}, Na^{+}, Mg^{2+}, K^{+}이 많은 것

산성 식품

총 산도: PO^{3-}, SO^{4-}, Cl^{-}가 많은 것

과일 중 사과, 밀감 등은 대체로 신맛을 가지고 있어 산성이지만, 신맛의 주체인 유기산은 체내에서 산화되어 이산화탄소(CO_2)와 물(H_2O)로 분해되면 함유 무기질이 알칼리 생성원소이기 때문에 알칼리성 식품에 속한다.

곡류는 탄수화물을 많이 가지고 있어 체내에서 산화 · 분해되어 이산화탄소와 물이 생성되어 체내에서 탄산(H_2CO_3)이 되므로 산성 식품이다.

육류와 어류는 단백질과 지방을 많이 함유하고 있으며, 단백질에는 황(S)을, 지방에는 인(P)을 많이 가지고 있다. 황산(H_2SO_4)과 인산(H_3PO_4)을 생성하여 산성화되므로 이들 식품은 산성 식품이라 한다.

사람의 체액과 혈액은 pH 7.2~7.4의 약알칼리성을 유지해야 하므로 음식물을 섭취할 때는 육류와 어패류 등의 동물성 식품과 채소, 감자, 과일 등의 식물성 식품을 배합하여 지나치게 한쪽만 섭취하지 않도록 주의해야 한다.

7 식품의 색과 갈변

식품의 색과 갈변

식품 고유의 색은 해당 식품의 신선도와 기호도 판단의 가장 중요한 기초가 되는 특징으로 식품선택에 크게 작용한다. 식품 본래의 천연색은 합성색소와 구조적으로 비슷하나 기능적으로 매우 다른 특징을 갖는다. 식품의 색은 컬러 푸드(color food)와 같은 기능성 식품에 영향을 주는 주요 인자로 알려져 있다.

가열을 통한 식품중의 변화는 갈변(browning)과 캐러멜화(caramelization)과 같은 것이 있으며 이것은 식품의 변화를 판단하는 지표가 된다. 또 식품 색 변화는 식품을 저장하는 동안 광선, 산소, 광선, 효소에 의해 영향을 받으며 이렇게 식품이 변색되면 식품의 질에 영향을 미치므로 식품의 색에 대해 이해하고 이용하는 것이 필요하다.

식품의 색을 분류하는 색소원설에 의하면 색을 나타내기 위해서는 발색단이나 조색단이라는 원자단이 필요하다. 발색단이란 발색의 기본이 되는 물질로 카보닐기(=CO), 에틸렌기(−C=C−), 아조기(−N=N−), 나이트로기($-NO_2$), 나이트로소기(−NO), 티오카보닐기(=CS) 등으로 발색단을 반드시 하나 이상 갖고 있는 원자단을 의미한다. 이렇게 발색단을 갖는 물질을 색소원(chromogen)이라 하고, 발색단 하나만으로 색을 나타내지만, 보통은 다양한 발색단이 합쳐져 색을 내거나 색소원에 수산기(−OH), 아미노기($-NH_2$), 카복실기(−COOH) 등의 조색단이 결합하여 식품의 색이 표현되기도 한다.

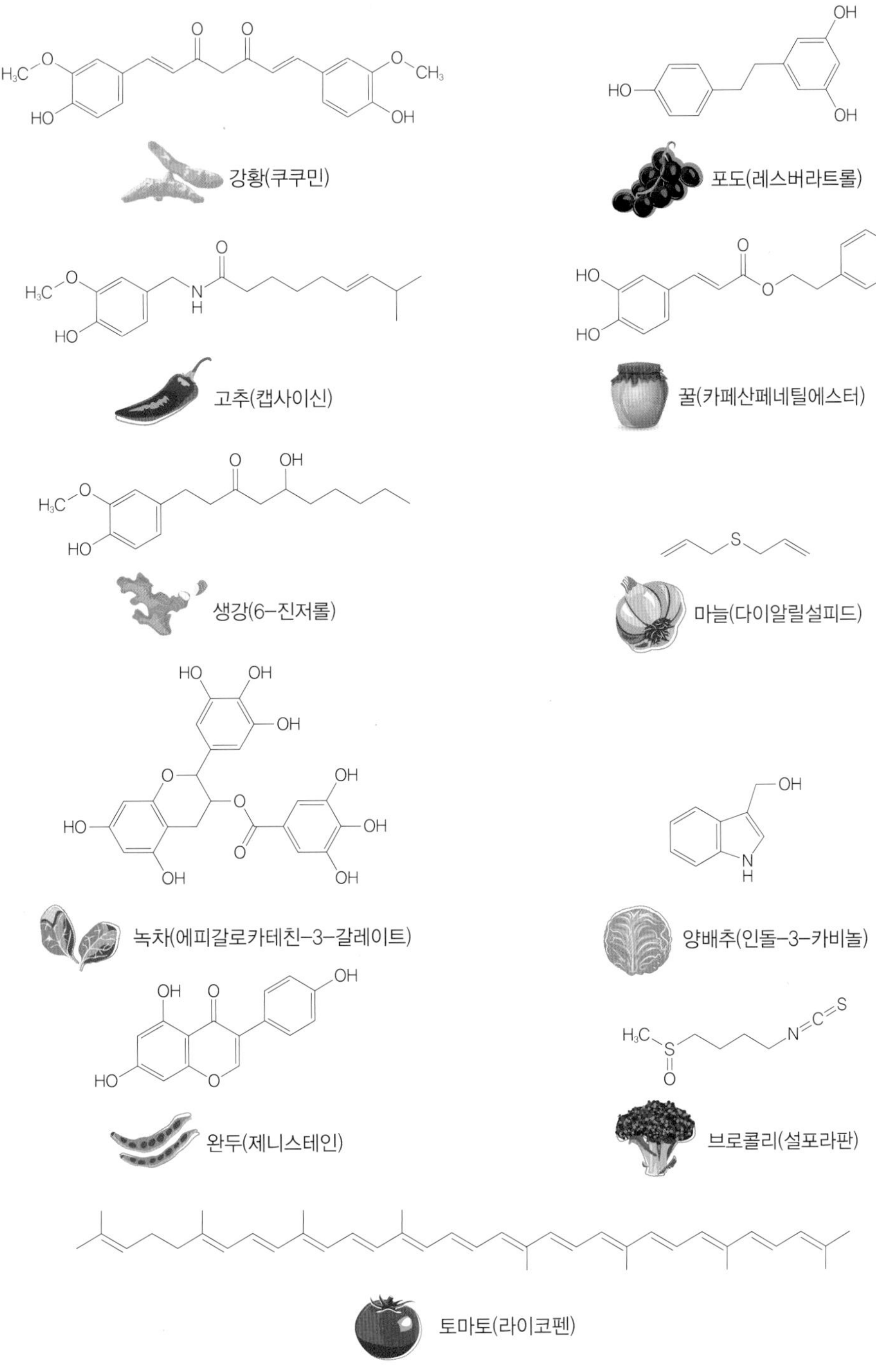

그림 7-1 식품에 함유된 대표적 피토케미컬의 종류 및 구조

자료: Surh, YJ(2003). *Nature Rev. Cancer*.

최근에 피토케미컬이라는 식품의 기능성 화학물질에 대한 연구가 활발하다. 이 물질은 식물의 색과 맛과 향을 제공하는데, 대부분 식물의 색이 주 구성요소이다. 특히, 피토케미컬의 생리활성으로는 항산화성, 항암성, 항돌연변이성 등 다양하게 보고되어 있으며, 특히 강한 항산화 활성을 갖는 폴리페놀(polyphenol) 화합물의 암예방 효과가 보고되고 있다(그림 7-1).

1 자연색소의 분류

자연계에 존재하는 자연색소는 그 출처에 따라 식물성 색소와 동물성 색소로 나뉘게 되고, 화학구조에 따라 아이소프레노이드(isoprenoids), 헤테로 고리(heterocyclics), 피롤(pyrrole) 유도체 등으로 구분되기도 한다(표 7-1).

1) 식품 급원에 따른 분류

(1) 식물성 식품의 색

식물성 식품의 색은 크게 수용성 색소와 지용성 색소로 구분한다(표 7-1). 지용성 색소는 주로 세포의 엽록체(chloroplast)에 존재하는 클로로필(chlorophyll)과 카로티노이드(carotenoid)이며, 수용성 색소는 플라보노이드(flavonoid)계 색소로 안토사이아닌(anthocyanin)과 안토잔틴(anthoxanthin)이 있다. 교질 상태로 존재하며 떫은맛을 내는 무색의 타닌(tannin)은 쉽게 산화하여 갈색 또는 흑갈색의 물질로 변화하므로 색소에 포함시키기도 한다.

(2) 동물성 식품의 색

동물성 식품의 색소는 크게 헴류, 카로티노이드류, 멜라닌과 같은 기타 색소로 크게 나뉜다. 헴류로는 동물의 혈액에 존재하는 헤모글로빈과 근육조직에 존재하는 미오글로빈이 있으며 난황이나 우유, 게, 새우 등에 존재하는 카로티노이드 색소들이 있다.

피부의 검은 반점을 형성하게 하는 멜라닌이나 생선에 존재하는 리보플래빈도 있다(표 7-1).

표 7-1 급원에 따른 색의 분류

급원	특성	색소	식품 및 분포
식물성	지용성	클로로필(chlorophyll)	녹색 식품
		카로티노이드(carotenoid)	노랑 · 주황색 식품
	수용성	안토사이아닌(anthocyanin)	적 · 자색 식품
		안토잔틴(anthoxanthin)	백색 식품
		타닌(tannin)	무색 채소 · 과일류
동물성	헴류	헤모글로빈(hemoglobin)	혈액
		미오글로빈(myoglobin)	근육
	카로티노이드류	루테인(lutein)	난황, 고추
		아스타잔틴(astaxanthin)	새우, 게, 연어
	기타	멜라닌(melanins)	피부
		리보플래빈(riboflavin)	생선

2) 화학구조에 따른 분류

식품의 색소는 그 화학구조에 따라 아이소프레노이드, 테트라사이클릭 화합물, 테트라피롤 유도체, 벤조피렌 유도체로 크게 나누며, 표 7-2와 같이 분류할 수 있다.

표 7-2 화학구조에 따른 색의 분류

분류	화학구조	색소
아이소프레노이드 유도체	$CH_2=C(CH_3)-CH=CH_2$	잔토필, 카로티노이드
테트라피롤 유도체	(포르피린 구조식: NH, N, N, HN)	클로로필, 헤모글로빈, 미오글로빈
벤조피렌 유도체	(구조식: HO, OH, OH, OH)	안토사이아닌, 안토잔틴

2 식물성 색소

1) 클로로필

클로로필(chlorophyll)은 잎과 줄기에 가장 많이 분포하는 색소로 녹색을 나타낸다. 클로로필은 식물의 광합성에서 중요한 역할을 하고 있는 것으로 공기중의 탄산가스를 광에너지에 의하여 당류(sugars)로 합성시킨다.

(1) 클로로필의 구조

클로로필은 크게 4종류로 나누며 클로로필 a, b, c, d로 분류한다. 자연계에 존재하는 식물체에는 클로로필 a, b가 주로 분포되어 있고, 클로로필 c, d의 분포는 상대적으로 적다. 클로로필 a와 b의 분포비율은 2~3 : 1이며, 클로로필 a의 색깔은 청녹색, 클로로필 b는 황녹색을 나타낸다.

클로로필은 그림 7-2과 같이 4개의 피롤(pyrrole) 핵이 메틴기(−CH=)에 의해 서로 연결되어 포피린 고리(porphyrin ring)를 형성한다. 그 구조의 중심에 Mg^{2+}을 가지고 있으며, 피톨(phytol, $C_{20}H_{39}OH$)과 메탄올(CH_3OH)이 각각 에스터를 형성하고 있다. 그림 7-2와 같이 클로로필 a와 b의 스펙트럼상의 흡수 파장은 다르며 클로로필 a가 좀 더 높은 파장에서 많이 흡수된다.

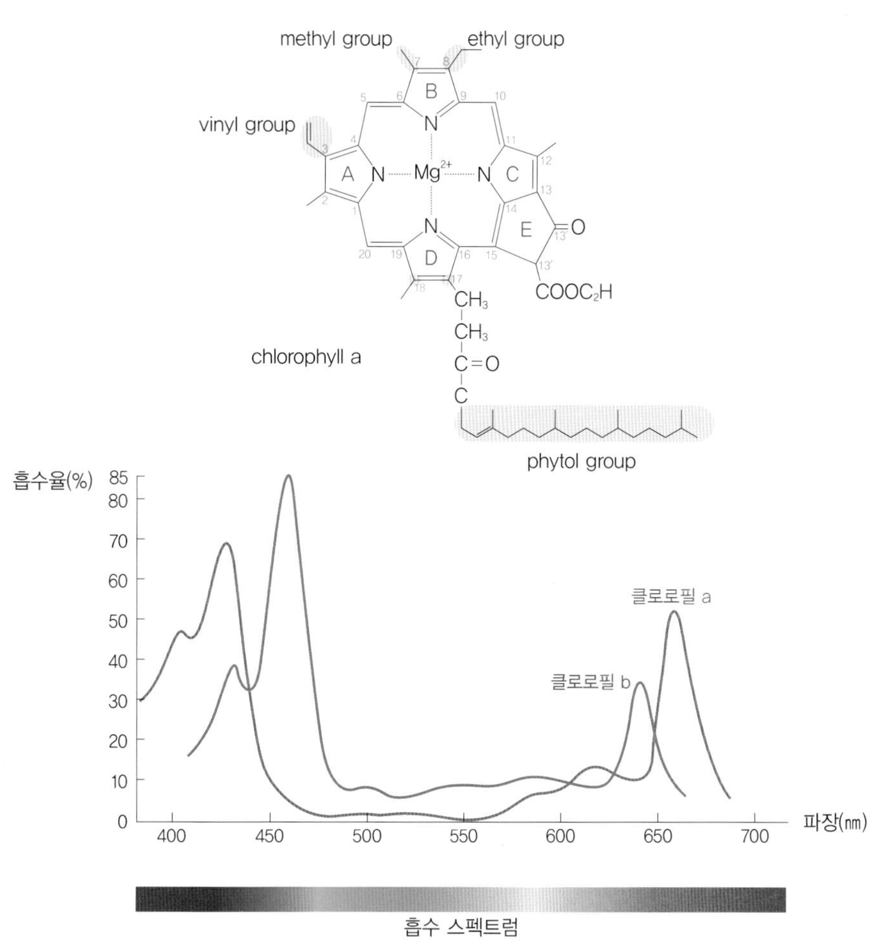

그림 7-2 클로로필의 구조와 흡광범위

(2) 클로로필의 변화

① 클로로필레이스에 의한 변화

녹색 채소는 데치기(blanching)나 가열 등으로 식물 세포가 손상되면 세포내에 함유되어 있던 클로로필레이스(chlorophyllase)가 작용하여 클로로필과 작용하면서 녹색의 수용성 색소인 클로로필리드(chlorophyllide)를 형성하게 된다(그림 7-3). 클로로필은 피톨기로 인해 지용성을 나타내지만 클로로필레이스에 의해 피톨기가 떨어져 나간 클로로필리드는 수용성을 나타낸다. 클로로필레이스의 최적온도 조건은 55~75℃이며 85℃ 이상에서 불활성화된다.

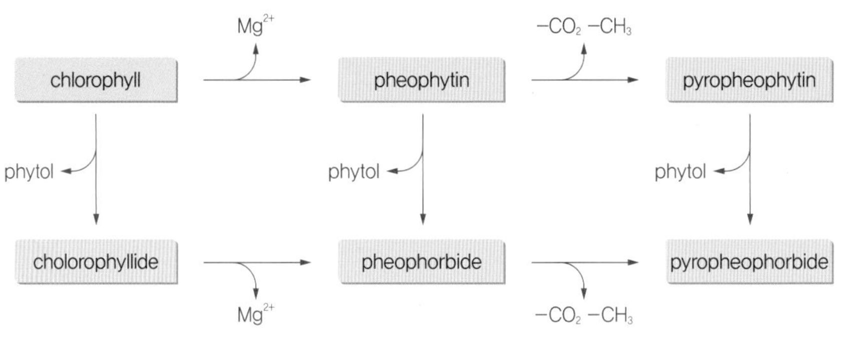

그림 7-3 클로로필의 가공 중의 색소 변화

자료: Francisco Delgado-Vargas, Octavio Paredes-Lopez(2003). *Natural colorants for food and nutraceutical uses.*

② 산에 의한 변화

클로로필은 산에 매우 불안정하여 산과 결합 시 마그네슘 이온이 수소 이온과 치환되어 녹갈색의 페오피틴(pheophytin)으로 전환된다. 페오피틴에 계속해서 산이 작용하면 피톨이 떨어져 나가 갈색의 페오포비드(pheophorbide)가 형성된다(그림 7-3). 이런 변화는 녹색채소를 삶을 때 채소에 함유되어 있던 유기산과 클로로필이 반응하여 채소의 색이 녹갈색으로 변하는 것으로 확인할 수 있다.

배추나 오이로 만든 김치나 오이지는 점차 익어 가면서 생성된 초산이나 젖산에 의해 원래의 녹색을 잃고, 갈색으로 변색된다. 이러한 변색을 방지하기 위하여 녹색채소

양념 시 산을 함유한 식초와 같은 조미료는 조리의 마지막 단계에 첨가해야만 녹색채소의 변색을 최소화할 수 있다.

③ 알칼리에 의한 변화

클로로필을 알칼리 용액과 반응하면 피톨기가 떨어져 나가 수용성인 녹색의 클로로필리드로 되고, 계속하여 메틸에스터결합이 가수분해되어 수용성의 진한 녹색의 클로로필린(chlorophylline)이 된다(그림 7-4).

녹색채소를 삶을 때 중탄산소듐(중조)과 같은 알칼리를 가하면 녹색은 유지되지만 조직이 분해되어 채소가 물러진다. 조리 시 탄산마그네슘이나 초산칼슘 혼합물 소량을 함께 사용하면 채소가 물러지는 것을 방지할 수 있다.

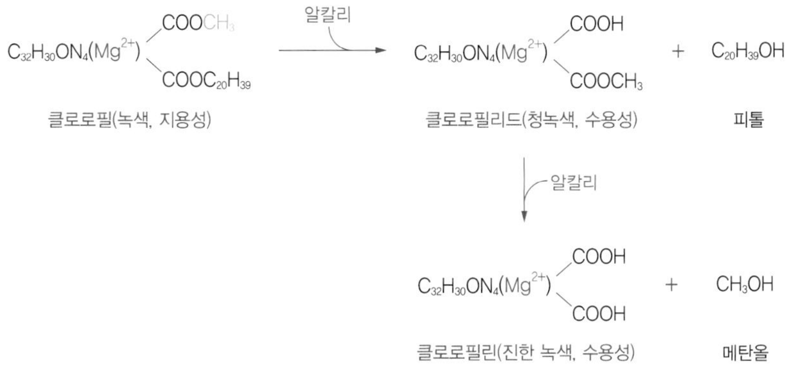

$$C_{32}H_{30}ON_4(Mg^{2+})\begin{cases}COOCH_3\\COOC_{20}H_{39}\end{cases} \xrightarrow{\text{알칼리}} C_{32}H_{30}ON_4(Mg^{2+})\begin{cases}COOH\\COOCH_3\end{cases} + C_{20}H_{39}OH$$

클로로필(녹색, 지용성) → 클로로필리드(청녹색, 수용성) + 피톨

$$\downarrow \text{알칼리}$$

$$C_{32}H_{30}ON_4(Mg^{2+})\begin{cases}COOH\\COOH\end{cases} + CH_3OH$$

클로로필린(진한 녹색, 수용성) + 메탄올

그림 7-4 알칼리에 의한 클로로필의 변화

④ 금속과의 반응

클로로필을 구리(Cu), 철(Fe), 아연(Zn) 등의 이온과 반응하면 클로로필의 마그네슘 이온이 금속 이온과 치환되어 구리–클로로필(청록색), 갈색의 철–클로로필(갈색)을 형성한다(그림 7-5). 산에 의하여 녹색채소가 녹갈색의 페오피틴으로 전환된 경우에도 구리를 첨가하면 수소 이온이 구리 이온으로 치환되어 구리–클로로필이 되므로 진한 녹색을 유지할 수 있다. 이온을 이용한 색을 유지하는 예로는 완두 통조림 제조 시 소량의 황산구리를 넣어 녹색을 유지하는 경우가 있다.

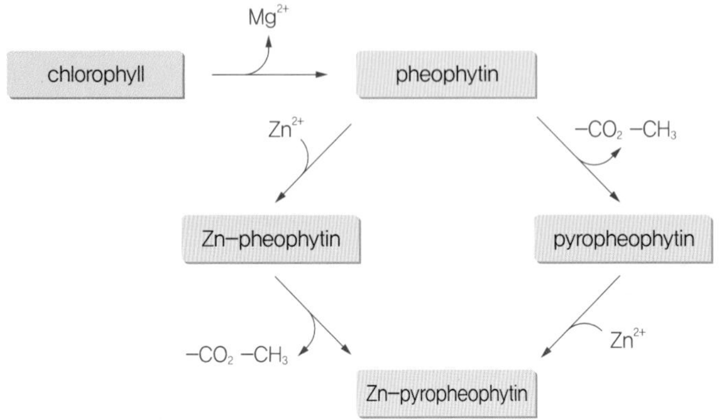

그림 7-5 이온에 의한 클로로필의 변화

자료: Francisco Delgado-Vargas, Octavio Paredes-Lopez(2003). *Natural colorants for food and nutraceutical uses*.

2) 카로티노이드

동·식물성 식품에 존재하는 노란색, 주황색, 빨간색 등의 색소가 대표적인 카로티노이드계 색소로 카로티노이드는 8개의 아이소프렌 단위($CH_2=C(CH_3)-CH=CH_2$)(그림 7-6)가 결합하여 형성된 테트라터르펜(tetraterpene) 구조이다. 분자 내에 7개 이상의 공액 이중결합(conjugated double bonds)을 가지고 있어 빛깔의 원인이 된다.

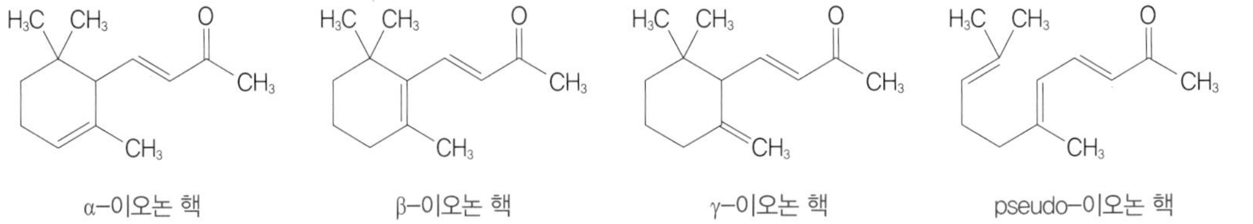

H3C CH3 O CH3 CH3
α−이오논 핵

H3C CH3 O CH3 CH3
β−이오논 핵

H3C CH3 O CH3 CH3
γ−이오논 핵

H3C CH3 O CH3 CH3
pseudo−이오논 핵

그림 7-6 카로티노이드의 기본구조

(1) 카로티노이드의 구조 및 분류

카로티노이드는 크게 카로틴(carotene)과 잔토필(xanthophyll)로 나뉘며, 이오논(α-, β-, γ-ionone) 핵과 여러 개의 이중결합을 가진 탄화수소로 이루어져 있다. 카로틴은 그림 7-6과 같이 α-이오논 핵 또는 β-이오논 핵과 같이 고리 모양으로 되어 있는 경우와 사슬 모양으로 되어 있는 경우가 있으며, 이러한 양끝의 구조에 따라 분류된다. 카로티노이드계 색소를 함유한 식품으로는 노란색, 빨간색을 나타내는 식품으로 파프리카, 고추, 당근, 호박, 오렌지 등이 있다(그림 7-7). 카로티노이드의 종류와 특징은 표 7-3과 같다.

그림 7-7 카로티노이드를 함유한 식품

(2) 카로티노이드의 변색

카로티노이드는 조리과정 중 손실이 거의 없는 색소로 지용성이며 열, 약산, 약알칼리에 비교적 안정하다. 분자구조에 이중결합이 많아 산화에는 약한데, 공기중의 산소나 산화효소, 햇빛 등에 의해 산화되어 변색되기 쉽다.

표 7-3 식품 중의 중요한 카로틴

색깔	명칭 및 구조		소재 및 특성
황등색	α-카로틴	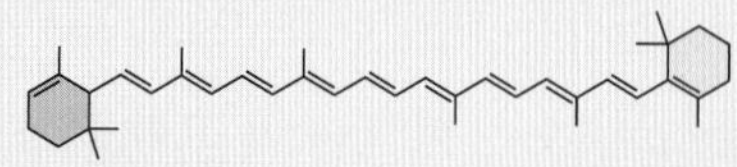 α-이오논 β-이오논	▪ 당근, 차잎 ▪ β-카로틴과 공존 ▪ 체내에서 한 분자의 비타민 A를 생성
	β-카로틴	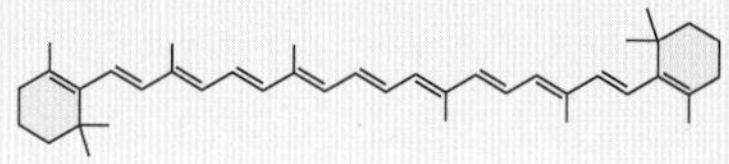 β-이오논 β-이오논	▪ 당근, 고구마, 녹색잎, 오렌지, 호박, 감귤류 ▪ 체내에서 두 분자의 비타민 A를 생성 ▪ 색깔과 높은 영양 때문에 식품첨가물로 이용
적색	γ-카로틴	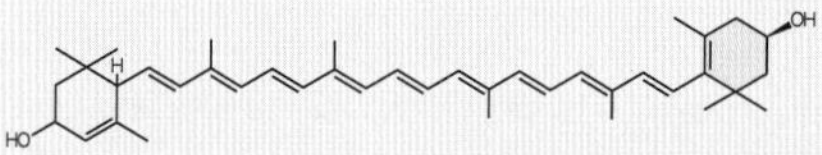 H HO OH β-이오논	▪ 당근, 살구 ▪ β-카로틴과 공존 ▪ 체내에서 한 분자의 비타민 A를 생성
	라이코펜	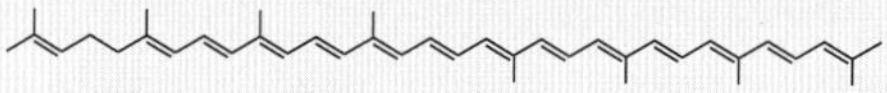	▪ 수박, 토마토, 감, 앵두 ▪ 비타민 A의 효력은 없음

표 7-4 식품 중의 중요한 잔토필

색깔	명칭 및 구조		소재 및 특성
황등색	크립토잔틴	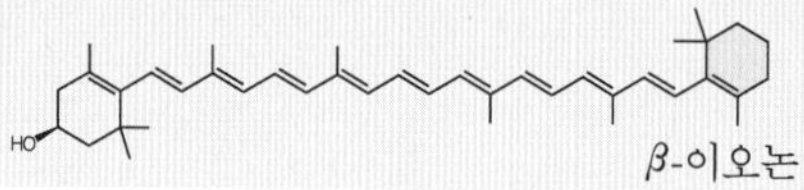 HO β-이오논	▪ 옥수수, 감, 오렌지 ▪ 비타민 A의 효력이 있음
	루테인	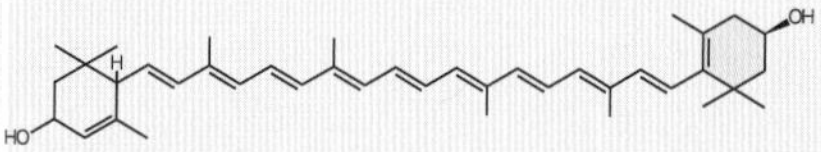 H HO OH	▪ 난황, 녹색잎, 오렌지, 호박 ▪ 비타민 A의 효력은 없음
	제아잔틴	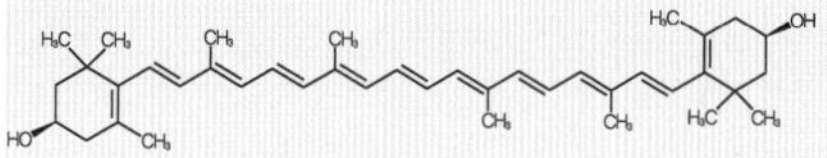 H_3C CH_3 CH_3 CH_3 HO CH_3 CH_3 CH_3 H_3C OH H_3C CH_3	▪ 난황, 간, 옥수수, 오렌지 ▪ 비타민 A의 효력은 없음
	비올라잔틴	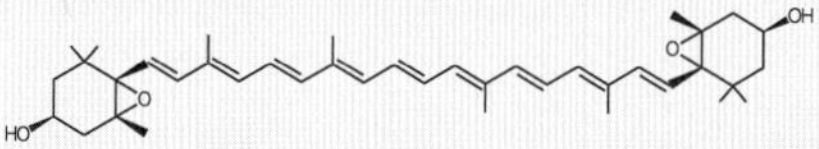 O HO O OH	▪ 자두, 고추, 감, 파파야

(계속)

색깔	명칭 및 구조		소재 및 특성
적색	아스타잔틴	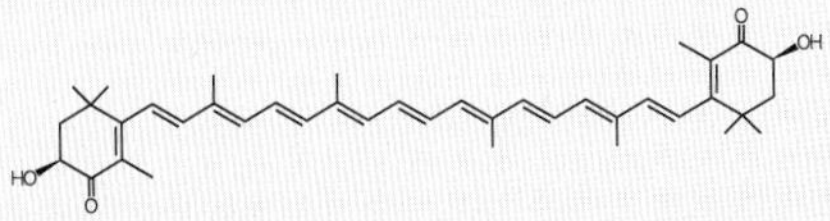	▪ 게, 새우, 연어, 송어 ▪ 결합형 아스타잔틴(청록색) ↓ 가열 유리형의 아스타잔틴(적색) 아스타신(적색)
	캡산틴	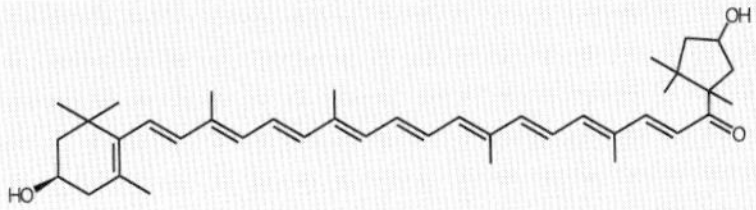	▪ 고추, 파프리카
	칸타잔틴	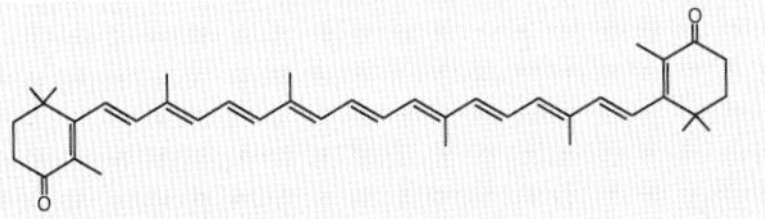	▪ 양송이, 송어, 새우
	푸코잔틴	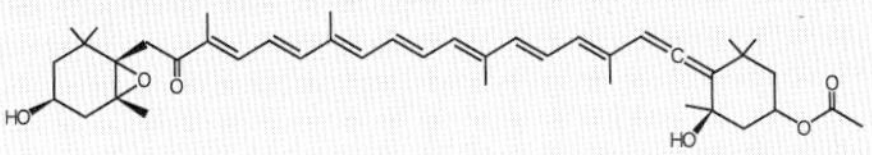	▪ 해조류(미역, 다시마)

3) 플라보노이드계 색소

플라보노이드는 안토잔틴(anthoxanthin), 안토사이아닌(anthocyanins)으로 크게 분류되나, 넓은 의미로는 저분자의 타닌(tannin)인 카테킨(catechin) 및 루코잔틴(leucoxanthin) 등도 포함한다(그림 7-8). 이들은 모두 2개의 벤젠(benzene) 핵이 탄소로 연결된 $C_6-C_3-C_6$의 기본구조를 갖는 플라반이 기본이 된다.

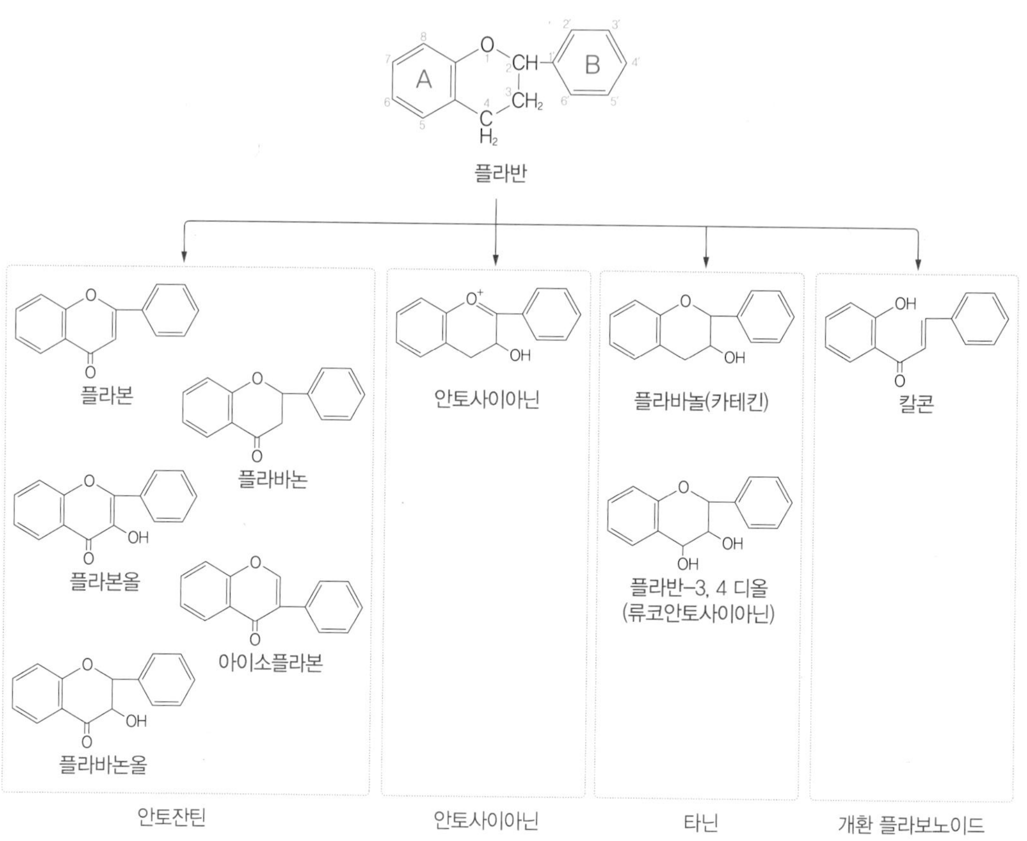

그림 7-8 플라보노이드의 구조에 따른 분류

자료: 조신호 외(2010). 식품학.

(1) 안토잔틴

안토잔틴(anthoxanthin)은 채소 및 과일에 널리 분포되어 있으며 색은 주로 담황색과 황색을 나타내고 주로 당과 결합된 배당체로 존재한다.

① 구조에 따른 분류

안토잔틴은 구조에 따라 플라본(flavone), 플라본올(flavonol), 플라바논(flavanone), 플라바논올(flavanonol), 아이소플라본(isoflavone)의 5가지로 분류되며(그림 7-9), 그 종류별 특징은 표 7-5와 같다.

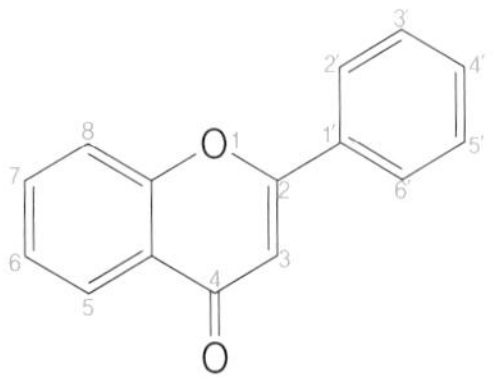

플라본 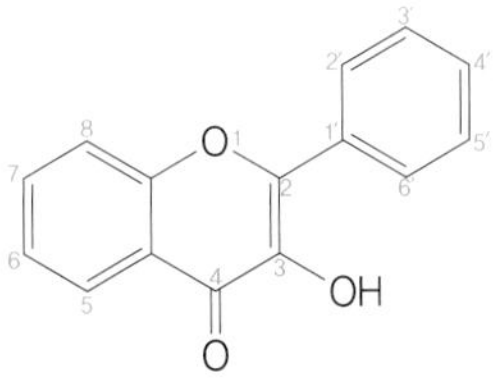 플라본올 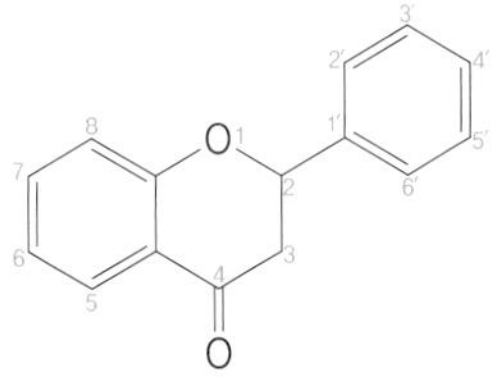 플라바논

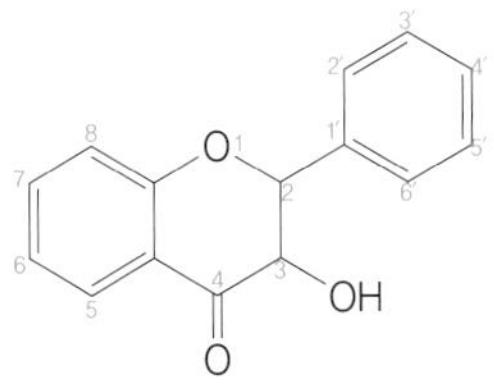

플라바논올 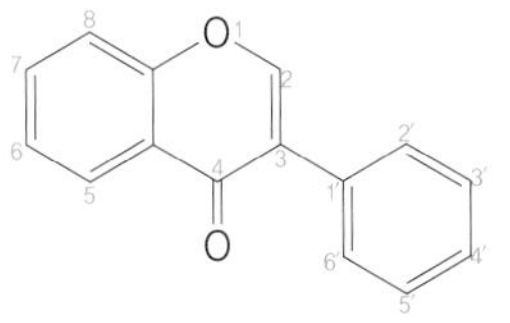 아이소플라본

그림 7-9 안토잔틴의 기본 구조

② 변색

안토잔틴은 산에는 안정하여 무색을 띠고, 알칼리에서는 황색, 갈색을 띠거나 배당체들이 가수분해되어 짙은 황색을 띤다. 밀가루로 반죽을 만들 때 탄산수소소듐을 첨가하여 빵이나 국수를 만들면 황색을 띠게 된다. 또한 안토잔틴은 금속과도 쉽게 결합하여 착화합물을 만들어 변색한다. 철과 결합하면 녹색을 거쳐 갈색으로, 알루미늄과 결합하면 황색으로 변한다.

표 7-5 플라보노이드계 색소의 분류 및 구조

분 류	색소명	아글리콘		함유식품
		아글리콘명	구 조	
플라본 (flavone)	아핀 (apiin)	아피제닌 (apigenin)	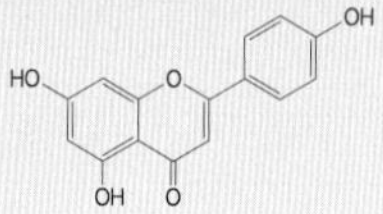 HO, OH, OH, O	파슬리, 셀러리
	트리신 (tricin)	트리틴(tritin)	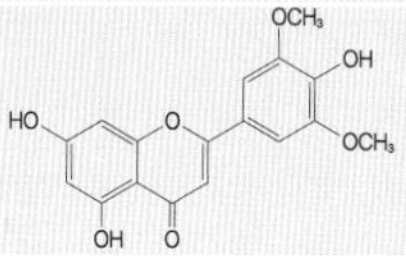 OCH_3, OH, OCH_3, HO, OH, O	미강
플라본올 (flavonol)	퀘르시트린 (quercitrin)	퀘르세틴 (quercetin)	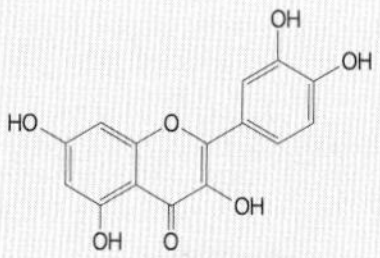 OH, OH, HO, OH, OH, O	양파, 허브티, 사과
	루틴 (rutin)	퀘르세틴 (quercetin)	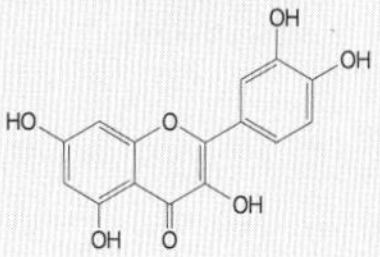 OH, OH, HO, OH, OH, O	오트밀, 메밀
	미리시트린 (myricitrin)	미리세틴 (myricetin)	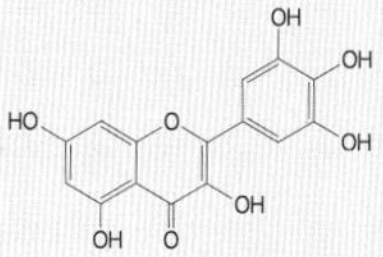 OH, OH, OH, HO, OH, OH, O	와인, 포도
플라바논 (flavanone)	헤스페리딘 (hesperidin)	헤스페레틴 (hesperetin)	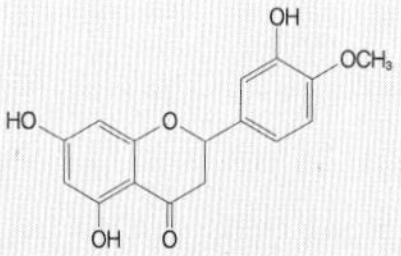 OH, OCH_3, HO, OH, O	감귤 껍질
	나린진 (naringin)	나린제닌 (naringenin)	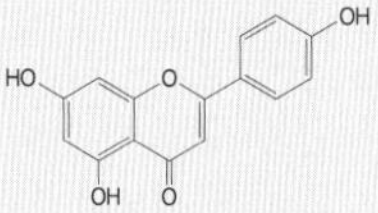 OH, HO, OH, O	오렌지, 귤
	에리오딕틴 (eriodictin)	에리오딕티올 (eriodictyol)	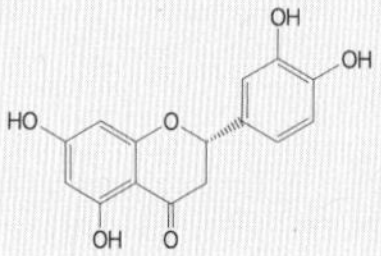 OH, OH, HO, OH, O	오렌지, 귤
아이소 플라본 (isoflavone)	다이진 (daizin)	다이제인 (daizein)	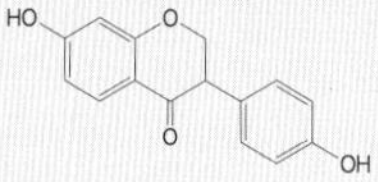 HO, O, OH	콩, 두부
	제니스틴 (genistin)	제니스테인 (genistein)	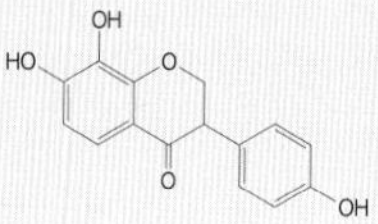 OH, HO, O, OH	콩, 두부

(2) 안토사이아닌

안토사이아닌(anthocyanin)은 식품의 빨간색, 자주색을 나타내는 수용성 색소로 매우 불안정하여 가공이나 저장 중 색깔이 쉽게 변색된다.

① 구조에 따른 분류

안토사이아닌은 배당체로 존재하며 그 비당(아글리콘, aglycone) 부분을 안토사이아니딘(anthocyanidin)이라 하며 당과 안토사이아니딘을 합하여 안토사이아닌이라고 부른다.

당 + 안토사이아니딘(아글리콘) → 안토사이아닌(배당체)

안토사이아니딘은 $C_6-C_3-C_6$의 플라빌리움(flavylium) 화합물로, 1번 위치의 산소가 3가로 되어 있어 (+)전하를 가진 옥소늄(oxonium) 화합물을 이루고 있다(그림 7-10). 또한 안토사이아니딘은 벤젠고리의 치환기의 수에 따라 펠라고니딘(pelargonidin), 사이아니딘계(cyanidin), 델피니딘계(delphinidin)로 나뉘며 이들은 다시 일부 수산기가 메톡실기($-OCH_3$)에 따라 여러 가지 안토사이아닌으로 분류된다(표 7-6).

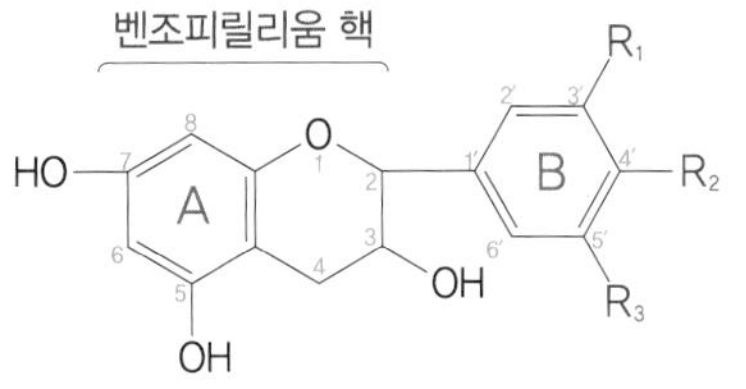

그림 7-10 안토사이아니딘의 기본구조

표 7-6 안토사이아닌의 분류와 특징

분 류	색소명	색	함유식품
펠라고니딘계(pelargonidin)	칼리스테핀(callistephin)	빨간색	양딸기
사이아니딘계(cyanidin)	케라사이아닌(keracyanin)	빨간색	베리, 자두
델피니딘계(delphinidin)	나수닌(nasunin), 히아신(hyasin)	보라색	가지
페오니딘계(peonidin)	페오닌(peonin)	보라색	자색양파
페투니딘계(petunidin)	페투닌(petunin)	보라색	포도, 자두
말비딘계(malvidin)	말빈(malvin)	보라색	자두, 베리

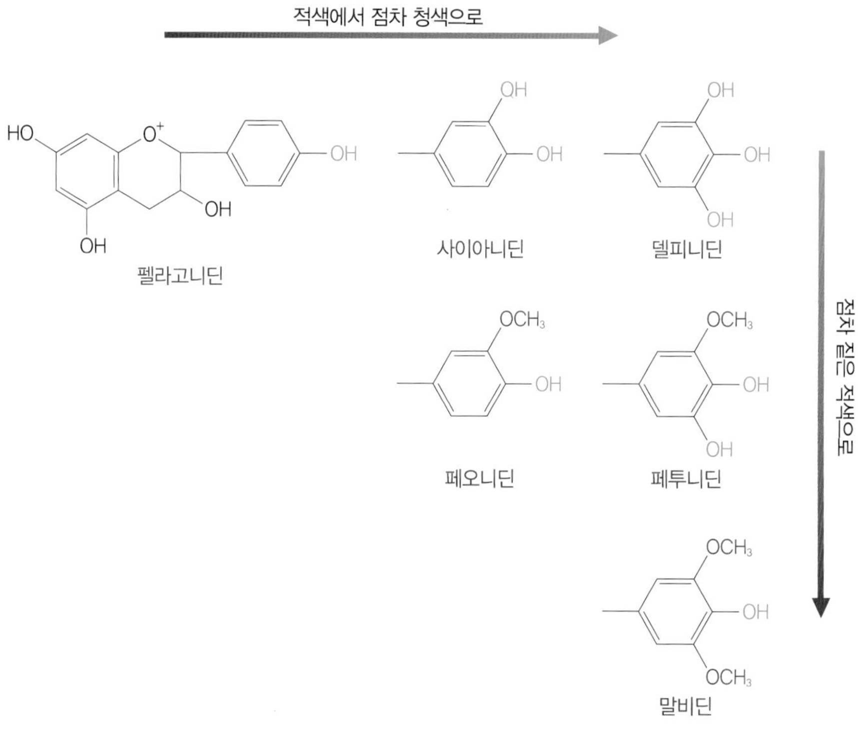

그림 7-11 안토사이아니딘의 구조에 따른 색의 차이

자료: 조신호 외(2010). 식품학.

② **변색**

pH에 따른 변화

안토사이아닌은 산성에서 적색의 플라빌리윰염의 형태이며 적색을 띠고, 중성에서는 자색, 알칼리성에서는 청색으로 변한다. 이런 변화는 가역적으로 다시 산을 가하면 청색이 적색으로 변한다(그림 7-12).

적색양배추샐러드를 만들 때 식촟물에 담그는 경우가 그 예다.

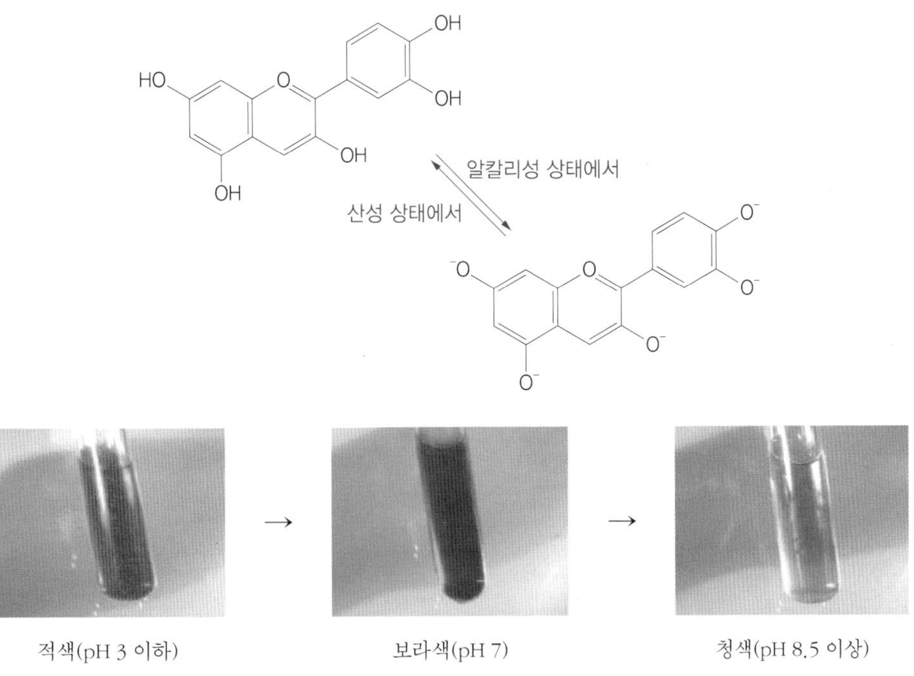

그림 7-12 pH에 따른 안토사이아닌의 구조 및 색 변화

대표적 과실에 존재하는 여러 가지 안토시아닌의 산성, 중성, 알칼리성 조건의 변색은 표 7-7과 같다.

표 7-7 pH에 따른 과즙(Fruits juice)의 색소 변화

과일	산성(pH 2.0~4.0)	중성(pH 7.0~9.0)	알칼리성(pH 9.0 이상)
앵두	빨강	빨강 or 자주	청색 or 녹색
포도	빨강	자주	청색
딸기	빨강	자주	담녹색
크랜베리	빨강	빨강 or 자주	담녹색

자료 : Lowe, B. 1955. Experimental Cookery, p.126, John Wiley and Sons. Inc., New York.

금속에 의한 변화

안토사이아닌은 여러 가지 금속과 반응하여 착화합물을 형성한다. 펠라고니딘을 제외한 안토사이아닌은 철(Fe) 등의 금속 이온과 청색으로 변색되며, 주석과는 회색이나 자색을, 아연과는 녹색을 띤다. 철(Fe)과 반응 시 청색, 아연(Zn)과 반응 시 녹색, 주석(Sn)과 반응하면 자색을 형성한다.

(3) 타닌

타닌(tannin)은 식물의 줄기, 잎, 뿌리, 미숙 과일 등에 널리 함유되어 있는 성분으로 갈변을 일으키는 무색의 폴리페놀 성분의 총칭한다. 평상시에는 무색이나 조리가공

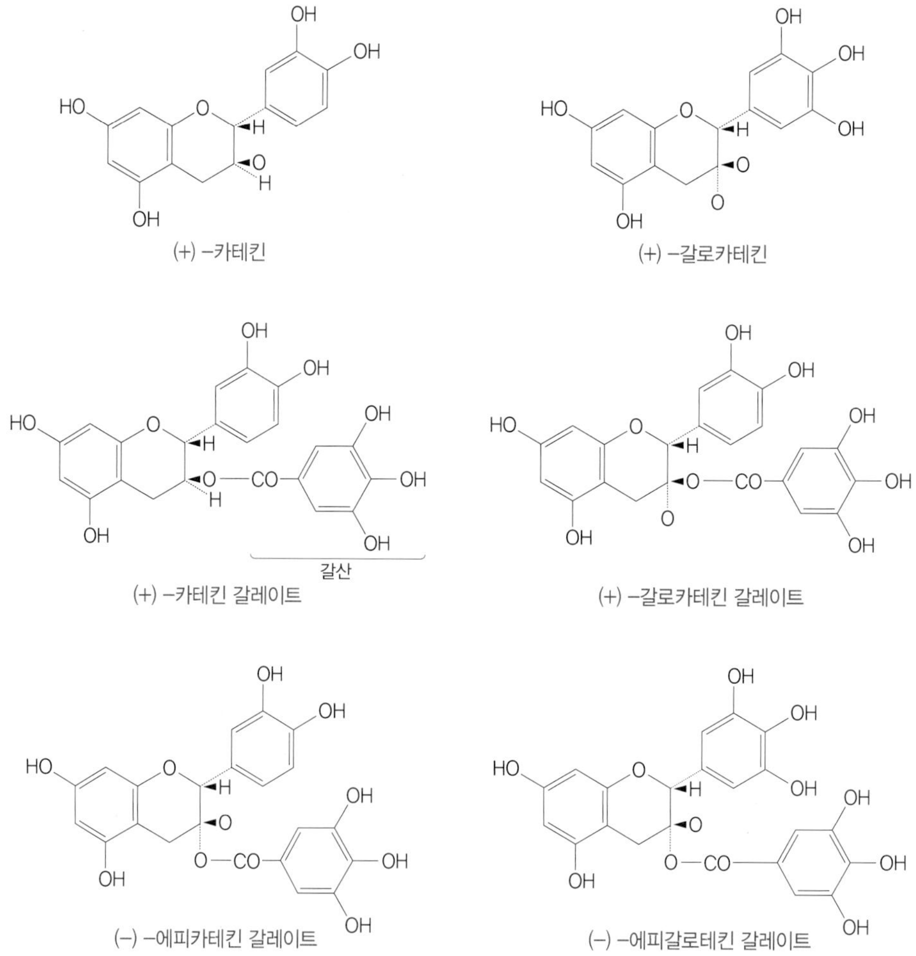

(+) −카테킨

(+) −갈로카테킨

갈산

(+) −카테킨 갈레이트

(+) −갈로카테킨 갈레이트

(−) −에피카테킨 갈레이트

(−) −에피갈로테킨 갈레이트

그림 7-13 식품 중의 대표적인 타닌류

중의 산소, 산화효소 또는 금속에 의해 갈색, 흑색으로 변화된다. 대표적인 타닌으로는 카테킨류, 류코안토사이아니딘류, 클로로젠산 등이 있으며 그 구조는 그림 7-13과 같다.

① 구조에 따른 분류 및 성질

카테킨류(catechin)에는 카테킨(catechin, C), 갈로카테킨(gallocatechin, GC), 카테킨 갈레이트(catechingallate, CG), 갈로카테킨 갈레이트(gallocatechin-gallate, GCG)의 이성체가 있고 이것은 각종 허브, 사과, 감, 배, 복숭아에 널리 존재한다. 카테킨과 갈로카테킨은 쓴맛이 강하며 카테킨 갈레이트와 갈로카테킨 갈레이트는 떫은맛을 낸다. 클로로젠산(chlorogenic acid)은 감자, 사과, 포도 등에 존재하는 효소적 갈변의 기질이 되는 물질이지만 수용성이므로 물에 담가 놓음으로써 갈변을 억제할 수 있다.

② 변화

미숙한 과일에 함유되어 있는 수용성 타닌은 떫은맛을 나타내지만 과일이 익으면서 불용성 타닌으로 중합되어 떫은맛이 점차 없어진다. 또한 공기와 접촉할 수 있게 방치하면 산소와 결합하여 쉽게 산화, 중합되어 흑갈색의 불용성 중합체를 형성하면서 떫은맛이 없어지며 테아플래빈(theaflavin)이라는 적색의 불용성 색소를 형성하게 된다.

타닌은 단백질 또는 금속과 결합하여 침전반응을 보이는데 맥주의 원료인 홉이나 보리 속의 류코안토사이아닌(leucoanthocyanin)은 보리의 글로불린 단백질과 결합하여 맥주를 탁하게 만든다.

3 동물성 색소

동물성 식품의 색소로는 헴류인 헤모글로빈(hemoglobin)과 미오글로빈(myoglobin), 카로티노이드계의 루테인(lutein), 아스타잔틴(astaxanthin)이 있다.

1) 미오글로빈과 헤모글로빈

미오글로빈(myoglobin)은 고기 색의 주체로 주로 근육 내의 산소를 저장하는 역할을 하며, 근육 속에 존재하는 일부 혈액의 헤모글로빈(hemoglobin)도 10% 정도 기여한다.

(1) 구조

미오글로빈은 적색색소체인 헴(heme, ferriprotoporphyrin, Fe^{2+}) 과 단백질인 글로빈(globin)이 결합한 복합단백질이다(그림 7-14). 즉, 헴(heme)의 중심부에 있는 철 이온이 글로빈 분자 중의 히스티딘(histidine) 잔기의 이미다졸 고리(imidazole ring) 질소 원자와 직접 결합되어 있으며 철 이온에 산소가 결합할 수 있다. 미오글로빈은 헴 1분자와 폴리펩타이드(polypeptide) 사슬 1개가 결합한 반면, 헤모글로빈은 헴 4분자와 폴리펩타이드 사슬 4개가 결합한 것이다.

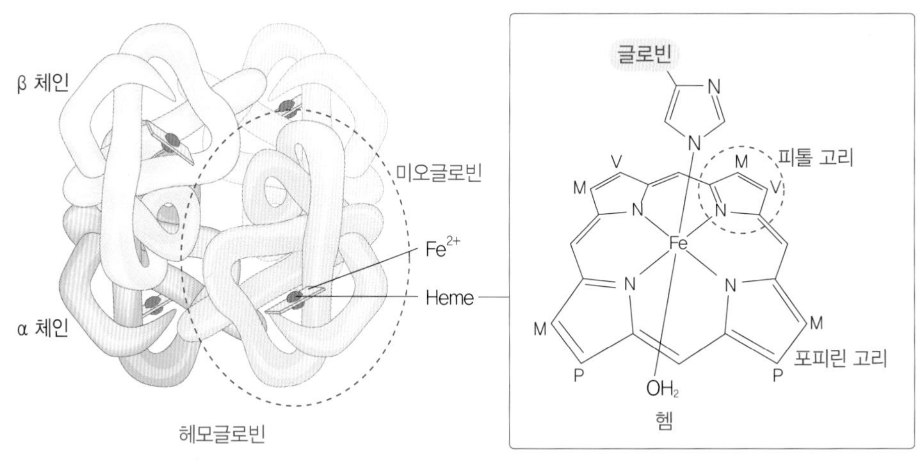

그림 7-14 헴의 구조와 헤모글로빈, 미오글로빈과의 결합 양식

(2) 변화

① 산화에 의한 변화

육류는 Fe^{2+}를 함유하는 환원형 미오글로빈(Mb)에 의해 적자색을 띠지만 고기의 표면이 공기와 접촉하면 산소와 결합하여 선홍색의 옥시미오글로빈(oxymyoglobin;

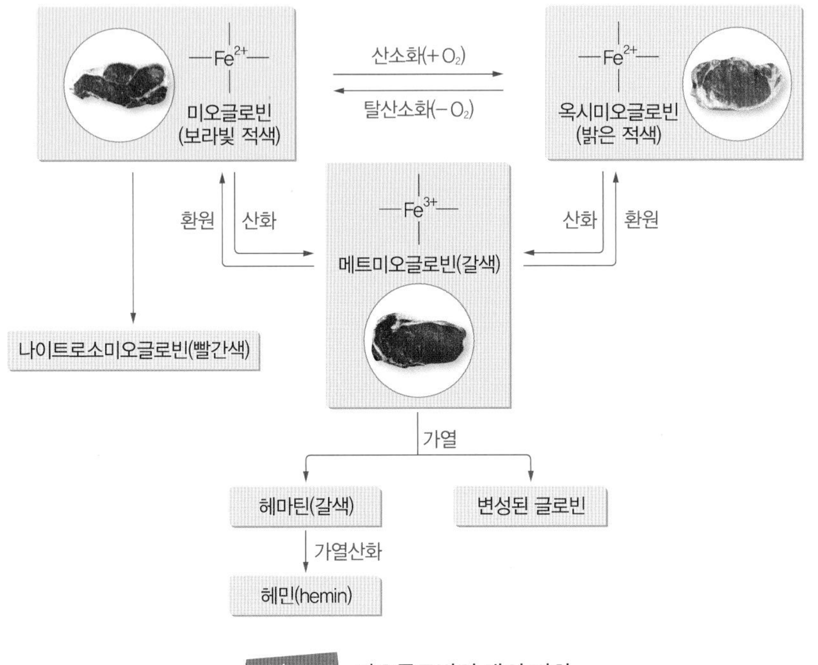

그림 7-15 미오글로빈의 색의 변화

Mb · O_2)이 된다. 옥시미오글로빈으로 변화하는 것은 제1철 이온은 2가의 형태로 철의 이온가의 변화 없이 산소가 결합하는 형식이다. 옥시미오글로빈은 비교적 안정된 색소이지만 육류를 오래 저장하면 천천히 산화가 이루어지면서 2가의 철 이온(Fe^{2+})이 3가의 철 이온(Fe^{3+})으로 산화되어 적갈색의 메트미오글로빈(metmyoglobin)이 형성된다.

② 가열에 의한 변화

육류를 가열하면 적색을 나타내던 미오글로빈은 밝은 적색(선홍색)의 옥시미오글로빈을 거쳐 적갈색의 메트미오글로빈으로 변하게 된다(그림 7-15). 메트미오글로빈을 계속하여 가열하면 단백질 부분인 글로빈이 변성된 형태인 변성된 글로빈과 갈색의 헤마틴(hematin)으로 분리되고, 헤마틴은 다시 헴 부분이 유리되거나 이것이 염소 이온과 결합한 형태인 헤민(hemin)을 형성하게 된다. 헤마틴의 일부는 헤민을 형성하고 나머지는 산화된 포피린류(oxidized prophyrins)을 형성하게 된다. 산화된 포피린류란 메트미오글로빈에서 변성된 단백질이 떨어져나간 후, 헤마틴, 헤민, 포피린류의 치환기들이 계속 산화된 형태이고 육류의 가열, 조리 중에 나타나는 색 변화를 의미한다.

③ 육류 가공 중의 변화

햄, 소시지, 베이컨 등의 육류 가공품은 육류를 가공하는 과정에서 사용되는 아질산염에 의해 가열 조리 중에도 육류의 선홍색이 유지된다. 이것은 육류 가공품을 만들 때 염지 공정중에 사용하는 질산염(KNO_3)이나 질산나트륨($NaNO_3$)이 절임 용액 속에 존재하는 비병원성 세균의 작용으로 아질산염이 되고 이것이 육류 중의 젖산에 의하여 다시 아질산(HNO_2)을 거쳐 니트로기(−NO)을 형성하게 된다. 이 니트로기는 미오글로빈과 결합하여 선홍색의 니트로소미오글로빈을(nitrosomyoglobin)을 형성하게 되고 색은 선홍색으로 육색이 보존되는 효과를 나타내게 된다(그림 7-15). 한편, 아질산과 가공육류 중에 원래 함유되었던 아민류와 유도체들은 육류 가공에 의해 니트로사민류(nitrosamines)을 형성하는데 이 물질의 일부는 독성과 발암성(carcinogenesis)을 유발한다고 알려져 있다.

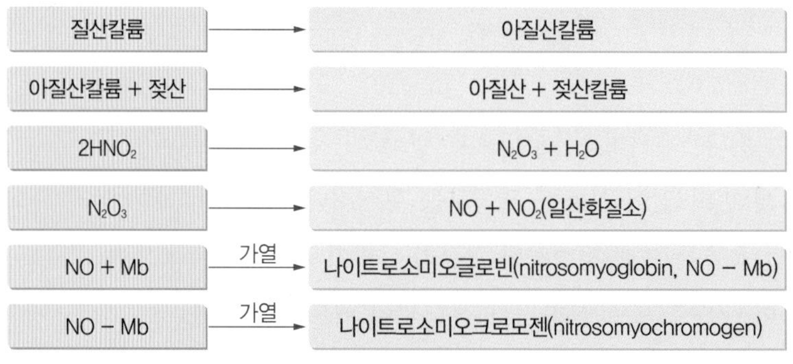

그림 7-16 육류 가공 중 육색의 보존 효과

4 식품의 갈변반응

갈변반응이란 식품을 가공, 조리하는 과정에서 식품성분, 효소나 산소 등이 관여하여 식품이 갈색으로 변하는 과정을 말한다. 사과, 배, 우엉 등의 껍질을 벗겨 공기중에 방치하면 표면이 갈색으로 변하며, 사과잼의 경우 조리과정에서 갈변이 발생되면 사과의 원래 색깔과는 다른 색의 잼이 된다.

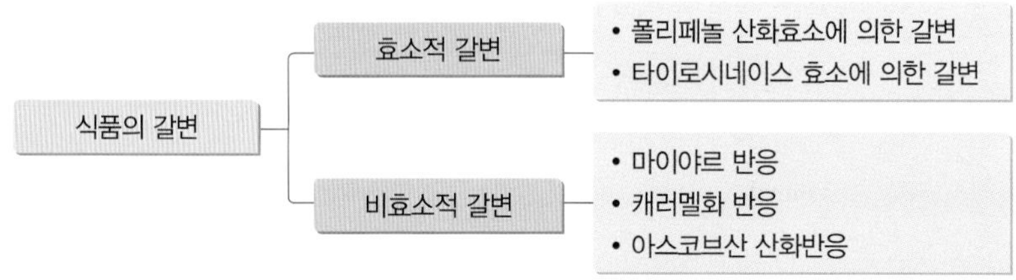

그림 7-17 식품의 갈변반응 종류

식품의 갈변반응에는 효소가 관여하는 효소적 갈변반응(enzymatic browning)과 효소에 관계 없이 일어나는 비효소적 갈변반응(non-enzymatic browning)이다(그림 7-17).

1) 효소적 갈변반응

(1) 갈변반응의 원리

사과, 배, 복숭아, 바나나, 감자, 우엉 등의 과일과 채소의 껍질을 벗기거나 조직을 파괴했을 때 폴리페놀산화효소(polyphenol oxidase)에 의한 갈변반응이 일어나는데,이 효소는 기질을 산화시켜 멜라닌(melanin)이라는 갈색 물질을 만들어 변색을 일으킨다. 이 효소는 카테콜(catechol), 또는 카테콜 유도체, 갈릭산(gallic acid), 클로로젠산(chlorogenic acid), 타이로신(tyrosine) 등의 페놀(phenol)을 함유한 화합물을 기질로 하여 작용한다. 대부분의 효소적 갈변반응은 채소나 과일의 기호도를 떨어뜨리는 반면, 차의 향미 성분을 만들거나 건포도 같은 건조과일의 색과 향미 성분 생성에 기여하는 바람직한 결과를 내기도 한다.

표 7-8 갈변반응에 작용하는 식품 속 페놀 기질 물질

급 원	페놀성 기질
사과	chlorogenic acid (flesh), catechol, catechin (peel), caffeic acid, 3,4-dihydroxyphenylalanine (DOPA), 3,4-dihydroxy benzoic acid, flavonol glycosides
바나나	3,4-dihydroxyphenylethylamine (Dopamine), leucodelphinidin, leucocyanidin
카카오	catechins, leucoanthocyanidins, anthocyanins, complex tannins
포도	catechin, chlorogenic acid, catechol, caffeic acid, DOPA, tannins, flavonols
양상추	tyrosine, caffeic acid, chlorogenic acid derivatives
망고	dopamine-HCl, 4-methyl catechol, caffeic acid, catechol, catechin, chlorogenic acid
버섯	tyrosine, catechol, DOPA, dopamine, adrenaline, noradrenaline
복숭아	chlorogenic acid, pyrogallol, catechol, caffeic acid, gallic acid, catechin, dopamine
감자	chlorogenic acid, caffeic acid, catechol, DOPA, ρ-cresol, ρ-hydroxyphenyl propionic acid, ρ-hydroxyphenyl pyruvic acid, m-cresol

① 폴리페놀 산화효소에 의한 갈변

카테콜 또는 카테콜 유도체는 폴리페놀 산화효소(polyphenol oxidase), 폴리페놀레이스(polyphenolase), 다이페놀 산화효소(diphenol oxidase) 등에 의해 산소와 결합된 후 퀴논 또는 그 유도체로 산화되어 흑갈색의 갈색물질로 변하게 된다. 대표적인 식품의 예로 사과나 배를 깎아서 공기 중에 방치할 때 갈색으로 변하는 반응이며 이것은 클로로젠산과 피로카테킨(pyrocatechin) 등이 폴리페놀 산화효소에 의하여 퀴논 유도체로 산화되고 이것이 다시 중합하는 과정을 거쳐 멜라닌을 형성하여 갈변하게 된다(그림 7-18).

② 타이로시네이스에 의한 갈변

타이로시네이스(tyrosinase)는 넓은 의미로는 폴리페놀 산화효소에 속하지만 아미노산인 타이로신에 작용하여 산화되어 DOPA를 거쳐 DOPA 퀴논이 되고 이것은 흑갈색의 멜라닌 색소를 형성한다. 타이로시네이스는 분자 내에 구리(Cu)를 함유하고 있는 산화효소로 감자 갈변의 원인이 된다. 타이로시네이스는 수용성이므로 감자를 깎아서

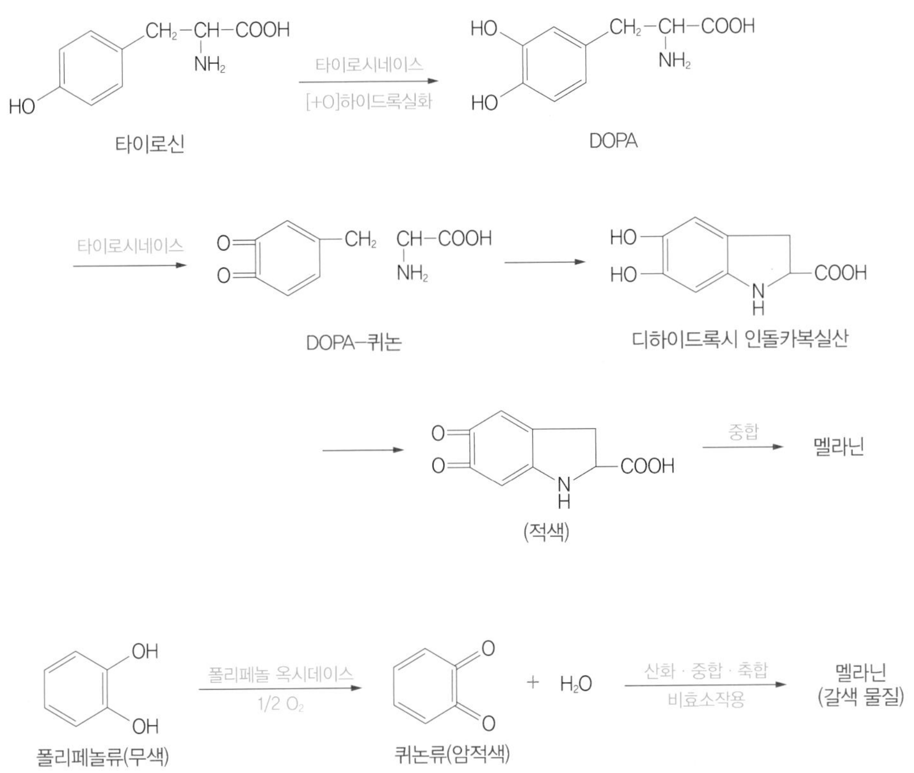

타이로신 → (타이로시네이스, [+O]하이드록실화) → DOPA

→ (타이로시네이스) → DOPA-퀴논 → 디하이드록시 인돌카복실산

→ (적색) → (중합) → 멜라닌

폴리페놀류(무색) → (폴리페놀 옥시데이스, 1/2 O_2) → 퀴논류(암적색) + H_2O → (산화 · 중합 · 축합, 비효소작용) → 멜라닌 (갈색 물질)

그림 7-18 폴리페놀 산화효소에 의한 갈변반응

물에 담가두면 갈변이 잘 일어나지 않는다.

2) 효소적 갈변반응의 억제

일반적으로 갈변반응은 식품의 품질과 식욕을 떨어뜨리므로 갈변을 억제하기 위해 여러 가지 방법이 사용되고 있다. 효소적 갈변은 효소와 기질, 산소 세 가지 요소가 있어야만 일어나는 반응이므로 이들 중 한 가지를 조절함으로써 갈변을 제어할 수 있다.

① 기질의 제거

폴리페놀 산화효소가 작용하는 기질은 클로로젠산, 카테킨류, 카테콜 등의 폴리페놀

그림 7-19 폴리페놀 산화효소에 의한 갈변반응

류로 이들 기질의 함량 및 분포는 식품에 따라 다르고 이에 따라 갈변의 정도도 달라진다(그림 7-19). 효소 반응에서 기질을 제거한다는 것은 매우 어려우나 사과와 같이 기질이 대부분 껍질에 존재할 때는 껍질을 벗기고 물에 담그면 폴리페놀 화합물에 의한 갈변을 억제할 수 있다.

② 산소의 제거

갈변이 효소에 의한 것이거나 효소에 의한 것이 아니거나 산소가 존재하지 않으면 갈변 반응이 발생하지 않는다. 따라서 산소와의 접촉을 방지하는 식품을 물에 담가두거나 밀폐된 용기에 식품을 보관하여 공기와의 접촉을 방지, 또는 공기 대신 탄산가스 또는 질소 등으로 대체시키면 갈변 반응을 억제할 수 있다.

효소의 불활성화

효소에 의한 갈변반응을 억제하는 가장 효과적인 방법은 폴리페놀 산화효소를 불활성화하는 것이다. 대부분의 효소는 단백질이므로 가열에 의하여 효소를 불활성화시킬 수 있다. 채소류나 과실류를 가공할 때 데치기(blanching)을 실시하게 되는데 이 가공과정으로 산화효소들을 불활성화시킬 수 있다. 또 효소는 최적온도를 가지고 있으므로 최적온도보다 낮은 온도에서 저장하는 냉장 등으로 효소의 갈변을 일시적으로 저하시킬 수 있다. 그러나 냉동 저장은 갈변은 억제되나 해동할 때 갈변이 다시 일어나기도 한다.

아스코브산의 첨가

아스코브산은 데하이드로아스코브산(DHA)으로 전환될 때 갈변반응을 억제할 수 있다.

소금의 첨가

폴리페놀 산화효소와 타이로시네이스는 염소이온(Cl^-)에 의해 활성이 억제되므로 묽은 소금물에 담그면 갈변반응을 억제할 수 있다.

환원성 물질의 첨가

아황산가스와 아황산염들은 갈변반응, 특히 효소에 의한 갈변반응을 효과적으로 억제할 수 있는 환원성 물질이다. 감자, 사과, 복숭아 등의 가공과정에서 갈변반응을 억제하기 위하여 아황산가스 처리법과 아황산염용액 침지법(sulfating)이 이용되기도 한다. 효소적 갈변의 억제방법은 표 7-9와 같다.

표 7-9 효소적 갈변의 억제방법

작용	방법	기작	활용 예
효소	pH 조절	최적 pH를 조절하여 효소를 불활성화	과일 껍질을 벗기고 묽은 구연산 용액에 담그기
	가 열	60℃ 이상에서 불활성화	기질제거로 반응 발생 어려움
	저해제	염소이온(Cl^-)이 효소의 작용 억제	과일 껍질 벗기고 소금물에 담그기
산소	금속 차단	구리, 철 등의 금속이 산화 촉진	스테인레스 과도로 과일 깍기
	공기 차단	산소 제거	물, 설탕물, 소금물에 담그기
	산소 대체	산소 제거	탄산가스나 질소 등의 가스 충전
기질	환원물질	환원물질로 기질을 환원	아황산수소소듐($NaHSO_3$), 비타민 C 첨가
	기질의 희석	기질 제거로 반응 발생 어려움	물에 침지하여 타이로신 제거

3) 비효소적 갈변반응

효소의 작용을 받지 않고 식품성분의 상호 작용에 의해 갈변이 되는 것을 비효소적 갈변반응이라 하며, 마이야르 반응(maillard reaction), 캐러멜화 반응(caramelization), 아스코브산 산화반응(ascorbic acid oxidation)이 있다.

(1) 마이야르 반응

유리 알데하이드(aldehyde)나 케톤(ketone)기를 가진 환원당이나 가수분해되어 환원당을 만들 수 있는 당류는 아미노기를 가진 질소 화합물과 상호 반응하여 멜라노이딘(melanoidine)이라는 갈색 물질을 형성하는데 이 반응을 마이야르 반응(아미노-카보닐 반응, 멜라노이딘 반응)이라고 한다.

대부분의 식품은 아미노산과 당류를 함유하므로 식품의 조리나 가공 중에 많이 발생하는 반응이다. 이 반응은 식품의 색, 맛, 냄새 등을 향상시키나 라이신(lysine)과 같은 필수아미노산의 파괴를 가져오기도 한다. 마이야르 반응이 일어난 식품으로는 빵, 된장, 커피, 맥주 등이 있다(그림 7-20).

마이야르 반응 전후의 색 변화

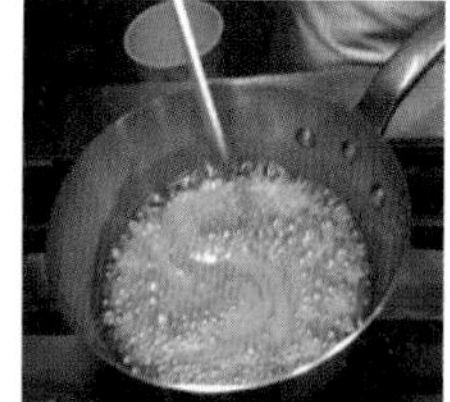

캐러멜화 반응 전후의 색 변화

그림 7-20 마이야르와 캐러멜화 반응 전후의 색 변화 비교

① 마이야르 반응 순서

초기단계

환원당류와 아미노 화합물의 축합반응(condensation reaction)에 의해 질소 배당체인 글리코실아민(glycosylamine)을 형성하고 아마도리 전위(amadori)를 일으켜 아마도리

전위 생성물을 만든다. 이 과정이 두 번째 단계이며 아마도리 전위반응이라고 한다.

중간단계

중간단계에서는 아마도리 전위 생성물들의 산화와 탈수, 분해가 일어나 고리 화합물을 형성하고 다시 산화생성물을 분해(fragmentation)하는 단계이다. 아마도리 전위에 의하여 형성된 프럭토실아민은 계속 분해하여 3-데옥시오존(3-deoxyosone)을 형성한다. 이것은 계속 산화하여 리덕톤(reducton)류를 형성하고 리덕톤류와 기타 3,4-디데옥시오존의 화합물 사이의 반응으로 고리 화합물질을 형성하게 된다. 이렇게 형성된 산화 생성물들, 특히 각종 리덕톤류와 일부 고리 화합물들은 계속 산화에 의해서 탄소 사슬이 분해되어 휘발성이 강한 산화분해 생성물을 형성한다.

최종단계

최종단계에서는 알데하이드와 이산화탄소가 생성되는 스트레커형 반응(strecker reaction)과 알돌형 축합반응(aldol condenstation)과 중간 생성물 간의 중합, 축합반응이 일어난다. 마이야르 반응의 최종 단계에서 α-디카보닐 화합물과 α-아미노산과의 산화적 분해반응으로 이때 아미노산은 탈탄산 및 탈아미노 반응이 일어나 본래의 아미노산보다 탄소수가 하나 적은 알데하이드와 탄산가스가 형성된다. 이렇게 생성된 알데하이드류는 그 식품의 향기에 중요한 영향을 준다. 고온 처리한 식품에서 나는 냄새나 간장의 독특한 향기가 주로 이 반응에 의하여 생성된 알데하이드류에 의한 것이다. 또한 마이야르 반응의 중간단계에서 형성된 각종 리덕톤류, 알돌형 축합생성물, 스트레커형 반응 생성물 등의 상호 반응으로 형성된 중합체가 갈색을 띄는 멜라노이딘(melanoidin) 색소를 형성한다(그림 7-21).

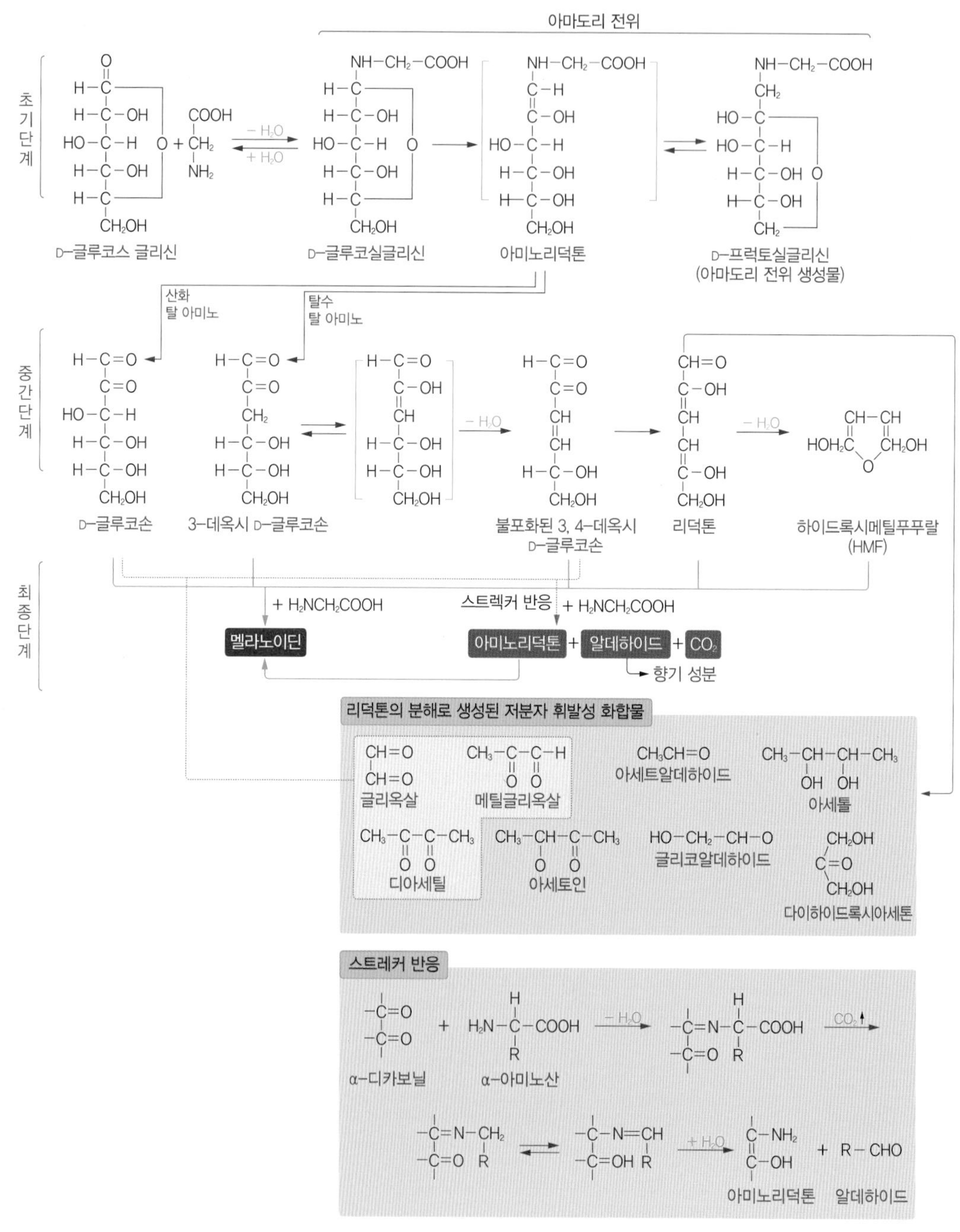

그림 7-21 글루코스와 글리신의 마이야르 반응과정

자료 : 조신호 외(2010). 식품학.

② 마이야르 반응에 영향을 주는 요인

온도

온도는 마이야르 반응에 가장 큰 영향을 주는 요인으로 온도가 높아질수록 반응속도는 급속도로 증가한다. 또한 온도의 영향은 마이야르 반응속도뿐 아니라 반응과정, 반응기구에 영향을 주어 반응생성물과 조성에 영향을 줄 수 있는 요인이다.

pH

일반적으로 pH가 높아질수록 갈변이 현저하게 되고 갈색화 반응속도뿐 아니라 반응과정에도 영향을 주는 요인이다. pH 10까지 마이야르 반응 속도는 계속 상승한다고 알려져 있다.

당의 종류

설탕보다는 오탄당, 육탄당의 환원당의 경우 갈변속도가 빠르고 리보스(ribose), 자일로스(xylose), 아라비노스(arabinose)의 오탄당이 육탄당에 비하여 갈색화 속도가 빠르다. 오탄당 중에서 리보오스의 갈색화 반응 속도가 가장 빠르다. 마이야르 반응은 당과 아미노산의 몰농도가 1:1일 때 가장 빠르다고 알려져 있고 이때 갈색화 강도는 자일로스>아라비노스>프럭토스 순으로 알려져 있다.

수분

액체, 고체식품의 경우도 그 속의 수분함량에 따라 메일라드 반응에 영향을 주는데, 고체 식품의 경우 수분함량이 1% 이하에도 메일라드 반응이 진행되고, 수분활성도가 높아질수록 반응속도가 올라가 A_w 0.6~0.7 범위에서 최대에 이른 후 다시 감소한다.

질소화합물의 종류

마이야르 반응속도에 영향을 주는 질소화합물의 종류는 아직 자세히 알려진 것이 없으나 알라닌의 경우는 β-알라닌이 반응속도가 더 빠른 것으로 알려졌다. D-포도당 존재 시 마이야르 반응에 가장 큰 영향을 주는 질소화합물은 L-라이신> L-트립토판> L-페닐알라닌> L-메싸이오닌 순서로 반응한다.

화학적 저해물질

마이야르 반응에서 갈변을 저해하는 물질로 이황산염, 칼슘염 등이 있다. 이산화황은 갈색화가 되기 전에 환원당의 알데하이드기와 반응하여 카보닐기와 같은 중간 생성물과 비가역적으로 결합하여 반응을 억제하며 멜라닌 색소를 일부 탈색시키기도 한다. 칼슘염은 아미노산과 반응하여 마이야르 반응의 진행속도 방향을 억제하기도 한다.

(2) 캐러멜화 반응

캐러멜화 반응은 마이야르 반응과 달리 아미노 화합물 등이 존재하지 않는 상황에서 당류만을 160℃ 이상으로 가열했을 때 산화 및 분해산물들이 중합, 축합하여 흑갈색의 캐러멜을 형성하는 열분해반응이다. 캐러멜화 반응에서 생성된 분해산물들은 식품의 향기나 맛, 색에 기여하며, 약식, 소스, 과자 등의 착색을 위해 착색제로 이용되기도 한다. 캐러멜화에 적합한 조건은 pH 6.5~8.2이며 자연 발생적으로 일어나지는 않는다. 당에 따른 캐러멜화 온도는 다르며, 프럭토스은 캐러멜화가 쉽게 일어나고 글루코스은 캐러멜화가 어려우므로 프럭토스를 함유한 설탕이 캐러멜 제조에 이용된다(표 7-10).

표 7-10 당의 종류에 따른 캐러멜화 온도

당	온도(℃)	당	온도(℃)
프럭토스	110	수크로스	160
갈락토스	160	말토스	180
글루코스	160		

(3) 아스코브산 산화에 의한 갈변

아스코브산은 다양한 식품과 일반 가공식품에 함유되어 있는 강한 환원력을 가지고 있는 항산화제(antioxidant)로 인체 내의 지방질 성분의 산화를 억제하는 중요한 항산화제이기도 하다. 이것은 건조 식품, 과일, 채소, 통조림, 감자튀김의 효소적 갈변반응 방지제로 활용되고 있다. 그러나 아스코브산이 첨가된 후 비가역적으로 산화되면 항산화제로서의 기능을 상실하여 아스코브산의 산화 생성물들이 계속 산화, 중합하거나

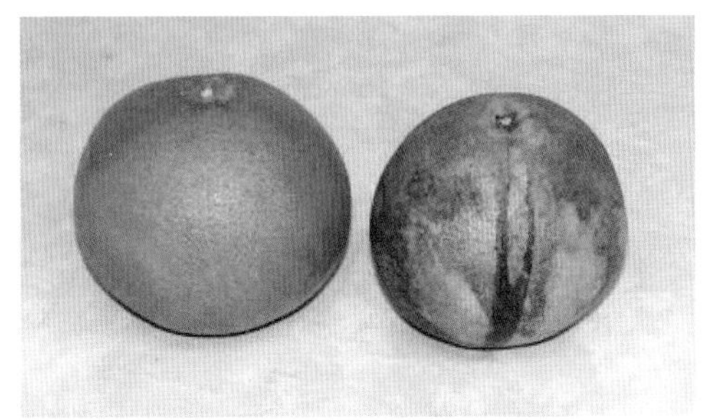

그림 7-22 아스코브산 산화에 의한 오렌지의 갈변화

아미노 화합물과 반응하여 그 자체가 새로운 갈색 물질을 형성하기도 한다.

아스코브산의 산화에 의한 갈변은 pH가 낮을수록 쉽게 발생된다. 아스코브산의 함량이 높은 감귤류나 그 가공품들은 갈색화가 쉽게 발생되기도 하는데, 오렌지 분말의 경우 갈변이 쉽게 발생되어 그 품질에 영향을 주기도 한다(그림 7-22).

8 식품의 맛

1. 맛의 인지
2. 맛의 화학구조
3. 미각의 변화
4. 미각 성분의 분류

taste

Chapter 8

식품의 맛

맛이란 음식물을 섭취할 때 입 안의 혀에서 느껴지는 감각이다. 특히, 식품의 맛은 각종 정미성분이 타액에 녹아서 혀 표면의 미각신경을 화학적 · 물리적 및 심리적으로 자극하여 느끼는 감각이다. 우리는 맛이라는 감각을 통해 영양소를 확인하고 섭취하지만, 한편으로는 독소나 비소화성 물질을 피할 수도 있다.

맛의 특성을 살펴보면 다음과 같다.

- 색, 냄새, 조직감과 함께 식품의 품질 및 기호적 가치를 결정한다.
- 식욕을 증진시키고 소화 · 흡수에 영향을 준다.
- 음식물의 선택과 독소의 거부 또는 특수 성분의 섭취를 가능하게 한다.
- 같은 맛이라도 개인의 성별, 나이, 식습관 등에 의해 다르게 느낄 수 있다.
- 미각 이외에 후각, 촉각, 온도감각이 복합적으로 작용한다.

인간의 생존을 위해 가장 먼저 추구하는 욕구는 식욕이다. 태초에 인간이 선악과를 선택하며 시도한 욕구도 식욕이며, 이는 미각기관을 통해 충족된다.

1 맛의 인지

1) 미각기관의 작용

음식을 입에 넣고 씹으면 타액과 섞여 미세하게 분해되고 즙이 흘러나와 혀의 유두(papillae)와 미뢰(taste bud, 맛봉오리)에 스며들게 된다. 유두는 혀 전체의 표면에 퍼져 있는 돌기로 미뢰가 분포하는 유곽유두(vallate papilla, 성곽유두), 엽상유두(foliate papilla, 잎새유두), 심상유두(fungiform papilla, 버섯유두)와 미뢰가 분포하지 않아 맛보다 촉감에 영향을 주는 사상유두(filiform papilla, 실유두)가 있다(그림 8-1). 유두 한 개의 상피세포 속에는 맛 감각을 수용하는 양파 모양의 미뢰가 수백~수천 개 들어 있

맛의 인지순서

액상의 정미성분 → 혀 → 유두 → 미뢰 → 미각세포(미각수용체) → 미각신경 → 대뇌(미각중추)

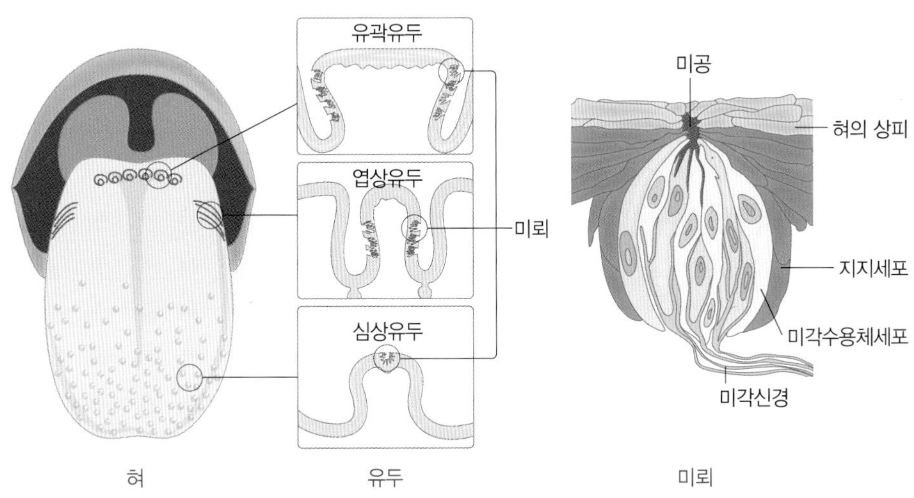

• 유곽유두: 혀 뒷부분에 존재. 수천 개의 미뢰 포함
• 엽상유두: 혀 뒷쪽 측면 가장자리에 존재. 수십~수백 개의 미뢰 포함
• 심상유두: 혀 앞쪽 2/3의 영역에 존재. 1~수 개의 미뢰 포함

그림 8-1 혀에 분포된 유두와 미뢰

자료: Chandrashekar, J. et al.(2006). *Nature* 444(16).

다. 유두는 혀 표면에서 쉽게 관찰할 수 있으나 미뢰는 너무 작아서 현미경 없이는 볼 수 없다.

미뢰는 맛을 느끼는 수십 개의 미각세포와 지지세포, 맛 정보를 전달하는 미각신경으로 구성된다. 미뢰의 입구인 미공(taste pore)에 침에 녹은 액상의 정미성분이 흡착되면 미각수용체 세포(taste receptor cell, TRC)가 자극된다. 이 자극은 짠맛과 신맛의 경우 이온(Na^+, H^+) 채널에 의해, 단맛 · 쓴맛과 감칠맛은 G-단백 연결 수용체에 의해 이온의 투과성과 막전위를 변환시켜 전기신호를 발생하고 다시 활동전위로 변환되어 미각신경을 따라 뇌에 도착하면 미각중추에서 정보를 분석하여 맛에 대한 판단을 내리게 된다(그림 8-2).

미각세포의 반응

미각수용체 세포는 낮은 강도보다는 높은 강도의 자극에 더 잘 반응하고, 맛의 특성이 다른 여러 자극에 걸쳐 반응하며, 온도나 접촉 같은 다른 자극에도 반응한다.

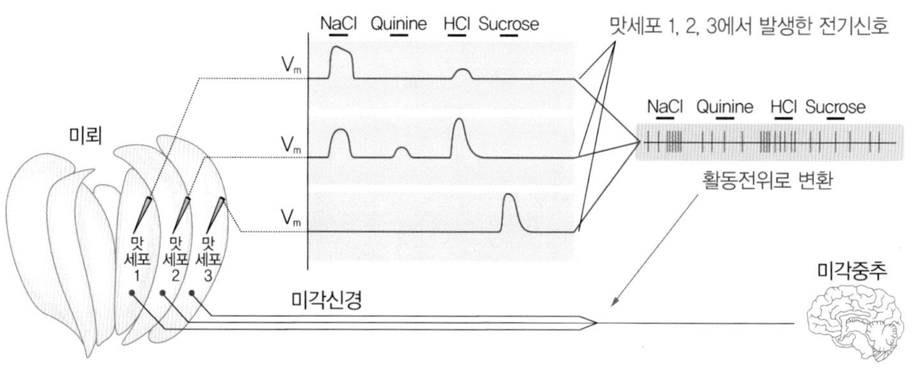

그림 8-2 미각수용체의 전기신호 및 활동전위 발생

2) 맛의 역치

맛의 역치(threshold value)는 미각세포에 흥분을 일으킬 수 있는 정미성분의 최저 농도로 임계값, 문턱값으로도 표현한다. 맛이 처음으로 느껴지는 정미물질의 최저 농도를 절대역치(absolute threshold)라 부르며, 정미물질이 지닌 특정한 맛을 제대로 인식할 수 있는 최저 농도는 상대역치(recongnition threshold)라 부른다. 예를 들어 소금의 경우 미량 존재하면 단맛으로 인식하다가 농도가 증가하면 짠맛을 느끼게 되는데 이때 맛을 느끼기 시작하는 0.01 M(0.0584%)은 절대역치, 짠맛을 제대로 느끼기 시작하는 0.05 M(0.2922%)은 상대역치 값이다(표 8-1).

표 8-1 소금(NaCl)의 농도와 맛의 관계

농도(M)	% 농도	맛	농도(M)	% 농도	맛
0.009	0.0526	무미	0.050	0.2922	약한 짠맛
0.010	0.0584	약한 단맛	0.070	0.4091	짠맛
0.015	0.0877	단맛	0.100	0.5845	온화한 짠맛
0.020	0.1169	단맛	0.200	1.1690	순수한 짠맛
0.030	0.1754	강한 단맛	0.500	2.9225	순수한 짠맛
0.040	0.2338	약간 짠듯한 단맛			

자료: 채수규 외(2000). 표준 식품화학.

맛의 역치는 개인차가 작용하는 주관적인 수치로 미각이 예민한 사람은 정미성분의 농도가 낮아도 그 맛을 느낄 수 있다. 그러나 동물이나 곤충들과 비교하면 사람의 미각기관은 민감도가 떨어져 어떤 나비는 0.000078 M의 설탕물에도 맛을 느끼지만 아무리 예민한 사람이라도 이 정도의 묽은 용액에는 맛을 느끼지 못한다.

맛의 역치는 맛의 종류, 성별, 나이, 건강상태, 혀의 피로도 등에 따라 달라진다. 대개 염산퀴닌과 같은 쓴맛에 대한 역치는 낮고 설탕과 같은 단맛에 대한 역치는 높아 쓴맛에 가장 예민하고 단맛에는 예민성이 낮은 편이다. 또 여자가 남자보다 4가지 정미성분에 대한 역치가 모두 낮아 맛에 더 예민함을 알 수 있다(표 8-2). 그러나 50대 후반이 되면 혀에 분포하는 미뢰의 수가 급격히 줄고 미각세포가 퇴화되어 맛을 느끼는 능력이 감소하므로 젊을 때보다 맛성분에 대한 역치가 높아진다. 특히 짠맛과 단맛에 대한 민감성이 감소하여 예전과 동일한 강도의 맛을 느끼기 위해서는 소금이나 간장의 사용량이 많아지게 된다. 게다가 노인들은 질환으로 약물을 복용하는 경우가 많은데 일부 약물들이 맛을 인지하는 능력에 영향을 미칠 수 있다.

표 8-2 성별에 따른 맛의 역치 비교

(단위: %)

정미성분	남자	여자
설탕	0.496	0.418
소금	0.297	0.288
초산	0.0181	0.0133
염산 퀴닌	0.00104	0.00088

자료: 홍윤호(2000). 최신 식품화학.

3) 미각에 영향을 미치는 요인

(1) 온 도

맛은 음식물의 온도가 10~40℃일 때, 특히 30℃ 정도에서 가장 예민하게 느낄 수 있다. 이 범위에서는 온도가 상승하면 단맛에 대한 역치가 감소하면서 반응이 증가하고 짠맛과 쓴맛에 대한 역치가 증가하면서 반응은 감소하지만 신맛에 대한 반응은 거의 온도의 영향을 받지 않는다(그림 8-3).

베케시(Von Bekesy, G)가 제안한 '맛의 이율성 학설(the duplexity theory of taste)'에 따르면 맛은 정미성분 이외에 차거나 따뜻하다는 온도 감각이 서로 융화되어 형성된 감각이라고 한다. 이때 따뜻하다는 감각과 차다는 감각은 언제나 네 가지 기본맛과 잘 융화되는 것은 아니어서 따뜻한 느낌은 쓴맛 · 단맛과 잘 융화되나 짠맛 · 신맛과는 융화되지 않고, 차다는 느낌은 짠맛 · 신맛과 잘 융화되나 쓴맛 · 단맛과는 융화되지 않고 서로 독립적인 감각으로 느껴진다고 하였다(그림 8-4).

(2) 농 도

동일한 정미성분이라도 농도에 따라 맛이 달라질 수 있다. 앞에서 본 소금의 경우와 마찬가지로 벤조산소듐(sodium benzoate)도 0.03% 이하에서는 쓴맛이 강하나 그 이상의 농도에서는 단맛이 난다.

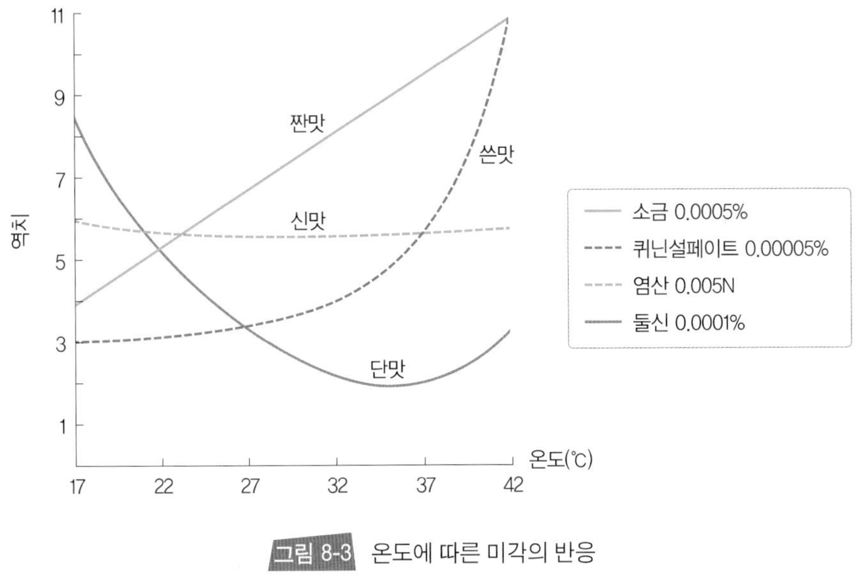

그림 8-3 온도에 따른 미각의 반응

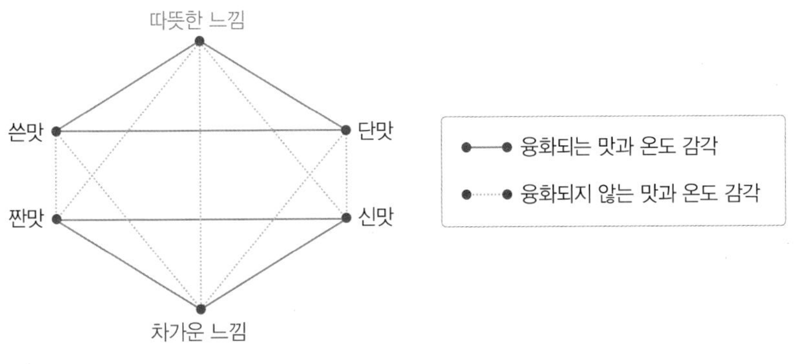

그림 8-4 맛과 온도감각의 융화

(3) 혀의 부위

그동안 우리가 알아온 혀지도(taste map)에 의하면 단맛은 혀끝, 신맛은 혀 양쪽, 쓴맛은 혀 뒤, 짠맛은 혀 가장자리 또는 혀 전체에서 잘 느껴진다고 하였다(그림 8-5). 그러나 2006년 미국의 신경과학자인 로버트 마골스키(Margolskee, R.F.) 교수는 《네이처(Nature)》지에서 모든 맛은 미뢰가 있는 혀의 모든 부위에서 감지할 수 있다는 의견을 제시하였다. 그러나 부위에 따라 민감도는 다소 다를 수 있다고 한다.

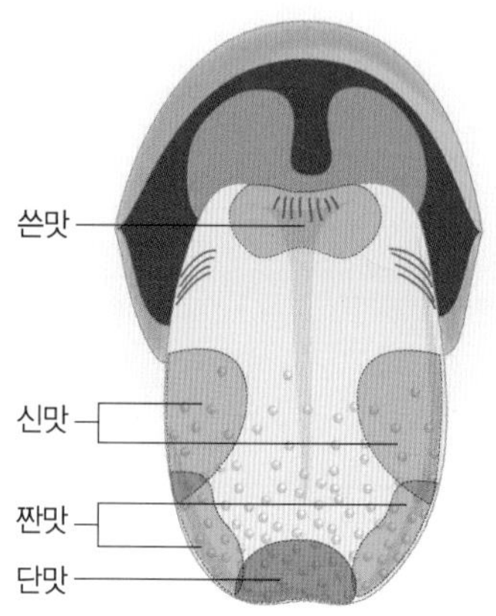

그림 8-5 기존의 혀지도

(4) 미맹

H₂N S NH

페닐싸이오카바마이드(PTC)

미각은 개인차가 큰 감각으로 선천적인 특성이 반영되며 그 대표적인 예가 미맹(taste blind-ness)이다. 미맹은 정상인이 느낄 수 있는 쓴맛을 전혀 느끼지 못하거나 다른 맛으로 느끼는 일부 미각능력의 결여 현상이다. 대개 0.13%의 페닐싸이오카바마이드(phenylthiocarbamide, PTC) 용액이나 PTC 용액을 묻힌 거름종이를 맛보게 하여 판별하는데, 정상인의 경우 강한 쓴맛을 느끼지만 미맹인 사람은 느끼지 못하거나 다른 맛으로 인식하게 된다.

미맹은 성별에 관계없이 열성으로 유전되며, 한 세대를 건너 발현되기도 한다. 우리나라 사람을 비롯한 동양인 집단에서는 출현 빈도가 약 10~15%이며, 백인은 30% 정도로 더 많고 흑인은 3% 정도로 훨씬 적다. 대개 침 중에 PTC 용해효소가 부족하여 발생하는 것으로 알려져 있다. 그러나 미맹이라 해도 다른 정미성분에는 정상적인 맛을 느끼므로 일상생활에는 전혀 지장이 없다.

2 맛과 화학구조

1) 맛의 분류

1916년 헤닝(Henning, H.)은 단맛(sweet), 신맛(sour), 쓴맛(bitter), 짠맛(salty)을 기본맛으로 분류하고 이를 맛의 사면체, 즉 미각 프리즘으로 표현하였다(그림 8-6). 그는 4종류의 맛을 사면체의 각 정점에 배치하고 모든 물질의 맛을 그 면상의 한 점으로 표시하고자 하였다. 이처럼 서양에서는 이들 4원미의 조합에 따라 온갖 맛이 파생된다고 믿었다.

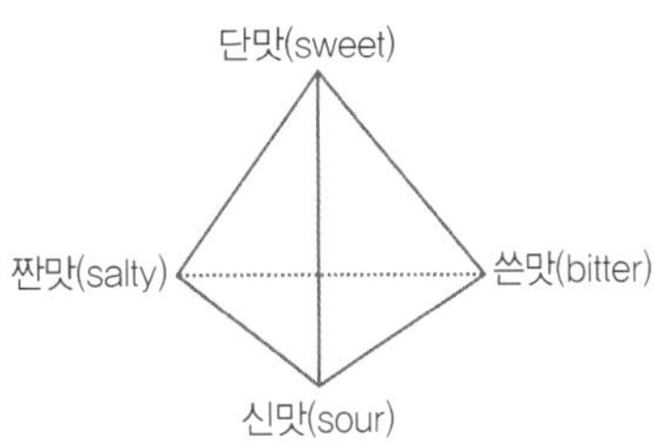

그림 8-6 헤닝의 미각 프리즘

그러나 1908년 일본의 과학자가 다시마를 끓인 국물로부터 감칠맛(umami)을 찾아내고, 2000년 미국의 두 과학자가 혀에서 이 맛을 감지하는 수용체(receptor)를 발견함으로써 감칠맛은 다섯 번째 맛으로 공식 인정되었고, 기본맛은 감칠맛을 포함한 5원미로 변화되었다(그림 8-7).

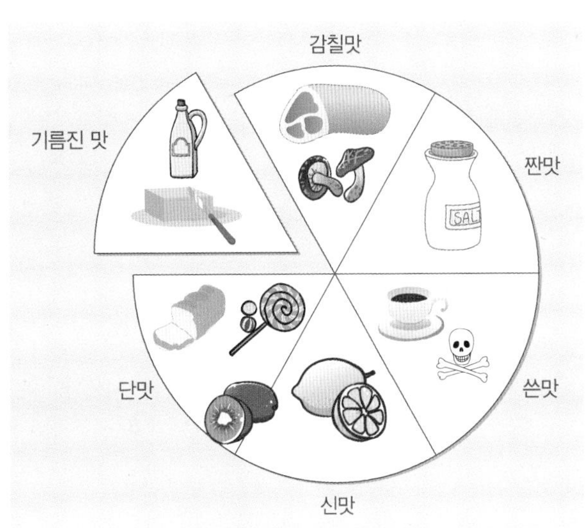

그림 8-7 5가지 기본맛

자료: Chaudhari, N. & Roper, S.D.(2010). *J Cell Biol.* 190(3)

이외에도 혼합 또는 보조적인 맛으로 매운맛(hot), 떫은맛(astringent), 아린맛(acrid), 알칼리맛(alkali), 금속맛(metallic) 등을 분류했으나 최근 들어 다시 청량한 맛(cool), 칼슘맛(calcium), 기름진맛(fattiness)도 포함되고 있다. 이중에는 생리적으로 기본맛과 다른 양상의 복합적인 감각도 포함되어 있다.

2) 맛성분의 화학구조

맛을 내는 원자단에는 단맛을 나타내는 수산기(−OH), α-아미노기($-NH_2$), 신맛을 나타내는 H^+, 쓴맛을 나타내는 설폰산기($-SO_3OH$), 나이트로기(NO_2) 등이 있는데, 이들을 발미단(sapophore)이라 부른다. 또한 메틸기($-CH_3$), 에틸기($-C_2H_5$), 프로필기($-C_3H_7$) 등은 발미단과 결합하여 맛을 내는 조미단이다.

맛성분의 화학구조와 맛의 관계를 보면, 약간의 구조 변화로 단맛에서 쓴맛으로 바뀌거나 맛을 잃어버리는 경우가 있다. 가령, 설탕보다 단맛이 300배 이상 강한 사카린(saccharin)의 경우(그림 8-8), para-(ρ-) 위치에 메틸기($-CH_3$ ①)나 염소 이온(Cl^- ②)을 도입하면 단맛이 반으로 감소하나 같은 위치에 아미노기($-NH_2$ ③)가 도입되면 단맛이 유지되고, meta-(m-) 위치에 나이트로기($-NO_2$ ④)를 도입하면 강한 쓴맛이 나

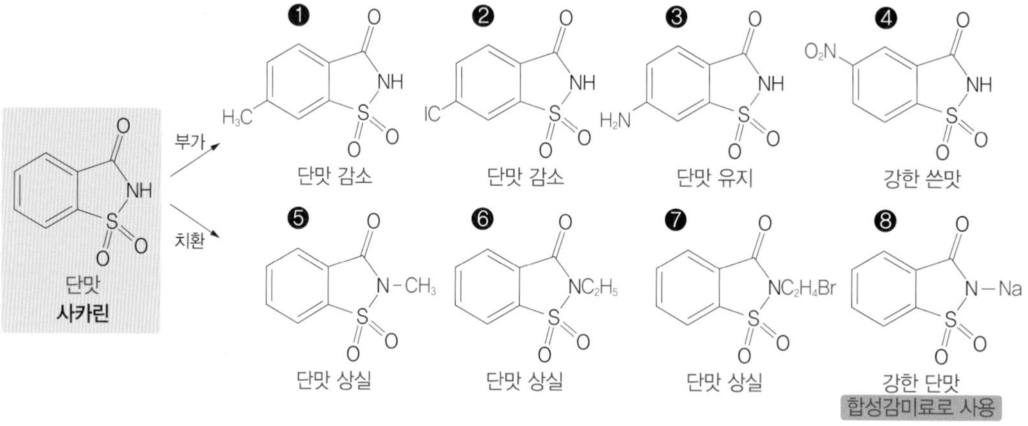

그림 8-8 사카린의 단맛에 대한 치환기의 영향

자료: John M. deMan(1999). *Principles of food chemistry*.

타난다. 또 이미노기(−NH)를 메틸기(−CH_3 ⑤), 에틸기(−C_2H_5 ⑥)나 브로모에틸기(−C_2H_4Br ⑦)로 치환하면 단맛을 잃어버린다. 그러나 같은 위치에 소듐(−Na ⑧)을 도입하여 사카린염을 만들면 수용성의 매우 강한 단맛을 생성하므로 이 형태를 합성감미료로 사용한다.

또한 입체이성체 간에도 맛의 차이가 나타나는 경우가 있다. 즉, L-글루코스는 약간 짠맛을 지니지만 D-글루코스는 단맛을 지니며, L-타이로신은 쓴맛을 지니나 D-타이로신은 단맛을 지닌다. 그리고 α-D-만노스는 달지만 β-D-만노스는 매우 쓰다.

3 미각의 변화

식품을 맛볼 때 맛성분 사이에서 일어나는 다양한 반응으로 인하여 맛의 강도를 다르게 느끼거나 정상적으로 느끼지 못할 수도 있다(표 8-3).

표 8-3 미각의 변화

맛의 종류	특징과 예
맛의 대비 (contrast effect)	서로 다른 맛성분을 혼합할 때 주된 성분의 맛이 강해지는 현상 ▪ 단맛에 소량의 소금을 넣으면 단맛 증가(단팥죽, 호박죽) ▪ 짠맛에 소량의 유기산을 넣으면 짠맛 증가(유기산 소금) ▪ 감칠맛에 소량의 소금을 넣으면 감칠맛 증가(멸치국물)
맛의 억제 (inhibitory effect)	서로 다른 맛성분을 혼합할 때 주된 성분의 맛이 약해지는 현상 ▪ 쓴맛에 소량의 설탕을 넣으면 쓴맛 감소(커피) ▪ 신맛에 소량의 꿀을 넣으면 신맛 감소(오미자주스)
맛의 상승 (synergistic effect)	서로 같은 맛성분을 혼합할 때 각각의 맛보다 강해지는 현상 ▪ 조미료에 핵산(5′-IMP, 5′-GMP)을 넣으면 감칠맛 증가(복합조미료) ▪ 설탕에 사카린을 넣으면 단맛 증가(분말주스)
맛의 상쇄 (compensating effect)	서로 다른 맛성분을 혼합할 때 각각 고유의 맛이 없어지는 현상 ▪ 단맛과 신맛이 혼합되면 상쇄되어 조화로운 맛(청량음료) ▪ 짠맛과 신맛이 혼합되면 상쇄되어 조화로운 맛(김치) ▪ 짠맛과 감칠맛이 혼합되면 상쇄되어 조화로운 맛(간장, 된장)
맛의 변조 (modulating effect)	한 맛을 느낀 직후 다른 맛을 정상적으로 느끼지 못하는 현상 ▪ 오징어를 먹은 후 물을 마시면 물 맛이 쓰고 ▪ 쓴 약을 먹은 후 물을 마시면 물 맛이 달며 ▪ 설탕을 맛본 후 물을 마시면 물 맛이 시거나 쓰고 ▪ 신 귤을 먹은 후 사과를 먹으면 사과가 달게 느껴짐
맛의 상실 (temporary effect)	열대의 김네마 실베스터(*Gymnema sylvestre*)라는 식물의 잎을 씹은 후 1~2시간 동안 단맛과 쓴맛을 느끼지 못하는 현상 김넴산(gymnemic acid)이 단맛, 쓴맛을 인지하는 신경부위를 길항적으로 억제하기 때문이며, 짠맛이나 신맛은 정상으로 인지함 ▪ 단맛 없이 모래알 같은 감촉만 느껴지거나(설탕) ▪ 단맛 없이 신맛만 느껴지고(오렌지주스) ▪ 쓴맛이 느껴지지 않음(퀴닌 설페이트)
맛의 순응 (adaptation effect)	특정한 맛성분을 장시간 맛볼 때 미각이 차츰 약해져서 역치가 상승하고 감수성이 점차 약해지는 현상 ▪ 같은 맛을 반복적으로 접할 때 미각신경의 피로에 기인하여 발생 ▪ 한 종류의 맛에 순응하면 다른 종류의 맛에는 더 예민해짐

4 미각 성분의 분류

1) 단맛 성분

단맛(甘味, sweet taste)은 에너지와 함께 먹는 즐거움까지 제공하므로 식품을 선택하는 기호적인 면에서 중요하다. 단맛 성분은 유기화합물인 당과 그 유도체(당알코올 등), 일부의 아미노산, 방향족화합물, 황화합물과 합성감미료에 함유되어 있다.

단당류, 이당류와 당유도체는 단맛을 지니나 분자량이 증가할수록 용해도가 감소하여 다당류는 거의 단맛이 없어진다. 단맛의 강도 또한 당의 종류에 따라 달라서 같은 당이라도 α나 β형의 입체구조에 따라 단맛 차이가 발생한다. 즉, 같은 당이라도 글리코시드(glycoside)성 −OH와 인접한 탄소의 −OH가 *cis*형일 때 *trans*형으로 존재할 때보다 일반적으로 단맛이 강하다. 이 원리에 의해 α-D-글루코스는 β-D-글루코스보다 1.5배 단맛이 강하며, β-D-프럭토스는 α-D-프럭토스보다 3배로 단맛이 강해진다(그림 8-9). 특히, 프럭토스는 저온에서 β형이 우세하므로 프럭토스가 함유된 꿀은 가열하지 않고 먹을 때 달고, 과일은 차게 해서 먹을 때 단맛이 증가한다.

이당류인 말토스는 α형이 β형보다 약간 단맛이 강하나 가열하면 일부의 β형이 α형으로 변화되면서 단맛이 증가한다. 또 락토스는 β형이 α형보다 단맛이 강하나 분유가 흡습하면 β형이 α형으로 변화되면서 단맛이 감소한다.

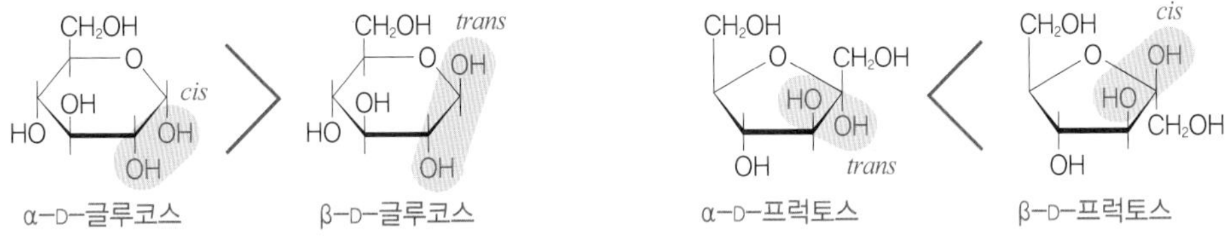

그림 8-9 당의 입체구조에 따른 단맛의 비교

표 8-4 단맛 성분의 감미도와 함유식품

분류		단맛성분	감미도	함유식품/출처
당		프럭토스(fructose)	130~170	과일, 꿀
		전화당(invert sugar)	120	꿀, 잼
		수크로스(sucrose)	100	사탕수수, 사탕무
		글루코스(glucose)	70	포도 등 과일, 혈액
		말토스(maltose)	60	맥아, 물엿, 식혜
		자일로스(xylose)	40	볏짚, 밀짚, 종자류 껍질
		갈락토스(galactose)	30	유당, 성게알 표면, 녹색 잎채소
		락토스(lactose)	27	우유, 모유, 분유
당유도체	당알코올	말티톨(maltitol)	75~90	볶은 엿기름, 치커리 뿌리
		자일리톨(xylitol)	75	딸기, 콜리플라워(미량)
		소비톨(sorbitol)	65	과즙(사과, 복숭아), 해조류
		마니톨(mannitol)	45	건조다시마, 곶감, 만나꿀
		이노시톨(inositol)	45	콩, 효모, 근육
		에리트리톨(erythritol)	45	과일, 발효식품(간장, 와인 등)
		둘시톨(dulcitol)	41	김(소량)
	데옥시당	람노스(rhamnose)	60	식물성 색소의 성분
	아미노당	글루코사민(glucosamine)	50	키틴의 성분
황화합물		프로필머캅탄(propyl mercaptan)	5,000~7,000	양파, 마늘, 무
아미노산		글리신(glycine) 알라닌(alanine) 세린(serine) 트레오닌(threonine) 프롤린(proline) 글루타민(glutamine)		
방향족 화합물		페릴라르틴(perillartin)	200,000~500,000	차조기(소엽)의 잎
		*스테비오사이드(stevioside)	20,000~30,000	스테비아의 잎
		필로둘신(phyllodulcin)	20,000~30,000	감차(甘茶), 감로차(甘露茶)
		*글리시리진(glycyrrhizin)	3,000~5,000	감초 뿌리
합성감미료		**사이클라민산소듐(Na-cyclamate)	3,000~5,000	
		*아스파탐(aspartame)	18,000~20,000	
		**둘신(dulcin)	25,000	
		*아세설팜케이(acesulfame-K)	18,000~20,000	
		*사카린(saccharin)	30,000~50,000	
		*수크랄로스(sucralose)	60,000	
		네오헤스페리딘 다이하이드로칼콘 (neohesoeridin dihydrochalcone)	150,000~180,000	
		알리탐(alitame)	200,000~400,000	
		네오탐(neotame)	700,000~1300,000	

* 국내에서 사용이 허가된 고감미도 감미료

** 국내에서 사용이 금지된 고감미도 감미료

현재 많이 이용하는 설탕이나 고과당은 칼로리가 높고, 혈당치에 영향을 미치며 충치를 유발하는 등의 문제점이 지적되고 있다. 따라서 최근에는 단맛에 대한 기호와 건강 지향적인 생활방식을 병행할 수 있는 감미료에 대한 관심이 높아져 소비톨, 자일리톨과 같은 당알코올이나 강한 단맛으로 소량만 사용하고 칼로리도 없는 고감미도 감미료가 관심을 받고 있다(표 8-5).

아미노산의 맛

아미노산은 대개 단맛이나 쓴맛을 지니나 산성 아미노산은 신맛과 함께 감칠맛을 지님

- 단맛: 글리신, 알라닌, 트레오닌, 프롤린, 세린, 글루타민
- 쓴맛: 페닐알라닌, 타이로신, 아르지닌, 류신, 아이소류신, 발린, 메싸이오닌, 히스티딘, 트립토판
- 감칠맛: 글루탐산, 아스파트산

표 8-5 고감미도 감미료의 분류 및 특성

분류		특성	구조
비당질계 천연감미료	페릴라르틴	▪ 차조기(소엽)의 잎에 함유된 소엽당으로 특유의 향기를 지님 ▪ 페릴알데하이드 옥심(perilaldehyde oxime) 구조를 지님 ▪ 단맛과 방부력이 강하나 독성도 강하여 담배나 치약에 이용함	OH N
	스테비오사이드	▪ 국화과 스테비아(*Stevia rebaudiana Bertoni*)의 잎에 배당체 형태로 함유 ▪ 열, 산, 갈변에 안정, 청량감 보유, 수용성 가공적성이 우수함 ▪ 감미 발현이 늦고 쓴맛과 수렴성의 뒷맛이 있음 ▪ 주류(특히 소주), 간장, 건강음료, 절임식품류에 많이 이용됨 ▪ 스테비올 배당체(스테비아잎의 열수 추출 농축물)의 형태로 이용함 ▪ 효소처리 스테비아(스테비올배당체 80% 이상+포도당)의 형태로 이용함	OH HO O
	필로둘신	▪ 감차(감로차, 수국차)에 함유 ▪ 신선한 잎에는 배당체의 형태로 함유되어 단맛이 없음 ▪ 차로 건조하는 과정에서 효소에 의해 분해되어 단맛을 내게 됨	OH OH O
	글리시리진	▪ 콩과식물인 감초의 뿌리에 함유 ▪ 감미 발현이 늦은 편으로 뒷맛이 강한 조미료 등과 사용시 효과 상승 ▪ 국내에서는 간장과 된장에만 첨가하도록 허가되어 있음 ▪ 가열해도 단맛이 유지되어 다양한 가공적성을 지님 ▪ 글리시리진산이소듐, 글리시리진산삼소듐의 형태를 감미료로 이용	COOH HOOC HO HOOC HO OH H O H H
	네오헤스페리딘 다이하이드로칼콘	▪ 광귤나무(bitter orange)의 네오헤스페리딘이 알칼리에 의해 고리가 열려 칼콘(chalcone)이 되면 이를 환원시켜 제조함 ▪ 상업적으로 이용되는 유일한 소수성의 저칼로리 감미료 ▪ 넓은 pH(1~7)와 온도(30~90℃) 범위에서 안정, 소량 사용함	OH HO OH OMe Me HO OH OH O OH

(계속)

분류		특성	구조
합성감미료	사이클라메이트	▪ 사이클람산소듐(sodium cyclamate)으로 국내 사용금지 품목임 ▪ 감미는 사카린보다 약하나 가격이 저렴하여 한때 많이 사용했음 ▪ 체내 대사산물인 사이클로헥실아민(cyclohexylamine)의 독성에 대한 판단이 달라 나라별로 사용여부가 다름	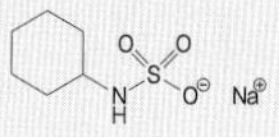
	둘신	▪ 뒷맛이 쓰지 않아 한때 많이 쓰였으나 독성이 강함 ▪ 체내 분해 시 생성된 혈액독 *p*-아미노페놀(*p*-aminophenol)이 간종양 유발물질로 확인되어 사용금지된 품목임	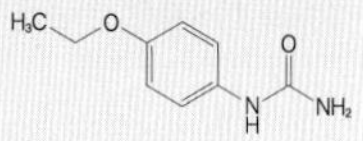
	아세설팜-K	▪ 낮은 농도에서 높은 감미를 나타내는 무칼로리 감미료 ▪ 단맛의 상승을 위해 다른 감미료와 병용하여 사용함 ▪ 산, 알칼리, 고온에서 안정하여 제빵류와 장기 저장식품에 이용함	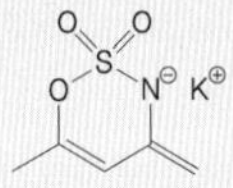
	사카린	▪ 물에 잘 녹고 강한 단맛을 지닌 사카린소듐의 형태로 이용됨 ▪ 0.02% 이하로 사용하면 쓴맛이 없고 맛이 감미로움 ▪ 쥐의 방광암 유발 보고로 1981년 유해성분으로 분류되었으나 이후 독성이 입증되지 않아 최근 유해우려물질 목록에서 제외됨 ▪ 우리나라는 안전성의 문제로 아직 제한적으로 사용되고 있음	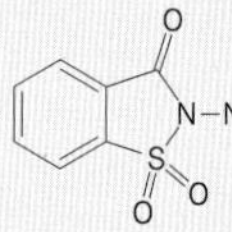
	수크랄로스	▪ 뒷맛이 오래 가나 불쾌하지 않은 무칼로리 감미료 ▪ 설탕의 −OH기 3개가 Cl로 전환된 트라이클로로 갈락토수크로스(trichloro galactosucrose)의 구조를 지님 ▪ 물에 잘 녹고 열에 안정하며 넓은 pH 범위에서 사용 가능함 ▪ 대부분 체외로 배출되나 소량 흡수되는 염소의 유해성 논란이 있음 ▪ 식품에 다양하게 이용되나 사용량은 규제하고 있음	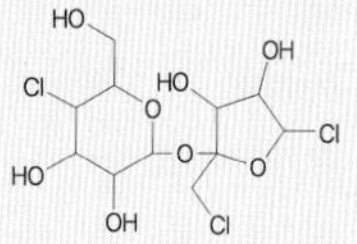
아미노산계 감미료	아스파탐	▪ 페닐알라닌과 아스파트산을 합성한 다이펩타이드 감미료 ▪ 화학명은 N-L-α-aspartyl-L-phenylalanine methyl ester ▪ 체내에서 아미노산과 같이 소화, 흡수되며 주로 청량음료에 사용됨 ▪ 저칼로리로 혈당 상승과 쓴맛이 없어 유럽에서 선호하는 감미료 ▪ 70℃ 이상에서 아미노산으로 분해되어 불안정하므로 고온에서 굽는 빵 등의 제품에는 부적당함 ▪ 저페닐알라닌 식이가 필요한 페닐케톤뇨증 환자는 사용이 제한됨	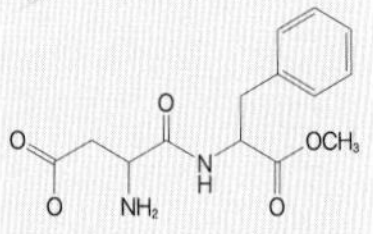
	알리탐	▪ D-알라닌과 L-아스파트산을 합성한 다이펩타이드 감미료 ▪ 아스파탐보다 단맛이 12배 강하며 안전함 ▪ 펩타이드형 감미료들처럼 갈변은 발생하나 부정적인 향과 맛은 없음	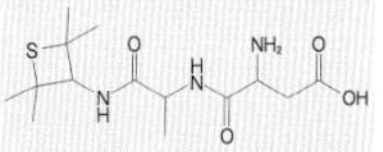
	네오탐	▪ '차세대 아스파탐'으로 불리는 새로운 아스파탐의 유도체 ▪ 아스파탐보다 열과 저장에 안정하며 단맛도 40배 강함 ▪ 고온, 극한의 pH에서 분해되어도 이취 없는 깨끗한 맛을 지님 ▪ 대사속도가 빠르고 완전히 제거되어 체내에 축적되지 않음 ▪ 미량으로 감미료 및 향미강화제로 사용됨	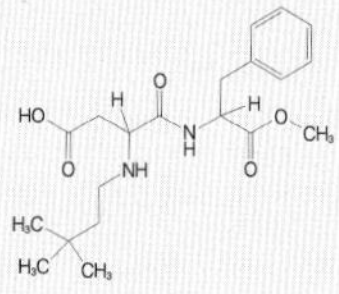

2) 신맛 성분

신맛(酸味, sour taste)은 미량 존재하면 미각을 자극하므로 향기와 함께 식욕을 증진시키는 맛이다. 그러나 주류나 고기 등의 변질시 생성되는 신맛에서 볼 수 있듯이 다량으로는 불쾌한 맛으로 변하여 기피하게 되고, 이로서 변질된 식품에 함유될 수 있는 미생물의 체내 침입을 방지할 수 있다.

신맛은 무기산이나 유기산이 해리된 수소이온(H^+, 산미기)의 맛으로 동일한 농도에서는 무기산이 유기산보다 신맛이 강하다. 그러나 동일한 pH에서는 유기산이 무기산에 비하여 신맛이 더 강한테, 이는 무기산은 용액 중에서 바로 해리되어 순간적으로 수소 이온의 농도를 높이나 곧 혀에서 중화되므로 신맛이 없어지지만, 유기산은 수소 이온이 서서히 해리되므로 지속적으로 강한 느낌이 남기 때문이다.

신맛이 수소 이온의 맛이라면 유기산에서 해리된 음이온은 특유의 약한 감칠맛을 부여하지만, 무기산에서 해리된 음이온은 쓴맛과 떫은맛을 부여해 불쾌한 신맛을 제공한다.

황산, 질산, 염산 등의 무기산도 묽은 수용액 상태로 pH를 맞추어 사용하면 유기산과 같이 사용할 수는 있으나 독성이 강하여 사용하지 않는다. 따라서 무기산 중에서 식품에 사용되는 것은 청량음료나 합성주 등에 함유된 탄산과 인산 정도이다(표 8-6).

표 8-6 신맛 성분

분 류	신맛 성분	함유식품	특 성	구 조
무기산	인산 (phosphoric acid)	청량음료	• 수용액이 강한 산미 보유	H_3PO_4
무기산	탄산 (carbonic acid)	맥주, 청량음료, 발포성 와인	• 강하고 톡 쏘는 자극적인 신맛 성분	H_2CO_3
유기산	아세트산 (acetic acid, 초산)	식초, 김치류	• 식초에 3~5% 함유된 자극성의 신맛 • 살균작용이 있어 음식물의 부패 방지에 이용	CH_3COOH
유기산	젖산 (lactic acid, 유산)	김치, 요구르트	• 장내 유해균의 발육 억제 효과 • 청량음료의 산미료, pH 조절제로 이용 • 주류의 발효 초기의 부패 방지에 이용	$CH_3-CH(OH)-COOH$
유기산	석신산 (succinic acid, 호박산)	청주, 조개류	• 호박(화석화 된 수지)에서 처음 분리한 유기산 • 신맛과 함께 감칠맛 함유 • MSG와 혼합하여 조미료로 이용	CH_2-COOH CH_2-COOH
유기산	말산 (malic acid, 사과산)	사과, 복숭아, 포도	• 융점이 낮아 구연산보다 산미가 오래 지속됨 • 흡습성이 낮아 장기보관 용이	$HO-CH-COOH$ CH_2-COOH
유기산	타타르산 (tartaric acid, 주석산)	포도, 와인	• 포도의 K, Ca과 결합해 주석산염을 형성하여 포도주의 침전을 일으킴	$OH-CH-COOH$ $OH-CH-COOH$
유기산	시트르산 (citric acid, 구연산)	레몬, 파인애플, 귤	• 상쾌한 신맛과 청량감 보유 • 과즙, 청량음료에 이용 • 몸 안의 젖산을 분해하여 피로회복 효과 보유	CH_2-COOH $HO-C-COOH$ CH_2-COOH
유기산	글루콘산 (gluconic acid)	곶감, 양조식품	• 부드럽고 청량한 산미 보유 • 주류, 식초, 청량음료의 산미료로 이용	$HOOC-(CHOH)_4-CH_2OH$
유기산	아스코브산 (ascorbic acid)	신선한 과일, 채소	• 상쾌한 신맛을 지니며, 항산화제로 이용 • 식품의 변색 방지에 이용	$OC-C(OH)=C(OH)-C(H)-C(H)(OH)-CH_2OH$ (O 고리)
유기산	옥살산 (oxalic acid, 수산)	시금치, 근대	• 아세트산보다 3,000배 정도 강한 산도 보유 • 칼슘의 흡수를 저해함	$COOH$ $COOH$

3) 짠맛 성분

짠맛(鹽味, saline taste)은 이온과 수분에 의한 체액의 삼투압 조절을 위하여 생리적인 욕구가 강하게 나타나며, 주로 무기 및 유기의 알칼리염이 해리되어 생성되는 이온의 맛이다. 짠맛은 주로 음이온의 맛으로 SO_4^{-2}>Cl^->Br^->I^->HCO_3^->NO_3^- 순으로 강하게 나타난다. Na^+, K^+, Li^+, NH_4^+, Ca^{2+}, Mg^{2+} 등 양이온은 짠맛을 강화하거나 쓴맛을 내는 등 부가적인 맛에 관여한다. 특히, 염을 구성하는 양이온이나 음이온의 분자량이 증가할수록 짠맛보다 쓴맛이 나타난다.

무기염 중에서도 NaCl, KCl, NH_4Cl, NaBr, NaI와 같은 염은 주로 짠맛을 주고, KBr, NH_4I는 짠맛과 쓴맛을 주며, KI, $MgCl_2$, $MgSO_4$는 쓴맛이 강하고, $CaCl_2$는 불쾌한 맛을 나타낸다. 이 중에서도 NaCl은 Cl^- 이온이 가지는 짠맛에 비하여 Na^+의 쓴맛이 매우 적어 가장 순수한 짠맛을 주므로, 각 무기염들의 짠맛을 비교하는 기준물질로 삼는다(표 8-7).

유기산의 염인 말산이소듐(disodium malate), 말론산이암모늄(diammonium malonate), 세바신산이암모늄(diammonium sebacinate), 글루콘산소듐(sodium gluconate)은 소금과 같이 짠맛을 지니면서도 혈중 소듐 농도를 크게 증가시키지 않으므로 소듐 섭취가 제한된 신장·간장병과 고혈압 환자를 위한 소금 대용품으로 이용된다.

식사에서 가장 기분 좋은 국물의 짠맛은 소금 1%의 농도이나 산이 섞이면 짠맛이 강해진다.

표 8-7 다양한 무기염류의 짠맛 비교

(NaCl의 짠맛=1)

	Cl^-	I^-	Br^-	SO_4^{2-}	NO_3^-	HCO_3^-
Na^+	1.00	0.77	0.91	1.25	0.17	0.21
K^+	1.36	0.54	1.16	0.26	0.14	0.23
Li^+	0.44	0.57	0.79		1.03	
NH_4^+	2.38	2.44	1.83	1.26		
Ca^{2+}	1.23					
Mg^{2+}	0.20			0.01	0.23	

자료: 조신호 외(2010). 식품학.

4) 쓴맛 성분

쓴맛(苦味, bitter taste)은 가장 예민하게 낮은 온도에서도 느껴지는 불쾌한 맛으로 식물성 독소나 미생물의 분해로 생성된 쓴맛 성분을 식별하여 섭취하지 않도록 경고하는 의미를 지닌다. 그러나 맥주, 차, 커피가 쓴맛 때문에 기호적인 가치가 증가하는 것처럼 미량의 쓴맛은 단맛 등과 함께 존재할 때 식품의 맛을 강화하는 효과를 지닌다. 쓴맛성분은 N≡, =N≡, $-NO_2$, −S−S−, −S−, =CS, $-SO_2$와 같은 고미기를 지니는 알칼로이드, 배당체, 케톤류, 무기염류, 아미노산 등이다(표 8-8). 알칼로이드(alkaloids)는 식물체에 함유된 염기성 함질소 화합물의 총칭으로서 쓴맛과 함께 특수한 약리작용을 한다. 식품에 함유된 알칼로이드를 보면 차나 커피의 카페인, 코코아나 초콜릿의 테오브로민, 키나의 퀴닌 등이 있으며, 이 중 퀴닌은 쓴맛의 표준물질로 이용된다.

자몽, 레몬, 귤 등의 주스나 통조림에 함유된 쓴맛 성분은 배당체인 나린진과 터페노이드(terpenoid) 화합물인 리모닌이다. 나린진의 쓴맛은 나린진 가수분해효소(naringinase)로 당을 분해하여 아글리콘인 나린제닌(naringenine)으로 만들면 제거된다. 리모닌은 신선한 과즙에서는 쓴맛이 없으나 저장하거나 가공하면 쓴맛을 나타내는 지연성 쓴맛 성분이다. 리모닌의 모노락톤(monolactone) 고리가 과즙 중의 산에 의하여 가수분해되면 강한 쓴맛을 나타내게 된다. 배당체로서 오이나 참외 꼭지 부위에 함유된 쿠쿠비타신, 양파의 퀴세틴도 쓴맛을 나타낸다.

맥주 제조 중 단백질에 의한 혼탁을 제거하기 위해 첨가하는 홉(hop)의 건조된 암꽃 중에는 α-acid로 알려진 후물론류(humulone, cohumulone, adhumulone)와 β-acid로 알려진 루풀론류(lupulone, colupulone, adlupulone)가 들어 있다. 이 성분들은 맥즙의 가열 중 iso-α-acid와 iso-β-acid로 이성화되어 항균성과 기포성이 강한 맥주 특유의 쓴맛을 제공한다.

흑반병에 걸린 고구마의 이포메아마론, 콩이나 도토리의 사포닌, 쑥의 투존, 무기염류인 염화칼슘과 염화마그네슘, 트립토판이나 류신 등의 일부 아미노산도 쓴맛 성분이며, 그 밖에 단백질의 가수분해물인 다이펩타이드(arginine-leucine, glycine-leucine), 타이로신에서 생성된 티라민(tyramine)도 쓴맛을 나타낸다.

표 8-8 식품의 쓴맛 성분

알칼로이드

카페인(caffeine)	테오브로민(theobromine)	퀴닌(quinine)
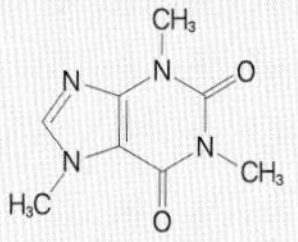		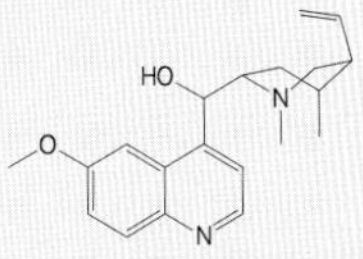
커피, 차	카카오, 초콜릿	키나(말라리아약)

배당체

나린진(naringine)	쿠쿠비타신(cucurbitacin)	퀴세틴(quercetin)
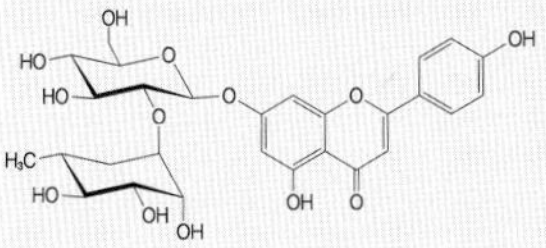	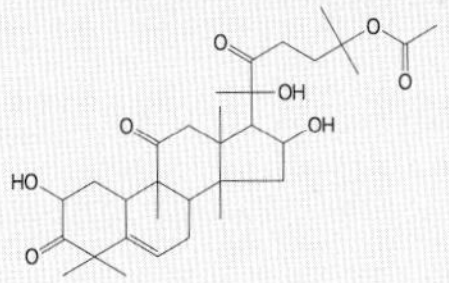	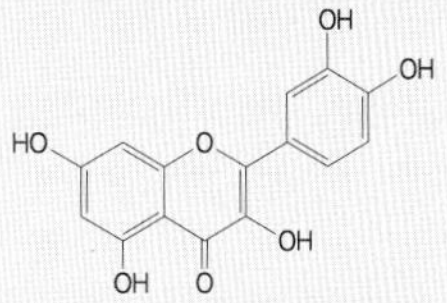
감귤류 과피	오이, 참외의 꼭지	양파

케톤류

후물론(humulone)류, 루풀론(lupulone)류

Hop acids (A, B)

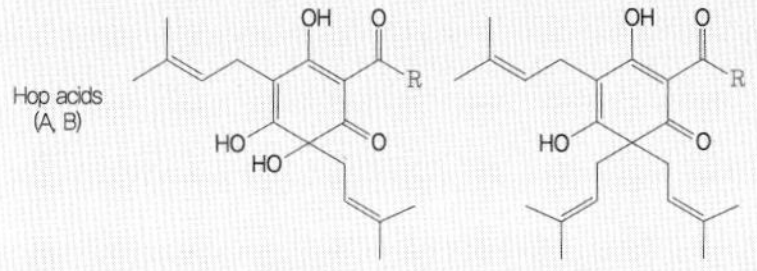

n-humulone R : $CH(CH_3)_2$
cohumulone R : $CH(CH_3)CH_2CH_3$
adhumulone R : $CH_2CH(CH_3)_2$
n-lupulone R : $CH(CH_3)_2$
colupulone R : $CH(CH_3)CH_2CH_3$
adlupulone R : $CH_2CH(CH_3)_2$

Iso-α-acids (IAA)

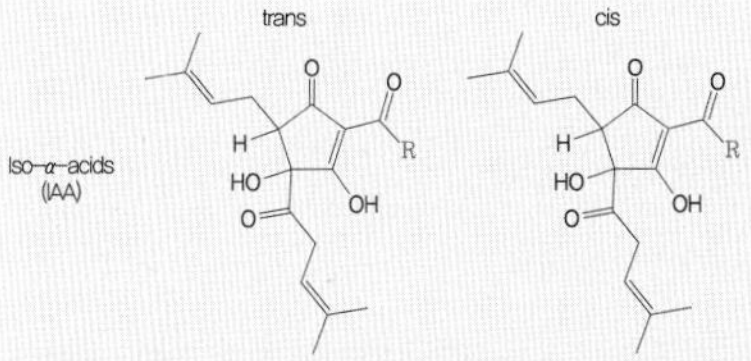

cis-iso-n-humulone
trans-iso-n-humulone
cis-iso cohumulone
trans-iso cohumulone
cis-iso adhumulone
trans-iso adhumulone

홉의 건조 암꽃

투존(thujone)

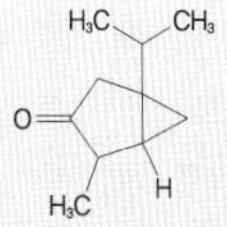

쑥

무기염류	아미노산	
염화칼슘($CaCl_2$) 염화마그네슘($MgCl_2$)	L-트립토판(tryptophan) L-류신(leucine)	L-페닐알라닌(phenylalanine) L-타이로신(tyrosine)

기 타

이포메아마론(ipomeamarone)	사포닌(saponin)	리모닌(limonin)
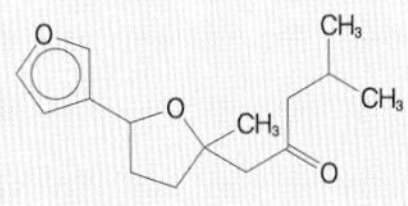	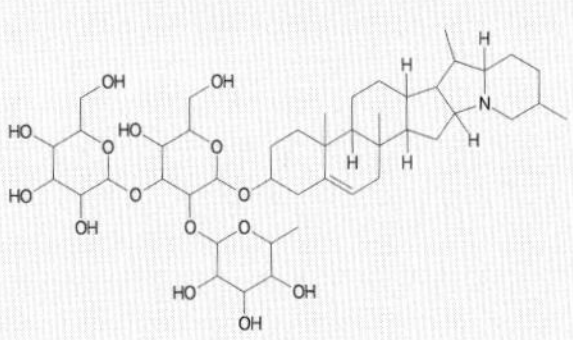	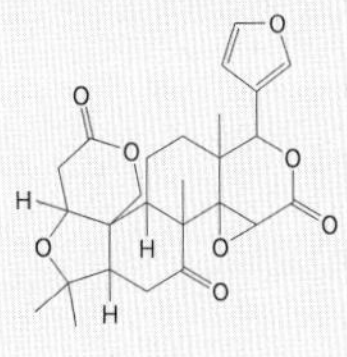
흑반병에 걸린 고구마	콩, 도토리, 인삼, 팥	감귤류

5) 감칠맛 성분

감칠맛(旨味, umami, savory taste)은 단맛, 신맛, 쓴맛, 짠맛과 향기가 조화를 이룬 복합적인 맛이다. 동양에서부터 알려지기 시작하여 단맛, 신맛, 쓴맛, 짠맛에 이은 5번째 기본맛으로 인정되며, 육류, 베이컨, 치즈, 조개류, 젓갈류, 해조류, 버섯, 죽순, 토마토소스, 간장, 된장 등에서 느낄 수 있다. 아미노산과 그 유도체, 펩타이드, 콜린과 유도체, 뉴클레오타이드, 유기산 등이 감칠맛 성분으로 작용한다.

아미노산인 글리신과 글리신에 3개의 메틸기가 붙은 베타인은 각각 겨울철과 여름철의 조개, 게나 새우에 함유된 감칠맛 성분이다(표 8-9). 글리신의 유도체로 척추동물의 근육 속에 다량 존재하는 크레아틴과 크레아티닌도 감칠맛을 지닌다. 또한 아미노산인 글루탐산은 아스파트산보다 3배 강한 감칠맛을 지니나 글루탐산에 Na가 붙으면 쉽게 이온화되어 물에 잘 녹아서 좋은 맛을 제공하는데, 이 성분이 바로 다시마의 열수 추출물에 함유된 모노글루탐산소듐(monosodium glutamate, MSG)이다. 실제로 MSG는 음식물에 적당량 첨가되면 풍미를 증진시켜 먹고 싶은 욕구를 불러일으키므로 조미료로 사용된다.

글루탐산의 아마이드(amide)인 글루타민, 아스파트산의 아마이드인 아스파라진과 글루탐산의 에틸아마이드인 테아닌도 감칠맛을 지닌다. 또 다이펩타이드인 카노신(β-알라닌+히스티딘), 안세린(β-알라닌+메틸히스티딘)과 트라이펩타이드인 글루타싸이온(글루탐산+시스테인+글리신)도 감칠맛을 함유한다.

핵산의 구성단위로 염기–당–인산이 결합된 뉴클레오타이드(nucleotide)도 감칠맛을 제공한다(표 8-10). 특히, 마른 표고버섯에 함유된 5′-GMP, 멸치나 가다랑어포 및 육류에 함유된 5′-IMP와 고사리에 함유된 5′-XMP가 대표적인 경우로 감칠맛의 크기는 5′-GMP>5′-IMP>5′-XMP의 순이다. 대개 MSG와 혼합하여 사용하면 맛의 상승효과를 거둘 수 있어 MSG에 5′-IMP와 5′-GMP를 0.5~8% 혼합한 핵산계 복합조미료가 사용되고 있다.

그러나 최근에는 천연 소재인 소금, 간장, 마늘, 양파, 쇠고기, 조개, 멸치에 MSG의 맛을 적절히 배합하여 식품 고유의 맛을 살린 종합조미료 또는 천연복합조미료도 시판되고 있다.

표 8-9 식품의 아미노산계 감칠맛 성분

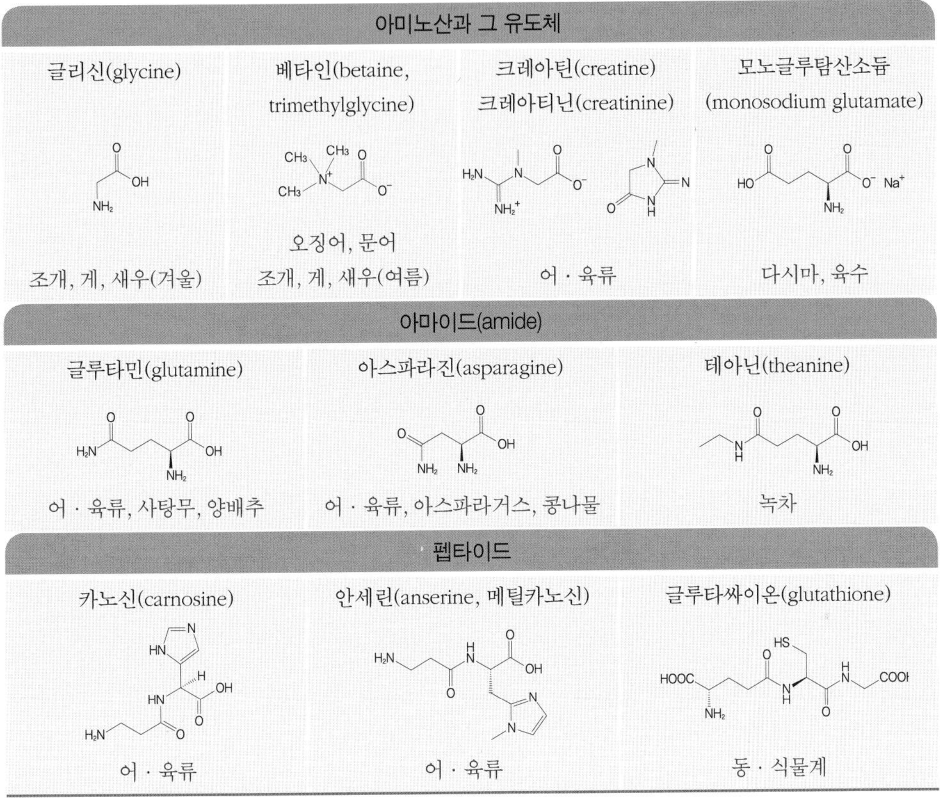

아미노산과 그 유도체			
글리신(glycine)	베타인(betaine, trimethylglycine)	크레아틴(creatine) 크레아티닌(creatinine)	모노글루탐산소듐(monosodium glutamate)
조개, 게, 새우(겨울)	오징어, 문어 조개, 게, 새우(여름)	어 · 육류	다시마, 육수

아마이드(amide)		
글루타민(glutamine)	아스파라진(asparagine)	테아닌(theanine)
어 · 육류, 사탕무, 양배추	어 · 육류, 아스파라거스, 콩나물	녹차

펩타이드		
카노신(carnosine)	안세린(anserine, 메틸카노신)	글루타싸이온(glutathione)
어 · 육류	어 · 육류	동 · 식물계

표 8-10 식품의 핵산계 감칠맛 성분

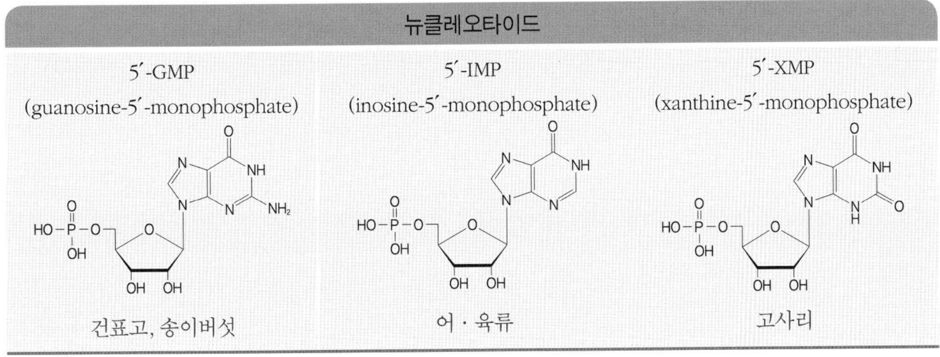

뉴클레오타이드		
5′-GMP (guanosine-5′-monophosphate)	5′-IMP (inosine-5′-monophosphate)	5′-XMP (xanthine-5′-monophosphate)
건표고, 송이버섯	어 · 육류	고사리

각 식품에 함유된 MSG와 뉴클레오타이드의 함량 분포는 표 8-11과 같다.

표 8-11 천연식품에 함유된 감칠맛 성분의 함량

(단위: mg/100 g)

식 품	MSG	5′-IMP	5′-GMP	식 품	MSG	5′-IMP	5′-GMP
다시마	2240			돼지고기	9	260	2
김	1378	8.5	12.5	닭고기	22	283	5
가다랑어포	26	687		파마산 치즈	1200		
참 치		188		에멘탈 치즈	308		
정어리	280	193		건표고버섯	1060		150
대 하	43	92	30	토마토주스	260		
대 구	9	44		모 유	22		
연 어	20			우 유	2		

자료: Coultate, T.P.(2009). *Food the chemistry of its components*.

그 밖에도 감칠맛 성분에는 인지질의 구성분으로 세포막 형성에 관여하는 콜린과 그 유도체인 카니틴, 각종 퓨린 염기와 그 산화생성물, 석신산이소듐(disodium succinate), 트라이메틸아민의 전구체인 트라이메틸아민 옥사이드, 신경전달물질로 알려진 타우린 등이 있다(표 8-12).

표 8-12 그 외의 감칠맛 성분

콜린과 그 유도체		퓨린 염기와 산화물
콜린(choline) $(CH_3)_3N^+CH_2CH_2OH$ 맥아, 대두유, 난황	카니틴(carnitine) $(CH_3)_3N^+CH_2CH_2CH_2COO^-$ 육류, 견과류	아데닌, 구아닌, 히포크산틴, 크산틴, 구아니딘, 메틸구아니딘 (퓨린 구조식) 어 · 육류
유기산	**기 타**	
석신산이소듐(disodium succinate) $Na^+ \, ^-OOCCH_2CH_2COO^- \, Na^+$ 조개류, 청주	트라이메틸아민 옥사이드(trimethylamine oxide) $(CH_3)_3N^+O^-$ 해산어류	타우린(taurine, aminoethanesulfonic acid) $HO_3SCH_2CH_2NH_2$ 오징어, 낙지, 문어(흰가루)

6) 매운맛 성분

매운맛(辛味, hot taste)은 자극적인 냄새와 더불어 입 안에서 느껴지는 통각으로 일반적인 미각이 아니므로 서양에서는 맛으로 분류하지 않는다. 매운맛 성분을 다량 섭취하면 입 안이 얼얼해지며 고통스럽지만 적당량을 음식에 첨가하면 고유의 자극적인 향과 맛에 긴장감을 주어 식욕을 촉진하고 살균작용과 항산화작용까지 하는 향신료가 된다. 매운맛 성분에는 방향족 알데하이드 및 케톤류(표 8-13), 산아마이드(표 8-14), 황화합물(표 8-15), 아민류가 포함된다.

방향족 알데하이드나 케톤류 중 생강에 함유된 진저올은 조리나 건조에 의하여 매운맛은 다소 약하나 달콤한 향기를 지닌 진제론이나 매운맛이 2배 강한 쇼가올로 변한다. 쿠쿠민은 카레가루를 만드는 강황에 함유된 밝은 황색의 매운맛이다. 바닐린은 바닐라콩의 추출물에서 발견된다. 또한 시남알데하이드는 계피나무 껍질(육계)에 함유된 정유를 수증기 증류하여 얻는 황색의 유상물질이다.

표 8-13 방향족 알데하이드 및 케톤류의 매운맛 성분

방향족 알데하이드 및 케톤			
진저올(zingerol) → 진제론(zingerone), 쇼가올(shogaol)	쿠쿠민 (curcumin)	바닐린 (vanillin)	시남알데하이드 (cinnamic aldehyde)
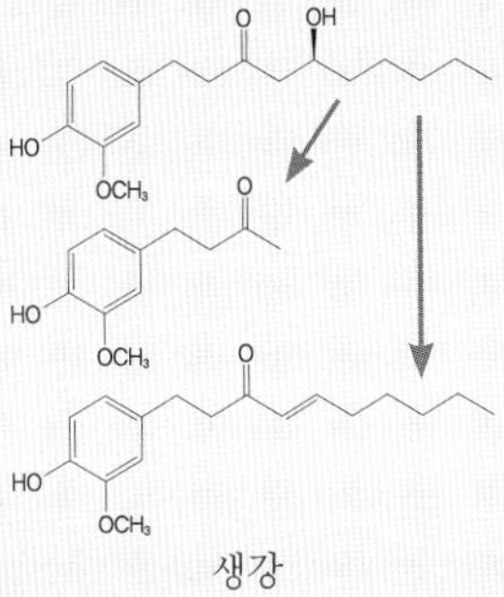 (구조식: HO, OCH_3, O, OH)	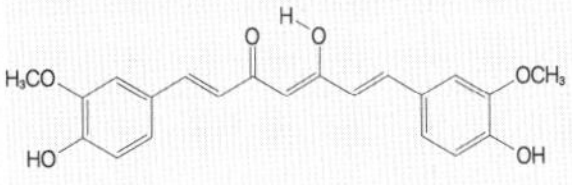 (구조식: H_3CO, HO, O, H, O, OCH_3, OH)	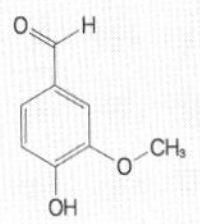 (구조식: O, H, O, CH_3, OH)	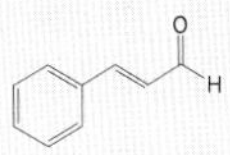 (구조식: O, H)
생강	강황(울금)	바닐라콩	계피(육계)

고추에 함유된 캡사이신은 격렬한 발열감을 일으키는 지용성의 자극적인 매운맛 성분이다. 잘 익은 검은 후추 열매의 껍질에는 피페린이 많지만 물 속에서 발효시켜 껍질을 벗긴 흰 후추는 그 함량이 적어 좀더 부드럽고 매운맛이 약하다. 후춧가루로 분쇄하

면 *trans*형의 피페린이 *cis*형의 채비신으로 변화되어 비로소 매운맛을 낸다. 그러나 오래 저장하면 *cis*형의 채비신이 안정한 *trans*형의 피페린으로 서서히 이성화되어 매운맛이 감소한다. 가을에 까맣게 익는 산초나무 열매에 함유된 혀끝이 아린 듯한 매운맛 성분은 산쇼올이다. 산초도 열매의 껍질 부위에 매운맛을 함유하여 간 상태로 오래 보관하면 매운맛을 잃어버리므로 사용 직전에 분쇄하는 것이 바람직하다.

표 8-14 산아마이드류의 매운맛 성분

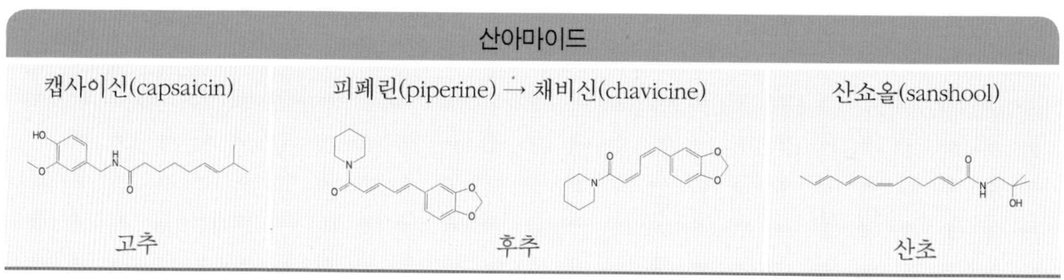

흑겨자나 고추냉이를 마쇄하면 배당체인 시니그린(sinigrin)이 미로시네이스(myrosinase)에 의해 매운맛 성분인 알릴아이소싸이오시아네이트를 생성한다. 그러나 백겨자를 갈면 배당체인 신알빈(sinalbin)이 미로시네이스에 의해 *p*-하이드록시벤질 아이소싸이오시아네이트로 분해되면서 매운맛을 낸다. 마늘은 다지거나 찧으면 전구체인 알리인(alliin)이 알리네이스(allinase)에 의해 매운맛 성분인 알리신을 생성한다. 파류는 디알릴설파이드, 다이알릴다이설파이드, 프로필알릴설파이드, 다이비닐설파이드 등의 알릴설파이드류(allyl sulfide)에 의해 매운맛을 낸다.

표 8-15 황화합물의 매운맛 성분

황화합물			
알릴아이소싸이오시아네이트 (allyl isothiocyante)	*p*-하이드록시벤질 아이소싸이오시아네이트 (*p*-hydroxybenzyl isothiocyanate)	알리신 (allicin)	알릴설파이드류 (allyl sulfide)
$CH_2=CH-CH_2-N=C=S$	$HO-C_6H_4-CH_2-N=C=S$	O^-, S^+	S–S
흑겨자, 고추냉이	백겨자	마늘	파, 양파, 부추

그 외에 부패된 생선이나 변질된 간장은 히스티딘과 타이로신이 세균에 의해 탈탄산된 히스타민(histamine)과 티라민(tyramine)에 의해 자극적인 매운맛을 갖는다.

7) 떫은맛 성분

떫은맛(澁味, astringent taste)은 입 안의 점막이 수축되는 수렴성(astringent)의 불쾌한 맛이다. 즉, 혀에 분포된 점막 단백질이 떫은맛 성분에 의해 일시적으로 변성 및 응고되어 나타나는 미각신경의 마비 현상이다. 떫은맛은 강하면 불쾌하나 약하면 쓴맛과 비슷하게 느껴지며 다른 맛성분과 혼합되어 독특한 풍미를 형성한다. 가령, 차나 와인은 타닌에 의한 떫은맛이 풍미를 살리는 중요한 요소가 된다.

떫은맛 성분에는 타닌(표 8-16), 지방산, 알데하이드, 철이나 알루미늄과 같은 금속이 있다.

표 8-16 식품의 떫은맛 성분

타닌류			
카테킨(catechin)류	클로로젠산 (chlorogenic acid)	엘라그산 (ellagic acid)	시부올(shibuol)
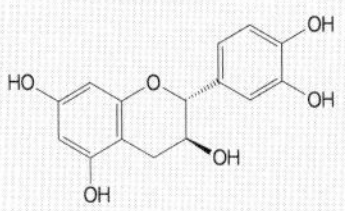 HO, O, OH, OH, OH, OH	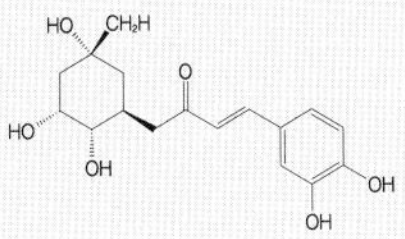 HO, CH₂H, HO, OH, O, OH, OH	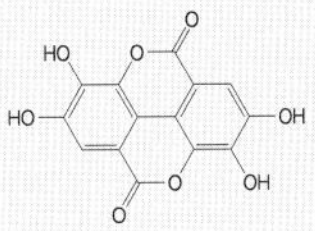 HO, O, O, HO, OH, O, O, OH	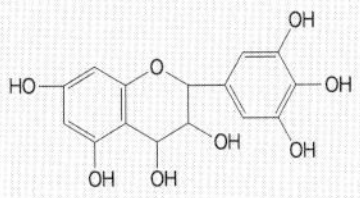 HO, O, OH, OH, OH, OH, OH, OH
녹차, 홍차	커피	밤	감

차의 떫은맛은 에피카테킨 갈레이트, 에피갈로 카테킨 등의 카테킨류에 의해 나타나며, 커피의 떫은맛 성분은 클로로젠산이다. 또한 속껍질을 벗기지 않은 밤의 떫은맛은 엘라그산에 의한 것이다. 그 밖에 오래된 훈제품이나 건어물도 저장 중 지질의 산패에 의해 형성된 알데하이드나 일부의 유리지방산에 의하여 떫은맛을 나타낼 수 있다.

미숙한 감은 시부올이라 불리는 수용성 타닌을 다량 함유하여 떫은맛을 지닌다. 수용성 시부올은 떫은 감에 1.5%, 덜익은 감에 0.9%, 잘 익은 감에 0.2% 정도 함유되어 있으며, 숙성될수록 수용성 타닌이 산화 또는 중합되어 더 큰 불용성 중합체로 변하면서 떫은맛을 상실하게 된다.

8) 아린맛 성분

아린맛(acrid taste)은 떫은맛과 쓴맛이 혼합되어 나타나는 불쾌한 맛이다. 죽순, 고사리, 우엉, 토란, 가지에서 느낄 수 있는 맛으로 대개 물에 담그거나 또는 데친 후 물에 담그면 제거된다. 아린맛 성분에는 알칼로이드, 타닌, 알데하이드, 무기염류(Ca^{2+}, Mg^{2+}, K^{+}), 유기산 등이 있다.

토란, 죽순, 우엉에서 느껴지는 아린맛 성분은 호모젠티스산(homogentisic acid)으로 이는 페닐알라닌이나 타이로신과 같은 방향족 아미노산의 대사과정에서 생성되는 것으로 알려져 있다(그림 8-10). 특히 죽순의 경우 구입 후 시간이 지날수록 아린맛이 강해지기 때문에 가급적 삶은 후 물에 담갔다가 조리하는 것이 바람직하다.

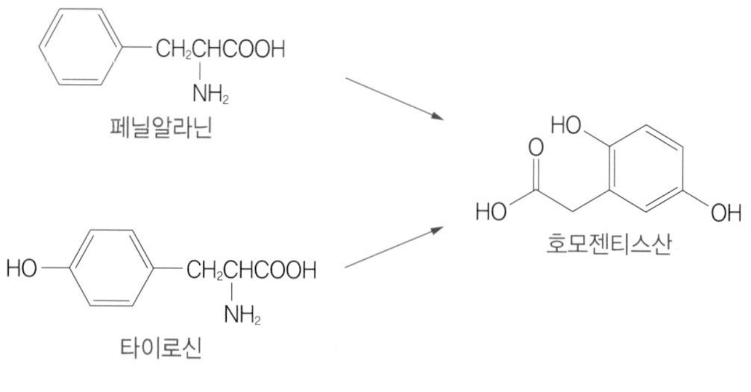

그림 8-10 호모젠티스산의 생성

9) 기타

금속맛(metallic taste)은 숟가락, 포크나 칼 등이 입에 닿을 때 느껴지는 금속 이온의 맛이며, 알칼리맛(alkali taste)은 초목을 태운 재나 중조($NaHCO_3$)의 맛으로 수산기(−OH)로부터 기인한다.

교질맛(colloidal taste)은 식품에 함유된 다당류나 단백질이 교질상태로 입 안의 점막에 물리적으로 접촉될 때 느껴진다. 이런 맛은 밥이나 떡의 아밀로펙틴, 과일잼의 펙틴질, 해조류의 알진산이나 한천과 같은 다당류, 밀가루의 글루텐, 동물성 식품의 뮤신 · 뮤코이드 · 젤라틴 같은 단백질이 콜로이드 상태가 될 때 형성된다.

그리고 박하(peppermint)를 먹으면 입 안이 시원해지는 느낌, 즉 청량미(cool taste)를 느끼게 되는데 이는 박하성분이 침에 녹을 때 열을 흡수하기 때문에 입 안 점막의 온도가 낮아지면서 발생한다. 이런 맛은 민트향을 지닌 멘톨(menthol), 멘톤(menthone)과 아세트산메틸(methyl acetate) 같은 성분이 제공하며 신맛이 나거나 저온일 때 잘 느껴진다. 그러나 청량한 맛의 인지는 개인차가 커서 역치로 볼 때 0.02~10 μg까지 다양하다. 박하 외에 스피아민트나 탄산음료에서도 느껴지며 추잉검, 목캔디, 구강청정제 등에도 함유되어 있다.

기름진맛(fattiness)은 지방산에 반응하는 맛 수용체가 발견되면서 정의되기 시작한 것으로 유지나 유화물 또는 콜로이드 상태의 물질을 입에 넣었을 때 느껴지는 맛이다. 이런 맛의 수용체가 유전적으로 차단된 쥐에서는 지방을 소화시킬 수 있는 소화액이 분비되지 못함이 발견되었다.

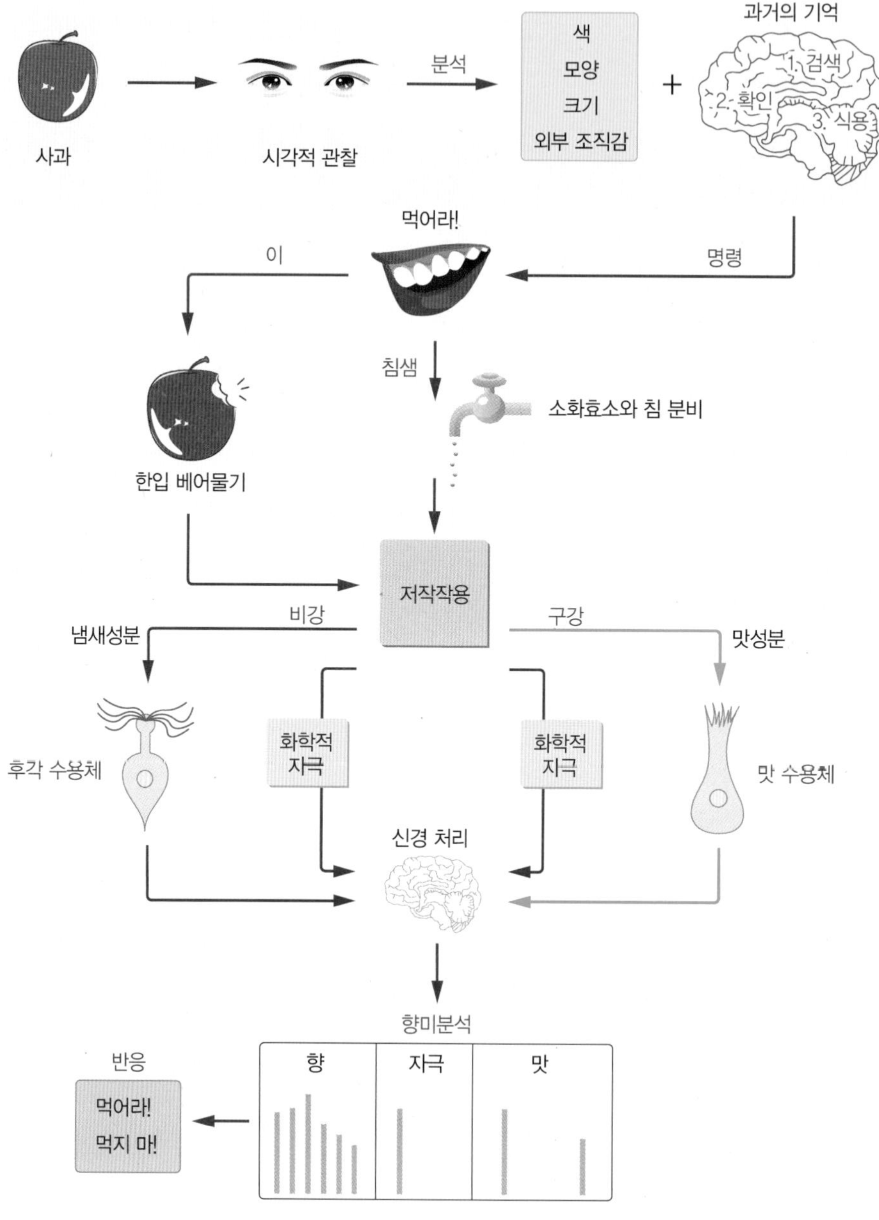

향미(flavor)의 인지과정

9 식품의 냄새

1. 냄새의 인식
2. 냄새의 분류
3. 냄새성분의 분류
4. 식품별 냄새성분의 분류
5. 가열·훈연·발효·부패 중 생성되는 냄새성분의 분류

aroma

Chapter 9

식품의 냄새

냄새란 분자량 300 이하의 비이온성 화학물질로 구성된 휘발성 성분들을 접할 때 코에서 느껴지는 감각이다. 천연식품은 그 식품 특유의 냄새를 지니고 있으나 불안정하여 열, 광선, 공기 등의 영향을 받아 쉽게 소실되거나 변화되지만, 가열처리 등의 가공조작 중 식욕을 돋우는 향기 성분이나 이취(off-flavor)를 내는 성분들이 생성되기도 한다.

이와 같은 냄새의 특성을 살펴보면 다음과 같다.

- 한 식품의 냄새라도 수많은 성분들이 복합되어 발생한다.
- 한 식품의 고유한 냄새라도 가공, 저장, 조리 및 부패과정에서 현저하게 변화될 수 있다.
- 냄새는 색, 맛, 조직감과 함께 조화를 이루어 식품의 기호성과 품질을 결정하는 요소이다.
- 냄새는 식품의 신선도와 숙성의 정도 그리고 변질의 여부까지도 판단할 수 있는 척도이다.
- 같은 식품의 냄새라도 사회문화적 · 생물학적 개인차에 따라 다르게 느낄 수 있다.
- 냄새 성분들은 그 함량이 매우 적고 변화되기 쉬워 정확히 규명하기 어렵다.
- 화학물질의 분자구조나 작용기에 따라 냄새의 특성이 다르다.

냄새 성분은 주로 관능검사나 GC-MS(gas chromatography-mass spectrometer)를 이용하여 분석하였으나 최근에는 좀 더 사람의 감각기관에 근접하려는 노력에 의한 전자코(electronic nose) 또는 바이오 전자코 시스템이 개발되었으며, 후각측정기(olfactometer)도 많이 이용되고 있다.

냄새는 식품을 선택하는 중요한 요소이므로 이취를 피하면서 향의 손실을 최소화하거나 지연시키고, 바람직한 향은 보존하기 위해 노력해야 한다.

그림 9-1 GC-olfactometer를 이용한 냄새인지 실험

1 냄새의 인식

1) 후각기관의 작용

비강의 안쪽 윗부분 점막층에 위치한 후각 상피세포는 냄새 성분을 처음으로 접하는 곳이다. 분자상태의 화학물질, 즉 냄새성분이 코에 흡입되면(그림 9-2) 상피세포 끝 섬모에 닿고 이는 후각 수용체 세포에 전달된다. 후각 수용체가 특정한 냄새 분자들과 1대 1로 결합할 때 발생한 전기신호가 후각신경을 타고 후구를 통하여 뇌로 전달되면, 뇌에서는 각 신호를 조합하여 어떤 냄새인지 인식하게 된다(그림 9-3).

비강 위쪽의 후각세포와 후각을 인지하는 뇌의 변연계 사이의 거리는 약 2 cm밖에 되지 않아 냄새는 어느 자극보다 빠르게 뇌에 전달된다. 수많은 냄새 성분들의 정보는 뇌에 저장된 냄새지도를 통해 판단된다.

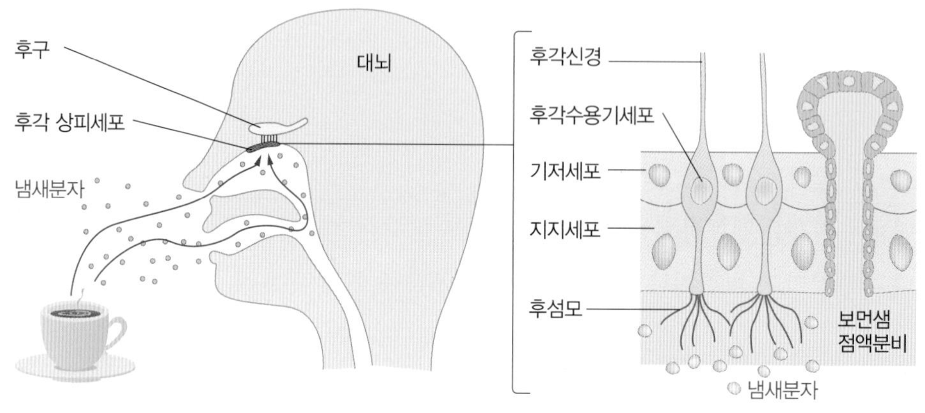

그림 9-2 후각기관의 구조 **그림 9-3** 후세포와 후신경

자료: 久保田紀久杞 · 森光康次郎 編(2001). 食品學: 食品成分と機能性.

2) 냄새의 역치

냄새의 역치(threshold value)는 후각세포에 흥분을 일으킬 수 있는 최소한의 자극 크기이다. 역치는 냄새성분의 종류에 따라 다르나 냄새성분이 녹아 있는 매체에 따라서도 달라진다. 사람은 다른 동물들에 비해 후각 수용체의 수가 적어 냄새인지 능력이 약한 편이다(표 9-1). 사람 중에도 냄새에 더 예민한 사람이 있으나 연령의 증가에 따라 민감성이 감소되어 80대에 이르면 20대에 비해 1/3 정도로 줄어든다.

냄새의 역치는 맛의 역치에 비하여 훨씬 더 예민하다. 따라서 냄새는 ppm(part per million) 또는 ppb(part per billion) 정도의 낮은 농도에서도 쉽게 감지되어 냄새의 변화로 음식의 부패나 탄화 여부를 쉽게 판단할 수 있다. 그러나 불쾌한 냄새일지라도 계속해서 맡게 되면 둔감해지거나 맡지 못할 수도 있다. 이는 같은 성분에 의해 오래 자극되면 그 성분에 대한 역치가 상승하고 후각의 강도가 떨어지는 일종의 순응현상에 의한 것이다.

후각역치 검사와 후각인지도 검사

후각역치 검사는 각기 다른 농도로 냄새성분이 함유된 용액의 유리병과 아무 냄새도 나지 않는 유리병을 번갈아 가면서 냄새를 맡게 하여 피검자가 맡을 수 있는 가장 낮은 농도를 알아보는 검사이다. 이는 13단계로 나누어진 용액의 농도를 단계별로 확인하게 함으로써 후각장애의 정도를 판단할 수 있다.

후각인지도 검사는 12항목으로 된 책자를 이용하여 연필 등으로 긁어 냄새를 맡게 한 후 항목별 보기를 선택하게 하여 맞춘 점수로서 피검자의 냄새 인지능력을 측정한다. 후각역치 검사에 비하여 간단하고 시간도 적게 걸린다.

표 9-1 냄새에 대한 사람과 개의 역치 비교

물 질	인간	개	인간/개
아세트산	5.0×10^{13}	5.0×10^{5}	1.0×10^{8}
헥사노산	2.0×10^{11}	4.0×10^{4}	5.0×10^{6}
발레산	6.0×10^{10}	3.5×10^{4}	1.7×10^{6}
뷰티르산	7.0×10^{9}	0.0×10^{3}	7.8×10^{5}
α -이오논	3.0×10^{8}	1.0×10^{5}	3,000
에틸 머캅탄	4.0×10^{8}	2.0×10^{5}	2,000

자료: http://211.174.114.20/hint.asp?md=204&no=11275

3) 향과 취, 향미

커피나 과일의 향처럼 사람의 기분을 좋게 하고 호감을 주는 냄새는 향(aroma, perfume)이며, 음식이 부패하거나 산패될 때 나는 이취와 같이 불쾌감을 주는 냄새는 취(stink)이다.

그러나 향과 취의 구별은 익숙한 정도, 냄새성분의 양에 따라 달라진다. 가령, 초기에 맡는 치즈 냄새는 좋지 않게 느껴지나 자주 접하여 익숙해지면 향으로 느껴지며, 미량의 스카톨(skatole)은 향으로 느껴지나 다량이 되면 부패취로 느껴진다. 또한 화학구조에 따라서도 냄새의 종류나 강도가 달라진다. 가령, 메탄올의 (+) 및 (−)형 이성체는 박하향을 내지만, iso- 및 neo-형 이성체에서는 곰팡이 냄새가 난다. 그리고 풋후추 냄새가 나는 2-메톡시-3-아이소부틸피라진(2-methoxy-3-isobutylpyrazine)은 분자로부터 메톡실기($-OCH_3$)나 알킬기를 제거하면 냄새가 줄어든다.

우리는 식품을 입에 넣고 씹을 경우 혀로는 맛을 느끼고 코로는 향기를 맡으며 촉각을 통하여 조직감을 느끼면서 그 식품에 대한 전체적인 평가를 하게 된다. 이렇게 식품이나 조리된 음식을 먹을 때 코와 혀가 협응하여 느껴지는 복합적인 감각은 향미(flavor)라 표현한다. 그러나 항상 좋은 냄새, 나쁜 냄새나 향미를 구분하여 정확하게 표현하기 어려워 '냄새(odor)'라는 일반적인 표현이 통용되고 있다.

2 냄새의 분류

1) 헤닝의 분류

헤닝(Henning, 1916)은 냄새의 분류에 있어 대표적인 학자로 손꼽히고 있다. 그는 기본적인 냄새를 6종류로 분류하고 그 상호 간의 관계를 냄새 프리즘으로 표시하였다(표 9-2). 즉, 모든 냄새는 6종류의 냄새를 서로 결합할 때 생성되며 냄새 프리즘 내의 한 점으로 표현할 수 있다고 제안하였다.

표 9-2 헤닝의 냄새 분류 및 냄새 프리즘

기본 냄새	냄새의 분류	냄새 프리즘
꽃향기(fragrant)	재스민, 장미, 백합 등의 냄새	꽃향기 / 썩은 냄새 / 과일향기 / 매운 냄새 / 탄 냄새 / 수지향기
과일향기(ethereal)	귤, 사과, 레몬 등의 냄새	
매운 냄새(spicy)	후추, 마늘, 생강 등의 냄새	
수지향기(resinous)	터펜유, 송정유(松精油) 등의 냄새	
썩은 냄새(putrid)	썩은 고기, 부패한 달걀의 냄새	
탄 냄새(brunt)	캐러멜, 커피 등의 냄새	

2) 그 외의 분류

린나우스(Linnaeus, 1752), 할러(Haller, 1763), 츠바르데마케르(Zwaardemaker, 1895)

는 헤닝보다 먼저 냄새를 분류하였으며, 이후 크록커와 헨더슨(Crocker & Henderson, 1927)도 기본 냄새를 4종류로 분류하였다.

아무어(Amoore, 1964)는 기본적인 냄새를 장뇌냄새, 에스터냄새, 사향냄새, 꽃향기, 박하향, 매운 냄새, 썩은 냄새의 7종류로 분류하고, 어떤 냄새는 그 냄새를 구성하는 화학물질의 분자 크기와 형태가 결정한다는 입체화학설을 제안하였다.

3 냄새성분의 분류

식물성 식품의 냄새는 주로 알코올류, 알데하이드와 케톤류, 에스터류, 정유류와 황화합물에 의하며, 동물성 식품의 냄새는 육류와 어류의 아민을 비롯한 질소화합물, 우유와 유제품의 지방산이나 카보닐 화합물이 주성분으로 관여한다. 이러한 냄새성분별 특성과 그 예를 살펴보면 다음과 같다(표 9-3).

표 9-3 식품의 주요 냄새성분과 그 특성

분류	특성	종류
알코올류	식물성 식품, 주류의 향기성분으로 알려짐 ■ 과일, 채소, 청주의 향기는 주로 C_5 이하의 알코올이 많음 ■ 이중결합을 지닌 알코올은 향기가 강해짐 ■ 방향족 알코올은 꽃향기에 많음	헥센올(hexenol), 유제놀(eugenol), 1-옥텐-3-올(1-octen-3-ol), 에탄올(ethanol), 프로판올(propanol), 푸푸릴 알코올(furfuryl alcohol), 2,6-노나디에놀(2,6-nonadienol)
알데하이드 및 케톤류	동·식물성 식품의 향기성분으로 가열 중 생성되는 것도 많음 ■ 미량의 방향성 카보닐 화합물(−CHO, =CO)로 표현함 ■ 방향족 알데하이드는 강한 향기를 지님 ■ 버터나 유제품의 향기는 케톤기 2개 함유 ■ 신선한 살코기는 알데하이드의 약한 피 냄새 보유 ■ 신선한 우유는 카보닐 화합물, 지방산 함유	헥센알(hexenal), 시남알데하이드(cinnamaldehyde), 2-노넨알(2-nonenal), 벤즈알데하이드(benzaldehyde), δ-아미노발레르알데하이드(δ-aminovaler aldehyde), 바닐린(vanillin), 아세트알데하이드(acetaldehyde), 다이아세틸(diacetyl), 아세토인(acetoin), 1-옥텐-3-온(1-octene-3-one), 4-하이드록시페닐-2-부타논(4-hydroxy-phenyl-2-butanone), 진제론(zingerone)

(계속)

분류	특성	종류
에스터 및 락톤류	에스터는 과일의 향기성분에 많고 종류가 다양하여 양조식품, 낙농제품, 기호식품에도 함유됨 ■ 분자량이 크고 향이 강한 에스터는 꽃향기 구성 ■ 메틸-, 에틸-, 프로필-, 부틸-, 아밀기가 붙은 저분자량의 에스터는 과일향 구성	에틸 포메이트(ethyl formate), 에틸 아세테이트(ethyl acetate), 아밀 뷰티레이트(amyl butyrate), 아밀 포메이트(amyl formate), 아이소아밀 아세테이트(isoamyl acetate), 세다놀리드(sedanolide), 아피올(apiol), 시남산 메틸(methyl cinnamate)
	락톤은 과일류, 버터나 야자 등 지질 함유식품에서 발견됨 ■ 락톤은 분자 내 −OH기와 −COOH기 사이에 생긴 분자 내 에스터 ■ 역치가 낮고 향기로운 과일향을 지녀 에스터와 함께 발견됨 ■ γ-락톤이나 δ-락톤은 구조가 안정함	γ-데카락톤(γ-decalactone), δ-도데카락톤(δ-dodecalactone), γ-카프로락톤(γ-caprolactone), γ-뷰티로락톤(γ-butyrolactone), 파네실락톤(farnesylactone), 제라닐락톤(geranylactone)
정유 (터펜류)	과일, 채소, 허브와 향신료의 향기성분에 많음 ■ 식물의 수증기 증류로 얻는 방향성의 유상 물질(무색~연황색) ■ 기름진 느낌이 없고 향기를 지니므로 기름(oil)과 구별됨 ■ 아이소프렌{$CH_2=C(CH_3)-CH=CH_2$}의 중합체 구조를 지님 ■ 모노터펜($C_{10}H_{16}$)과 세스퀴터펜($C_{15}H_{24}$)이 식품의 향기성분으로 작용함 ■ 터펜계 유도체도 정유류에 포함시킴 ■ 자극적인 매운맛을 지닌 것이 많음	**모노터펜계(아이소프렌 2분자로 구성)** 멘톨(menthol), 멘톤(menthone), 캄펜(camphene), 리모넨(limonene), β-시트랄(β-citral), 1,8-시네올(1,8-cineole), 미르센(myrcene), 투존(thujone), 제라니올(geraniol), 티몰(thymol) **세스퀴터펜계(아이소프렌 3분자로 구성)** 후물렌(humulene), 진지베렌(zingiberene), 카디넨(cardinene), β-셀리넨(β-selinene)
유황화합물	채소, 향신료의 매운 향기성분으로 알려짐 ■ 효소반응에 의한 분해산물이 향기 생성 ■ 미량의 휘발성 황은 식품에 좋은 향 제공 ■ 다량의 휘발성 황화합물은 악취의 원인	메틸 머캅탄(methyl mercaptan), 프로필 머캅탄(propyl mercaptan), S-메틸시스테인 설폭사이드(S-methylcysteine sulfoxide), 황화수소(H_2S), 알릴 아이소싸이오시아네이트(allyl isothiocyanate), 렌싸이오닌(lenthionine), 다이메틸 머캅탄(dimethyl mercaptan), 다이메틸 설파이드(dimethyl sulfide), 에틸-β-메틸-머캅토프로피오네이트(ethyl-β-methyl-mercapto propionate)
지방산류	우유나 유제품의 향기성분으로 알려짐 ■ 휘발성 저급지방산이 주 향기성분임 ■ 고급지방산은 비휘발성으로 향이 적음	뷰티르산(butyric acid), 카프로산(caproic acid), δ-아미노발레르산(δ-aminovaleric acid)
질소화합물	어류나 육류의 냄새성분으로 알려짐 ■ 대개 세균의 환원작용에 의해 발생함 ■ 선도가 저하될 때 비린내 성분으로 작용함 ■ 부패하거나 가열할 때도 일부 생성됨	암모니아(ammonia), 트라이메틸아민(trimethyl-amine), 피페리딘(piperidine)

정유(terpene)의 종류

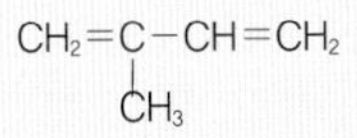

$$CH_2=C(CH_3)-CH=CH_2$$

아이소프렌(isoprene, C_5H_8)

$(C_5H_8)_2$ 모노터펜	$(C_5H_8)_3$ 세스퀴터펜	$(C_5H_8)_4$ 디터펜	$(C_5H_8)_6$ 트라이터펜	$(C_5H_8)_8$ 테트라터펜	$(C_5H_8)_n$ 폴리터펜
냄새 ○		냄새 ×			
정유류				카로티노이드	고무

정유는 대표적인 피토케미컬(phytochemical)로 식물 향기의 주성분으로 작용하나 모노터펜과 세스퀴터펜 외에는 향기를 갖지 않는다. 모노터펜으로부터 트라이터펜까지를 정유라 부르며, 아이소프렌 2분자와 3분자로 구성된 모노터펜과 세스퀴터펜은 식물성 식품에 많다.

그 외에 아이소프렌 4분자로 구성된 디터펜계의 레틴올(retinol), 레틴알(retinal), 피톨(phytol)과 아이소프렌 6분자로 구성된 트라이터펜계의 스쿠알렌(squalene), 콜레스테롤(cholesterol), 아이소프렌 8분자로 구성된 테트라터펜계의 카로티노이드 색소가 있으며, 천연고무도 터펜 구조를 지니고 있다.

4 식품별 냄새성분의 분류

식품은 그 품종에 따라 냄새성분의 종류나 다량 성분이 달라지며, 단일 성분으로는 약하나 여러 성분들이 혼합될 때 냄새가 더 강해지는 경우도 있다. 또 같은 성분이라도 구조에 따라 냄새가 달라지기도 하는데, 가령 정유의 경우 모노터펜이 세스퀴터펜(sesquiterpene)보다 방향성이 강하고, 환상구조가 사슬구조보다 강하며, 불포화도가 클수록 휘발성이 증가한다. 그리고 냄새성분 중에는 역치가 높아 다량 함유하여도 향기에 크게 기여하지 않는 성분이 있는 반면, 역치가 낮아 미량만 존재하여도 특징적인 냄새를 부여하는 에스터나 락톤 같은 성분도 있다.

따라서 어떤 식품의 냄새성분을 정확히 묘사하기는 어려우나 버섯과 채소류(표 9-4), 허브와 향신료(표 9-5), 과일류(표 9-6), 유제품(표 9-7), 어육류(표 9-8)의 주요한 냄새성분을 정리하였다. 특히, 민트, 바질, 로즈마리, 세이지와 같이 잎과 줄기 부위를 섭취하는 허브(herb)와 육두구(너트메그)의 씨, 정향(클로브)의 꽃봉오리, 생강의 뿌리, 계피의 수피와 같이 식물의 다른 조직을 섭취하는 향신료(spice)는 어떤 영양소보다 향미(flavor)가 중요한 성분이다.

표 9-4 채소류의 냄새성분

분 류	냄새성분
버섯	■ 표고버섯: 환상의 지용성 유황화합물인 렌싸이오닌(lenthionine)이 주성분 ■ 양송이버섯: 1-옥텐-3-올(1-octen-3-ol), 1-옥텐-3-온(1-octen-3-one)이 주성분 ■ 송이버섯: 시남산메틸(methyl cinnamate), 1-옥텐-3-올이 주성분 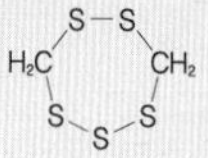 렌싸이오닌 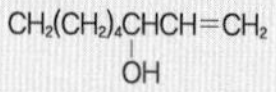 / 1-옥텐-3-올 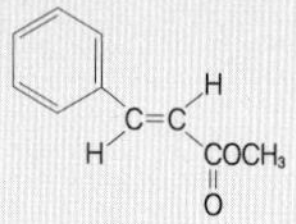 $CH_3(CH_2)_4CHCH=CH_2$ (OH) / 시남산메틸
미나리 쑥 홉	■ 미나리: 미르센(myrcene), α,β-피넨(α,β-pinene), 터피놀렌(terpinolene) 함유 ■ 쑥: 정유인 1,8-시네올(1,8-cineol)이 25~30%를 차지하는 대표적인 성분 카리오필렌(caryophyllene), 리나로올(linalool), 보르네올(borneol)도 함유 ■ 홉: 정유류에 속하는 후물렌(humulene)과 미르센(myrcene)이 주성분 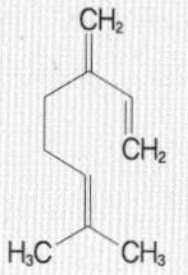 미르센 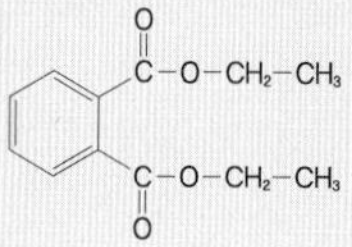 / 다이에틸프틸레이트 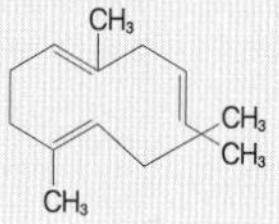 / 후물렌
셀러리 파슬리	■ 셀러리: 세다놀리드(sedanolide), β-셀리넨(β-selinene)이 주성분 ■ 파슬리: 아피올(apiol)이 주성분으로 셀러리에서도 발견되는 에스터 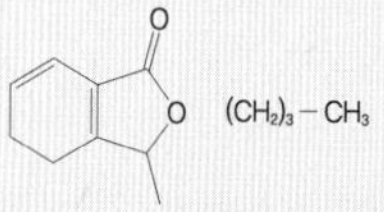 세다놀리드 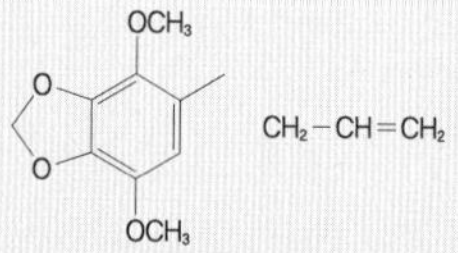 / 아피온
오이	■ 2,6-노나디에놀(2,6-nonadienol)이 주성분이며, 2-노네날(2-nonenal)도 함유 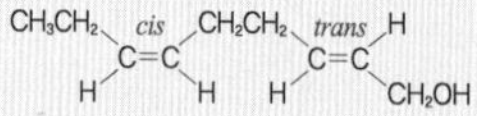 2,6-노다디에놀 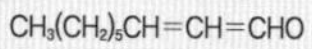 / 2-노네놀 $CH_3(CH_2)_5CH=CH=CHO$
차잎 (어린잎, 푸른잎)	■ 풋내를 주는 *cis*-3-헥센올(hexenol, 청엽알코올)과 *cis*-3-헥센알(hexenal, 청엽알데하이드)이 주성분이나 가열하면 감소됨 ■ 차잎의 향기는 80%가 알코올로 벤질알코올(benzyl alcohol), 리나로올(linalool)도 함유 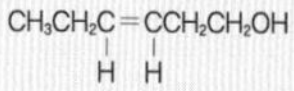 *cis*-3-헥센올 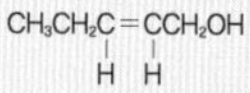 $CH_3CH_2C(H)=C(H)CH_2CH_2OH$ / *cis*-3-헥센알 $CH_3CH_2C(H)=C(H)CH_2OH$

(계속)

분 류	냄새성분
겨자 갓 (양)배추 브로콜리 콜리플라워 무 순무	▪ 겨자, 갓, 배추, 양배추, 브로콜리, 콜리플라워, 부, 순무는 십자화과 채소로 분류 ▪ 십자화과 채소들은 향과 맛의 전구체인 알릴 글루코시놀레이트(allyl glucosinolate), 즉 시니그린(sinigrin)을 함유하나 조직이 파괴되면 미로시네이스(myrosinase, thioglucosidase)의 활성화로 자극성의 매운 냄새와 맛을 지닌 알릴 아이소싸이오시아네이트(allyl isothiocyanate)와 그 유도체들을 생성함 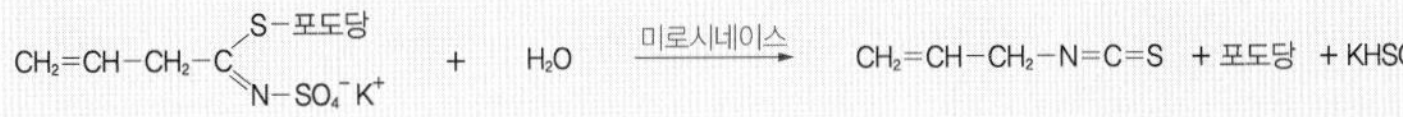 $CH_2{=}CH{-}CH_2{-}C(S{-}포도당){=}N{-}SO_4^{-}K^{+}$ + H_2O —미로시네이스→ $CH_2{=}CH{-}CH_2{-}N{=}C{=}S$ + 포도당 + $KHSO_4$ 알릴 글루코시놀레이트(시니그린) → 알릴 아이소싸이오시아네이트 ▪ 무(순무)는 *trans*-4-메틸싸이오-3-부테닐 아이소싸이오시아네이트(trans-4-methylthio-3-butenyl isothiocyanate)가 매운 향기의 주성분 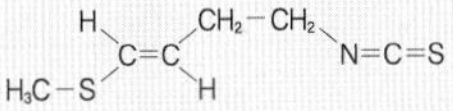 $H_3C{-}S(H)C{=}C(H){-}CH_2{-}CH_2{-}N{=}C{=}S$ 트렌스-4-메틸싸이오-3-부테닐 아이소싸이오시아네이트
양파 마늘 파 부추	▪ 백합과 채소인 양파와 마늘은 둘 다 냄새가 없는 전구물질인 S-알킬 시스테인 설폭사이드를 함유하나 양파는 알킬기로 1-프로페닐(1-prophenyl)기를, 마늘은 알릴(allyl)기를 지님 ▪ 양파를 자르거나 마늘을 다지면 알리네이스(allinase)가 활성화되어 1-프로페닐설펜산(1-prophenyl sulfenic acid)과 알릴설펜산(allylsulfenic acid)으로 분해됨. 양파는 다시 최루성 효소(LF synthase)에 의하여 싸이오프로피온알데하이드-S-옥시드(thiopropionaldehyde-S-oxide)로 변환되어 눈물이 흐르나, 최루성 효소가 적은 마늘은 2분자의 알릴설펜산(allylsulfenic acid)이 중합되어 항균성이 강한 다이알릴싸이오설피네이트(diallyl thiosulfinate), 즉 알리신(allicin)을 형성하여 매운 냄새와 매운 맛을 가지게 됨 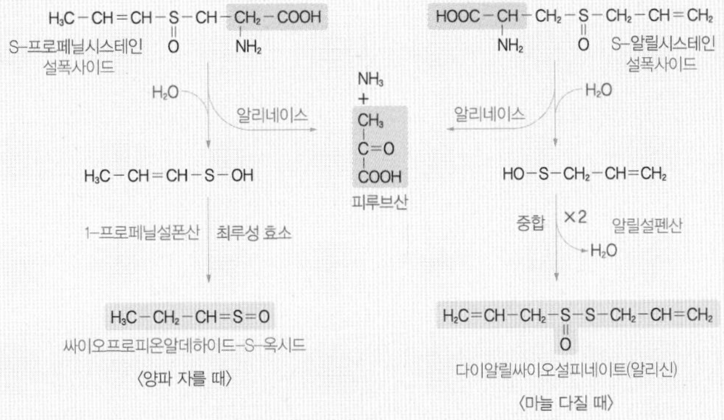 〈양파 자를 때〉 S-프로페닐시스테인 설폭사이드 $H_3C{-}CH{=}CH{-}S(=O){-}CH(NH_2){-}CH_2{-}COOH$ —H_2O, 알리네이스→ 1-프로페닐설폰산 $H_3C{-}CH{=}CH{-}S{-}OH$ —최루성 효소→ 싸이오프로피온알데하이드-S-옥시드 $H_3C{-}CH_2{-}CH{=}S{=}O$ 〈마늘 다질 때〉 S-알릴시스테인 설폭사이드 $HOOC{-}CH(NH_2){-}CH_2{-}S(=O){-}CH_2{-}CH{=}CH_2$ —H_2O, 알리네이스→ 알릴설펜산 $HO{-}S{-}CH_2{-}CH{=}CH_2$ —중합 ×2, $-H_2O$→ 다이알릴싸이오설피네이트(알리신) $H_2C{=}CH{-}CH_2{-}S(=O){-}S{-}CH_2{-}CH{=}CH_2$ 부산물: NH_3 + $CH_3{-}C(=O){-}COOH$ 피루브산 ▪ 이후 알리신은 불안정하여 황화물(sulfide)로 변환되어 다진 마늘을 오래 보관할 때 생성되는 불쾌취의 원인이 됨 자료: T. P. coultate(2009). Food the chemistry of its components

표 9-5 허브(herb)와 향신료(spice)의 냄새성분

냄새성분	구조	허브·향신료
메틸차비콜(methylchavicol)	$H_3CO-C_6H_4-CH_2-CH=CH_2$	바질, 타라곤
버베논(verbenone)		로즈마리
1,8-시네올(1,8-cineole)	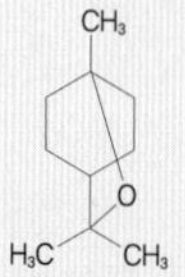	로즈마리
α-투존(α-thujone)		세이지
캠퍼(camphor)	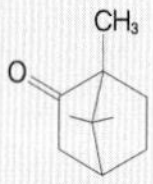	세이지
(−)카본(carvone)	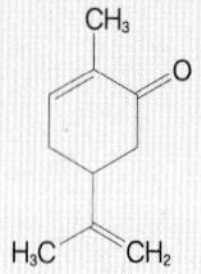	스피아민트
카바크롤(carvacrol)		오레가노
티몰(thymol)	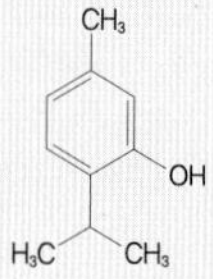	오레가노
(+)카본(carvone)	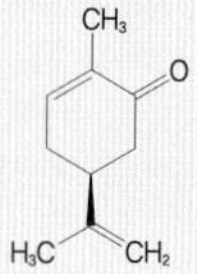	캐러웨이, 딜
(−)멘톨(menthol)		페퍼민트(박하)
멘톤(menthone)		페퍼민트(박하)
멘토푸란(menthofuran)	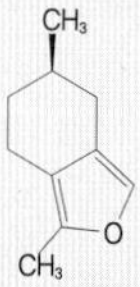	페퍼민트(박하)
α-터피닐 아세테이트 (α-terpinyl acetate)	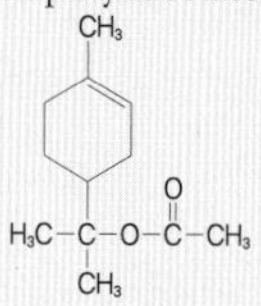	카다몸
(+)사비넨(sabinene)	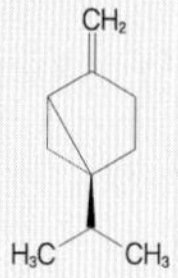	너트메그(육두구)
유제놀(eugenol)	$CH_2CH=CH_2$	클로브(정향), 계피
진지베렌(zingiberene)	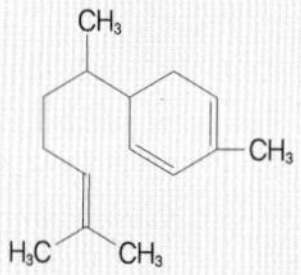	생강
바닐린(vanillin)	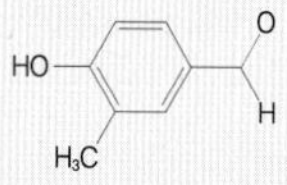	바닐라콩
시남알데하이드 (cinnamaldehyde)	$C_6H_5-CH=CHCHO$	계피

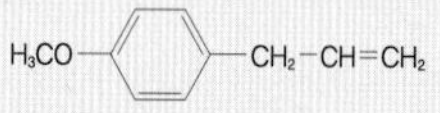

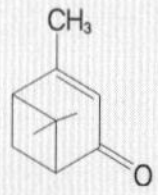

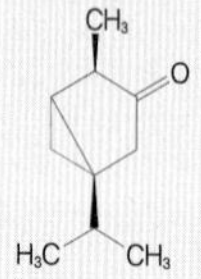

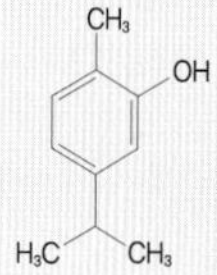

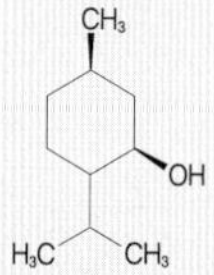

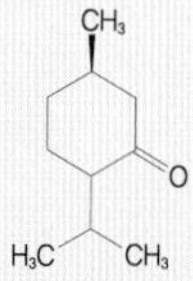

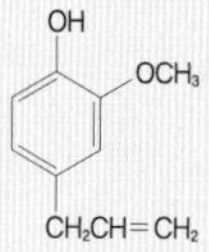

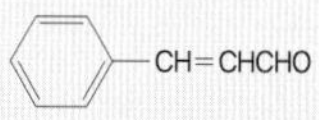

* 위의 주 냄새성분들은 허브나 향신료의 다량 성분이 아닌 특징적인 향미성분으로 정유류에 속하는 것이 많음

표 9-6 과일류와 과채류의 냄새성분

분류	냄새성분
사과	■ 에틸-2-메틸 뷰티레이트(ethyl-2-methyl butyrate) ■ 헥실 아세테이트(hexyl acetate), 뷰탄올(butanol), 헥산알(hexanal) 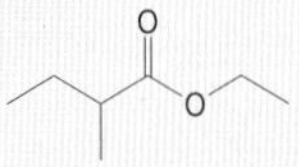 에틸-2-메틸 뷰티레이트 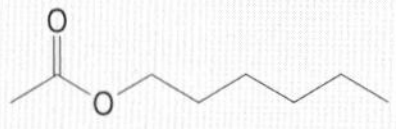 / 헥실 아세테이트  / 뷰탄올
감귤류	■ 귤, 레몬, 오렌지 모두 과피에 함유된 모노터펜계 정유류가 주성분 특히 (+)리모넨(limonene)이 80% 이상, γ-터피넨(γ-terpinene), β-시트랄(β-citral), ρ-시멘(ρ-cymene), α-피넨(α-pinene) 등 함유 ■ 레몬: (−)리모넨, 제라니알(geranial, 시트랄 a), 네랄(neral, 시트랄 b) ■ 자몽: (+)누카톤(nootkatone), (+)리모넨 ■ 귤: α-시넨살(α-sinensal) ■ 오렌지: β-시넨살(β-sinensal) 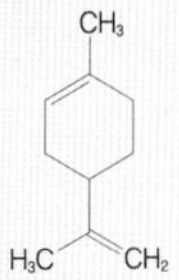 (+)리모넨 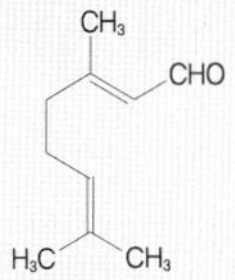 / 제라니알(시트랄 a) 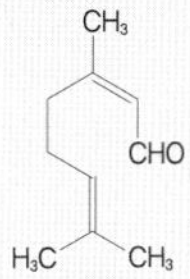 / 네랄(시트랄 b) 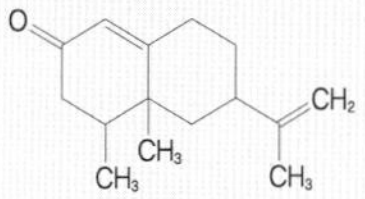 / (+)누카톤
복숭아 살구 자두	■ γ-데카락톤(γ-decalactone), γ-도데카락톤(γ-dodecalactone) ■ 2,3-헥센알(2,3-hexenal), 헥산알(hexanal), 벤즈알데하이드(benzaldehyde)  γ-데카락톤 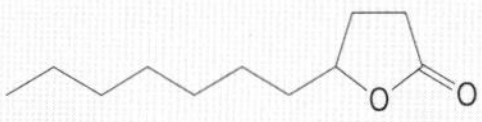 / γ-도데카락톤
키위	■ 국내산 키위는 2-헥센알(hexenal), 헥산알(hexanal)이 주성분 ■ 헥센올(hexenol), 2-헥센-1-올(2-hexen-1-ol) 등 알코올도 함유
배	■ 펜틸 뷰티레이트(pentyl butyrate) 함유
바나나	■ 아이소펜틸 아세테이트(isopentyl acetate), 아이소아밀 아세테이트(isoamyl acetate) 등 에스터가 주성분 ■ 유제놀(eugenol) 등 알코올이 숙성된 바나나의 향에 기여
아몬드 체리	■ 아몬드: 벤즈알데하이드(benzaldehyde), 벤질알코올(benzyl alcohol) ■ 체리: 벤즈알데하이드(benzaldehyde) 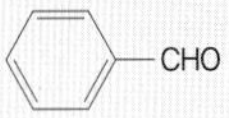 벤즈알데하이드 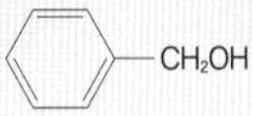 / 벤질알코올
파인애플	■ 2,5-다이메틸-4-하이드록시-3-푸라논(2,5-dimethyl-4-hydroxy-3-furanone), 차비콜(chavicol), γ-카프로락톤(γ-caprolactone) 함유
토마토	■ 2-메틸-1-뷰탄올(2-methyl-1-butanol), 파네실락톤(farnesylactone), 제라닐락톤(geranylactone), 2-메틸프로판올(2-methylpropanol)

(계속)

분 류	냄새성분
딸기 라즈베리	■ 딸기: 푸라네올(furaneol), 네로리돌(nerolidol), 말톨(maltol), 아세트산, 에틸 뷰타노에이트(ethyl butanoate), 메틸 뷰타노에이트(methyl butanoate) 함유 ■ 라즈베리: 라즈베리 케톤으로 불리는 4-하이드록시페닐-2-뷰탄온(4-hydroxyphenyl-2-butanone) 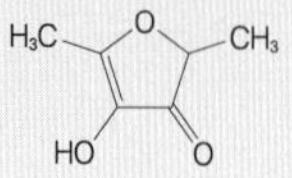 푸라네올 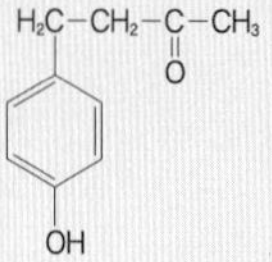 4-하이드록시페닐-2-뷰탄온
메론 참외	■ 에틸 아세테이트(ethyl acetate), 2-메틸뷰틸 아세테이트(2-methylbutyl acetate), 노나닐 아세테이트(nonanyl acetate), 에틸-2-메틸싸이오아세테이트(ethyl-2-methyl-thioacetate)
수박	■ 3-노넨-1-올(3-nonen-1-ol), 3,6-노나디엔-1-올(3,6-nonadien-1-ol) 함유

자료: 농림부(1998). 국내산 주요 식물소재의 향기성분 분석에 관한 연구;
T.P. Coultate(2009). *Food The Chemistry of its Components*.

표 9-7 유제품의 냄새성분

분 류	냄새성분
신선한 우유	■ 뷰티르산(buytric acid), 카프로산(caproic acid) 등 저급지방산이 주성분 ■ 아세트알데하이드(acetaldehyde), 펜탄알(pentanal), 2-헥산알(2-hexanal) 등 카보닐 화합물 함유 ■ 메틸 설파이드(methyl sulfide) 등의 유황화합물도 관여
오래된 우유	■ *o*-아미노아세토펜(*o*-aminoacetophene) 등에 의한 불쾌취 함유 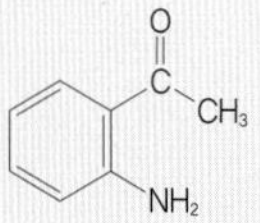 o-아미노아세토펜
연유 분유	■ 가공 유제품은 지방산의 가수분해에 의한 δ-데카락톤(δ-decalactone) 함유 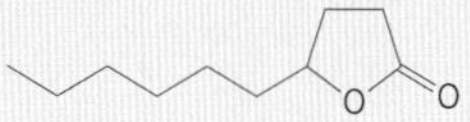 δ-데카락톤
버터	■ 신선한 버터는 아세토인(acetoin)과 다이아세틸(diacetyl)이 주성분이며, 각종 휘발성 지방산도 관여 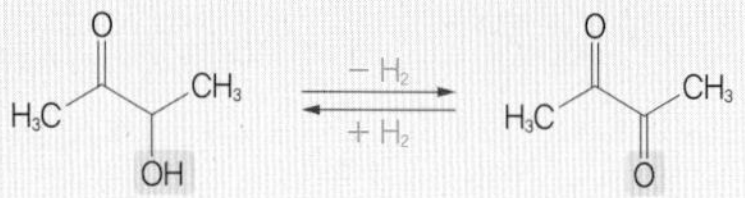 아세토인 ⇌ 다이아세틸 (−H_2 / +H_2)
치즈	■ 메싸이오닌(methionine)으로부터 생성된 에틸-β-메틸-머캅토프로피온산(ethyl-β-methyl mercaptopropionate)이 고유의 향이나 발효에 의한 다양한 향 보유 $CH_3S-CH_2-CH_2COOH-C_2H_5$ 에틸-β-메틸-메르캅토프로피온산

표 9-8 어육류의 냄새성분

분 류	냄새성분
해수어	■ 바닷고기가 죽어 선도가 감소하면 체표면에 있던 무취의 트라이메틸아민옥시드(trimetylamine oxide)가 세균의 환원작용에 의해 비린내의 본체인 트라이메틸아민(trimethylamine)으로 변화됨  $(H_3C)_3N{=}O \xrightarrow{\text{세균}} (H_3C)_3N$ 트라이메틸아민옥시드(TMAO) → 트라이메틸아민(TMA)
담수어	■ 바닷고기의 비린내와 달리 민물고기는 트라이메틸아민옥시드가 거의 없음 ■ 세균에 의해 염기성 아미노산인 라이신(lysine)이 탈탄산되어 생성된 피페리딘(piperidine)과 이들이 더욱 산화되거나 아르지닌(arginine)으로부터 생성된 δ-아미노발레르산(δ-aminovaleric acid)과 δ-아미노발레르알데하이드(δ-aminovaler-adehyde)에 기인 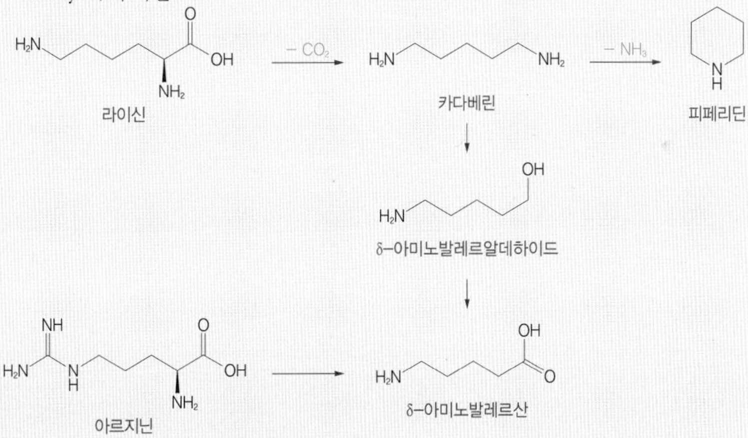 라이신 $\xrightarrow{-CO_2}$ 카다베린 $\xrightarrow{-NH_3}$ 피페리딘 카다베린 → δ-아미노발레르알데하이드 → δ-아미노발레르산 아르지닌 → δ-아미노발레르산
상어 홍어	■ 상어나 홍어는 선도가 감소하면 요소(urea)가 세균에 의해 암모니아(ammonia)로 분해되어 자극적인 냄새 발생 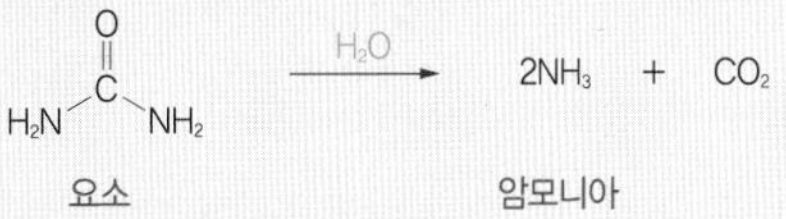 $H_2N\text{-}CO\text{-}NH_2 \xrightarrow{H_2O} 2NH_3 + CO_2$ 요소 → 암모니아
오징어 대합	■ 오징어나 대합은 생선 냄새를 지닌 1-피롤린(1-pyrroline) 함유 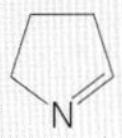 1-피롤린
육류	■ 신선한 살코기에서는 아세트알데하이드(acetaldehyde)에 의한 피 냄새 발생 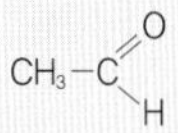 $CH_3\text{-}CHO$ 아세트알데하이드

5 가열·훈연·발효·부패 중 생성되는 냄새성분의 분류

표 9-9 가열 중 생성되는 식품의 향기

분류	냄새성분
마이야르 반응의 향기	아미노산과 당 함유식품을 볶거나 가열할 때 휘발성 향기 생성 ■ 마이야르 반응의 스트레커 반응에 의한 향기: 알데하이드, CO_2, 피라진 ■ 볶은 땅콩 · 참깨: 피라진 ■ 볶은 커피: 피라진, 퓨란, 피롤, 싸이오펜, 푸푸릴 알코올 ■ 볶은 코코아, 초콜릿: 아이소발레르알데하이드, 아이소뷰틸알데하이드, 프로피온알데하이드 ■ 볶은 녹차: 피라진, 피롤(가열로 풋내가 강한 청엽알코올은 감소)
캐러멜화 반응의 향기	당을 함유한 식품을 160℃ 이상의 고온에서 가열할 때 향기 생성 ■ 빵, 비스킷: 푸푸랄, 5-하이드록시메틸 푸푸랄, 아이소아밀 알코올
밥과 숭늉의 향기	갓 지은 밥, 눌은 밥에서는 좋은 향기, 쉰밥에서는 이취 발생 숭늉에서도 밥이 눌을 때 열분해된 산물이나 그 중합체에 의해 향기 생성 ■ 따뜻한 밥: 극미량의 황화수소, 암모니아, 아세트알데하이드, 아세톤 및 C_3 · C_4 · C_6의 저급 알데하이드 ■ 숭늉: 피라진, 아이소발레르알데하이드 ■ 쉰밥: 뷰티르산 ■ 묵은쌀: *n*-카프로일데하이드
가열된 어 · 육류의 향기	아미노산, 뉴클레오타이드, 당류나 티아민의 가열로 마이야르 반응을 거쳐 생성된 고리화합물이 특징적인 냄새 부여 ■ 구운 고기: 시스테인과 카보닐 화합물의 스트레커 분해로 생성된 NH_3, H_2S, 아세트알데하이드(CH_3CHO)에 의해 생성된 다양한 고리화합물 중 싸이아졸(thiazole), 옥사졸(oxazole), 피라진(pyrazine) ■ IMP의 열분해로 생성된 메틸 푸라놀온(methyl furanolone), 메틸싸이오펜온(methyl thiophenone)도 강한 고기냄새 보유 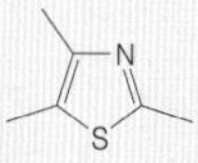싸이아졸 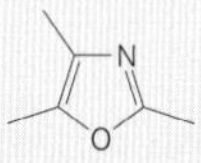 옥사졸 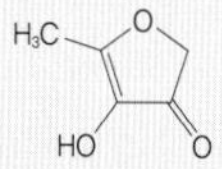 메틸푸라놀온 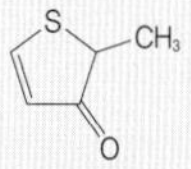 메틸싸이오펜올 지방 중에 함유된 소량의 다가 불포화지방산이 장시간의 조리나 자동산화에 의해 분해된 산물도 가열육에 특징적인 냄새 부여 ■ 조리된 닭고기: 지방산의 분해로 생성된 3-*cis*-노넨알, 4-*cis*-데센알 등 3-*cis*-노넨알  4-*cis*-데센알 ■ 굽거나 삶은 오징어 · 문어: 타우린과 질소화합물의 반응물

(계속)

<table>
<tr><th>분 류</th><th>냄새성분</th></tr>
<tr><td>가열된 채소의 향기</td><td>
채소를 가열하면 황화합물이 환원된 특징적인 향기 생성
■ 가열된 무, 파: 메틸 머캅탄, 프로필 머캅탄
■ 가열된 양배추, 아스파라거스, 파래, 매생이국, 구운 김: 다이메틸 설파이드

CH_3SH 메틸 머캅탄 $CH_3CH_2CH_2SH$ 프로필 머캅탄 CH_3SCH_3 다이메틸 설파이드

■ 조리된 마늘, 양파: 조직의 파쇄로 형성된 마늘의 알리신이나 양파의 설펜산은 조리 중 서로 또는 소량의 시스테인과 교환 · 중합 또는 축합반응에 의하여 설포네이트(sulfonate), 설파이드(sulfide), 다이설파이드(disulfide), 트라이설파이드(trisulfide), 설폭시드(sulfoxide)로 분해 또는 재배열되며, 부추나 파도 가열시 같은 기작으로 향기 발생
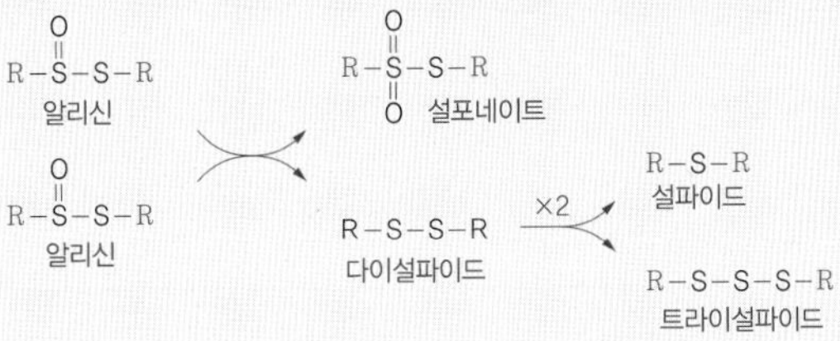
R–S(=O)–S–R 알리신
R–S(=O)–S–R 알리신
R–S(=O)(=O)–S–R 설포네이트
R–S–S–R 다이설파이드
×2
R–S–R 설파이드
R–S–S–S–R 트라이설파이드
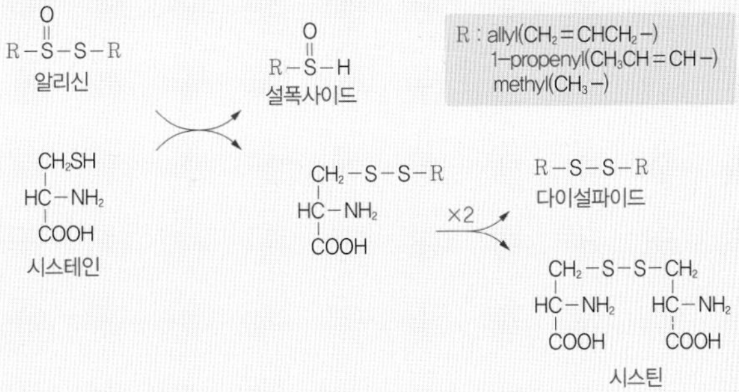
R–S(=O)–S–R 알리신
CH2SH HC–NH2 COOH 시스테인
R–S(=O)–H 설폭사이드
R : allyl(CH2=CHCH2–)
1–propenyl(CH3CH=CH–)
methyl(CH3–)
CH2–S–S–R HC–NH2 COOH
×2
R–S–S–R 다이설파이드
CH2–S–S–CH2 HC–NH2 HC–NH2 COOH COOH 시스틴
■ 볶거나 튀긴 양파: trans-아조엔(ajoene), 2-비닐-1,2-디티인(2-vinyl-1,2-dithiin)
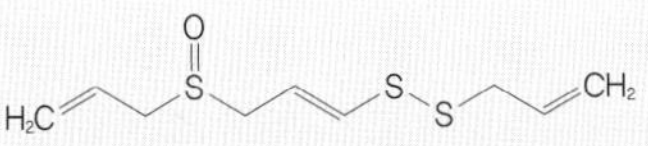
O
S
S
S
H2C
CH2
trans–아조엔
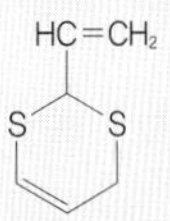
HC=CH2
S
S
2–비닐–1,2–디티인
■ 삶은 완두콩의 향기: 아세트알데하이드, 에스터 계통
</td></tr>
<tr><td>가열된 유제품의 향기</td><td>
살균할 때 지질의 산화에 의한 휘발성 카보닐 화합물의 향기 생성
■ 가열한 우유 · 연유 · 분유: H_2S, δ-데카락톤, 카보닐 화합물
지방구막 단백질과 β-락토글로불린의 분해에 의한 황화합물도 향기에 관여
</td></tr>
</table>

표 9-10 훈연 · 발효 · 부패 중 생성되는 식품의 냄새

분 류	냄새성분
훈연향	목재의 불완전 연소로 발생하는 연기에 의한 특수한 냄새 생성 ■ 어 · 육류 훈제품(햄 · 베이컨 · 소시지, 훈제청어 · 연어 · 오징어): 카보닐 화합물, 유기산류, 페놀류(특히, 4-비닐 과이어콜) ■ 가츠오부시: 배건에 의해 생성된 페놀류
발효향	차잎을 발효하면 비발효차인 녹차에 비해 알코올류 다량 생성 ■ 발효차: 리나로올(linalool), 제라니올(geraniol), 다마세논(damascenone), 이오논(ionone), 테아스피란(theaspirane) ■ 간장: 메싸이오놀(methionol), γ-머캅토프로필 알코올(γ-mercaptopropyl alcohol), 메싸이오날(methional) ■ 식초: 아세트산(acetic acid) ■ 납두: 아이소뷰티르산(isobutyric acid), 2-메틸뷰티르산(2-methyl butyric acid), 테트라메틸 피라진(tetramethyl pyrazine) ■ 된장, 치즈: 에틸-β-메틸 머캅토프로피오네이트(ethyl-β-methyl mercaptopropionate)
부패취	어 · 육류의 단백질이나 아미노산이 분해되면서 다양한 부패산물 생성 ■ 어 · 육류 부패취: 메틸 머캅탄, 암모니아, 황화수소, 인돌, 스카톨, CO_2

10 효소

1. 효소의 화학적 특성
2. 효소의 명명과 분류
3. 효소반응에 영향을 미치는 인자
4. 식품에 관계되는 효소

enzyme

효소는 생물의 세포 내에 널리 분포되어 있으며 생물체에서 일어나는 모든 화학반응을 촉매하는 일종의 생촉매(biocatalyst)로 기질과 반응하여 생성물을 생산한다.

$$\text{기질} \xrightarrow{\text{효소}} \text{생성물}$$

식품은 대부분이 생물을 원료로 하고 있으므로 가열처리되지 않은 식품에서는 잔존하는 효소가 계속 작용을 해서 여러 가지 화학반응을 촉매함으로써 식품성분을 변화시킨다. 따라서 이들 효소의 작용이 식품의 가공 또는 저장하는 데 있어서 유리한 경우에는 그 작용을 촉진시키고, 반대로 불리한 경우에는 그 작용을 억제해야 한다.

1 효소의 화학적 특성

최근 발견된 RNA를 가수분해하는 RNase P가 RNA로 구성되어 있다는 사실을 제외하고 다른 모든 효소는 단백질로 구성되어 있다. 효소의 본체를 화학적으로 분류하면 단순단백질과 복합단백질로 나눌 수 있다. 복합단백질 효소는 단백질 부분인 결손효소(apoenzyme)와 비단백질 부분인 조효소(coenzyme) 또는 보결분자단(prosthetic group)으로 구성되어 있고, 이들이 결합하여 완전한 효소의 활성을 나타낼 때 이것을 완전효소(holoenzyme)라고 한다. 일반적으로 결손효소는 효소의 특이성을 결정하고 열에 불안정한 것이 많은 반면, 조효소는 분자량이 적고 열에 안정한 것이 많다. 예를 들면 아민 전이효소(thransaminase)의 인산 피리독살(pyridoxal phosphate), 아스코브산 산화효소(ascorbate oxidase)의 구리 등이 여기에 해당한다.

1) 효소반응의 메커니즘

효소는 기질과 결합하여 효소-기질 복합체를 만든다. 효소와 기질은 열쇠와 자물쇠의 관계를 가지고 있어 효소의 활성부위와 기질의 형태가 일치하는 경우에만 효소-기질 복합체를 만든다.

반응물(기질)에서 생성물이 만들어지는 화학반응은 기질 분자의 어떤 부분이 분자 내의 나머지 부분보다 더 많은 내부 에너지를 가지고 있어 전이상태(transition state)라 부르는 에너지 정점에 분자를 이동시킴으로써 일어난다. 활성화 에너지(activation energy)는 주어진 온도에서 1몰의 물질 내에 있는 모든 분자를 에너지 장벽의 정점인 전이상태로 이동시키는 데 필요한 에너지를 말한다. 이 정점에서는 반응이 생성물을 형성하는 쪽으로 진행되거나 또는 미반응된 기질 쪽으로 떨어지게 된다. 효소(E)는 기질(S)과 잠정적으로 결합하여 복합체(ES)를 만드는데, 이 복합체의 전이상태는 촉매작용이 없는 기질보다 훨씬 낮은 활성화 에너지를 가지게 되어 에너지 장벽을 쉽게 넘게 되므로 반응속도가 빨라진다.

산업체에서 사용하는 비효소 촉매는 비슷한 조건하에서의 반응효율이 훨씬 떨어진다. 예를 들면 카탈레이스(catalase)에 의한 과산화수소(H_2O_2) 분해는 콜로이드 백금촉매를 사용하였을 때보다 천만 배 빨리 일어난다.

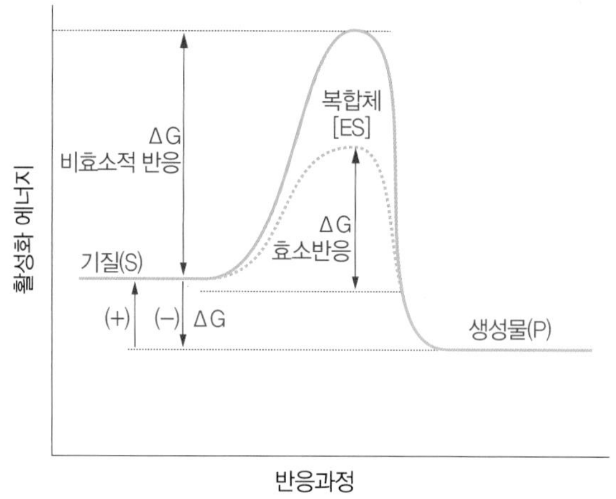

그림 10-1 효소반응에서의 활성화 에너지의 변화

2) 효소반응의 특이성

효소는 화학반응의 촉매와 같은 역할을 하지만 일반적인 화학반응에 작용하는 무기촉매와는 그 특이성에서 큰 차이가 있다. 즉, 무기촉매는 한 종류가 여러 가지 화학반응에 관여하지만, 효소는 제한된 종류의 화학반응 또는 어느 특정한 한 가지 반응에만 관여하는 특이성(specificity)을 가지고 있다.

2 효소의 명명과 분류

다양한 효소가 계속 발견되면서 복잡한 효소의 명칭과 분류체계를 통일하기 위하여 1961년 국제생화학연맹(International Union Biochemistry, IUB)의 효소명명 및 분류위원회(Commission on Nomenclature and Classification of Enzymes)에서 제안한 명명법과 분류법이 현재 사용되고 있다.

국제생화학연맹은 촉매하는 반응에 따라 효소를 크게 산화환원효소(oxido-reductases), 전이효소(transferases), 가수분해효소(hydrolases), 탈리효소(lyases), 이성화효소(isomerases) 및 합성효소(ligases)의 6종류로 분류하고 각 효소들의 활성반응을

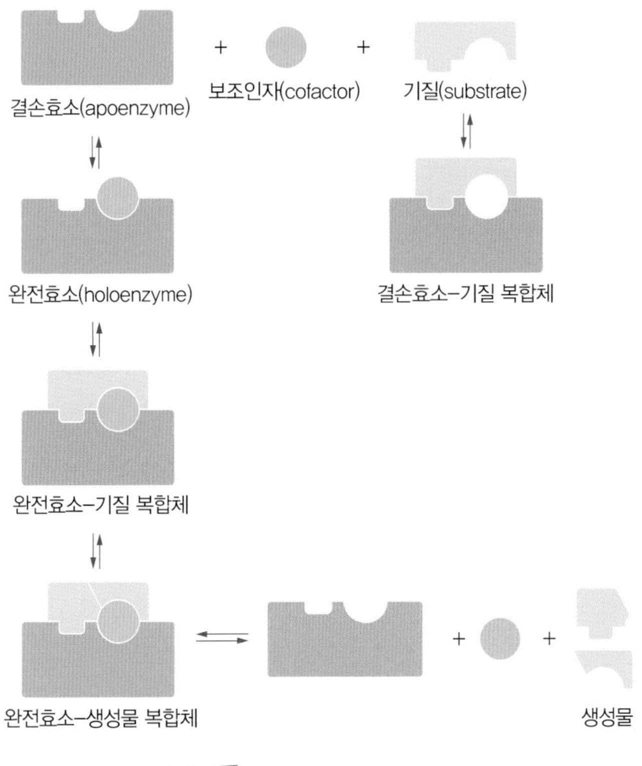

그림 10-2 효소와 기질과의 결합모델

촉매하는 반응에 따라 4자리로 된 효소위원회 코드 번호(EC 번호)를 부여하고 있다.

① **산화환원효소**

전자의 이동 및 생체 내에서 일어나는 여러 가지 산화·환원반응을 촉매하는 효소로서 호흡효소라고도 한다. 탈수소효소, 환원효소, 산화효소로 나눌 수 있으며 카탈레이스, 퍼옥시데이스, 폴리페놀 산화효소, 아스코브산 산화효소, 리폭시데이스 등이 여기에 속한다.

② **전이효소**

메틸기, 아미노기, 인산기 등 기 또는 원자단(原子團)을 한 화합물에서 다른 화합물로 전달하는 반응을 촉매한다.

③ 가수분해효소

물분자를 가하여 기질의 공유결합을 가수분해시키는 효소로서 영양소의 소화 및 식품의 조리, 가공, 저장과 밀접한 관계를 가지고 있다. 탄수화물을 가수분해하는 탄수화물 분해효소(carbohydrase), 지방을 분해하는 지방 분해효소(lipase) 및 단백질에 작용하는 단백질 분해효소(protease)로 분류된다.

④ 탈리효소

가수분해에 의하지 않고 기질에서 카복시기, 알데하이드기, 하이드록실기, 아미노기 등의 원자단을 분리하여 기질에 이중결합을 만들거나 반대로 이중결합에 원자단을 부가시키는 반응을 촉매한다. 아미노산에서 카복실기가 제거되어 아민이 생성되는 반응 등이 이에 속한다.

⑤ 이성화효소

분자 내에서의 상호 변환, 즉 이성화 반응을 촉매하는 효소이다.

⑥ 합성효소

ATP와 같은 고에너지 인산화합물을 이용하여 부자를 결합시키는 반응을 촉매하는

표 10-1 효소의 분류

그 룹	계통번호	효소명	효소 촉매하는 반응형식
I	1	산화 · 환원효소 (oxidoreductase)	산화 및 환원반응(탈수소반응, 수소첨가반응 등)
II	2	전이효소(transferase)	원자단(메틸기, 아세틸기, 글루코스기, 아미노기)의 전이반응
III	3	가수분해효소 (hydrolase)	가수분해(에스터결합, 글루코시드결합, 펩타이드결합, 아미노 결합)반응
IV	4	탈리효소(lyase)	비가수분해적인(탈탄산, 탈알데하이드, 탈수, 탈암모니아)반응기의 이탈반응
V	5	이성화효소 (isomerase)	입체이성화반응, 시스-트랜스 전환반응, 분자 내 산화 · 환원, 분자 내 전이반응
VI	6	합성효소(ligase)	결합 및 합성반응

효소로 합성효소(synthetase)라고도 한다.

3 효소반응에 영향을 미치는 인자

(1) 온도

효소반응은 일반적인 화학반응과 같이 온도가 증가함에 따라 반응속도가 증가한다. 그러나 효소는 단백질로 되어 있으므로 높은 온도에서는 단백질이 변성되어 오히려 반응속도가 감소되거나 활성을 잃게 된다.

효소는 특정한 온도 범위에서 최대의 활성을 나타내는데 이 온도를 최적온도(optimum temperature)라고 한다. 일반적인 효소의 최적온도는 30~45℃ 정도이다. 최적온도 이상에서는 효소단백질이 열변성을 받아 반응속도가 감소하게 된다. 대부분의 효소는 70℃ 또는 그 이상의 온도에서는 활성을 잃는다. 효소의 열변성은 식품공업에서 많이 이용되고 있는데 식품 중에 존재하는 효소는 보통 원료를 70℃ 또는 그 이상의 온도에서 수분간 가열(데치기, blanching)함으로써 불활성화된다.

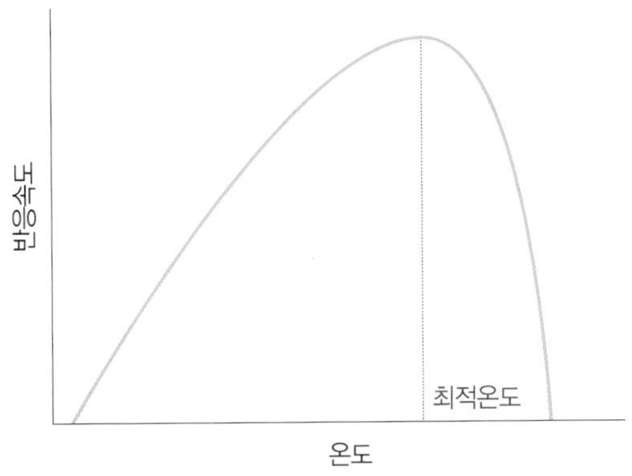

그림 10-3 효소반응에 대한 온도의 영향

(2) pH

효소의 작용은 온도의 경우와 마찬가지로 반응용액의 pH에 따라서 영향을 받는다. 효소는 일정한 pH 범위 안에서 최대의 활성도를 나타내는데, 이 pH를 효소의 최적 pH(optimum pH)라 한다. 반응용액의 pH가 최적 pH보다 알칼리성 또는 산성쪽으로 변하면 효소활성도가 점차적으로 감소하여 전형적인 종모양(bell shape)을 나타낸다. 또한, 효소는 단백질이므로 극단적인 산성이나 알칼리성에는 비가역적 변성을 일으켜 그 활성을 완전히 상실한다. 일반적인 효소의 최적 pH는 4.5~8.0 범위이나 예외적으로 펩신은 1.8, 아르지네이스는 10.0이다.

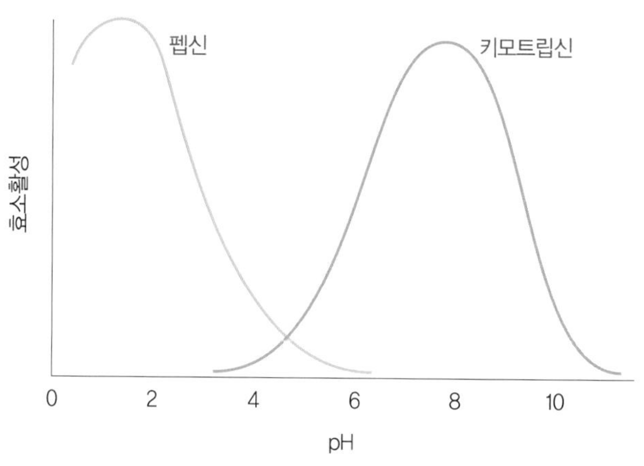

그림 10-4 효소반응에 대한 pH의 영향

(3) 기질의 농도

효소반응에서 일정한 pH, 온도 및 기질농도가 주어졌을 때 기질농도에 따른 반응속도의 변화는 그림 10-5와 같다. 반응의 초기단계, 즉 기질의 농도가 낮을 경우에는 기질농도가 증가함에 따라 반응속도가 증가하지만, 반응의 후기단계에는 기질농도가 증가하여도 반응속도에 큰 영향을 미치지 않는다. 최대반응속도(V_{max})의 1/2이 될 때의 기질농도를 미카엘리스-멘텐(Michaelis-Menten) 상수라 하며 K_m으로 표시한다. K_m값이 낮을수록 효소의 기질에 대한 친화성이 크며, K_m값이 높을수록 친화성이 작아진다.

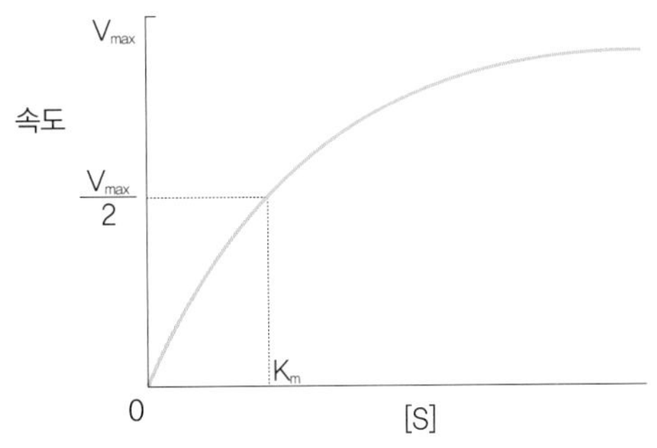

그림 10-5 기질농도에 따른 반응속도

(4) 저해제

효소의 작용을 억제하는 물질을 저해제(inhibitor)라고 부른다.

기질과 유사한 화합물이 경쟁하여 효소작용이 저해되는 경우가 있는데 이러한 물질을 경쟁적 저해제(competitive inhibitor)라 한다. 예를 들면 호박산 탈수소효소(succinic dehydrogenase)는 그 기질인 호박산(succinic acid, $HOOCCH_2CH_2COOH$)보다 탄소수가 1개 적은 말산(malonic acid, $HOOCCH_2COOH$)에 의해 저해된다. 경쟁적 저해는 기질의 농도를 높여주면 효소의 활성이 가역적으로 회복된다.

효소의 활성중심이 아닌 효소활성에 중요한 다른 부위에 결합하여 효소활성을 저해하는 물질을 비경쟁적 저해제(non-competitive inhibitor)라고 하는데 Ag^+, Hg^+, Pb^{2+} 등의 중금속, 트라이클로로아세트산(trichloroacetic acid), 타닌(tannin), 사이아나이드(cyanide), 에틸렌다이아민테트라아세트산(EDTA), 황화합물 등이 있다. 비경쟁적 저해는 기질의 농도를 증가시켜도 효소의 활성이 회복되지 않는다.

식품 중에 존재하는 저해제 중에서 대표적인 것으로는 콩에 존재하는 트립신 저해제(trypsin inhibitor)가 있다. 이 물질은 단백질 소화효소인 트립신을 저해하여 단백질의 소화를 억제하므로 날콩을 식용하였을 때 문제가 된다. 그러나 가열하면 대부분 파괴되므로 큰 문제가 되지 않는다.

4 식품에 관계되는 효소

식품의 저장 또는 가공에는 주로 산화 · 환원효소와 가수분해효소가 관계가 깊다.

1) 산화 · 환원효소

(1) 카탈레이스

카탈레이스(catalase)는 두 분자의 과산화수소를 산소로 전환시키는 촉매작용을 하는 효소로 동물, 식물 및 미생물에 존재한다.

$$2H_2O_2 \xrightarrow{\text{카탈레이스}} 2H_2O + O_2$$

카탈레이스는 4개의 소단위(subunit)로 구성되어 있으며, 이들 각각은 프로토헤민기(protohemin group)을 가지고 있어 4개의 독립적인 활성 중심의 일부를 형성하고 있으며 분자량은 240,000이다.

식품에서 미량의 글루코스나 산소를 제거할 때 또는 글루코스에서 글루콘산을 만들 때 등과 같은 식품가공 공정에서는 글루코스 산화효소와 카탈레이스를 조합해서 사용한다.

(2) 과산화효소

과산화효소(peroxidase)가 관여하는 반응에는 과산화수소가 수소원자의 수용체로 AH_2(유기화합물)가 수소원자의 공여체로 각각 관여한다.

$$H_2O_2 + AH_2 \xrightarrow{\text{과산화효소}} 2H_2O + A(\text{산화유기화합물})$$

과산화효소의 반응에서는 카탈레이스의 작용과 달리 산소가 생성되지 않는다. 과산화효소는 철을 함유한 것과 플래보프로테인(flavoprotein)을 가진 것으로 분류된다.

과산화효소는 식물조직 중에 널리 존재하며 에틸렌의 생합성, 성숙과 과숙의 조절,

클로로필의 분해 및 인돌-3-아세트산(indole-3-acetic acid)의 산화 등 식물조직의 발육과 성숙에 중요한 역할을 한다.

한편, 과산화효소는 배의 리그노셀룰로스(lignocellulose)와 같은 성질의 석세포(stone cell)를 형성하는 데 관여한다. 완전한 활성을 가지지 않는 결합형의 과산화효소가 다량의 석세포를 가지는 과실에 많이 함유되어 있다.

한편, 과산화효소 시험은 과실이나 채소류의 데치기(blanching) 정도를 판단하는 데 이용된다.

(3) 폴리페놀 산화효소

폴리페놀레이스(polyphenol oxidase, polyphenolase) 또는 페놀레이스라 부르며 효소 갈변반응에 관여한다. 이들은 페놀성 물질을 o-퀴논으로 산화하는 능력을 가진 효소들을 포함하며 o-다이하이드록시페놀을 o-퀴논으로 전환하는 것이 대표적이다. 폴리페놀레이스의 작용은 식물조직의 손상 시 갈변을 유도하는 데 결정적인 역할을 한다. 모든 식물체에 존재하지만 특히 감자, 양송이, 사과, 복숭아, 바나나, 차잎 등에 많다. 폴리페놀 산화효소의 기질은 식물조직에 들어있는 페놀성 화합물, 주로 플라보노이드류이다. 이들은 카테킨, 안토사이아니딘, 류코안토사이아니딘 및 신남산(cinnamic acid)의 유도체 등이다.

(4) 아스코브산 산화효소

비타민 C를 분해하여 불안정한 데하이드로아스코브산(dehydroascorbic acid)을 생성하는 효소로 이와 같은 산화현상은 폴리페놀 산화효소와 과산화효소에 의해서도 일어난다. 아스코브산 산화효소(ascorbic acid oxidase)는 호박, 당근, 오이, 무 등에 많이 함유되어 있으므로 이들 식품과 혼합한 조리에는 비타민 C의 파괴가 현저하다.

(5) 리폭시게네이스

불포화지방의 산화를 촉매하는 효소로 주로 식물에 존재한다. 리폭시게네이스(lipoxygenase)의 주된 급원은 대두와 다른 콩 등의 두류와 완두콩이며, 땅콩, 감자, 밀, 무에는 적은 양이 존재한다. 리폭시게네이스에 의한 과산화물(peroxide) 형성은 보통 지방의 항산화제에 의해 저해된다.

식품에서 일어나는 리폭시게네이스에 의한 반응은 대부분 바람직하지 못한 것이다. 그러나 빵을 구울 때에는 바람직한 변화를 일으킨다. 대두가루를 밀가루 반죽에 첨가하면 표백효과(bleaching effect)가 있는데, 이것은 잔토필(xanthophyll) 색소의 산화 때문이다. 이외에도 밀가루 반죽의 리올로지 특성과 굽기 특성에 영향을 미친다. 리폭시게네이스는 글루텐 단백질의 황화수소기의 산화에 간접적으로 작용하여 이황화결합을 만든다.

두유를 만들기 위해 날콩을 물에 넣어 갈면 페인트 같은 날냄새 또는 콩 비린내라고 불리는 불쾌한 냄새가 난다. 그러나 끓는 물에서 갈면 효소를 불활성화시켜 불쾌한 냄새가 생기지 않는다. 완두와 콩을 데치는 일은 리폭시게네이스에 의해 촉매되는 불쾌한 냄새의 생성을 방지하는 데 필수적이다. 이 효소는 불쾌취의 생성 외에도 카로틴, 비타민 A, 클로로필, 빅신(bixin)과 다른 색소의 파괴에도 관여한다.

2) 가수분해효소

(1) 단백질 가수분해효소

식품 공업에서 매우 중요한 단백질 가수분해효소(proteases)들은 펩타이드결합을 가수분해한다. 효소작용에 요구되는 특이성으로는 R_1과 R_2의 성질, 아미노산의 입체구조, 기질분자의 크기 및 X와 Y기의 성질 등이며 특히 중요한 것은 R_1과 R_2기이다. 즉 α-키모트립신은 R_1이 타이로신, 페닐알라닌 또는 트립토판 잔기일 때만 펩타이드결합을 가수분해한다. 트립신은 R_1이 아르지닌 또는 라이신 잔기에 속하는 것을 필요로 하고, 펩신과 카복시펩티데이스는 R_2에 페닐알라닌 잔기를 필요로 한다. 이 효소들은 L형의 입체구조를 가진 아미노산을 분해하지만 분자의 크기는 제한이 없다. X와 Y의 성질에 따라 엔도펩티데이스(endopeptidase)와 엑소펩티데이스(exopeptidase)로 구분된다. 전자는 기질 분자 내부의 펩타이드결합을 임의로 분해하고 X와 Y가 유도체화되었을 때 최대활성을 나타낸다. 카복시펩티데이스류는 Y가 하이드록실기이고, 아미노펩티데이스류는 X가 수소이며, 다이펩티데이스류는 X와 Y가 유도체화되지 않는 것을 필요로 한다.

단백질 분해효소류는 산성 프로테이스(acid protease), 세린 프로테이스(serine protease), 설프하이드릴 프로테이스(sulfhydryl protease) 및 금속 함유 프로테이스(metal containing protease) 등 네 가지로 구분한다.

대표적인 단백질 가수분해 효소들은 표 10-2와 같다.

표 10-2 대표적인 단백질 가수분해효소

효소	적용	들어 있는 곳
엔도펩티데이스(endopeptidase)		
펩신(pepsin)	단백질→폴리펩타이드 + 아미노산	위장
트립신(trypsin)	단백질→폴리펩타이드 + 펩톤	췌장
키모트립신(chymotrypsin)		췌장
카텝신(cathepsin)	단백질→폴리펩타이드 + 펩톤	간, 신장, 비장
파파인(papain)	단백질→폴리펩타이드 + 아미노산	파파야 열매
레닌(rennin)	카세인→파라카세인 + 펩타이드	양 및 송아지의 제4위
브로멜린(bromelin)		파인애플
엑소펩티데이스(exopeptidase)		
아미노펩티데이스(aminopeptidase) 카복시펩티데이스(carboxypeptidase)	프로테오스, 펩톤, 펩타이드 → 아미노산 + 디펩타이드	동물의 장, 곰팡이, 세균
다이펩티데이스(dipeptidase)	디펩타이드→아미노산	동물의 장, 곰팡이, 세균

(2) 에스터레이스

에스터레이스(esterases)는 각종 화합물의 에스터 결합을 가수분해하여 산과 알코올을 생성한다. 이들 효소들은 중성지질을 가수분해하며 여기에는 몇 가지 라이페이스류가 포함된다. 즉, 포스포라이페이스류는 인지질을, 콜레스테롤 에스터레이스는 콜레스테롤 에스터류를 가수분해한다. 카복실에스터레이스는 트라이뷰티린(tributyrin)과 같은 중성지질을 가수분해하는 효소들이다. 이들은 라이페이스류와는 달리 수용성 기질을 가수분해한다. 반면에 라이페이스류는 에멀젼(emulsion)의 물-지방질 계면에서만 작용한다. 따라서 물-지방질 간의 계면을 증가시키면 효소의 작용도 증가한다. 예로 균질화한 우유가 그렇지 않은 것보다 라이페이스 활성이 강한 것은 이와 같은 이유 때문이다.

라이페이스류는 세균, 곰팡이 등의 미생물이나 식물체에 의해서 생성되며 췌장, 우유 등 동물성 식품에도 존재한다. 라이페이스류는 산패를 일으키는 유리지방산을 생성하므로 식품의 변질을 가져오지만 어떤 경우에는 라이페이스의 작용이 바람직하게 작용하기 때문에 일부러 생산하기도 한다.

(3) 아밀레이스

전분을 분해하는 효소를 아밀레이스(amylase)라고 한다.

- α-아밀레이스: 아밀로스와 아밀로펙틴의 α-1,4-글루칸결합을 내부에서 불규칙하게 가수분해시키는 효소로서 액화형 아밀레이스라고도 한다. 이 효소는 동물에서는 타액, 췌장, 식물에서는 맥아 중에 들어 있으며 또 곰팡이와 세균에 의해서도 생산된다. 이 효소는 활성을 나타내기 위하여 칼슘을 필요로 하며 또한 칼슘은 효소의 안정성을 강화한다.
- β-아밀레이스: 아밀로스와 아밀로펙틴의 α-1,4-글루칸결합을 비환원성 말단에서부터 말토스 단위로 규칙적으로 절단하여 덱스트린과 말토스를 생성시키는 효소로 당화형 아밀레이스라고도 한다. 각종 식물의 조직 중에 존재하며 특히 맥아, 밀, 고구마, 콩 등에 많다. 이 효소는 전분을 발효성 당으로 전환시키는 맥주제조 및 주정공업에서 공업적으로 많이 이용된다. 이 효소의 활성 중심은 -SH기가 관계되며 구리와 수은에 의하여 저해된다. 최적 pH는 급원에 따라서 다르지만 5.0~7.0이다.
- 글루코아밀레이스(glucoamylase): 아밀로스와 아밀로펙틴의 α-1,4-글루칸결합을

비환원성 말단에서 글루코스 단위로 차례로 절단하는 효소이다. α-1,4결합 이외에 분지점의 α-1,6결합도 서서히 분해한다. 따라서 전분을 분해하여 전부 글루코스로 만든다. 세균과 곰팡이가 생산하며, 옥수수시럽과 포도당 제조에 공업적으로 이용된다. 최적 pH는 4.0~5.0이다.

(4) β-갈락토시데이스

락토스의 β-갈락토시드결합을 가수분해하여 α-D-갈락토스로 분해시키는 효소로서 락테이스라고도 하며 고등식물, 세균, 효모 및 식물에 널리 분포한다. 사람의 장 점막 세포에도 락테이스가 존재한다. 이 효소를 가지지 않는 사람을 유당불내증(lactose intolerance) 환자라고 하며 이러한 사람은 우유를 적절히 소화하지 못한다. 이 효소는 용해도가 낮고 단맛이 적은 락토스를 가수분해하여 용해하기 쉽고 단맛이 있는 당류로 만들기 때문에 식품공업에 있어서 중요한 효소이다. 최적 pH는 급원에 따라 다르지만 일반적으로 5.0~7.0 정도이다.

(5) 펙틴 분해효소

펙틴질을 분해하는 효소로 고등식물이나 미생물에 들어있는데 달팽이를 제외하면 고등동물에는 들어 있지 않다. 이들 효소들은 과일주스나 포도주의 청징 및 과일 펄프의 마쇄를 촉진하는 데 이용된다. 펙틴의 거대 분자를 작은 분자인 갈락투론산(galacturonic acid)까지 분해시킴으로써 화합물은 수용성이 되고 현탁력을 잃으며 점도가 감소되고 불용성 펄프입자가 가라앉는다.

거의 모든 곰팡이와 많은 수의 세균들은 이 효소를 분비하며 식물세포 상호 간을 유지하는 펙틴층을 분해한다. 이로 인하여 세포가 분리되고 파괴되면 식물조직은 연화된다. 식물조직 중 펙틴이 세균에 의해서 분해되는 것을 연부(soft rot)라고 한다. 식품첨가용 시판 효소제품은 순수한 것이 드물고 여러 종류의 효소들이 미량 들어 있지만 용도에 따라 주효소가 다량 함유되어 있다. 프로토펙티네이스(protopectinase)는 불용성의 프로토펙틴에 작용해서 가용화시킨다. 펙틴 에스터레이스(pectin esterase)는 펙틴의 메틸 에스터를 가수분해하여 펙틴산(pectinic acid)을 생성한다. 이것은 일명 펙티네이스 또는 펙틴메틸에스터레이스라고도 한다. 폴리갈락투로네이스(polygalacturonase)는 폴리갈락투론산의 α-1,4 글리코시드결합을 가수분해하여 갈락투론산을 생성하며 펙틴에 작용하는 폴리메틸갈락투로네이스와 펙트산(pectic acid)에 작용하는 폴리갈락투로네이스(polygalacturonase)가 있다.

식품과 관계 있는 효소는 표 10-3과 같다.

표 10-3 식품 가공에 사용되는 효소

효소	식품	목적 또는 작용
아밀레이스 (amylase)	제빵	효모 발효를 위한 당함량 증가
	양조	발효를 위하여 전분을 맥아당으로 전환, 전분 혼탁 제거
	시리얼	전분을 덱스트린과 당으로 전환, 흡습성 증가
	초콜릿 · 코코아	유동성을 높이기 위하여 전분을 액화
	제과	캔디 조각으로부터 당의 회수
	과일 주스	발포성을 증가시키기 위하여 전분 제거
	젤리	발포성을 증가시키기 위하여 전분 제거
	펙틴	사과즙 찌꺼기로부터 펙틴 제조
	시럽과 당	전분의 전분자량 덱스트린으로의 전환
	채소류	두류의 연화를 위한 전분의 가수분해
셀룰레이스 (cellulase)	양조	복잡한 탄수화물 세포벽 성분의 가수분해
	커피	원두를 건조하는 동안 섬유소의 가수분해
	과일	살구와 토마토의 배와 껍질의 거친 입자를 제거
덱스트란수크레이스 (dextran sucrase)	당시럽	시럽의 농후화
	아이스크림	농후제와 보디로 덱스트란 첨가
인버테이스 (invertase)	합성꿀	설탕을 글루코스와 프럭토스로 전환
	캔디	초콜릿을 코팅한 소프트크림 캔디의 제조

(계속)

효소	식품	목적 또는 작용
락테이스 (lactase)	아이스크림	입자감을 나타내는 락토스의 결정화를 방지
	사료	락토스를 갈락토스와 글루코스로 전환
	우유	락토스를 제거함으로써 냉동유에서 단백질의 안정화
타네이스 (tannase)	양조	폴리페놀화합물의 제거
펜토사네이스 (pentosanase)	제분	밀가루로부터 전분의 회수
나린기네이스 (naringinase)	감귤류	나린진의 가수분해에 의해 감귤 펙틴과 주스의 쓴맛 제거
펙틴 분해효소 (pectic enzyme) -유용	초콜릿 · 카카오	코코아를 발효하는 동안 가수분해 활성
	커피	원두를 발효하는 동안 아교질 표면의 가수분해
	과일	연화
	과일주스	압착 주스의 수율 향상, 혼탁 방지, 농축과정의 개선
	올리브	기름의 유출
	과실주	청징
펙틴 분해효소 (pectic enzyme) -부패	감귤주스	주스의 펙틴물질 분해와 분리
	과일	과도한 연화작용
프로테이스 (protease) -유용	제빵	반죽의 연화작용, 혼합시간의 단축, 반죽의 신장성 증가, 입자, 조직감, 덩어리 부피의 증가, β-아밀레이스 유리
	양조	발효 중 보디, 풍미, 영양소 향상, 여과, 청징, 냉각공정에 활용
	시리얼	건조속도 향상과 취급이 용이하도록 단백질을 변화시킴
	두류식품	된장과 두부의 제조
	치즈	카세인 응고, 숙성되는 동안 특유의 풍미 생성
	초콜릿 · 카카오	발효되는 동안 카카오콩에 작용
	달걀 가공품	건조 성질의 개선

(계속)

효소	식품	목적 또는 작용
프로테이스 (protease) -유용	사료	사료로의 전환을 위한 음식 폐기물의 처리
	육류와 어류	연화, 뼈와 잡어로부터 단백질의 회수, 기름의 유리
	두유	두유의 제조
	단백질 가수분해물	간장과 같은 조미료, 특수식품, 건조 수프, 육즙 분말, 가공육
	과실주	청징
프로테이스 (protease) -부패	달걀	전란과 건조 전란의 저장기간에 영향
	게, 바다가재	빨리 불활성화시키지 않으면 과도하게 연화됨
	밀가루	너무 활성화되면 증용과 텍스처에 영향 미침
라이페이스 (lipase) -유용	치즈	풍미에 영향
	기름	지질의 글리세롤과 지방산으로의 분해
	우유	밀크 초콜릿에 사용하기 위한 풍미를 갖는 우유의 생산
라이페이스 (lipase) -부패	시리얼	귀리(oat) 케이크의 과도한 갈변, 밀기울의 갈색 탈색
	우유와 유제품	가수분해형 산패
	기름	가수분해형 산패
포스파테이스 (phosphatase)	유아식	활용할 수 있는 인산의 증가
	양조	인산화합물의 가수분해
	우유	저온살균 효과의 검사
뉴클레이스 (nuclease)	풍미 증강물질	뉴클레오타이드와 뉴클레오사이드의 생산
과산화효소 (peroxidase) -유용	채소	데치기(blanching) 효과의 검사
	글루코스 검사	글루코스 산화효소(glucose oxidase)와 병용
과산화효소 (peroxidase) -부패	채소	나쁜 풍미
	과일	갈변작용에 기여
카탈레이스 (catalase)	우유	저온살균에서 과산화수소의 파괴
	다양한 제품들	갈변이나 산화의 방지를 위하여 글루코스 또는 산소의 제거 글루코스 산화효소(glucose oxidase)와 병용

(계속)

효소	식품	목적 또는 작용
글루코스 산화효소 (glucose oxidase)	다양한 제품들	산화와 갈변을 막기 위하여 글루코스와 산소의 제거, 카탈레이스와 함께 사용
	글루코스 검출	글루코스 검사, 과산화효소와 함께 사용
폴리페놀 산화효소 (polyphenol oxidase) -유용	차, 커피, 담배	숙성, 발효, 노화 기간에 갈변
폴리페놀 산화효소 (polyphenol oxidase) -부패	과일, 채소	갈변과 악취의 생성, 비타민의 손실
리폭시게네이스 (lipoxigenase)	채소	필수지방산과 비타민 A의 파괴, 악취의 생성
아스코브산 산화효소 (ascorbic acid oxidase)	채소, 과일	비타민 C(아스코브산)의 파괴
티아미네이스 (thiaminase)	유류, 어류	비타민 B_1(티아민)의 파괴

11

식품의 독성물질

1. 내인성 유독물질
2. 외인성 독성물질

toxic

Chapter 11

식품의 독성물질

식품에는 섭취하면 인체에 해를 끼칠 수 있거나 건강을 유지하는 데 지장을 줄 수 있는 화합물이 존재한다. 이러한 화합물은 식품의 원료가 원래부터 함유하고 있는 것과 외부에서 들어오는 것 등 여러 가지 형태가 있다. 이러한 화합물은 무기질 원소와 같이 단순한 형태로부터 거대 유기화합물까지 다양하다. 식품에 존재하는 유독물질 중 식품의 원료가 생산하여 원래 가지고 있는 것을 내인성 유독물질이라고 하고, 외부 오염에 의하여 식품에 잔존하는 것을 외인성 유독물질이라고 한다(표 11-1).

표 11-1 혼입경로에 따른 식품의 유독물질 분류

분류	정의	예
내인성 유독물질	식품 원료가 여러 가지 생육조건에 따라 합성하여 함유하는 물질	• 식물성 자연독 • 동물성 자연독
외인성 독성물질	식품에 의도적 또는 비의도적으로 잔존하여 식품에 존재하는 물질로서 • 환경으로부터 식품 원료에 혼입된 물질 • 환경으로부터 혼입된 물질의 대사산물 • 조리·가공 중 식품에서 생성된 독성물질	의도적 첨가물질 • 잔류농약 • 잔류동물용 의약품 우발적 혼입물질 • 유해성 금속물질 • 용기·포장으로부터 용출된 물질 • 식품 내의 환경오염물질 • 미생물이 생산하는 유독물질

1 내인성 유독물질

1) 식물성 독성물질

(1) 효소 저해제

식품 내 효소작용을 저해하는 물질로는 단백질 가수분해효소 저해제와 아밀레이스 저해제 등이 있다.

단백질 가수분해효소 저해제는 분자량이 적은 단백질로, 효소와 빠르게 결합하여 안정한 화합물을 형성하여 효소의 반응을 억제한다. 대표적인 단백질 가수분해효소 저해물질로는 두류에 주로 존재하는 바우만버크(Bowman-Birk)형과 쿠니츠(Kunitz)형 저해제가 있다.

바우만버크형 저해제는 아세톤에 불용성이며 대부분의 두류에 포함되어 있으며 분자량 8,000 Dal로 60~85개의 아미노산으로 이루어져 있으나 많은 경우 2개 이상이 모여 다량체로 존재한다. 바우만버크형 저해제는 시스테인의 함량이 높아 다이설피드 결합이 많아 내열성이 크다.

쿠니츠형 저해제는 분자량 약 20,000 Dal로서 170~200개의 아미노산으로 이루어져 있다. 대두의 쿠니츠형 저해제는 단량체로서 한 분자의 저해제가 한 분자의 단백분해효소(트립신 또는 키모트립신)의 활성을 저해한다. 저해는 분해반응기와 다이설피드 결합을 하여 일어난다.

아밀레이스 저해제는 밀, 귀리와 강낭콩 등의 두류에서 발견된다. 아밀레이스 저해제는 강낭콩 수용성 단백질의 5~6%를 차지하며, 분자량은 45,000~49,000 Dal이며 분자량의 8~10%가 탄수화물인 당단백질이다. 강낭콩의 아밀레이스 저해제는 α-아밀레이스와 1:1 복합체를 형성하여 반응을 억제한다. 밀의 아밀레이스 저해제는 단백질 분해효소에 의하여 분해되어 영양적인 효과는 크지 않다.

(2) 적혈구 응집소

적혈구 응집소(hemagglutinin)는 광범위한 식물성 식품과 해면동물, 갑각류 등 일부

동물성 식품에 존재한다. 많은 적혈구 응집소는 가열에 의하여 불활성화된다.

피마자에는 적혈구 응집소로서 리신(ricin)과 리시닌(ricinin)이 있다. 리신은 식품으로 섭취뿐만 아니라 흡입에 의해서도 독성이 나타난다.

(3) 피테이트

피테이트(phytate)는 많은 곡류와 두류에 함유되어 있으며 6개의 인산과 결합된 피트산(phytic acid, myo-inositol hexaphosphate) 형식으로 존재한다. 피트산은 주로 무기질과 결합하여 무기질의 이용도를 낮춘다(그림 11-1). 또한 단백질, 전분 등과도 결합하여 단백질 분해효소나 전분 분해효소의 활성을 저해하기도 한다.

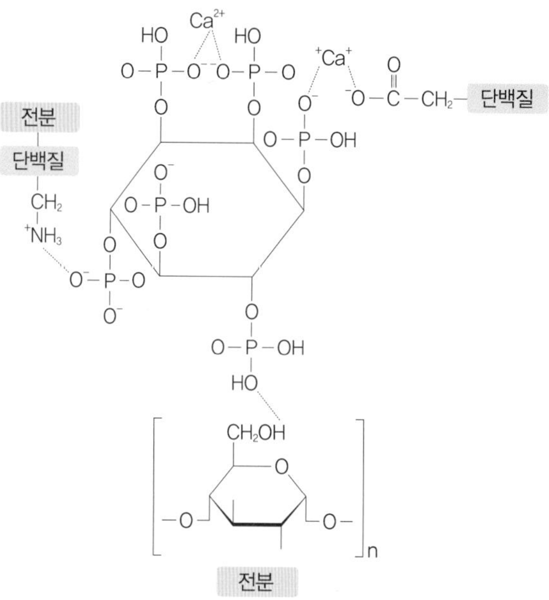

그림 11-1 피트산의 식품성분과 결합

(4) 솔라닌

솔라닌(solanine)은 감자의 눈 부분에 가장 많고 다음이 껍질 부분에 있으며, 특히 싹 난 부위나 녹색 부분에 솔라린의 함량이 높다. 솔라닌은 α-, β-, γ- 또는 솔라니딘(solanidine), 차코닌(chaconine), 솔라마린(solamarine), 차코마린(chacomarine) 등 알칼로이드 배당체이다. 솔라닌은 콜린에스테레이스의 작용을 억제하여 독성을 나타내는 것으로 알려져 있으며, 증상으로는 섭취 수 시간 후에 복통, 설사, 구토로 인한 위장 장해와 그 외 현기증, 졸음 등이 있다.

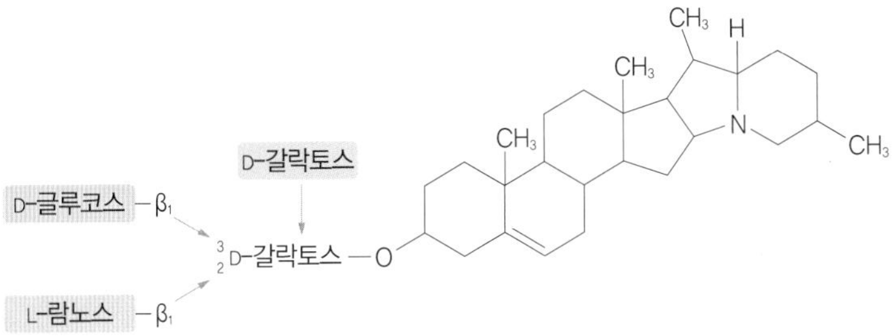

그림 11-2 감자의 솔라닌

(5) 사이안 화합물

미숙한 매실(청매), 살구씨(행인), 복숭아씨, 비파씨에 존재하는 아미그달린(amygdalin)이나 프루나신(prunasin)은 사이안(cyan) 배당체로서 효소에 의해서 분해되면 (그림 11-3) 사이안화수소(HCN)가 생겨 사이토크롬 산화효소를 저해하여 조직호흡이 급속히 낮아진다. 사이안화수소는 휘발성으로 원료를 파쇄, 수세, 가열하여 제거가 가능하다. 표 11-2는 식물성 식품에 포함된 다양한 사이안화합물의 예이다.

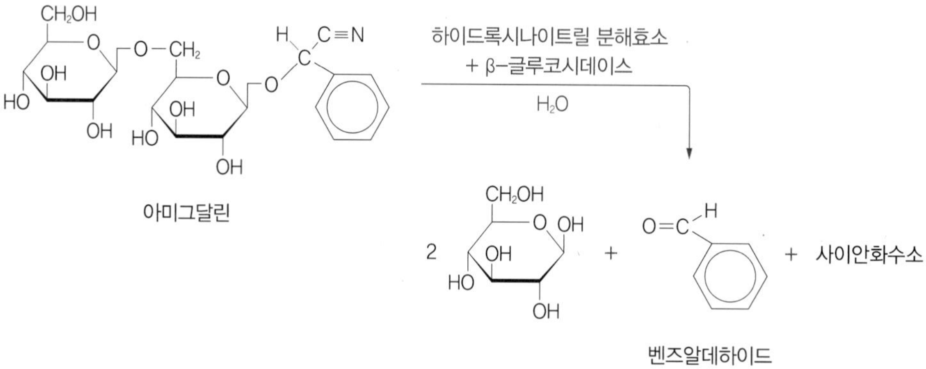

CH₂OH ...

그림 11-3 아미그달린의 분해에 의한 사이안화수소의 생성

표 11-2 식물성 식품의 사이안화합물

종 류	식 물	친수성 분해물
아미그달린(amygdalin)	아몬드, 버찌, 복숭아, 자두, 사과	사이안화수소, 젠티오비오스 벤즈알데하이드(gentobiose benzaldehyde)
두린(dhurrin)	수수	사이안화수소, 글루코스, 하이드록시벤즈알데하이드(hydroxybenzaldehyde)
리나마린(linamarin)	아마, 클로바, 카사바, 라마콩	사이안화수소, 글루코스, 아세톤
로파우스탈린(lotaustralin)	아마, 클로바, 카사바, 라마콩	사이안화수소, 글루코스, 2-부탄온(2-butanone)
프루나신(prunasin)	버찌, 아몬드	사이안화수소, 글루코스, 벤즈알데하이드(benzaldehyde)
시시아닌(cicianin)	베치	사이안화수소, 비시아노스(vicianose), 벤즈알데하이드(benzaldehyde)
탁시필린(taxiphyllin)	죽순	

(6) 버섯독

버섯독은 세포, 간 및 신장에 작용하는 원형질독(protoplasmic poisons), 신경에 작용하는 신경독(neurotoxins), 위관장독(gastrointestinal irritants)와 다이설피람(disulfiram)형 등으로 구분할 수 있다.

원형질독에는 알광대버섯, 독우산광대버섯, 흰알광대버섯의 아마톡신(amatoxin)과

팔로톡신(phallotoxin)이 있으며, 마귀곰보버섯의 히다진(hydazine), 끈적버섯속의 오렐라닌(orellanine) 등이 있다. 보리땀버섯의 무스카린(muscarine), 광대버섯과 마귀광대버섯의 이보텐산(ibotenic acid)과 무시몰(muscimol), 검은띠말똥버섯과 레이스말똥버섯의 실로시빈(psilocybin)과 실로신(psylocin)은 신경독이다.

위장관독으로는 화경버섯의 일루딘 S(illudin S)와 노란다발의 파시쿠롤(fasciculol)이 있다. 두엄먹물버섯의 코프린(coprine)은 알코올 탈수소효소의 활성을 억제하여 섭취 후 72시간 이내에 알코올을 섭취한 경우만 두통, 메스꺼움, 구토 등을 나타내는 다이설피람형 독소이다.

(7) 기타 독성물질

사포닌(saponin)은 쓴맛을 가지며 용액에서 거품을 발생하고, 적혈구의 분해, 담즙산, 콜레스테롤 등과 같은 스테롤과의 반응 가능성을 가진 화합물이다. 사포닌은 이집트콩, 대두, 녹두, 잠두, 렌즈콩, 녹색완두, 땅콩, 아스파라거스, 시금치, 참깨, 귀리 등에 함유되어 있다.

목화씨에는 유독물질이면서 천연 항산화제 능력이 있는 폴리페놀화합물인 고시폴(gossypol)이 있다(그림 11-4). 고시폴은 알데하이드, 헤미아세탈 및 퀴노이드(quinoid)형이 존재한다.

고사리에는 배당체인 프타퀼로시드(ptaquiloside)가 있어 약알칼리성에서 글루코스가 분리되어서 다이에논(dienone)이 되면 알킬화제로서 작용하는 강력한 발암성을 나타낸다. 그러나 고사리를 물로 우려내거나 삶으면 용이하게 분리되어 발암성을 잃는다.

독미나리에는 시쿠톡신(cicutoxin), 시쿠톡시닌(cicutoxinin)이 있어 맹독성이 있으

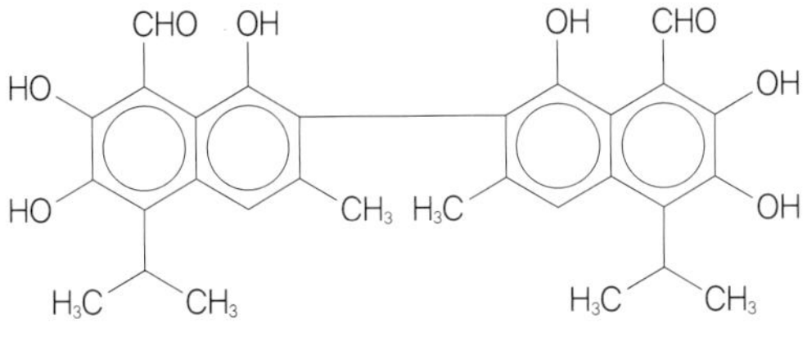

CHO OH OH CHO
HO OH
HO CH3 H3C OH
H3C CH3 H3C CH3

그림 11-4 고시폴(알데하이드형)

며, 신경중추작용으로 복부에 동통, 구토, 현기증과 경련성 증상을 일으키며, 중증일 때는 호흡 곤란, 정신 착란과 호흡 마비로 사망에까지 이른다.

은행의 외종피 과육에는 옻나무의 우루시올(urushiol)과 유사한 비로보(bilobo)가 있으며, 내종피에는 메틸피리독신(4-*o*-methylpyridoxine)이 있다. 외종피는 옻나무와 같이 알레르기성 피부염을 나타내며, 생은행을 식용하면 구토, 심한 간질 모양의 경련을 반복한다. 메틸피리독신은 비타민 B_6인 피리독신의 4번 위치가 메틸화된 화합물로 항비타민 B_6 작용을 한다.

2) 동물성 독성물질

동물성 식품 중 조직에 독성을 띠고 있는 것은 거의 수산물이다. 수산물의 독성은 대부분 플랑크톤에 기인한다.

(1) 복어독

복어독은 테트로도톡신(tetrodotoxin)으로 복어의 독성은 종류별, 지역별, 계절별, 개체차 및 어체 부위별, 성별 등에 따라 다르다. 테트로도톡신은 난소, 간장, 내장, 껍질 순으로 많이 있으며, 근육에는 거의 없다. 테트로도톡신은 무색의 침상결정으로 무미, 무취하며 물과 유기용매에는 잘 녹지 않으나 산성 용액에는 잘 녹는다. 테트로도톡신은 복어 이외에도 수랑(말고동), 나팔고동, 수염고동, 털탑고동(개소라) 등에서도 발견된다.

테트로도톡신은 신경독으로 4% 수산화소듐(NaOH) 용액에 침지하면 가수분해되어

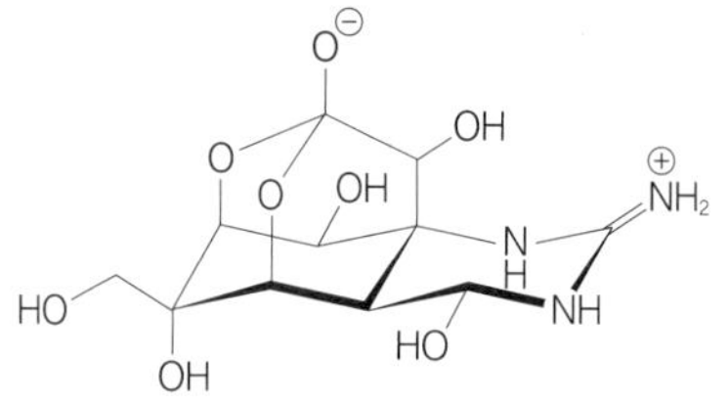

그림 11-5 테트로도톡신

무독화되며 트립신, 프티알린(ptyaline)에 의하여 파괴되지 않으나 펩신에 의해서는 약간 분해된다. 내열성이 있어 100℃ 물에 30분간 처리하여도 20% 정도밖에 파괴되지 않는다.

(2) 고등어중독

고등어중독(scombroid 중독)은 부패된 고등어, 다랑어, 가다랑어 등의 고등어과 어류를 섭취할 때 발생할 수 있으며, 부패될 때 생성되는 히스타민 등의 아민류에 의한 중독현상이다(그림 11-6).

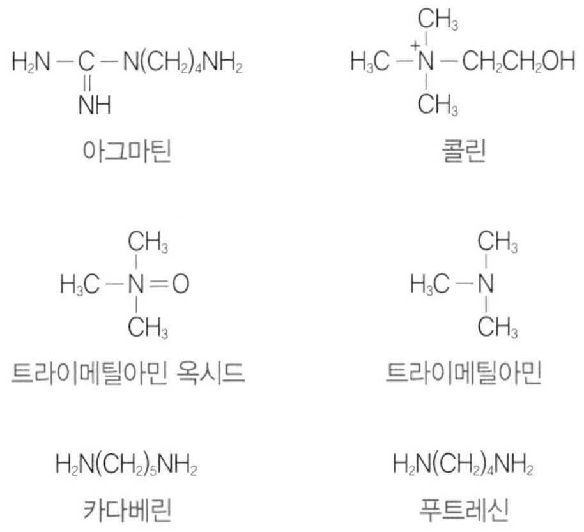

$H_2N-C(=NH)-N(CH_2)_4NH_2$

아그마틴

$H_3C-N^+(CH_3)_2-CH_2CH_2OH$

콜린

$(CH_3)_3N=O$

트라이메틸아민 옥시드

$(CH_3)_3N$

트라이메틸아민

$H_2N(CH_2)_5NH_2$

카다베린

$H_2N(CH_2)_4NH_2$

푸트레신

그림 11-6 고등어중독을 나타내는 아민성 물질

(3) 기타 어류 중독

독꼬치, 붉돔, 그루퍼, 불가사리(중장선) 등에 시구아톡신(ciguatoxin), 마이토톡신(maitotoxin), 팔리톡신(palytoxin) 등의 독소가 있다. 이 독소는 세포막의 Na^+ 통과에 이상을 일으켜 신경계, 순환계, 위장관계에 독성을 나타낸다.

돗돔, 삼치, 상어, 참치, 북극곰, 바다표범(간장)에는 다량의 비타민 A에 의한 중독 현상으로 피부박리 등이 일어난다. 장갱이, 동갈치, 곤들매기, 말씀뱅어(생식선)는 다이노구넬린(dinogunellin)으로 인해 소화기 장애가 일어난다. 장미게르치, 병어 등에는 왁스, 다이아실글리세릴 에터(diacylglyceryl ether) 등이 있어 설사를 유발할 수 있다.

(4) 조개류의 독소

조개류의 유독물질은 일반적으로 마비성, 설사성, 신경성, 기억상실성을 나타내며, 베네루핀(venerupin), 테트라아민류로 구분한다.

마비성 조개독소로는 삭시톡신(saxitoxin, STX), 네오삭시톡신(neosaxitoxin), 고니아우톡신(gonyautoxin), 프로토고니아우톡신(proto-gonyautoxin), 다이노피시스톡신(dinophysistoxin) 등 10여 종의 구아니딜(guanidyl) 유도체가 있으며, 주요 식품으로 섭조개, 홍합, 모시조개, 대합조개, 가리비 등이 있다. 이들은 100℃에서 30분 가열에도 안정하다.

설사성 조개독소는 오카다산(okadaic acid, 그림 11-7), 다이노피시스톡신(dinophysistoxin), 펙테노톡신(pectenotoxin), 에소톡신(yessotoxin) 등이 있으며, 내열성이 있다. 주요 식품으로는 검은 조개, 모시조개, 홍합, 큰가리비, 백합 등이 있다.

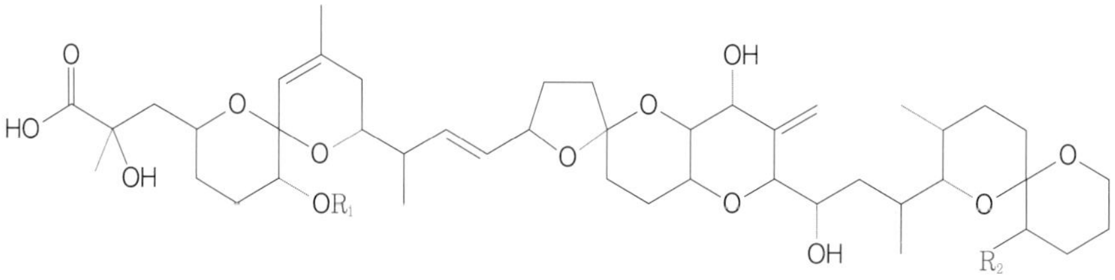

그림 11-7 오카다산

베네루핀은 모시조개, 바지락, 굴 등에 주로 존재하며, 물, 메탄올에는 잘 녹고 에터, 에탄올 등에는 녹지 않으며, pH 5~8에서 100℃로 1시간 동안 가열하여도 변화가 없는 내열성 물질이나 pH 9 이상에서 오래 가열하거나 120℃에서 가열하면 50% 이상 파괴된다.

명주매물고동, 보라골뱅이, 소라고동, 조각매물고동, 갈색띠매물고동, 북방매물고동, 나팔고동, 털골뱅이 등은 테트라민을 함유하고 있어 섭취하면 눈의 피로, 현기증, 두통, 멀미, 식욕 감퇴 등을 보인다(그림 11-8).

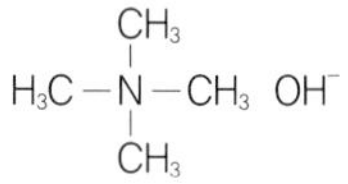

그림 11-8 테트라민

2 외인성 독성물질

1) 세균성 독성물질

(1) 엔테로톡신

엔테로톡신(enterotoxin)은 포도상구균(*Staphylococcus aureus*) 등의 독소형 식중독을 유발하는 미생물이 생산하는 장독소로 식품에 오염되어 생장한 경우 식품을 오염시킨다. 엔테로토신 B(enterotoxin B)는 포도상구균이 생산하는데, 이는 하나의 사슬로 이루어진 단순단백질로 분자량은 약 30,000 Dal이며, 항원특이성에 따라 10종으로 구분한다. 내열성이 강하여 210℃ 이상 30분 이상에서 가열해야 파괴되며, 단백질 가수분해효소에 의해 불활성화되지 않는다.

바실루스균(*Bacillus cereus*)이 생산하는 엔테로톡신은 분자량 45,000~50,000 Dal의 단순단백질로 pH, 트립신 또는 펩신 등의 소화효소와 60℃, 5분간의 열처리로 쉽게 독성을 잃는다.

(2) 보툴리눔 독소

보툴리눔(botulinum) 독소는 보툴리누스균(*Clostridium botulinum*)이 생산하는 독소로서 신경에 작용한다. 이 독소는 분자량 약 150 kDal의 유독성 1분자와 분자량이 다른 무독성 1분자의 복합체로 이루어진 단순단백질로 80℃, 15분 또는 100℃, 2~3분간 가열로 변성되어 독성을 잃는다.

2) 곰팡이성 독성물질

곰팡이성 독성물질은 작용하는 부위에 따라 간장독, 신장독, 신경독 또는 피부염 유발물질 등으로 나누기도 하며, 주요 생산균류 또는 분자구조에 따라 나누기도 한다.

(1) 아플라톡신류

아플라톡신(aflatoxin)은 아스페르길루스 플라버스(*Aspergillus flavus*) 및 아스페르길루스 파라시티쿠스(*A. parasiticus*) 등이 생산하는 다이하이드로퓨란(dihydrofuran) 고리에 쿠마린(coumarin) 유도체가 결합한 구조를 갖는 일련의 화합물이다. 아플라톡신 B_1(그림 11-9)과 B_2는 청색형광을, G_1과 G_2는 녹색형광을 낸다. 아플라톡신 M_1과 M_2는 아플라톡신 B_1과 B_2가 동물의 체내에서 대사되어 동물의 오줌이나 유즙에 배설되는 형태로 자색형광을 낸다.

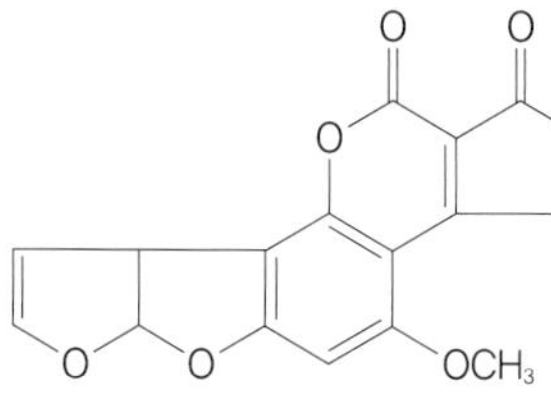

아플라톡신은 물에 불용이나 아세톤(acetone), 클로로폼(chloroform)에 녹고, 강산과 강알칼리에 의해 분해되지만 열에 안정하여 270~280℃ 이상 가열하여야 분해된다.

그림 11-9 아플라톡신 B_1

(2) 오크라톡신류

오크라톡신(ochratoxin)은 아스페르길루스 오크라세우스(*Aspergillus ochraceus*)와 아스페르길루스 멜레우스(*A. melleus*) 및 페니실리움 비리디카툼(*Penicillium viridicatum*) 등이 생산한다. A, B, C의 세 가지 형태가 알려져 있으며 자외선에서 녹색 형광을 방출한다(그림 11-10).

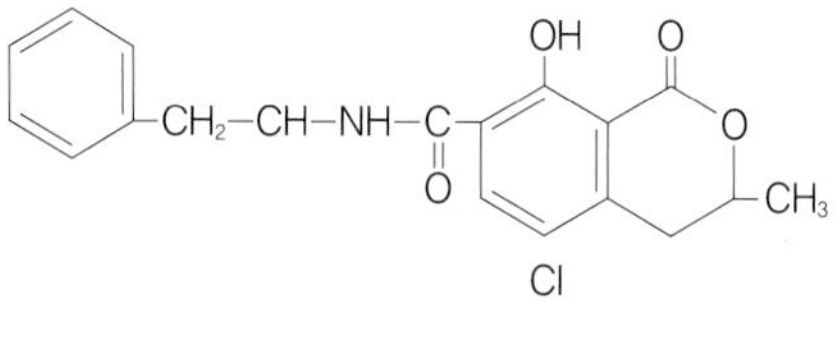

그림 11-10 오크라톡신 A

(3) 기타 독소

저장 곡류에 페니실리움 시트라눔(*Penicillium citrinum*)의 시트리닌(citrinin), 페니실리움 시트레오비리드(*P. citreoviride*)의 시트레오비리딘(citreoviridin) 또는 페니실리움

이슬란디쿰(*P. islandicum*)의 루테오스키린(luteoskyrin)과 이슬란디톡신(islanditoxin) 등의 황변미 독소가 있다.

페니실리움(*Penicillium*)속의 곰팡이가 주로 생산하는 독소로 사과 부패균인 페니실리움 익스팬숨(*P. expansum*) 등에 의해 생산되는 파툴린(patulin)은 분자 내에 락톤 고리를 갖고 있는 화합물이다. 락톤 구조를 갖는 독소로 이소파툴린(isopatulin), 페니실산(penicillic acid), 아스크라디올(ascladiol) 등도 있다. 기타 식물성 병원균인 푸자리움(*Fusarium*속)도 T-2 독소, 지랄라논(zearalenone)과 푸모니신(fumonisin) 등 다양한 독소를 생산한다(그림 11-11).

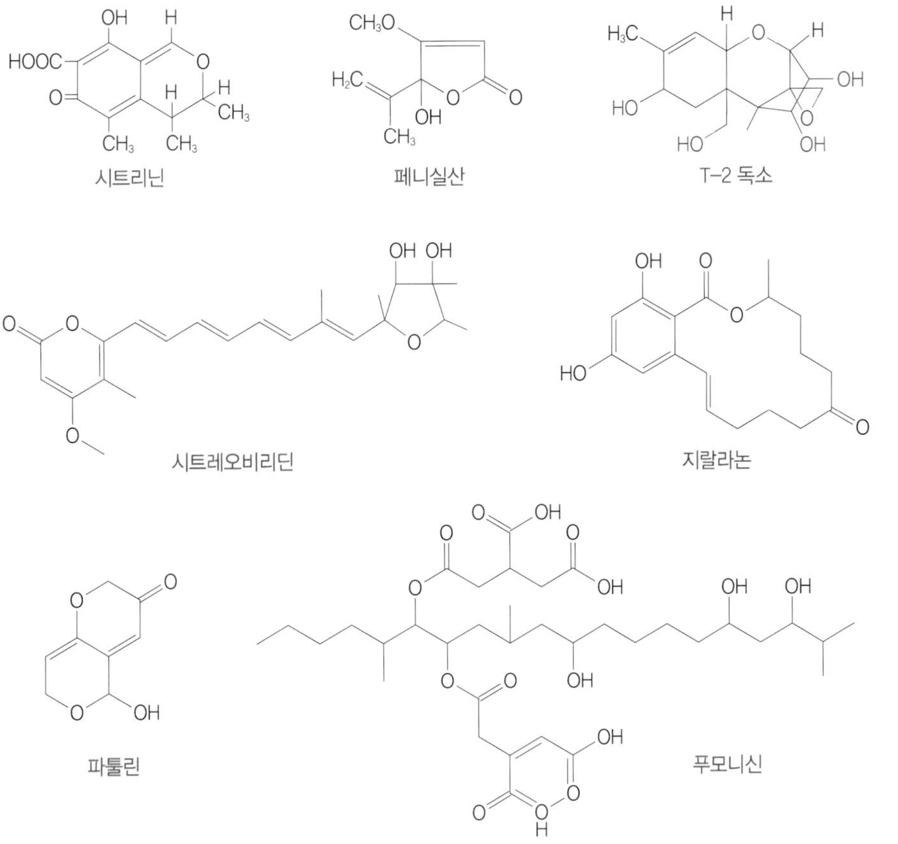

시트리닌 페니실산 T-2 독소

시트레오비리딘 지랄라논

파툴린 푸모니신

그림 11-11 곰팡이가 생산하는 독소

3) 유해금속

유해금속은 장기간의 축적 또는 한 번에 다량 섭취함으로써 장해를 일으킨다. 동·식물에 유해성이 큰 유해금속은 대부분 중금속으로서 수은, 납, 카드뮴, 비소, 주석, 크롬, 구리 등과 그 외 셀레늄 등으로 생체와 친화성이 높은 것이 많다(표 11-3).

중금속은 단백질의 침전제로, 특히 단백질의 −SH기와 결합하여 구조단백질을 변화시키고, 효소단백질의 활성을 잃어버리게 한다. 유기금속은 금속이 탄소와 공유결합을 하여 알킬 수은(alkyl Hg), 페닐 수은(phenyl Hg), 알킬 납(alkyl Pb), 알킬 주석(alkyl Sn) 등이 있다. 유기금속은 지용성이 크기 때문에 체내에서는 지질이 풍부한 뇌신경세포에 분포하여 중추신경에 독성을 나타낸다. 무기금속은 여러 장기에 분포하여, 특히 신장이나 뼈조직에 영향을 미치고, 필요한 무기질의 흡수를 저해한다. 체내의 이동은 단백질과 결합형으로서 행동하며, 배설은 분변에 미량으로 나가는 것이 보통으로 주로 담즙 배설을 한다.

표 11-3 중금속 오염 경로와 중독 증상

금 속	오염 경로	중독 증상
주석(Sn)	통조림관	메스꺼움, 구토, 복통, 설사
카드뮴(Cd)	식기, 기구	메스꺼움, 구토, 복통, 골연화증, 골다공증
납(Pb)	기구, 용기, 포장	메스꺼움, 구토, 설사
비소(As)	농약, 첨가물	위통, 구토, 설사, 출혈. 만성, 피부 발진, 위장 증상, 신경 증상
수은(Hg)	오용	구토, 복통, 설사, 경련
크롬(Cr)	음식물, 과실류, 어패류, 해조류	궤양, 피부염, 알레르기성 습진
구리(Cu)	첨가물, 식기, 용기	구토, 설사, 복통
아연(Zn)	용기, 기구 도금	구토, 설사, 복통
안티몬(Sb)	식기, 표면 도금	메스꺼움, 구토, 설사, 복통
비스무트(Bi)	식기, 오용	입 안 착색, 구강염, 장염
바륨(Ba)	오용	구토, 설사, 복부 경련

4) 농약류

농약에는 살충제, 살균제, 제초제 등이 있으며, 구성성분에 따라 유기염소계(그림 11-12), 유기인계(그림 11-13), 카바메이트계, 유기수은계 등으로 분류한다(표 11-4). 농약은 식물성 식품 이외에도 축산물에도 잔류가 가능하다.

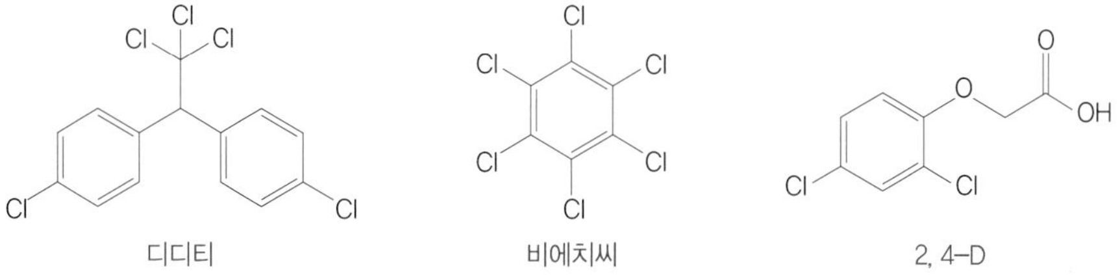

디디티　　비에치씨　　2, 4-D

그림 11-12 대표적인 유기염소계 농약

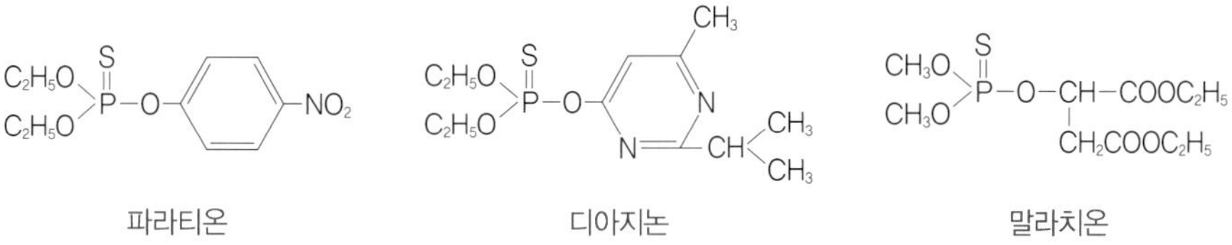

파라티온　　디아지논　　말라치온

그림 11-13 대표적인 유기인계 농약

5) 동물용 의약품 잔류

동물용 의약품으로는 항생물질, 합성항균제 및 성장호르몬제 등이 있어 사람이나 동물의 의약품으로 상처나 질병 등의 치료나 예방에 사용되어 왔으나, 가축이나 양식어류의 사료 등에 첨가하여 식품 중의 잔류 가능성이 있다.

동물의 질병치료에 사용되는 항생물질에는 페니실린계의 페니실린 · 암피실린, 아미노글리코시드(aminoglycoside)계의 스트렙토마이신 · 프라디오마이신 · 네오마이신 · 히그로마이신, 테트라사이클린계의 테트라사이클린 · 옥시테트라사이클린, 포스포폴리사카라이드계의 마카포마이신 · 퀴베마이신 등이 있으며, 이외에도 마크로리드

표 11-4 여러 가지 농약의 특성

분류	화합물	특성
유기염소계	디디티(dichloro diphenyl trichloroethane, DDT), 비에치씨(benzene hexachloride, BHC), 엔드린(endrin), 디엘드린(dieldrin), 알드린(aldrin), 헵타클로르(heptachlor), 캡타폴(captafol), 캡탄(captan), 2,4-D(2,4-dichlorophenoxyacetic acid), 2,4,5-T(2,4,5-trichlorophenoxyacetic acid) 등	• 유기인제에 비하여 독성은 강하지 않으나 화학적으로 안정하여 잔류성이 높으며, 인체의 지방조직에 축적됨 • 인지질로 형성된 세포막간극(intermolecular spaces)에 끼어 세포막을 통한 물질 이동이 비정상적이 됨 • 신경계 이상 초래함 • DDT는 체내에 축적되면 스테로이드 호르몬 합성을 저해하여 간장에 변성을 가져오므로 암을 유발함 • β-BHC는 동물 모체에 축적된 60~64%가 태생자에 이행되어 동물의 간암을 유발함
유기인계	이피엔(ethyl paranitrophenyl, EPN), 파라티온(parathion), 메틸파라티온(methyl parathion), 디아지논(diazinon), 말라티온(malathion) 등	• 매우 강한 독성이 있으나 식물체 표면에서 광선이나 자외선 또는 식물체 내에서 효소로 분해되기 쉬우므로 농약의 잔류성이 적음 • 다량 섭취하여 체내에 흡수되면 콜린에스터레이스 작용을 저해하여 아세틸콜린이 축적되어 콜린 작동성 부교감신경을 자극하여 두통, 발한, 복통, 시·청력 감퇴, 창백, 경련 등 신경독성을 유발함
유기수은계	메틸수은요드(methyl mercuric iodide), 메틸수은염소(methyl mercuric chloride), 에틸수은인(ethyl mercuric phosphate), 메틸옥시에틸수은염소(methoxyethyl mercuric chloride) 등	• 신경독, 신장독으로 작용하며 만성중독 발생 가능 • 메틸수은으로 신경조직 마비에 관여하기도 함
카바메이트계	디메틸 다이싸이오카바메이트(dimethyl dithiocarbamates), 에틸렌비스다이싸이오카바메이트[ethylenebis(dithiocarbamate)s], 마네브(maneb), 만코제브(mancozeb), 메티람(metiram) 등	유기인제와 유사한 증상이 있으나 콜린에스터레이스의 활성 부활이 빠름
유기불소계	푸솔(fussol, monofluoroacetamide), 니소(nisso), 프래톨(flatol) 등	체내 모노플루로시트르산(monofluorocitric acid)을 생성하여 크레브스 회로(Kreb's cycle)를 차단하여 심장 장해, 중추신경 증상으로 30분~2시간 경과 후 구토, 복통, 경련 등 발생

(macrolide)계, 펩티드계, 노포시오신, 모넨신, 크로람페니콜 등이 있다. 또한 동물의 성장 촉진이나 질병 예방 등의 목적으로 동물사료에 첨가되는 항생제로는 테트라사이클린계나 티로신(tylosin), 티오펩틴(thiopeptin) 등이 있다.

한편 항균제인 스트렙토마이신, 셀로시딘(cellocidin), 클로람페니콜과 항진균제로 브라스티시딘-S(blasticidin-S), 카수가마이신(kasugamycin), 폴리옥신(polyoxin) 등은 농작물의 병충해 방제용으로도 사용하기도 한다.

6) 방사능 오염물질

방사능 오염물질은 방사선 조사와는 구분하여 고려하여야 한다. 방사선 조사는 살균, 발아 억제 등의 목적으로 인위적으로 방사선을 식품에 조사하는 것을 말한다. 방사능물질 오염은 방사능을 방출할 수 있는 물질이 식품에 오염되는 것을 말하며, 오염원으로는 방사능 물질 함유 광산에서 채취 및 핵연료 제조 가공 처리, 핵폭발 실험에 의한 방사성 낙진 강하물, 원자력발전소의 핵연료 및 재처리 시설, 방사선 동위원소의 산업에의 이용 등으로부터 유출 및 방출이 있다.

식품 오염 가능성이 높아 우려되는 것으로는 스트론튬-90(^{90}Sr), 세슘-137(^{137}Cs) 및 아이오딘-131(^{131}I) 등이 있다. ^{90}Sr은 물리적 반감기(half-life)가 28년이고 그 화학적 성질이 칼슘과 비슷하여 인체에 흡수되면 뼈에 침착하고 잘 배설되지 않기 때문에 사람 전체에서의 반감기가 35년인데 비해 뼈는 약 50년으로 ^{90}Sr이 체내에 흡수되는 경우 골수는 장시간 β선에 노출되어 조혈기능에 장해를 주어서 백혈병이나 골육종 등의 질병에 걸리기 쉽다. ^{137}Cs은 물리적 반감기가 30년이고 그 화학적 성질이 포타슘과 비슷하여 인체에 들어가면 전신근육에 분포하여 β선과 γ선을 장기간 방사함으로써 체세포, 특히 생식세포에 장해를 준다. ^{131}I은 반감기가 8일로 아주 짧지만 비교적 생성량이 많아서 피폭 직후 갑상선에 축적하여 β선, γ선을 방사하므로 갑상선 장애를 일으킨다.

7) 환경호르몬

환경호르몬이란 환경으로 방출된 화학물질이 생체 내에 흡수되어 호르몬처럼 작용하는 오염물질로 내분비계 교란물질이라고도 한다.

(1) 폴리염화페닐

폴리염화비페닐류(polychlorinated biphenyls, PCBs)는 비페닐로부터 합성되는 매우 안정한 유기화합물로 유용성이며 불연성, 불건성, 양호한 절연성 등 많은 특징을 지닌다. 이런 장점으로 가열용 열매체, 인쇄용 잉크, 윤활유, 전기절연유(변압기, 콘덴서 사용) 등으로 넓게 이용되었으나 현재는 생산이 금지되어 있다.

폴리염화비페닐의 종류로는 PCB(polychloride biphenyl), PCQ(polychlorinated quarterphenyl), PCDF(polychlorinated dibenzofuran) 등 209종의 이성체가 있다(그림 11-14). PCB는 지용성으로 체내 지방조직에 축적되나, 이성체 간에 염소수가 달라 독성, 체내에서의 분포 및 대사는 일정하지 않다.

(2) 다이옥신류와 퓨란류

다이옥신류는 클로리네이티드 페놀과 유도체, 클로리네이트 비페닐에테르, PCBs 등 여러 화학제품을 생산할 때 불순물로 생성되며, 유해 폐기물 등의 소각, 자동차 배기가스 등 매우 다양하며, 산불, 번개 등에 의해서도 생성될 수 있다.

다이옥신류는 고리가 세 개인 방향족 화합물에 여러 개의 염소가 붙어 있는 화합물을 말하며, 가운데 고리에 산소원자가 두 개인 다이옥신계 화합물(polychlorinated dibenzo-ρ-dioxins)과 산소원자가 하나인 퓨란계 화합물(polychlorinated dibenzofurans)이 있다(그림 11-15). 다이옥신에는 폴리염화다이벤조 다이옥신(polychlorinated dibenzo-ρ-dioxins, PCDD), 폴리염화다이벤조퓨란(polychlorinated dibenzofurans, PCDF), 2,3,7,8-TCDD(2,3,7,8-tetrachloro dibenzo-ρ-dioxin, dibenzodioxin tetra-chlorodioxin) 등의 이성체가 있다.

다이옥신류의 독성은 대부분의 동물은 흉선림프구의 감소 현상이 공통적으로 나타나고, 사람은 비롯하여 말초신경 장애, 간 및 부신의 이상 장애를 나타내고, 발암성 및 기형아를 유발하며 생식, 면역력이 떨어지는 내분비계 장애물질이다.

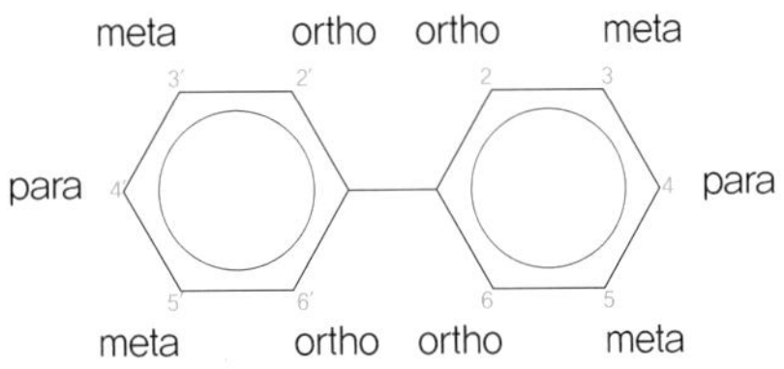

염소수		분자식	이성질체수	염소함량(%)
1	mono	$C_{12}H_{9}Cl_{1}$	3	18.79
2	di	$C_{12}H_{8}Cl_{2}$	12	31.77
3	tri	$C_{12}H_{7}Cl_{3}$	24	41.30
4	tetra	$C_{12}H_{6}Cl_{4}$	42	48.56
5	penta	$C_{12}H_{5}Cl_{5}$	46	54.30
6	hexa	$C_{12}H_{4}Cl_{6}$	42	58.93
7	hepta	$C_{12}H_{3}Cl_{7}$	24	62.77
8	octa	$C_{12}H_{2}Cl_{8}$	12	65.98
9	nona	$C_{12}H1_{9}Cl_{9}$	3	68.73
10	deca	$C_{12}Cl_{10}$	1	71.18
total			209	

그림 11-14 폴리염화페닐의 분자구조와 이성체의 수

자료: 식약청(2001). 식품 중 다이옥신류란?

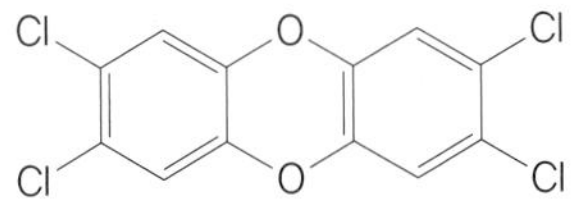

폴리클로리네이티드 다이벤조다이옥신

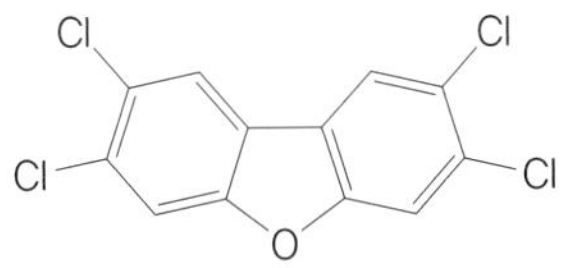

폴리클로리네이티드 다이벤조퓨란

그림 11-15 다이옥신계와 퓨란계의 구조

8) 식품의 제조 · 가공 중 생성되는 유해물질

식품제조 · 가공 중 생성되는 유해물질로는 아크릴아마이드(acrylamide)와 트랜스지방산을 비롯하여 다환방향족 탄화수소류(polycyclic aromatic hydrocarbons, PAHs), 헤테로고리 아민류(heterocyclic amines), 나이트로소아민류(nitrosamines), 클로로프로판올류(chloropropanols) 등이 있다(표 11-5).

트랜스지방산은 자연 상태에도 소량 존재하지만, 대부분은 식물성 기름에 수소를 첨가하는 공정 중에 포화가 일어나지 않는 불포화지방산의 경우 이들이 가지고 있는 이중결합의 기하학적인 형태가 시스형에서 트랜스형으로 바뀌어 트랜스지방이 생성된다.

식품 내 아크릴아마이드류는 유리아미노산의 α-아미노그룹과 탄수화물의 카보닐그룹 간의 작용에서 생성되며, 고탄수화물(감자 등) 식품을 고온으로 조리 또는 가공할 경우 생성된다(그림 11-16).

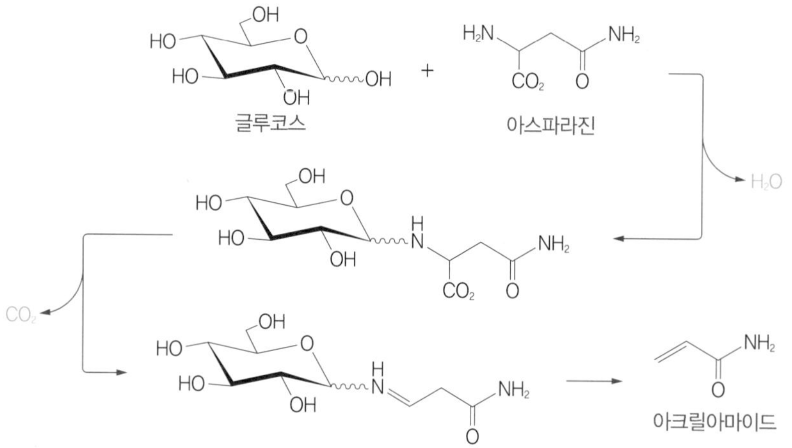

그림 11-16 아스파라진으로부터 마이야르(Maillard) 반응에 의한 아크릴아마이드 생성

자료: 식약청(2007). 식품 중 아크릴아마이드란?

표 11-5 식품의 제조 · 가공 중 생성되는 유해물질

분 류	화합물	특 성
다환방향족 탄화수소류	benzo(α)pyrene, benz(α)anthracene 등 100여 종 중 20여 종이 발암성으로 알려짐 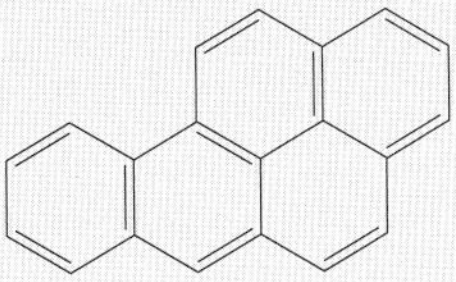 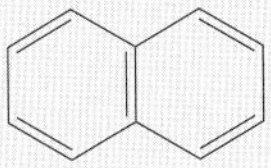	• 석유나 석탄 등의 화석연료나 목재, 연료가스, 가솔린, 중유, 종이 등의 불완전연소 또는 식품의 숯불구이와 훈제육 등의 열분해물에서도 생성 • 잔류기간이 길고 독성도 강한 내분비계 장애물질이면서 인체 발암 유발
헤테로고리아민류	• 트립토판 유래: Trp-P-1, Trp-P-2 • 글루탐산 유래: Glu-P-1, Glu-P-2 • 라이신 유래: Lys-P-1	• 태운 단백질 식품 및 그 제조 · 가공품에서 생성 • 강한 돌연변이 활성
나이트로소아민류	N-nitrosodimethylamine, N-nitrosodibutylamine, N-nitrosopyrrolidine, N-nitrosopiperidine, N-nitrosothiazolidine, N-nitrosomorpholine 등 300여 종 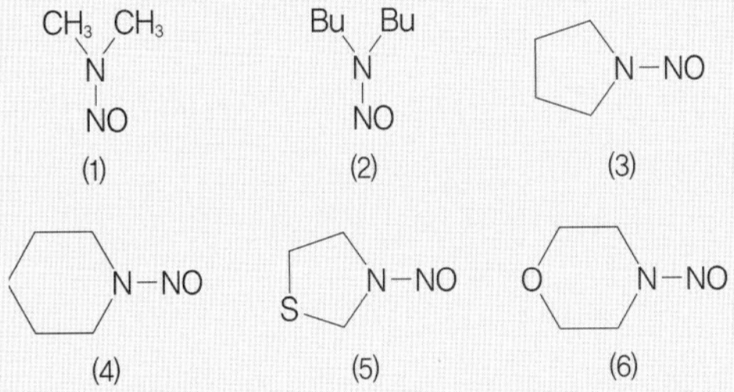 (1) $(CH_3)_2N-NO$ (2) $(Bu)_2N-NO$ (3) N−NO (4) N−NO (5) S, N−NO (6) O, N−NO (1) (2) (3) (4) (5) (6)	• 햄, 소세지, 어육 등에 발색제로 사용하는 질산염이나 아질산염으로부터 생성 • 이들 중 90% 이상이 동물실험에서 매우 낮은 농도(ppb 수준)에서도 발암 가능성이 있으나 화합물에 따라 장기 특이성이 있음
클로로프로판올류	3-MCPD(3-monochloro-1,2-propane diol), 1,3 DCP(1,3-dichloro-2-propanol)과 소량의 2-MCPD와 2, 3-DCP 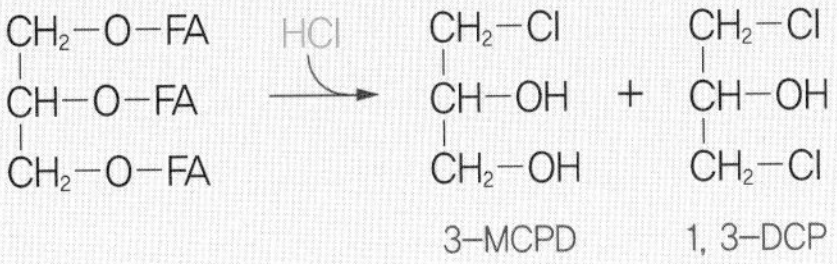 CH_2-O-FA / $CH-O-FA$ / CH_2-O-FA → (HCl) CH_2-Cl / $CH-OH$ / CH_2-OH + CH_2-Cl / $CH-OH$ / CH_2-Cl 3-MCPD 1, 3-DCP	• 대두단백질을 산으로 가수분해할 때 지방함량과 염산 농도에 따라 지방질이 분해되어 생성됨 • 곡류 및 맥아 등을 볶는 등 가열가공 중에 발생

12

식품의 물리적 성질

1. 식품의 리올로지
2. 식품의 텍스처
3. 식품의 교질성

physical

식품의 물리적 성질

식품의 성분은 분자구조에 따라 화학적 성질에 차이가 나타나며, 나아가 식품의 미세구조에 관여하고 미세구조는 식품의 물리적 성질(physical properties)에 영향을 미치게 된다(그림 12-1). 식품성분의 화학적 성질이 직접적으로 작용하는 미세구조로는 유화, 현탁, 젤화, 표면장력을 포함한 표면현상, 상변화, 결정화와 유리화 등이 있다. 물리적 성질은 물리적 특성, 기계적, 열, 전기 및 광학적 성질로 나눌 수 있다(표 12-1). 본 장에서는 미세구조로서 유화와 물리적 성질 중 기계적 성질에 대하여 다루고자 한다.

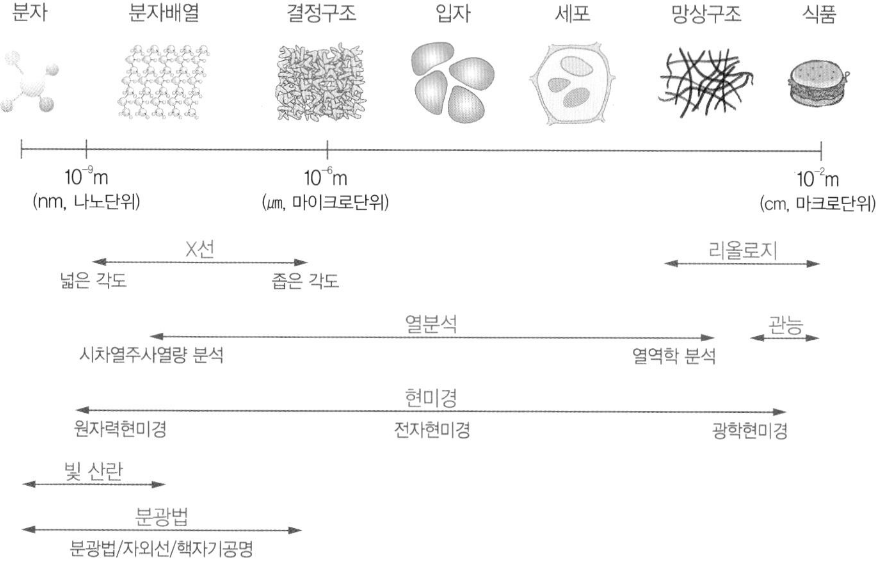

그림 12-1 크기에 따른 전분의 특성과 측정방법

자료: B. Conde-Petit(2003). *The Structive and Texture of Starch based Foods in Texture.*

표 12-1 식품의 여러 가지 물리적 성질

물리적 성질	기계적 성질	열 성질	전기적 성질	광학적 성질
1. 모양 2. 크기 3. 무게 4. 부피 5. 표면적 6. 밀도 7. 공극률 8. 색 9. 상태 10. 항력계수 11. 무게 중심	1. 단단함 2. 압축강도 3. 인장강도 4. 충격저항 5. 전단저항 6. 압축정도 7. 운동마찰계수 8. 정지마찰계수 9. 팽창계수 10. 탄성 11. 가소성 12. 굽힘 강도 13. 공기역학/ 수역학적 성질	1. 비열 2. 열용량 3. 열확산도 4. 열전도도 5. 표면전도도 6. 열흡수성 7. 복사계수 8. 투과성	1. 전도도 2. 저항 3. 정전용량 4. 유전율(쌍극자) 5. 전자기파 조사에 의한 반응 6. 표면전하에 의한 전도도	1. 투과도 2. 반사도 3. 흡수성 4. 색 5. 명암대비 6. 강도

자료: Wilhelm et al.(2004). *Food & Process Engineering Technology.*

1 식품의 리올로지

리올로지(rheology)는 물질의 변형과 유동에 관하여 연구하는 학문으로서 외부의 힘에 대한 물질의 변형 및 흐름의 특성을 규명하고 그 정도를 정량적으로 표현하는 학문이다.

1) 점성과 점조성

점성(viscosity)은 외부 힘에 의하여 유체가 흐르는 것에 대해 저항하는 성질을 말한다. 점성은 물과 같이 균일한 형태의 저분자로 이루어진 유체에서 나타난다. 점성이 크다는 의미는 유체가 잘 흐르지 못한다는 의미와 동일하다. 점조성(consistency)은 유체의 흐름과 변형에 관련된 성질을 말한다. 점성은 일반적인 의미로 사용하나 엄밀하게 정의하면 뉴턴 유체에만 적용되며, 점조성은 비뉴턴 유체의 특성을 표현할 때 사용한다.

유체는 뉴턴 유체(Newtonian fluid)와 비뉴턴 유체(non-Newtonian fluid)로 나눌 수 있다(그림 12-2). 뉴턴 유체는 전단력과 전단속도가 비례하는 경우를 말한다. 즉 물과 꿀의 점성을 비교하면 꿀의 점성이 크다. 한편, 비뉴턴 유체는 유사가소성(pseudo-plastic) 유체, 딜라턴트(dilatant) 유체와 빙햄소성(Bingham plastic) 유체로 다시 세분한다. 유사가소성 유체는 전단력을 가할수록 점도가 작아지는 현상이 나타나 큰 힘으로 저으면 작은 힘을 가하는 것보다 쉽게 흐르게 할 수 있다(shear thinning). 딜라턴트 유체는 전단력이 클수록 저항도 커져 작은 힘으로 저으면 쉽게 흐르는 유체를 말한다(shear thickening).

뉴턴 유체는 물, 꿀, 우유, 과일주스, 식물성 기름 등을 예로 들 수 있다. 현탁액과 유화액은 농도가 높아지면 비뉴턴 유체로 변화한다. 유사가소성 유체에는 농도가 높은 유화액으로 사과소스, 바나나 퓌레, 농축 오렌지주스 등이 있으며, 딜라턴트 유체는 많지 않으나 일부 꿀, 40%의 생옥수수 전분액 등이 있다.

일부 유체는 외부 힘이 가해지는 시간에 따라 점성이 변한다. 대부분의 크림은 시간이 지남에 따라 점도가 점차 감소하여 같은 힘을 주어도 점차 쉽게 흐르게 되는데 이러

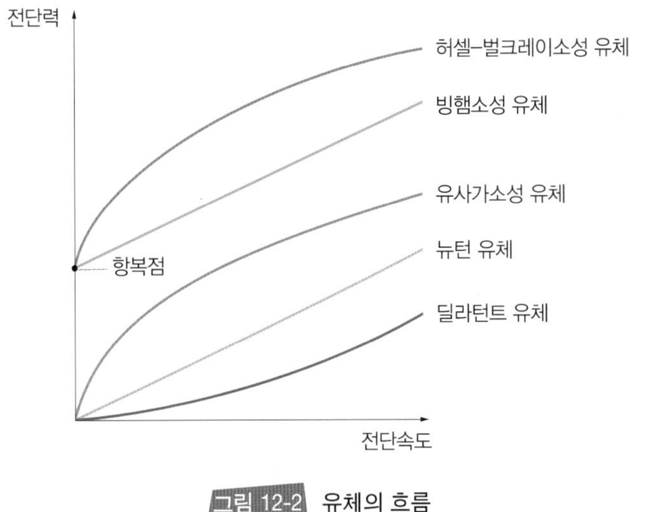

그림 12-2 유체의 흐름

자료: Pruska-Kdzior & Kdzior(2007). *Rheological Properties of Food Systems*.

한 유체를 틱소트로픽(thixothropic) 유체라고 한다. 틱소트로픽 유체는 복합상태의 유화액, 현탁액과 거품으로 겨자, 토마토 페이스트, 케첩, 샐러드 드레싱, 마요네즈, 무스 등이 있다. 이러한 현상은 식품 내의 구조가 파괴되면서 나타나거나 또는 입자가 일렬로 정렬되어 나타나는 것으로 생각하고 있다. 한편 시간이 경과함에 따라 점도가 증가하여 흐름의 속도가 줄어드는데 이러한 유체를 리오펙틱(rheopectic) 유체라고 한다. 호상요구르트에서 이러한 성질이 일부 나타나기도 한다. 전분-우유-설탕의 페이스트는 85~95℃로 가공하면 틱소트로픽의 성질이 나타나나 75℃로 가열하면 리오펙틱 유체의 성질이 나타난다.

2) 가소성

가소성(plasticity)은 파열됨이 없이 계속해서 변형될 수 있는 성질로서 외부의 힘에 의하여 점성의 유체와는 달리 어느 정도의 힘이 있어야 흐르기 시작하는 유체를 말한다. 이러한 가소성 물질에는 전단력과 물질의 흐름이 비례하는 빙햄소성 유체와 그렇지 않은 비빙햄소성 유체가 있다. 빙햄소성 유체는 전단력이 항복점 이하에서는 고체와 같은 성질을 갖으나 항복점 이상이 되면 흐르는 성질이 있다. 빙햄소성 유체는 토마토 페이스트와 케첩, 마가린, 마요네즈, 치즈 스프레드, 샐러드 드레싱 등이 있다. 허셸벌크레이소성 유체(Herschel-Bulkley plastic)는 항복점 이상에서 흐르기 시작하여 유사가소성 유체와 흐르는 특성이 유사한 유체로서 갈은 어류단백질, 건포도 페이스트, 튀김용 쌀가루 반죽 등이 있다.

3) 탄성

탄성(elasticity)은 외부의 힘에 의하여 고체 물질의 변형이 일어난 경우, 가해진 힘이 제거되었을 때 원래의 상태로 돌아가려는 성질을 말한다. 고무줄을 당겼다가 놓거나 스프링을 눌렀다가 놓으면 원상태로 돌아가는 것이 대표적인 탄성에 의한 현상이다.

4) 점탄성

점탄성(viscoelasticity)은 어떤 물체가 고체와 유체의 특성을 모두 보여 점성과 탄성을 함께 가지고 있는 성질을 말한다. 외부 힘에 의하여 탄성 변형이 일어나며, 일부는 점성에 의한 흐름이 발생하는 경우를 말한다. 반죽, 치즈 등의 식품이 대표적인 예로서 반죽은 압력을 가하였다가 제거하면 모양이 일부는 돌아가지만 일부는 원래의 모양으로 돌아가지 못하고 흐르는 것을 볼 수 있다(그림 12-3). 이외에도 점탄성에 의하여 나타나는 현상으로는 다음과 같은 것이 있다.

- 예사성(曳絲性, spinability): 청국장, 난백 등을 젓가락으로 당겨 올리면 실처럼 가늘게 따라 올라오는 현상
- 와이센베르크(Weissenberg) 효과: 연유와 같은 점성을 띤 액체를 그릇에 담고 막대기를 중심축으로 회전시켰을 때 액체가 막대기에 감기듯이 올라오는 현상
- 경점성(硬粘性, consistency): 반죽 또는 떡의 점탄성을 나타내는 식품의 경고성. Farinograph로 측정
- 신전성(伸展性, extensibility): 국수 반죽과 같이 대체로 고체를 이루고 있는 식품이 막대 또는 긴 끈 모양으로 늘어나는 성질

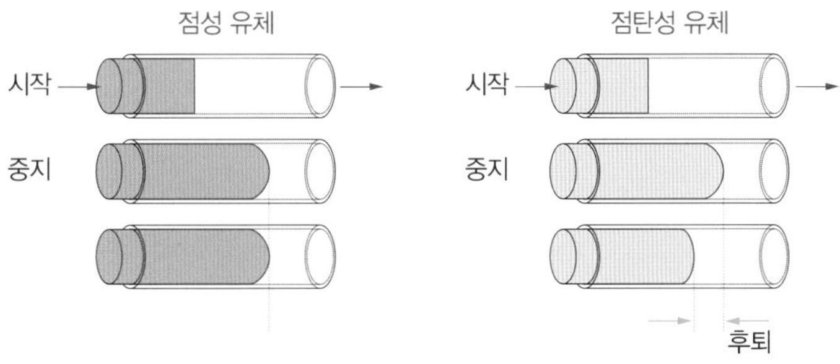

그림 12-3 점성 유체와 점탄성 유체의 흐름 후 변화
자료: Steffe J.F.(1996). *Rheological Methods in Food Process Engineering.*

5) 심리 리올로지

저온의 물을 수은처럼 느끼는 것과 같이 물질의 원래 성질이 아닌 입 안에서 느끼는 감각을 나타내는 것으로 사람의 감각을 실험심리학의 입장에서 연구하는 리올로지를 심리 리올로지라고 한다(표 12-2).

표 12-2 온도에 따른 물의 느낌

온 도(℃)	물에 대한 느낌	온 도(℃)	물에 대한 느낌
0	반쯤 녹은 눈	10	수은
15	젤라틴	25	물
38	기름	40	그리스(grease)

2 식품의 텍스처

1) 텍스처 성질의 분류

식품의 텍스처(texture)는 식품을 섭취할 때의 물리적 감각을 말한다. 식품을 입 안에 넣었을 때 혀와 입 천장에서 느끼는 감각, 씹을 때 느끼는 감각 그리고 삼킬 때 느끼는 감각을 종합적으로 의미한다. 텍스처는 Szczeniak가 식품의 감각적 성질을 객관적 · 물리적으로 측정 가능한 요소로 기계적 특성과 기하학적 특성 등으로 분류하고 이를 다시 세분하였다(표 12-3).

2) 식품의 텍스처 측정

식품의 텍스처는 기계적인 방법과 관능적인 방법 등으로 측정한다. 가장 대표적인 기계적인 방법은 텍스처미터(texturometer)를 사용하는 것으로 이 기계는 약 1 cm^3 크기의 식품을 치아로 씹는 동작을 2회 모방하여 나타나는 힘으로 측정한다. 그림 12-4는 텍스처미터로 측정한 결과의 예이다.

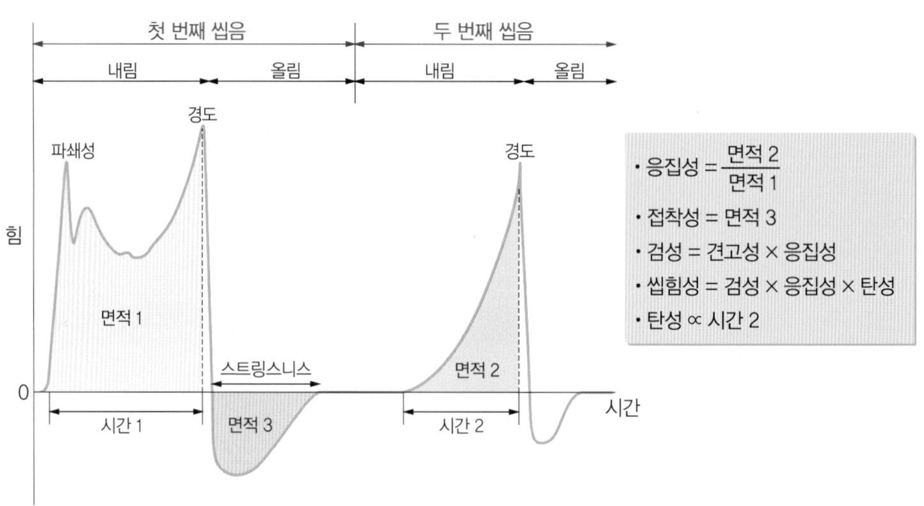

그림 12-4 텍스처미터에 의한 텍스처 곡선

표 12-3 식품의 물리적 특성 분류(Szczeniak)

일차적 특성	이차적 특성	정의(일반적인 표현)
		기계적 특성
경도(hardness)		형태 변화에 필요한 외부 압력에 관한 특성 표현으로 물질을 어금니 사이(고체)나 혀와 입 천장 사이(반고체)에 놓고 압착하는 데 드는 힘(연한→견고한→단단한)
응집성(cohesiveness)		부서지기 전까지 변형이 있을 수 있는 정도와 관련된 기계적인 특성
	파쇄성(brittleness)	시료가 부서지고 깨지며 조각이 나는 데 드는 힘(부스러지다→깨지다)
	씹힘성(chewiness)	고체 물질을 삼킬 수 있게 씹는 시간이나 씹는 횟수와 응집성에 관련된 특성(연하다→쫄깃쫄깃하다→질기다)
	검성(gumminess)	유연성을 지닌 물질의 응집성에 관련된 특징으로 시료를 씹는 동안 흩어지지 않고 계속 덩어리로 남아있는 정도. 반고체 식품을 삼킬 수 있을 정도로 분쇄하는 데 드는 힘(부서지기 쉬운→분말의→가루반죽같은→고무질)
점성(viscosity)		숟가락에 있는 액상 물질을 혀로 끌어들이는 데 드는 힘(묽다→진하다→되다)
탄성(elasticity)		시료가 이 사이에서 압착된 뒤 원래의 모양으로 되돌아가는 정도(가소성→점성→탄력성)
접착성(adhesiveness)		보통 섭취하는 과정에서 입에 붙은 물질을 제거하는 데 드는 힘(끈끈한→끈적끈적한→들러붙는)
		기하학적 특성
입자의 크기와 모양(granularity)		제품의 입자 크기와 모양을 인지하는 것과 관련된 특성으로 분상, 입상, 사상, 괴상으로 구분(매끄러운→모래같은→낱알이 많은→거친)
입자의 형태와 결합상태		구성 입자의 모양과 배향에 관련된 특성(섬유상, 세포질, 결정형)
		기타 특성
수분도(moisture)		제품에서 방출되거나 물에 또는 흡수되는 수분의 인지를 묘사하는 표면 특성(건조한→촉촉한→젖은, 물기 많은, 다즙의, 물기의)
지방성(fatness)		기름기의 양과 질을 인식하는 것과 관련된 표면 특성(기름기→그리스성→지방질)

자료: 오훈일 외(2008); 김광옥 외(1993); KSA 7000 관능검사용어(2006); KS Q ISO 5492 관능검사용어(2008)

파쇄성(brittleness, fracturability)은 식품을 부수기 위한 힘으로 처음 나타나는 피크의 높이이며, '일반적으로 바삭바삭하다, 푸석푸석하다' 등으로 표현할 수 있다. 경도(hardness)는 식품의 원형을 변형시키기 위하여 필요한 힘으로 처음 씹을 때의 최대 힘으로 나타나며 '부드럽다, 단단하다'로 표현할 수 있다. 응집성(cohesiveness)은 식품의 형태를 구성하는 내부적 결합력으로 두 번째 씹었을 때 필요한 일의 양(면적 2)을 첫 번째 씹을 때의 일의 양(면적 1)으로 나눈 값이다. 접착성(adhesiveness)은 식품 표면에 다른 물질이 달라붙었을 때 떼어내는 데 필요한 일(면적 3)로 '찐득거리다'로 표현할 수 있다. 접착력은 접착성의 최대 힘을 말한다.

탄력성은 첫 번째 나타나는 피크의 시발점에서 두 번째 피크의 시발점까지의 거리와 완전비탄성 물질에 의한 같은 측정치의 차이로 나타난다. 스트링니스(stringiness)는 첫 번째 씹음에서 기기와 식품이 떨어지는 거리를 말한다. 탄성(elasticity, springness)은 첫 번째 씹음 후와 두 번째 씹음 사이에 증가된 높이로서 두 번째 씹음에서 증가하는 시간으로 표현된다. 검성(점착성, gumminess)는 반고형의 음식을 씹는 데 필요한 힘으로 견고성과 응집성의 곱이며 '바삭바삭하다, 검 같다'로 표현할 수 있다. 씹힘성(chewiness)은 검성, 응집성, 탄성의 곱으로 '부스러지기 쉽다, 풀 같다'로 표현할 수 있다. 저작성과 검성은 서로 유사하기 때문에 두 기지를 함께 표현하지는 않는다.

3 식품의 교질성

1) 교질의 상태

식품은 순수한 물로 이루어지지 않고 무엇인가가 들어 있다. 함유되어 있는 물질이 소금과 같이 물에 용해되어 분자상 또는 이온으로 존재하는 물질인 경우 진용액(true solution)이라고 하며, 녹지 않은 분산을 교질(colloid), 연속상을 분산매(예: 물), 안에 혼합되어 있는 물질을 분산상이라고 한다(그림 12-5). 식품에서 분산매는 표 12-4와 같이 여러 종류가 있다.

분산매가 액체이고 분산질이 고체 또는 액체로서 전체가 액체상태인 것을 졸(sol)이

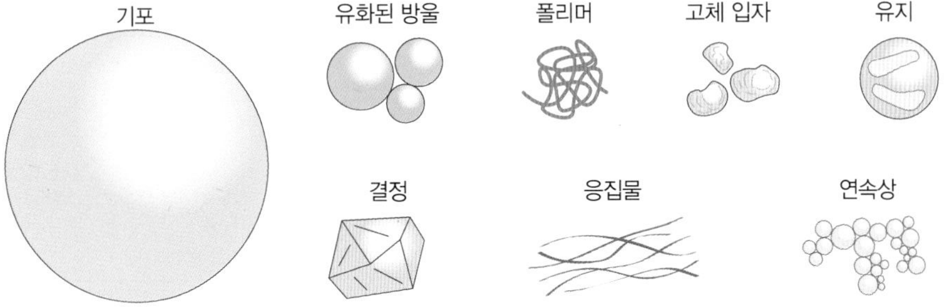

그림 12-5 액상식품에 분산되어 있는 물질
자료: Pieter Walstra(2003). *Physical Chemistry of Foods*.

표 12-4 교질의 종류

분산매	분산질	명 칭	식품의 예
액체	액체	유화액(에멀전)	마요네즈, 우유, 버터, 마가린
	기체	거품(포말질)	사이다, 콜라, 맥주, 난백의 기포
	고체	졸	된장국, 수프, 난백
고체	액체	젤	양갱, 젤리, 밥, 두부, 치즈
	기체	고체 포말질	빵, 케이크

라고 한다. 예를 들어 된장국, 우유, 전분액 등이 이에 속한다. 분산질과 물(분산매)의 친화성이 커서 전해질을 추가하여도 교질상태가 안정하게 유지되는 것을 친수성 졸(hydrophilic sol)이라고 하고, 친수성이 적은 것은 소수성 졸(hydrophobic sol)이라고 한다. 소수성 교질은 전해질에 대하여 안정성을 추가하기 위하여 친수성 졸을 첨가한 경우 이를 보호교질(protective colloid)이라고 한다. 교질은 입자가 작으면 상당 기간 안정하지만 시간이 경과함에 따라 분리현상이 나타난다. 이러한 분리현상에 큰 영향을 미치는 요인으로는 반데르발스 힘(van der Waals force)과 정전기적 힘이 있다.

젤(gel)은 졸을 냉각시키거나 건조하여 농도가 높아지면 분산질 간에 망상구조를 형성하여 물은 망상구조 속에 갇혀 액체와 같은 성질을 잃고 탄성을 갖는 고체와 같은 성질을 띠는 것을 말한다. 젤은 분산되어 있는 중합체 간에 공유결합을 하거나 또는 부분적인 결정구조를 나타낼 수 있으며, 또는 입자가 응집하여 나타날 수도 있다(그림 12-6).

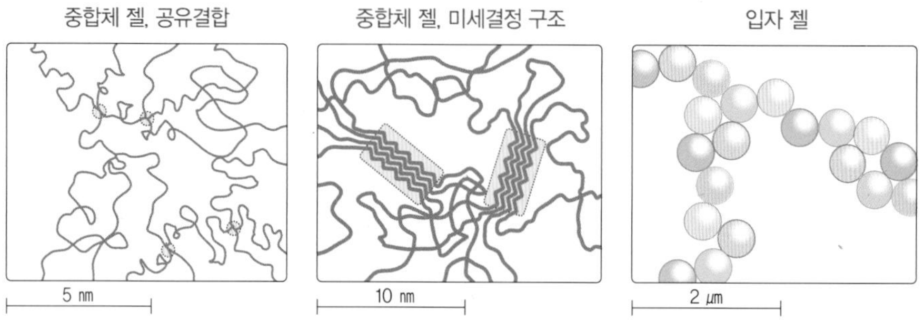

그림 12-6 여러 가지 형태의 젤

자료: Pieter Walstra(2003). *Physical Chemistry of Foods*.

입자의 응집에 의하여 나타나는 젤은 중합체에 의한 젤보다 크다. 일부 망상구조가 약한 젤에서 장시간 방치하면 윗부분에 물이 분리되는 현상을 이액현상(syneresis)이라고 한다.

2) 교질의 성질

① 반투성

반투막은 이온이나 작은 분자는 통과시키나 중합체와 같은 거대분자 또는 교질입자를 통과시키지 않는 막이다. 단백질과 같은 거대분자는 반투막을 통과할 수 없어 진용액만이 통과한다(그림 12-7). 이러한 성질을 이용해 혼합물을 투석(dialysis)하여 정제할 수 있다.

② 틴달 현상

틴달(tyndall) 현상은 투명한 용액이라도 교질액이 되면 빛이 교질입자에 난반사되어 산란하기 때문에 우유와 같이 탁하게 보이는 현상이다(그림 12-8).

③ 브라운 운동

졸 상태에서 교질입자는 항상 브라운(Brown) 운동을 한다. 브라운 운동은 입자가 자체적으로 움직이는 것이 아니라 외부 힘에 의하여 이동하기 때문에 다른 입자에 충

돌할 때까지 직선운동을 하는 현상이다. 브라운 운동은 졸을 안정화시키는 하나의 힘으로 중요한 역할을 한다(그림 12-9).

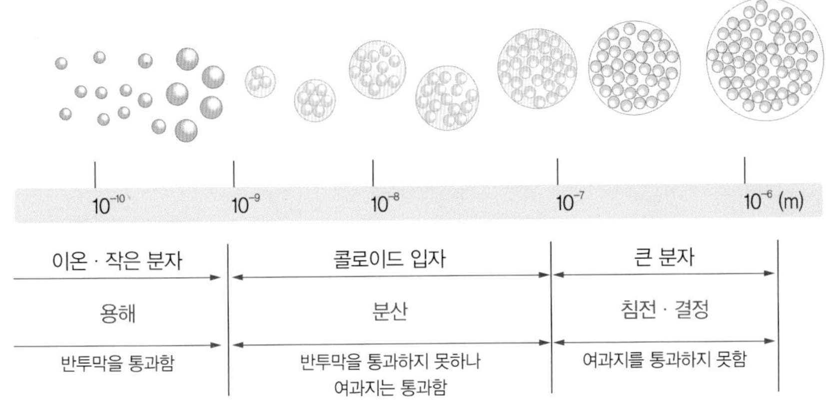

그림 12-7 각 용액별 입자의 크기 비교
자료: 조신호(2010). 식품학.

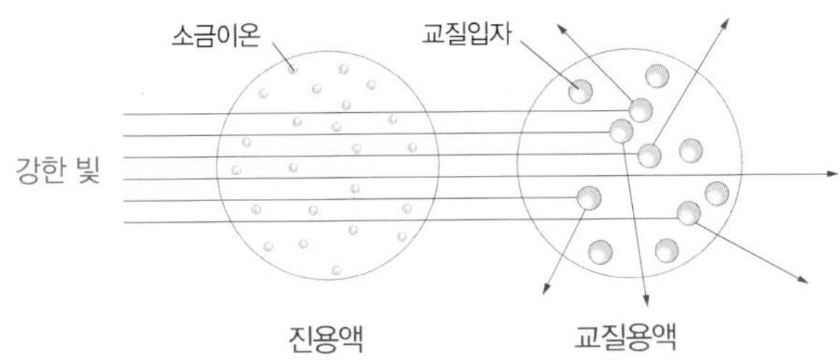

그림 12-8 틴달 현상에 의한 진용액과 교질용액의 비교
자료: 조신호(2010). 식품학.

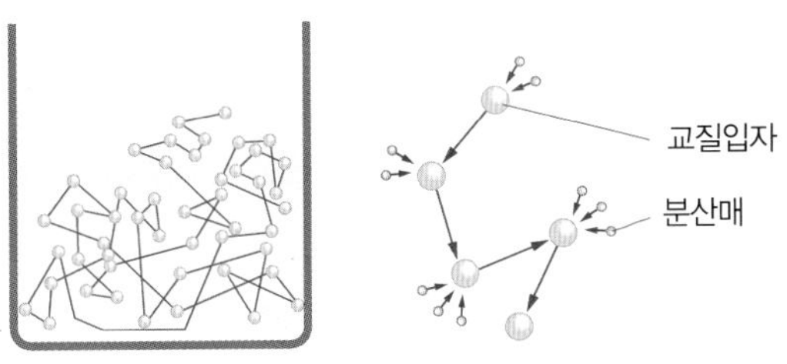

그림 12-9 교질용액의 브라운 운동
자료: 조신호(2010). 식품학.

④ **응석**

소수성 졸에 소량의 전해질을 가하면 교질입자가 서로 결합하여 침전되는 현상을 말한다(그림 12-10).

⑤ **염석**

친수성 졸에 다량의 전해질을 가하면 침전되는 현상을 말한다(그림 12-11).

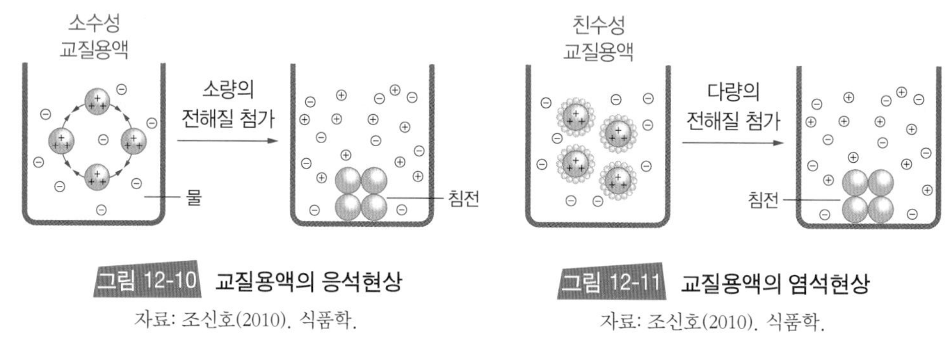

그림 12-10 교질용액의 응석현상
자료: 조신호(2010). 식품학.

그림 12-11 교질용액의 염석현상
자료: 조신호(2010). 식품학.

⑥ **흡착**

교질입자는 표면적이 넓어 다른 물질을 흡착하려는 성실이 있다.

3) 유화현상

유화는 교질의 한 형태로 서로 혼합하지 않는 두 가지 이상의 액체의 교질상태를 말한다. 물과 기름을 유화제와 함께 섞어 혼합하면 기름 또는 물이 작은 방울이 되면서 유화가 된다. 유화형은 분산질이 물이고 분산매가 기름인 유중수적형(water in oil, W/O)과 분산질이 기름이고 분산매가 물인 수중유적형(oil in water, O/W)이 있다. 대표적인 유중수적형 식품으로는 마가린과 버터가 있으며, 수중유적형에는 마요네즈, 아이스크림, 우유가 있다. 유화는 유화제의 성질, 전해질의 그 종류와 농도, 물과 기름의 비율, 기름의 성질, 물과 기름의 첨가 순서 등이 유화형에 영향을 줄 수 있다.

유화제의 종류로는 천연으로는 단백질, 친수성 교질(아라비아검 등), 인지질(레시틴 등), 글리코리피드, 사포닌 등이 있으며, 합성으로는 모노글리세리드(monoglyceride), 다이글리세리드(diglyceride)와 이들의 에스터류, 당의 지방에스터류, 폴리글리세롤(polyglycerol) 등이 있다. 유화제는 친수기와 소수기를 하나의 분자에 함께 가지고 있어 물과 기름의 계면에서 양쪽에 녹아 표면장력에 영향을 주어 계면을 안정화시키는 역할을 한다(그림 12-12).

어떤 유화제가 친수성이 강하다면 그 유화제는 수중유적형의 유화를 하게 되며, 소수기가 강하면 유중수적형을 이루고자 하는 성질이 있다. 유화제에서 친수성과 소수성의 강도에 비를 HLB(hydrophilic-lipophilic balance) 값이라고 정하여 분자량이 작은 유화제의 특성을 표현하는 데 사용한다. HLB 값은 유화제의 검화가와 산가로 측정할 수 있으며, 이론적으로는 친수기의 번호의 합에서 친유기의 번호의 합을 뺀 수와 관계있다. HLB 값은 20까지 있으며, 3~6이면 수중유적형의 유화가, 8~18이면 유중수적형이 잘 만들어진다.

$$\text{HLB} = \Sigma(\text{친수기의 번호}) - \Sigma(\text{소수기의 번호}) + 7$$
$$= 20\left(1 - \frac{\text{검화가}}{\text{산가}}\right)$$

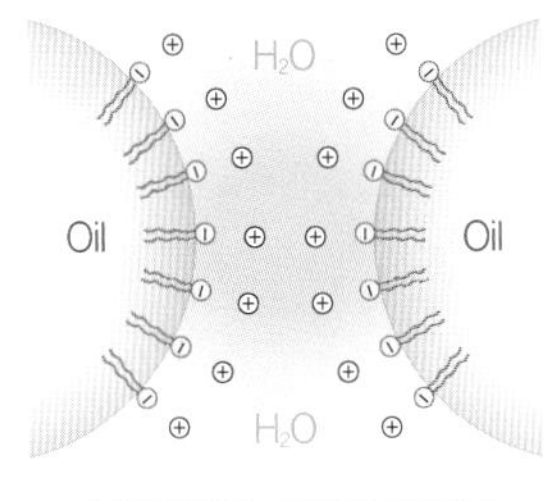

수중유적형, 이온성 유화제

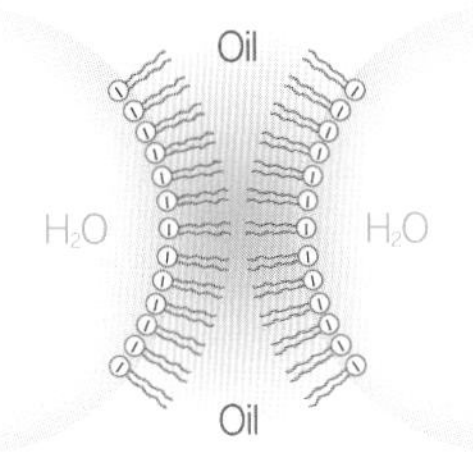

유중수적형, 중성유화제

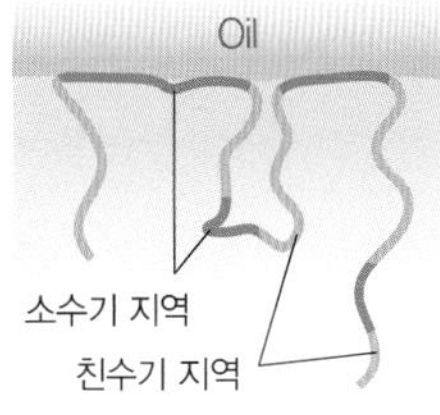

폴리머의 유화

그림 12-12 유화제의 작용

자료: Belitz H.D. et al.(2009). *Food Chemistry*.

4) 거품현상

분산상이 기체이고 분산매가 액체인 교질을 거품(foam)이라고 한다. 일반적으로 거품은 물에 단백질, 사포닌과 같은 유화제가 있어야 생성된다. 맥주의 거품은 단백질이 유화제 역할을 하여 거품을 안정화시킨다. 맥주와 같이 거품이 유리한 경우도 있으나 많은 경우 거품은 바람직하지 못한 현상일 수 있다.

거품을 제거하기 위해 유화제를 사용할 수 있다. 일부 지방산이나 알코올은 소포제로서 안정화된 거품을 제거하는 데 사용하기도 하며, 거품의 안정화 요소인 온도를 급격하게 변화시켜 거품을 제거할 수도 있다.

부록

식품화학 용어 해설

appendix

I. 화학결합

공유결합(covalent bond)

두 원자가 서로의 전자를 공유하여 전자쌍을 이루는 결합으로 공유결합의 표현은 전자점 또는 결합선(구조식)으로 표현

:Ö::C::Ö:　　H.C::C.H (H H)　　O=C=O　　$H_2C=CH_2$

그림 I-1 탄소의 전자점(좌)과 구조식(우)

이온결합(ionic bond)

양이온(⊕, cation)과 음이온(⊖, anion), 두 이온 사이의 정전기적 인력에 의해서 형성되는 결합

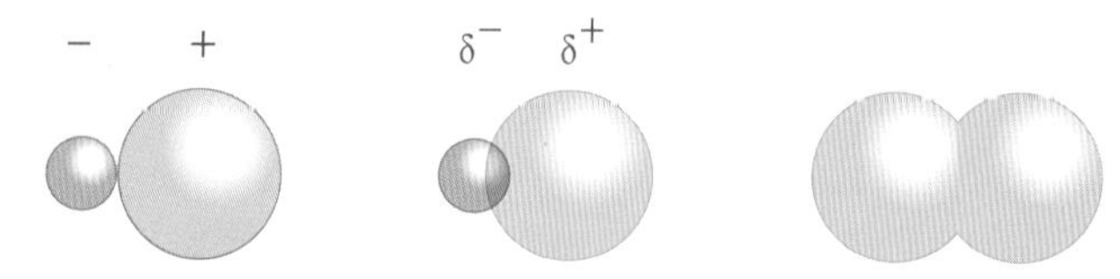

그림 I-2 이온결합(좌), 극성공유결합(중간), 비극성공유결합의 전자분포(우)

극성(polar)

공유하고 있는 전자를 당기는 힘(전기음성도, electro-negativity)이 큰 쪽으로 전자가 치우치면서 한 분자 내에서 (+)전하를 띠는 부분과 (−)전하를 띤 부분으로 갈라지는 상태를 말함. 물 분자는 극성임

비극성(non-polar)

공유하고 있는 전자를 당기는 힘이 동일한 경우 공유전자의 치우침이 없는 상태를 말함. 지질은 대부분이 비극성임

수소결합(hydrogen bond)

전기음성도가 큰 F, O, N 중 하나가 H 원자와 직접 결합하여 생성된 분자 사이에 작용하는 인력으로 형성된 결합. 점선(……)으로 표시함. 수분의 화학적 안정에 가장 큰 영향을 미치는 결합임

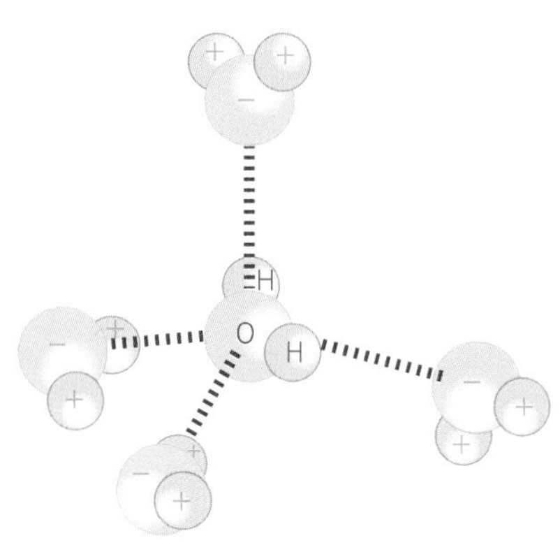

그림 I-3 수소결합

II. 식품 중의 결합

에터결합(ether bond)

한 개의 산소원자에 두 개의 탄화수소기가 결합한 형태의 결합으로 대표적인 에터결합은 탄수화물이 중합체를 형성하는 글리코시드성 결합(−O−)

펩타이드결합(peptide bond)

단백질의 기본 구성단위인 아미노기(amino group, $-NH_2$)와 카복실기(carboxylic group, −COOH)가 결합하여 1개의 물분자가 빠져 나옴

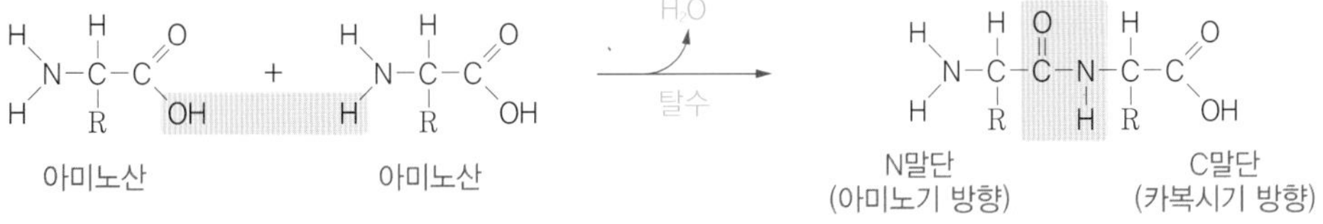

$$H_2N-CHR-COOH + H_2N-CHR-COOH \xrightarrow[\text{탈수}]{-H_2O} H_2N-CHR-CO-NH-CHR-COOH$$

아미노산 + 아미노산

N말단 (아미노기 방향) C말단 (카복시기 방향)

그림 II-1 펩타이드결합

다이설피드결합(disulfide bond)

황을 함유하고 있는 아미노산인 시스테인(cysteine)이 공간적으로 인접해 있을 때 나타나는 결합으로 다이설피드결합을 하고 있는 대표적인 물질은 시스틴(cystine)임

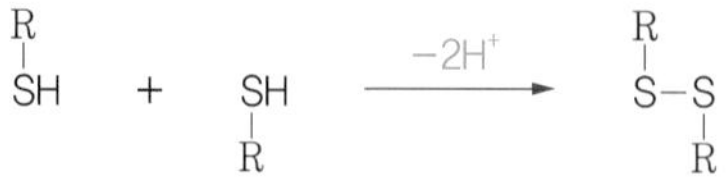

$$R{-}SH + HS{-}R \xrightarrow{-2H^{+}} R{-}S{-}S{-}R$$

그림 II-2 다이설피드결합

에스터화 반응(esterification)

알코올 또는 페놀이 산과 반응하여 물을 잃고 축합하여 생긴 화합물의 총칭으로 식품에서는 지질을 구성하는 결합임

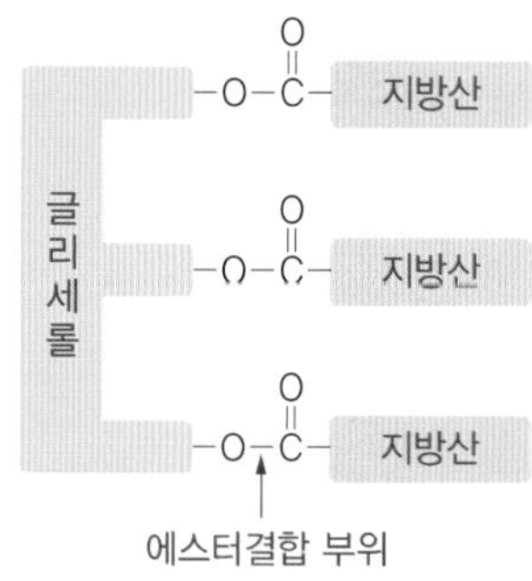

그림 II-3 에스터결합

III. 식품 관련 반응

치환반응(substitution)

알케인이나 벤젠 링을 가진 방향족 화합물에서 주로 일어나는 반응으로 두 물질 간의 원자나 작용기의 교환이 이루어짐

$$R-H + A-B \longrightarrow R-A + H-B$$

$$NaOH + CH_3Br \longrightarrow NaBr + CH_3OH$$

그림 III-1 치환반응의 예

첨가반응(addition)

두 개의 반응물이 합쳐져 하나의 화합물을 형성하는 반응으로 주로 결합력이 약한 이중결합이나 삼중결합이 있는 화합물에서 주로 나타남

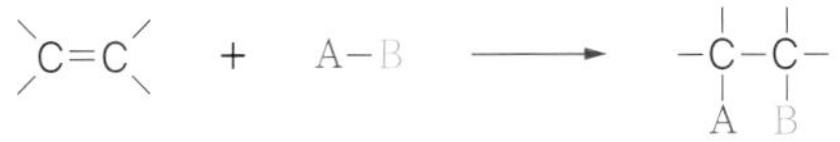

$$>C=C< + A-B \longrightarrow -\underset{A}{\overset{|}{C}}-\underset{B}{\overset{|}{C}}-$$

그림 III-2 첨가반응의 예

제거반응(elimination)

할로겐화 알킬과 알코올 등에서 일어날 수 있는 반응으로 한 분자의 일부분이 떨어져 나가는 반응으로 알케인과 할로겐화 수소 또는 물을 생성하는 반응

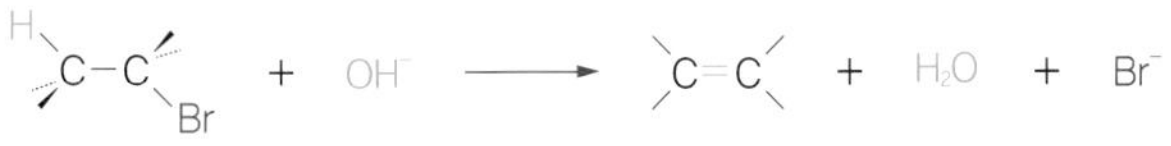

$$H-C-C-Br + OH^- \longrightarrow >C=C< + H_2O + Br^-$$

그림 III-3 제거반응의 예

전위반응(rearrangement)

자리옮김 반응이라고도 하며 한 분자 내에서 원자 또는 원자단이 서로 그 위치를 교환하여 이성질체를 형성하는 것으로 주로 산 촉매하에서 나타남

$$(H_3C)_3C-CH=CH_2 \xrightarrow{\text{산촉매}} (H_3C)_2C=C(CH_3)_2$$

그림 III-4 전위반응의 예

축합반응(condensation)

유기화합물의 2분자 또는 그 이상의 분자가 반응하여 간단한 분자가 제거되면서 새로운 화합물을 만드는 반응. 지질에서의 지방산과 알코올의 에스터화, 아미노산 간의 펩타이드결합, 단당류 간의 결합이 모두 축합반응에 해당됨

중합반응(polymerization)

중합체(polymer)의 원료가 되는 단위체 또는 모노머(monomer)가 화학반응을 통해 2개 이상 결합하여 분자량이 큰 화합물을 생성하는 반응임. 글루코스가 모여 전분이 되는 반응이 해당됨

산 첨가(addition of acid)반응

불포화상태의 알켄과 할로겐화 수소(HF, HCl, HBr, HI) 또는 황산이 반응하여 포화상태의 유기화합물을 형성하는 반응

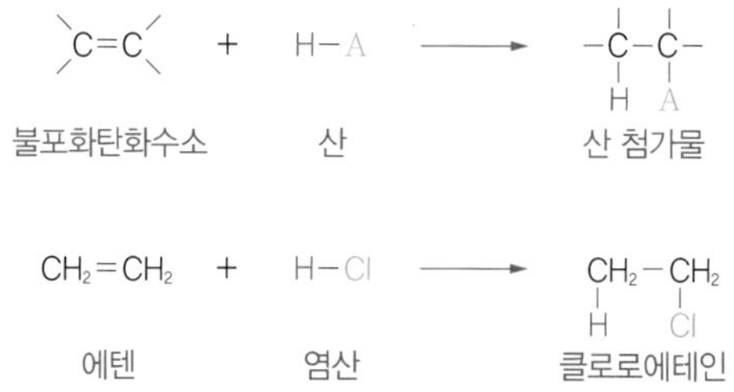

$$>C=C< \; + \; H-A \longrightarrow -\overset{|}{\underset{H}{C}}-\overset{|}{\underset{A}{C}}-$$

불포화탄화수소 산 산 첨가물

$$CH_2=CH_2 \; + \; H-Cl \longrightarrow \underset{H}{CH_2}-\underset{Cl}{CH_2}$$

에텐 염산 클로로에테인

그림 III-5 산 첨가반응

수화반응(hydration)

알켄에 물을 첨가하면 수소원자에 의하여 이중결합이 단일결합으로 바뀌고 −OH가 붙으면서 알코올이 되는 반응

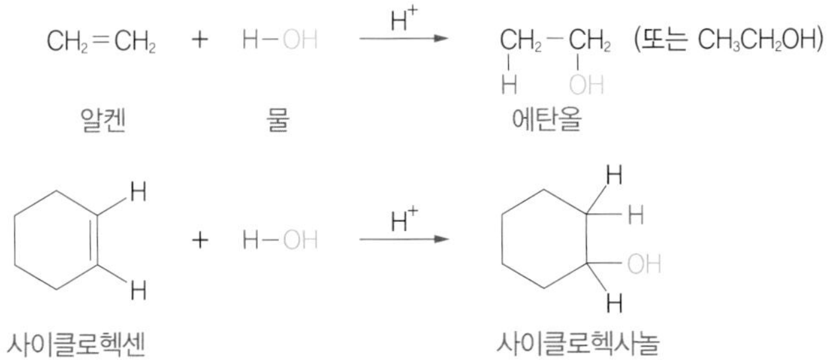

$CH_2=CH_2$ + H−OH $\xrightarrow{H^+}$ CH_2-CH_2 (H, OH) (또는 CH_3CH_2OH)

알켄 물 에탄올

사이클로헥센 + H−OH $\xrightarrow{H^+}$ 사이클로헥사놀

그림 III-6 수화반응의 예

알코올의 산화반응(oxidation of alcohol)

알코올은 산화반응을 거쳐 다른 작용기 화합물로 변하는 반응으로 1차 알코올의 경우 알코올에서 알데하이드를 거쳐 카복실산으로, 2차 알코올은 케톤으로 변하고, 3차 알코올은 산화반응에 참여하지 않음. 술의 주성분인 에탄올은 1차 알코올이므로 체내에서 아세트알데하이드를 거쳐 아세트산으로 산화됨

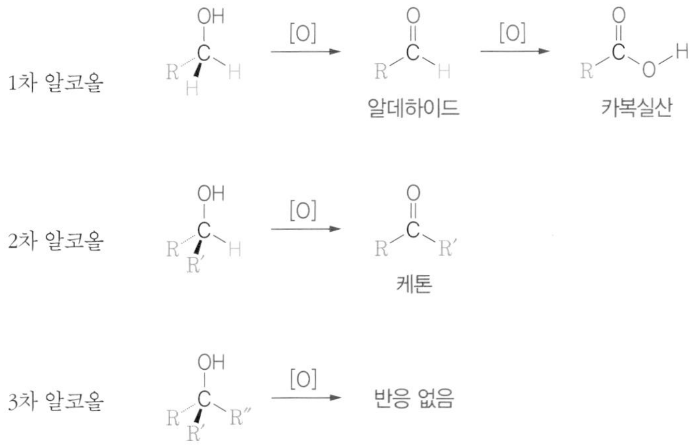

1차 알코올: R−CH₂−OH $\xrightarrow{[O]}$ 알데하이드 $\xrightarrow{[O]}$ 카복실산

2차 알코올: R−CH(OH)−R′ $\xrightarrow{[O]}$ 케톤

3차 알코올: R−C(OH)(R′)−R″ $\xrightarrow{[O]}$ 반응 없음

그림 III-7 알킬기(R)의 수에 따른 알코올의 분류

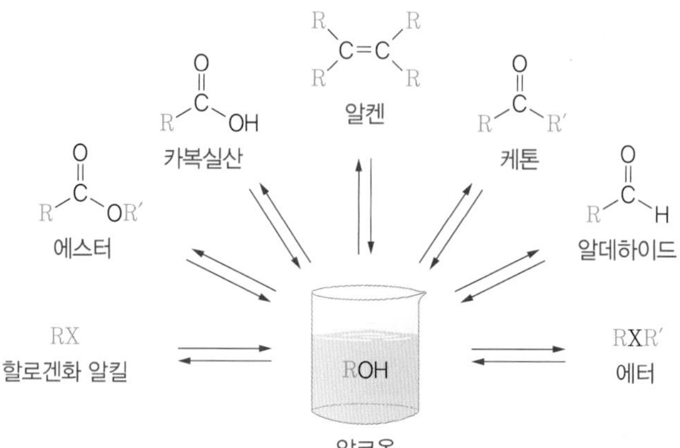

그림 III-8 알코올로부터 생성될 수 있는 물질

알돌축합반응(aldol condensation)

2분자의 알데하이드 또는 케톤이 염기의 촉매작용에 의해 중합되어 케톤이 생성되는 반응

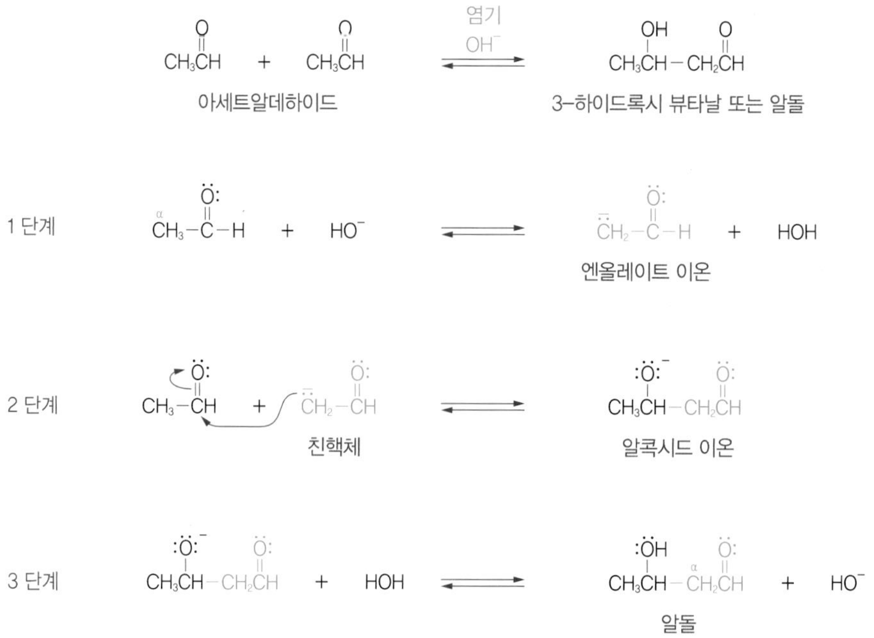

$$CH_3\overset{O}{\overset{\|}{C}}H + CH_3\overset{O}{\overset{\|}{C}}H \xrightleftharpoons[]{\text{염기 } OH^-} CH_3\overset{OH}{\overset{|}{C}}H-CH_2\overset{O}{\overset{\|}{C}}H$$

아세트알데하이드 → 3-하이드록시 뷰타날 또는 알돌

1 단계

$$\overset{\alpha}{C}H_3-\overset{\ddot{O}:}{\overset{\|}{C}}-H + HO^- \rightleftharpoons \ddot{C}H_2-\overset{\ddot{O}:}{\overset{\|}{C}}-H + HOH$$

엔올레이트 이온

2 단계

$$CH_3-\overset{\ddot{O}:}{\overset{\|}{C}}H + \ddot{C}H_2-\overset{\ddot{O}:}{\overset{\|}{C}}H \rightleftharpoons CH_3\overset{:\ddot{O}:^-}{\overset{|}{C}}H-CH_2\overset{\ddot{O}:}{\overset{\|}{C}}H$$

친핵체 → 알콕시드 이온

3 단계

$$CH_3\overset{:\ddot{O}:^-}{\overset{|}{C}}H-CH_2\overset{\ddot{O}:}{\overset{\|}{C}}H + HOH \rightleftharpoons CH_3\overset{:\ddot{O}H}{\overset{|}{C}}H-\overset{\alpha}{C}H_2\overset{\ddot{O}:}{\overset{\|}{C}}H + HO^-$$

알돌

그림 III-9 알돌축합반응의 단계

탈탄산반응(decarboxylation)

유기화합물의 카복실기로부터 이산화탄소(CO_2)를 제거하는 반응으로 아미노산 중 히스티딘(histidine)에서 탈탄산반응이 일어나면 알레르기를 일으키는 히스타민(histamine)이 형성됨

H N COOH N NH_2 —(L-히스티딘 탈탄산효소)→ H N N NH_2 + CO_2

히스티딘(histidine) 히스타민(histamine)

그림 III-10 히스티딘의 탈탄산 반응

다이엘즈-알더(Diels-Alder) 반응

고리화 첨가(cyclo addition)반응이라고 하며 공액형태(conjugated type)를 취하고 있는 2개의 이중결합과 단일 이중결합 사이를 전자가 이동하면서 새로운 단일결합을 만들면서 고리(ring)을 형성하고 분자량이 증가하는 반응. 식품 중의 비공액(non-conjugated) 지방산이 산패과정 중 공액(conjugated) 형태로 변한 후 주위에 존재하는 이중결합을 지닌 물질과의 반응이 진행될 수 있음

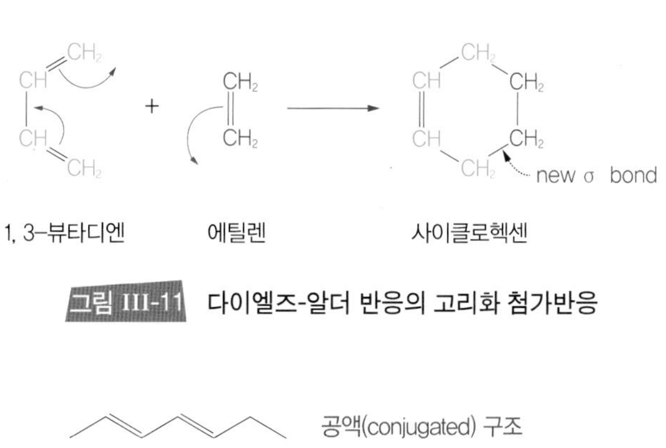

그림 III-11 다이엘즈-알더 반응의 고리화 첨가반응

공액(conjugated) 구조

비공액(non-conjugated) 구조

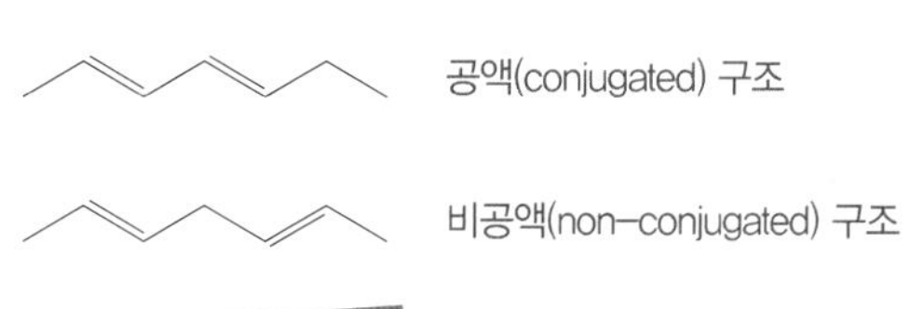

그림 III-12 이중결합의 구조

IV. 산과 염기

아레니우스(Arrhenius)의 산과 염기

H^+이온과 OH^- 이온과 연관됨

- 산(acid) : 물에 녹아 이온화하여 H^+ 이온을 내는 물질
- 염기(base) : 물에 녹아 이온화하여 OH^- 이온을 내는 물질

브뢴스테드-로우리(Brønsted-Lowry)의 산과 염기

양성자(⊕)와 전자와 연관됨.

- 산(acid) : H^+ 이온을 주는 물질(양성자를 주는 것)
- 염기(base) : H^+ 이온을 받는 물질(양성자를 받는 것)

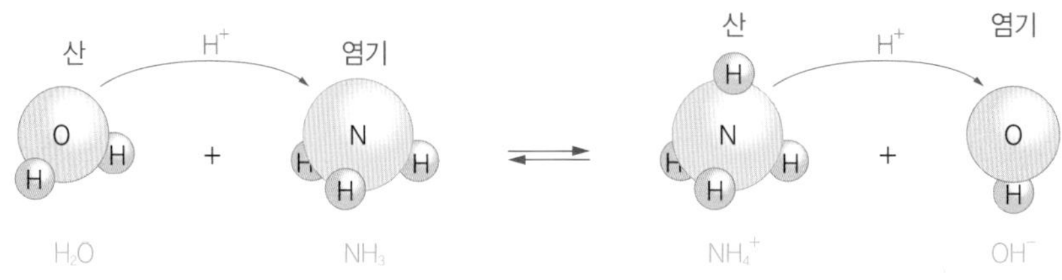

그림 IV-1 브뢴스테드-로우리의 정의에 따른 산과 염기

pH(potential of hydrogen)

수소이온 농도의 역수에 로그(log 10)를 취한 것으로 수소이온을 많이 낼수록 pH는 낮아짐

$$pH = \log\frac{1}{[H^+]} = -\log[H^+]$$

V. 산화와 환원

산화(oxidation)

좁은 의미로 특정한 물질이 산소와 결합하는 것으로 산소원자의 전자이동에 의한 전하의 변화를 포함하는 개념임. 식품 중의 산화는 자동산화, 아스코브산의 산화, 자동산화(autooxidation)와 관계가 있음. 금속, 빛 등에 의하여 촉진되고 천연 또는 인공의 항산화제나 상승제(synergist)에 의하여 억제됨

산소화(oxygenation)

전자의 이동이 없는 단순한 산소의 흡수만을 나타냄

예 미오글로빈(myoglobin)이 산소를 흡수하여 옥시미오글로빈(oxymyoglobin)으로 변하는 현상을 가리킴

환원(reduction)

특정 물질이 산소를 잃고 수소원자가 더해지는 것으로 알데하이드기(−CHO, aldehyde) 또는 케톤기(−CO−, ketone)를 갖는 탄수화물은 펠링(Fehling)액이나 톨렌스(Tollens)시약을 환원하기 때문에 환원당이라고 함

표 V-1 산화와 환원의 비교

물질	산화	환원
산소	$+O_2$ (산소를 얻음)	$-O_2$ (산소를 잃음)
수소	$-H_2$ (수소를 잃음)	$+H_2$ (수소를 얻음)
전자	$-e^-$ (전자를 잃음)	$+e^-$ (전자를 얻음)

VI. 유기화합물

구조의 기본골격으로 탄소(C, carbon) 원자를 갖는 화합물로 탄소원자에는 질소(N, nitrogen), 산소(O, oxygen), 황(S, sulfur), 인(P, phosphorus) 또는 할로겐(halogen) 원소와 공유결합을 형성하고 작용기(functional group)를 만듦. 대표적인 유기화합물(organic compounds) 로 단백질, 탄수화물, 지방이 있음

탄화수소(hydrocarbon)

탄소와 수소(H, hydrogen)로만 구성된 화합물로 직선 형태의 지방족(aliphatic)과 이중결합(double bond)을 가지면서 고리모양인 벤젠기를 포함하는 방향족(aromatic)으로 구분됨

탄화수소 화합물 또는 유기화합물은 탄소에 번호를 부여하는데, 작용기 또는 이중결합의 위치의 번호가 작도록 번호를 부여하고 탄소와 탄소(C−C)의 단일결합은 '−', 이중결합은 '=', 삼중결합은 '≡'의 직선으로 나타냄

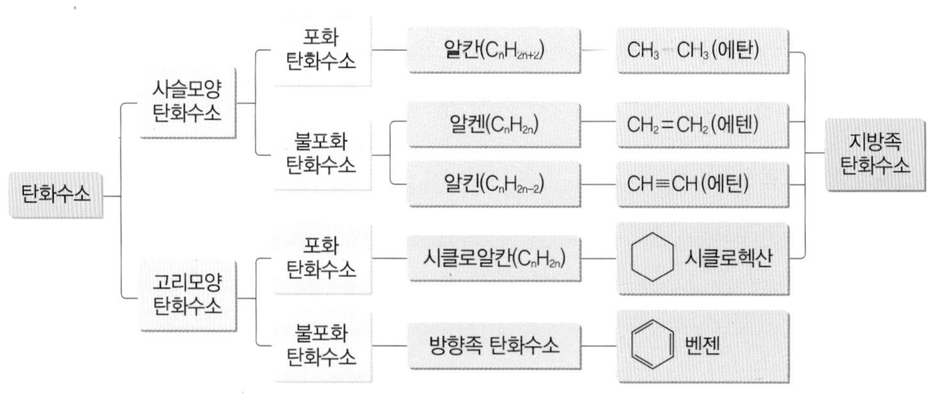

그림 VI-1 탄화수소 화합물의 종류

알케인(alkane)

−C−C−, 탄소 사이의 결합이 단일결합만으로 구성된 포화(saturated)탄화수소로 어미에 -ane가 붙으며 '-에인'으로 명명함

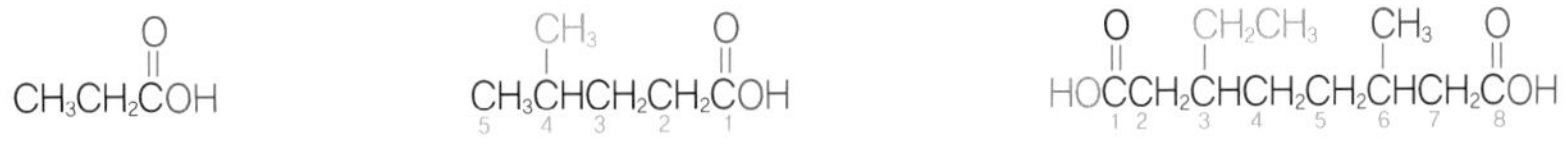

$CH_3CH_2\overset{O}{\overset{\|}{C}}OH$

프로파노산
(propanoic acid)

$\overset{5}{C}H_3\overset{4}{C}H(CH_3)\overset{3}{C}H_2\overset{2}{C}H_2\overset{1}{C}(=O)OH$

4-메틸펜타노산
(4-methylpentanoic acid)

$HO\overset{1}{C}(=O)\overset{2}{C}H_2\overset{3}{C}H(CH_2CH_3)\overset{4}{C}H_2\overset{5}{C}H_2\overset{6}{C}H(CH_3)\overset{7}{C}H_2\overset{8}{C}(=O)OH$

3-에틸-6-메틸옥타다이오산
(3-ethyl-6-methyloctanedioic acid)

그림 VI-2 유기화합물의 탄소 번호

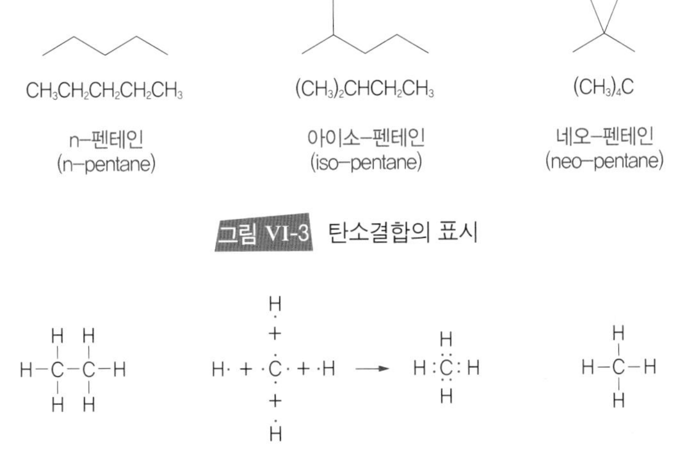

그림 VI-3 탄소결합의 표시

에테인(ethane) 프로페인(propane) 뷰테인(butane)

그림 VI-4 알케인의 구조식

표 VI-1 탄소 수에 따른 알케인의 명칭

탄소 수	화학식	명명	표준어	영어 표기
1	CH_4	메테인	메탄	methane
2	C_2H_6	에테인	에탄	ethane
3	C_3H_8	프로페인	프로판	propane
4	C_4H_{10}	뷰테인	부탄	butane
5	C_5H_{12}	펜테인	펜탄	pentane
6	C_6H_{14}	헥세인	헥산	hexane
7	C_7H_{16}	헵테인	헵탄	heptane
8	C_8H_{18}	옥테인	옥탄	octane
9	C_9H_{20}	노네인	노난	nonane
10	$C_{10}H_{22}$	데케인	데칸	decane

사이클로알케인(cyclo alkane)

탄소가 단일결합의 방식으로 고리모양을 이루고 있는 포화탄화수소 화합물

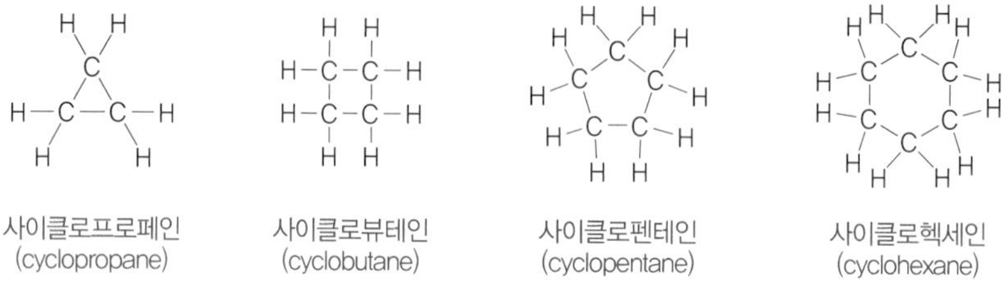

사이클로프로페인 (cyclopropane)
사이클로뷰테인 (cyclobutane)
사이클로펜테인 (cyclopentane)
사이클로헥세인 (cyclohexane)

그림 VI-5 사이클로 알케인의 구조

알켄(alkene)

이중결합을 포함하는 불포화(unsaturated)탄화수소화합물로 알케인의 어미인 -ane를 -ene로 바꾸고 어미에 '-엔'을 붙여 명명함. 이중결합 부위에는 결합력이 약하여 할로겐 원소에 의하여 쉽게 첨가반응이 일어나는 특징을 지님

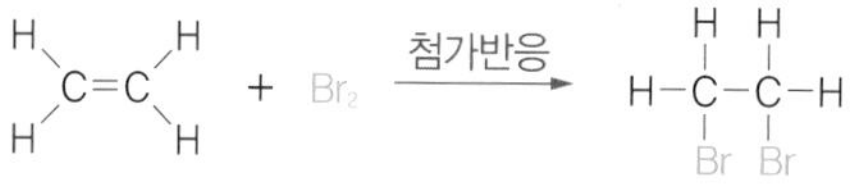

$$H_2C{=}CH_2 + Br_2 \xrightarrow{\text{첨가반응}} H_2CBr{-}CH_2Br$$

그림 VI-6 에텐의 첨가반응

알카인(alkyne)

−C≡C−, 삼중결합을 포함하는 불포화탄화수소화합물로 포화탄화수소의 어미 -ane를 -yne로 바꾸고 '-아인'을 붙여 명명함. 니켈(Ni) 촉매하에 수소를 첨가하면 그 결합이 쉽게 끊어지는 특성을 지님

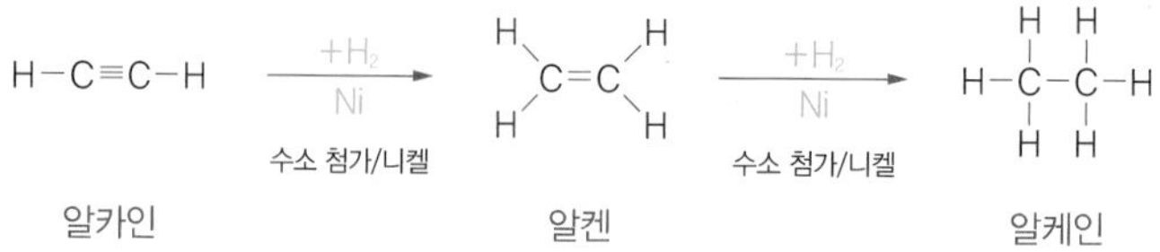

$$H{-}C{\equiv}C{-}H \xrightarrow[\text{Ni}]{+H_2} H_2C{=}CH_2 \xrightarrow[\text{Ni}]{+H_2} H_3C{-}CH_3$$

수소 첨가/니켈 · 수소 첨가/니켈

알카인 → 알켄 → 알케인

그림 VI-7 첨가반응의 예

알킬기(alkyl group)

알케인에서 H 원자 1개가 빠진(탈수소, dehydrogenation) 작용기로 'R-'로 표시하고 알케인의 -ane(-에인)를 -yl(-일)로 바꾸어서 명명함. 알킬기의 수에 따라 그리스어 접두사를 붙여 사용함

표 VI-2 알킬기의 종류 및 명칭

알칸	명명	알킬기	명명	알케인	명명	알킬기	명명
CH_4	메탄	CH_3-	메틸기	C_4H_{10}	뷰탄	C_4H_9-	뷰틸기
C_2H_6	에탄	C_2H_5-	에틸기	C_5H_{12}	펜탄	$C_5H_{11}-$	펜틸기
C_3H_8	프로판	C_3H_7-	프로필기	C_6H_{14}	헥산	$C_6H_{13}-$	헥실기

표 VI-3 그리스어 접두사

수	1	2	3	4	5	6	7	8	9	10
숫자	mono (모노)	di(bi) (다이)	tri (트라이)	tetra (테트라)	penta (펜타)	hexa (헥사)	hepta (헵타)	octa (옥타)	nona (노나)	deca (데카)
탄소수	metha (메타)	etha (에타)	propa (프로파)	buta (뷰타)	penta (펜타)	hexa (헥사)	hepta (헵타)	octa (옥타)	nona (노나)	deca (데카)

VII. 작용기(functional group)

화학적인 특성이 유사한 것끼리 묶어 놓은 집단으로 강한 반응을 지닌 원자나 원자단을 말함

표 VII-1 각종 작용기의 구조 및 명칭

대표명	작용기 구조	예	명칭 끝	접미어
알케인(alkane)	H_3C-CH_3	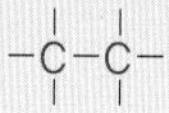 $-\overset{\vert}{\underset{\vert}{C}}-\overset{\vert}{\underset{\vert}{C}}-$	에테인(ethane)	-ane
알켄(alkene)	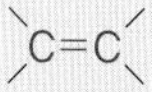 $>C=C<$	$H_2C=CH_2$	에텐(ethene)	-nen
알카인(alkyne)	$-C\equiv C-$	$H-C\equiv C-H$	에타인(ethyne)	-yne
아레네(arene)	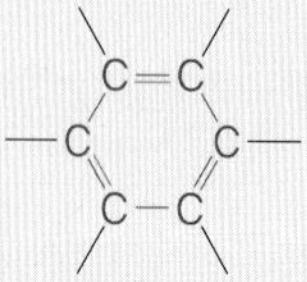 (방향족 고리 구조)	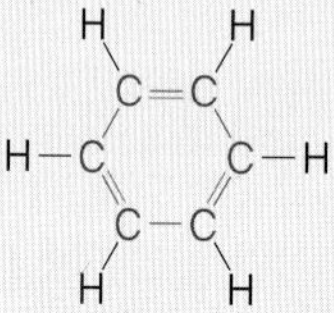 (벤젠 구조)	벤젠(benzene)	
할리드(halide)	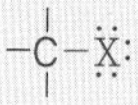 $-\overset{\vert}{\underset{\vert}{C}}-\ddot{\underset{..}{X}}:$ (X=F, Cl, Br, I)	H_3C-Cl	클로로메테인 (chloromethane)	
알코올(alcohol)	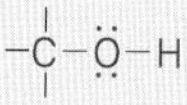 $-\overset{\vert}{\underset{\vert}{C}}-\ddot{\underset{..}{O}}-H$	H_3C-O-H	메탄올(methanol)	-ol
에터(ether)	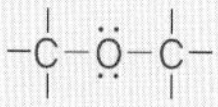 $-\overset{\vert}{\underset{\vert}{C}}-\ddot{\underset{..}{O}}-\overset{\vert}{\underset{\vert}{C}}-$	$H_3C-O-CH_3$	다이메틸에터 (dimethy ether)	ether
아민(amine)	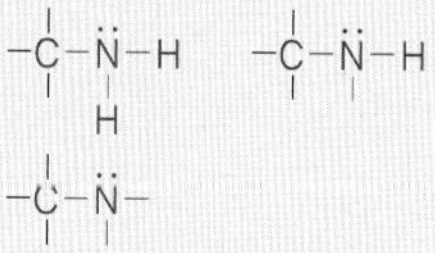 $-\overset{\vert}{\underset{\vert}{C}}-\ddot{\underset{\vert}{N}}-H$ (H), $-\overset{\vert}{\underset{\vert}{C}}-\ddot{\underset{\vert}{N}}-H$, $-\overset{\vert}{\underset{\vert}{C}}-\ddot{\underset{\vert}{N}}-$	H_3C-NH_2	메틸아민 (methylamine)	-amine
나이트릴 (nitrile)	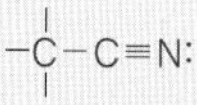 $-\overset{\vert}{\underset{\vert}{C}}-C\equiv N:$	$H_3C-C\equiv N$	에테인나이트릴 (ethanenitrile)	-nitrile
나이트로(nitro)	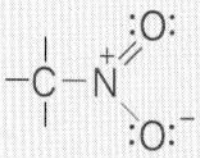 $-\overset{\vert}{\underset{\vert}{C}}-\overset{+}{N}(=\ddot{O}:)(-\ddot{O}:^-)$	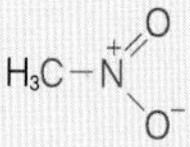 $H_3C-\overset{+}{N}(=O)(-O^-)$	나이트로메테인 (nitromethane)	
설피드(sulfide)	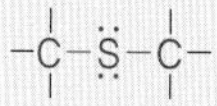 $-\overset{\vert}{\underset{\vert}{C}}-\ddot{\underset{..}{S}}-\overset{\vert}{\underset{\vert}{C}}-$	$H_3C-S-CH_3$	다이메틸설피드 (dimethyl sulfide)	sulfide
설폭시드 (sulfoxide)	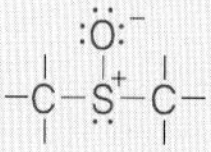 $-\overset{\vert}{\underset{\vert}{C}}-\overset{:\ddot{O}:^-}{\underset{..}{S^+}}-\overset{\vert}{\underset{\vert}{C}}-$	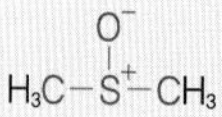 $H_3C-\overset{O^-}{S^+}-CH_3$	다이메틸설폭시드 (dimethyl sulfoxide)	sulfoxide
설폰(sulfone)	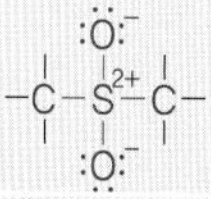 $-\overset{\vert}{\underset{\vert}{C}}-\overset{:\ddot{O}:^-}{\underset{:\ddot{O}:^-}{S^{2+}}}-\overset{\vert}{\underset{\vert}{C}}-$	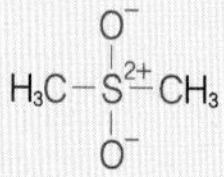 $H_3C-\overset{O^-}{\underset{O^-}{S^{2+}}}-CH_3$	다이메틸설폰 (dimethyl sulfone)	sulfone
싸이올(thiol)	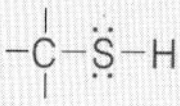 $-\overset{\vert}{\underset{\vert}{C}}-\ddot{\underset{..}{S}}-H$	H_3C-SH	메테인싸이올 (methanenthiol)	-thiol

(계속)

대표명	작용기 구조	예	명칭 끝	접미어
카보닐(carbonyl)	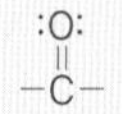 $-C(=\ddot{O}:)-$			
알데하이드(aldehyde)	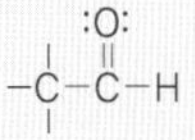 $-C-C(=\ddot{O}:)-H$	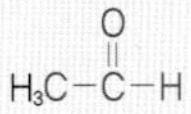 $H_3C-C(=O)-H$	에탄알(ethanal)	-al
케톤(ketone)	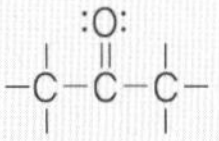 $-C-C(=\ddot{O}:)-C-$	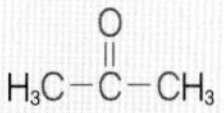 $H_3C-C(=O)-CH_3$	프로파논(propanone)	-one
카복실산(carboxylic acid)	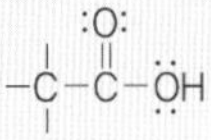 $-C-C(=\ddot{O}:)-\ddot{O}H$	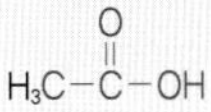 $H_3C-C(=O)-OH$	에타노산(ethanoic acid)	-oic acid
에스터(ester)	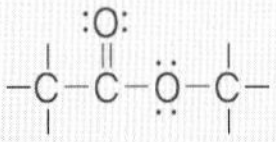 $-C-C(=\ddot{O}:)-\ddot{O}-C-$	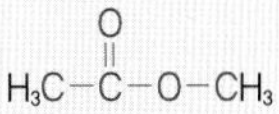 $H_3C-C(=O)-O-CH_3$	메틸에타노에이트(methyl ethanoate)	-oate
아마이드(amide)	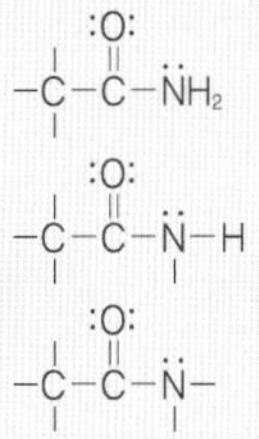 $-C-C(=\ddot{O}:)-\ddot{N}H_2$ $-C-C(=\ddot{O}:)-\ddot{N}-H$ $-C-C(=\ddot{O}:)-\ddot{N}-$	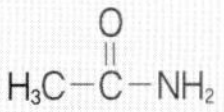 $H_3C-C(=O)-NH_2$	에탄아마이드(ethanamide)	-amide

카복실산(carboxylic acid)

아실기(−RCO−, acyl group)에 알코올이 결합된 화합물로 카복실산은 탄소수에 따라 알케인의 어미 '-e'를 '-oic acid'로 바꿔 명명하며 알케인의 명칭 끝에 '산'을 붙여 부름. 지방산의 명칭으로 매우 중요함

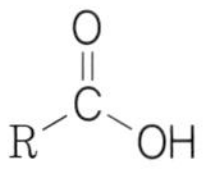

$$R-C(=O)-OH$$

그림 VII-1 카복실산

표 VII-2 카복실산의 종류 및 명칭

탄소	구조식	출처	관용명	IUPAC명
1	HCOOH	개미(라틴어, *formica*)	포름산(formic acid)	methanoic acid
2	CH_3COOH	서양식초(라틴어, *acetum*)	아세트산(acetic acid)	ethanoic acid
3	CH_3CH_2COOH	우유(그리스어, *protos pion*, first fat)	프로피온산 (propionic acid)	propanoic acid
4	$CH_3(CH_2)_2COOH$	버터(라틴어, *butyrum*)	부티르산(butyric acid)	butanoic acid
5	$CH_3(CH_2)_3COOH$	쥐오줌풀(라틴어, *valere*, to be strong)	발레르산(valeric acid)	pentanoic acid
6	$CH_3(CH_2)_4COOH$	염소(라틴어, *coper*)	카프로산(caproic acid)	hexanoic acid
7	$CH_3(CH_2)_5COOH$	넝쿨나무꽃(그리스어, *enanthe*)	에난트산(enanthic acid)	heptanoic acid
8	$CH_3(CH_2)_6COOH$	염소(라틴어, *caper*)	카프로산(caprylic acid)	octanoic acid
9	$CH_3(CH_2)_7COOH$	제라늄(황새 목 모양의 씨앗 주머니를 가진 향료 식물: 그리스어, *pelargos*, stork)	펠라르곤산 (pelargonic acid)	nonanoic acid
10	$CH_3(CH_2)_8COOH$	염소(라틴어, *caper*)	카프르산(capric acid)	decanoic acid

디카복실산(dicarboxylic acid)

카복실기(−COOH)를 분자 중에 2개 갖는 유기산

표 VII-3 디카복실산의 종류 및 명칭

구조식	출 처	관용명	IUPAC명
HOOC−COOH	옥살산(oxalic acid)	괭이밥과에 해당하는 식물 (예, sorrel)	ethanedioic acid
$HOOC-CH_2-COOH$	말론산(malonic acid)	사고(그리스어, *malon*)	propanedioic acid
$HOOC-(CH_2)_2-COOH$	호박산(succinic acid)	호박(라틴어, *succinum*)	butanedioic acid
$HOOC-(CH_2)_3-COOH$	글루타르산 (glutaric acid)	글루텐	pentanedioic acid
$HOOC-(CH_2)_4-COOH$	아디프산(adipic acid)	지방(라틴어, *adeps*)	hexanedioic acid
$HOOC-(CH_2)_5-COOH$	피멜산(pimellic acid)	지방(그리스어, *pimete*)	heptanedioic acid

유기화합물의 명명

국제기준인 IUPAC명(International Union of Pure and Applied Chemistry)과 관용명(common name)을 사용함

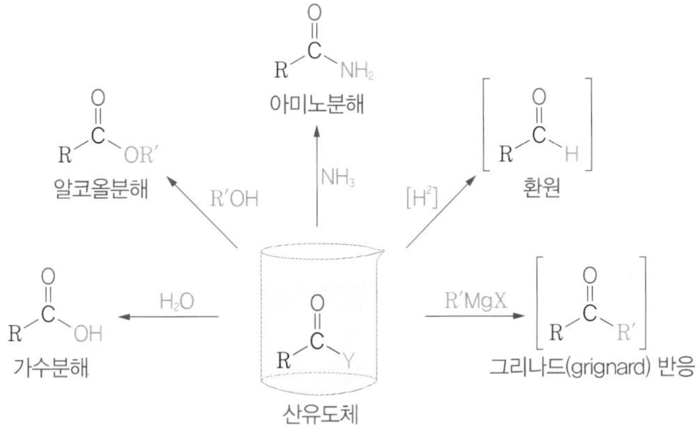

그림 VII-2 각종 산유도체의 여러 반응

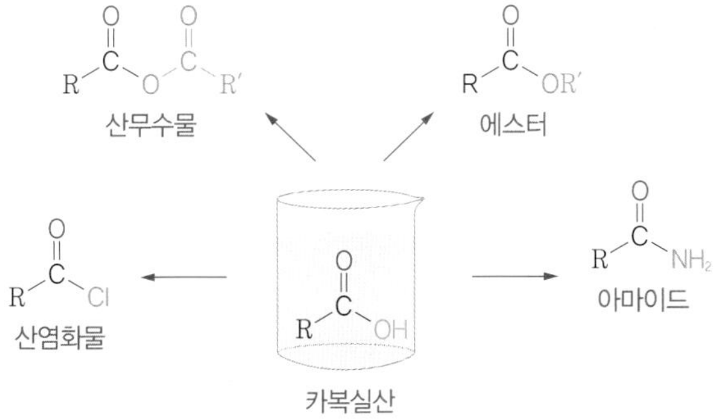

그림 VII-3 카복실산의 치환반응에 의한 생성물들

카보닐기(carbonyl group)

산소원자와 이중결합으로 결합된 탄소원자가 있는 작용기로 알데하이드(−CHO), 케톤(=CO), 카복실산(−COOH) 및 에스터(−COO−)기를 포함함

표 VII-4 카보닐기의 종류

알데하이드	케톤	카복실	에스터
$R-C(=O)-H$	$R-C(=O)-R'$	$R-C(=O)-OH$	$R-C(=O)-OR'$

라디칼(radical)

비공유전자를 갖는 분자로 가열, 햇빛 등의 다양한 원인에 의해 공유결합을 형성하고 있는 공유전자가 비공유전자를 갖는 두 개의 메틸 라디칼로 분해됨. 라디칼은 화학적 반응성이 높은 물질로 유지의 자동산화에 큰 영향을 미침

$$H_3C:CH_3 \xrightarrow{\text{열, 빛}} H_3C\cdot + \cdot CH_3$$

에테인 → 두 개의 메틸 라디칼

항산화제(antioxidant)

홀수 개의 비공유전자와 공유전자를 형성하게 하여 라디칼의 반응성을 저해시키는 물질을 말함

1차(primary), 2차(secondary), 3차(tertiary)

중심이 되는 탄소나 질소에 결합되어 있는 알킬기의 개수와 연관된 정의임. 중심이 되는 탄소와 질소에 결합된 알킬기(−R)기의 수가 3개면 3차, 2개면 2차, 1개면 1차로 분류됨. 3차는 네오(neo-), 2차는 아이소(iso-), 1차는 노르말(normal-)로 부르기도 함

표 VII-5 알킬, 알코올, 아민의 구조에 따른 차수의 구분

작용기명	3차	2차	1차	기본
알킬 (alkyl)	$R-\overset{R}{\underset{R}{C^+}}$ 3차 알킬	$R-\overset{+}{C}H-R$ 2차 알킬	$R-\overset{+}{C}H_2$ 1차 알킬	$\overset{+}{C}H_3$ 메틸
알코올 (alcohol)	$C(OH)(R)(R')(R'')$ 3차 알코올	$C(OH)(R)(R')(H)$ 2차 알코올	$C(OH)(R)(H)(H)$ 1차 알코올	$-OH$ 하이드록시기
아민 (amine)	$R-\ddot{N}(R)-R$ 3차 아민	$R-\ddot{N}(H)-R$ 2차 아민	$R-\ddot{N}(H)-H$ 1차 아민	$H-\ddot{N}(H)-H$ 암모니아

−가 알코올

1가, 2가는 알코올류 속에 포함되어 있는 하이드록시기의 개수에 의해 분류됨. 1가는 하이드록시기가 1개, 2가는 2개, 3개 이상은 다가 알코올이라 함

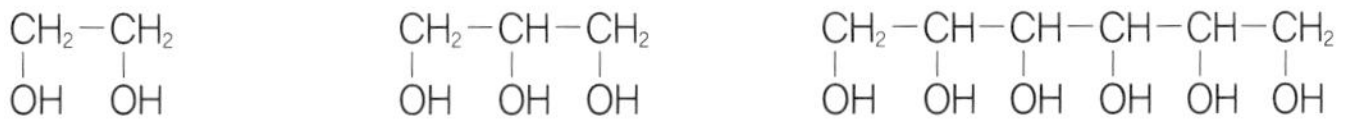

$CH_2(OH)-CH_2(OH)$
에틸렌글리콜 1가
(ethylene glycol)

$CH_2(OH)-CH(OH)-CH_2(OH)$
글리세롤
(glycerol)

$CH_2(OH)-CH(OH)-CH(OH)-CH(OH)-CH(OH)-CH_2(OH)$
소비톨
(sorbitol)

고급 알코올(higher alcohol)

탄소의 수가 6개 이상인 알코올로 중성이며 물에 잘 녹지 않는 성질을 지님. 탄소 수가 5개 이하인 알코올은 저급 알코올이라 함

헤테로 고리 아민(heterocyclic compound)

고리 모양의 구조를 가진 유기화합물 중 고리를 구성하는 원자가 탄소뿐만 아니라 탄소 이외의 질소나 산소 등의 원자를 함유하는 화합물로 고리 내에 함유되는 원자로는 질소 · 산소 · 황 · 인 · 규소 등이 들어갈 수 있음. 핵산(nucleic acid)을 구성하고 약

리작용이 있음

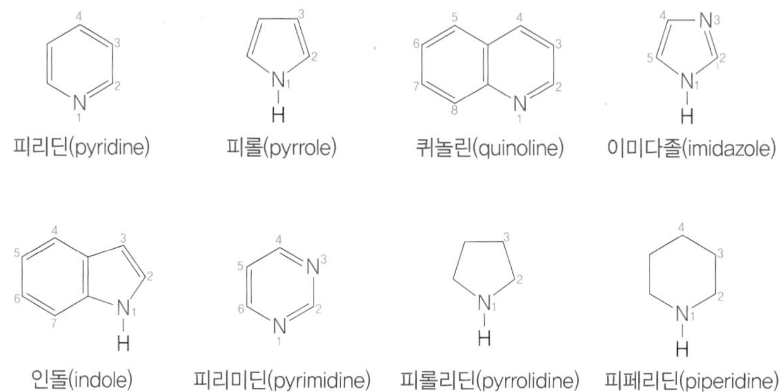

그림 VII-4 헤테로 고리 아민의 종류

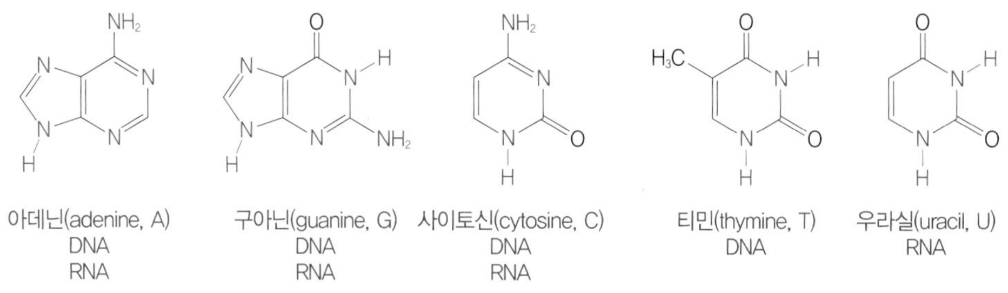

그림 VII-5 헤테로 고리 화합물인 DNA와 RNA

에폭시드(epoxide)

고온 · 고압하에서 은(Ag)을 촉매로 에틸렌에 산소를 가하였을 때 생성되는 물질로 산소원자를 포함하는 3원자 고리화합물의 총칭

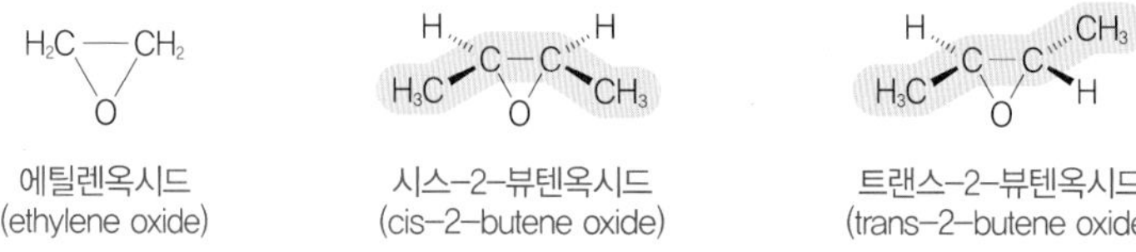

아이소프렌(isoprene)

천연고무를 구성하는 단위분자 역할을 하는 탄소가 5개로 2번 탄소에서 가지가 형성된 불포화탄화수소. 식품 중에는 카로티노이드계 색소나 비타민 A의 전구물질의 기본 골격을 이룸

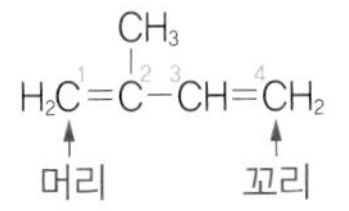

$$H_2\overset{1}{C}=\overset{2}{C}(CH_3)-\overset{3}{C}H=\overset{4}{C}H_2$$

머리 꼬리

2-메틸-1, 3-뷰타디엔

탄소 수	아이소프렌 단위	분류
10	2	모노터펜(monoterpene)
15	3	세퀴터펜(sequiterpene)
20	4	다이터펜(diterpene)
25	5	세스터펜(sesterpene)
30	6	트라이터펜(triterpene)
40	8	테트라터펜(tetraterpene)

그림 VII-6 아이소프렌의 구조 및 분류체

터펜(terepene)

아이소프렌 단위가 여러 개 연결되어 생성된 화합물로 주로 식물과 꽃에 분포하고 있음

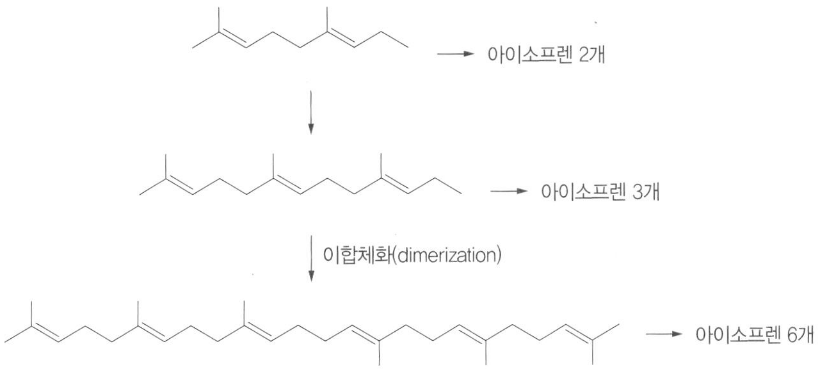

→ 아이소프렌 2개

→ 아이소프렌 3개

이합체화(dimerization)

→ 아이소프렌 6개

그림 VII-7 터펜의 종류 및 구조

VIII. 이성질체(isomer)

원자의 수와 종류는 같지만 공간상의 배열이 서로 다른 분자를 말함

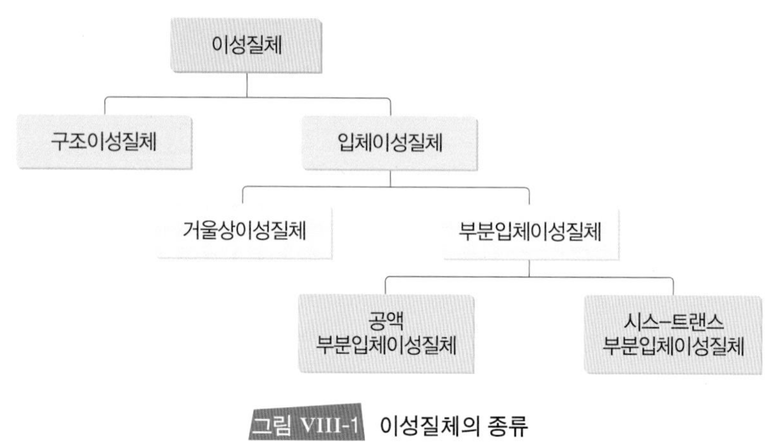

그림 VIII-1 이성질체의 종류

구조이성질체(constitutional isomer)

분자식은 같으나 원자의 연결 형태가 다른 것

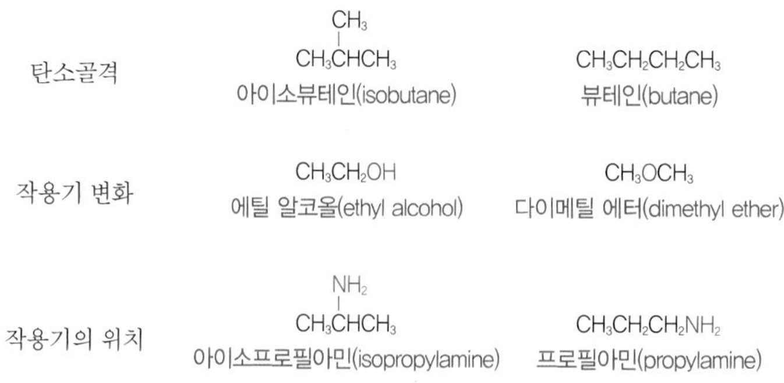

그림 VIII-2 구조이성질체의 예

입체이성질체(stereo isomer)

분자에서 원자의 결합 위치는 같으나 공간상에서 서로 다른 배치로 되어 있는 것으로 거울상입체이성질체와 부분입체이성질체를 포함함

거울상 입체이성질체(enantiomer)

서로 거울을 통해 맞대고 있는 것처럼 보이는 이성질체 관계

(*R*)–락산 (*S*)–락산

그림 VIII-3 거울상입체이성질체의 예

부분입체이성질체(diastereo isomer)

부제탄소를 여러 개 가지고 있는 화합물 중에서 거울상이 아닌 이성질체를 총칭

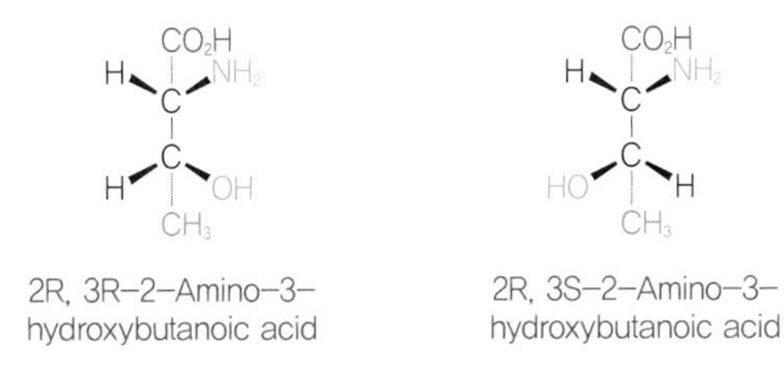

그림 VIII-4 부분입체이성질체의 예

시스–트랜스 입체이성질체(*cis* & *trans* isomer)

기하이성질체(geometric isomer)라고도 하며 입체이성질체의 일종으로 이중결합을 갖는 탄소를 기준으로 작용기가 같은 방향이면 *cis*-, 서로 다른 방향이면 *trans*-를 화합물의 명칭 앞에 붙임

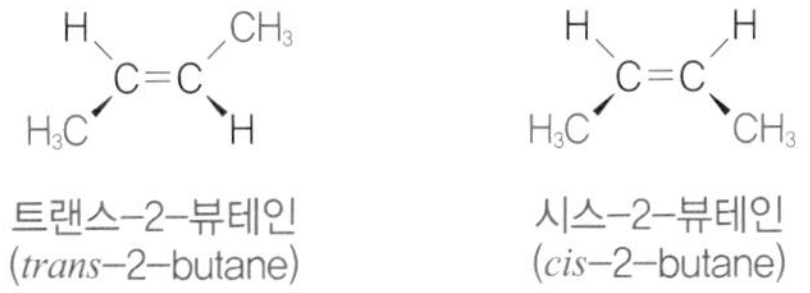

트랜스–2–뷰테인 (*trans*–2–butane)

시스–2–뷰테인 (*cis*–2–butane)

그림 VIII-5 시스–트랜스 이성질체

참고문헌

김광옥 · 김상숙 · 성내경 · 이영춘(1993). 관능검사 방법 및 응용, 신광출판사.

김덕웅 외(2003). 개정 식품가공저장학, 광문각.

김동훈(1988). 식품화학, 탐구당.

김정오 · 곽호완 · 박창호 · 박권생 · 정상철 · 남종호 · 도경수 공역(2007). 감각과 지각 7판, 시그마프레스.

김종국(2001). 식품 향기성분의 연구동향: 가열처리 식품의 향기성분, 식품산업과 영양 6(2): 20-26.

농림부(1998). 국내산 주요 식물소재의 향기성분 분석에 관한 연구.

농촌진흥청 국립농업과학원(2011). 표준 식품성분표 제8차 개정판.

식품의약품안전청(2007). 식품 중 아크릴아마이드란-위해물질총서 11권.

신효선 · 이서래(1991). 최신식품화학, 신광출판사.

양종범 외(2008). 쉬운 식품화학, 유한문화사.

예미경(2005). 미각신경의 코딩, *Korean J. Otolaryngol* 48: 1074-80.

오훈일 · 이형주 · 문태화 · 노봉수 · 김석중(2008). 식품화학 개정2판, 수학사.

월간 식품산업(2008. 2). [특집] 길들여진 설탕 맛의 탈출구가 고감미 감미료. 61-80.

이주희(2010). 대사를 중심으로한 생화학, 교문사.

조신호(2010). 식품학 개정증보판, 교문사.

황인경(2001). 식물성식품의 기능성물질에 대한 연구동향, 보건산업기술동향.

久保田紀久杞 · 森光康次郎 編(2001). 食品學: 食品成分と機能性. 東京化學同人.

Anna Pruska-Kdzior, Zenon Kdzior(2007). *Rheological Properties of food systems in Chemical and Functional Properties of Food Components* 3rd ed., CRC Press.

B. Conde-Petit(2003). *The structure and texture of starch-based foods in Texture in food* Volume 1: Semi-solid foods, Woodhead Publishing Limited.

Chandrashekar J, Hoon MA, Ryba NJ, Zuker CS(2006). The receptors and cells for mammalian taste, *Nature* 444(7117): 288-94, Review.

Coultate T.P.(2009). *Food The Chemistry of its Components* 5th ed., RSC publishing.

D. Lide(1990). *CRC Handbook of Chemistry and Physics* 71st ed., CRC Press.

D. Reid, T. Sajjaanntakul, P. Lillford, S. Charoenein(2010). Water Properties in Food, Health, Pharmacentical and Biological Systems: ISPOWIO.

Emilia Barbara Cybulska and Peter Edward Doe(2007). *Water and Food Quality* in Zdzislaw E. Sikorski ed. Chemical and Functional Properties of Food Components, CRC Press.

Georg von Békésy(1964). Duplexity Theory of Taste, *Science* 145(3634): 834-835.

H-D. Belitz, W. Grosch, P. Schieberle(2009). *Food Chemistry* 4th ed., Springer.

M.A. Rao & S.S.H Rizivi(1986). *Engineering Properties of Foods*. Marcel Dekker, Inc.

Marie A. Boyle & Sara Long(2007). *Personal Nutrition* 6th Ed. Thomson.

Mussinan C.J., Morello M.J.(1997) *Flavor Analysis: Development in Isolation and Characterization*, American Chemical Society 심포지엄 시리즈.

Nirupa Chaudhari and Stephen D. Roper(2010). The cell biology of taste. *J. Cell Biol.* 190(3): 285-296.

Owen R. Fennema(1985). *Food Chemistry* 2nd Ed. Dekker.

Potter N.N. and Hotchkiss J.H.(1995). *Food Science* 5th ed., Chapman & Hall.

Shallenberger, R.S.(1993), *Taste Chemistry*, London & New York: Blackie Academic & Professional.

T. P. Labuza, T. J. Labuza, K. M. Labuza, and P. S. Labuza(2010). *Soft Condensed Matter: A Perspective on the Physics of Food States and Stability*. Water Properties In Food, Health, Pharmaceutical and Biological Systems: ISOPOW 10, John Wiley & Sons, Inc.

Yves Maréchal(2007). *The Hydrogen Bond and the Water Molecule, the Physical and Chemistry of Water*, Aqueous and Bio Media.

식품의약품안전청 고시 제2010-33호

식품첨가물의 기준 및 규격 일부 개정고시(2010. 5. 18)

KS Q ISO 5492 관능검사용어(2008)

KSA 7000 관능검사용어 (2006)

찾아보기

ㅂ

ㅅ

ABC

저자 소개

조신호 부천대학교 식품영양과 교수

신성균 한양여자대학교 식품영양과 교수

박헌국 동남보건대학교 식품영양과 교수

송미란 전주기전대학교 식품영양과 교수

차윤환 숭의여자대학교 식품영양과 교수

한명륜 혜전대학교 식품영양과 교수

유경미 숭의여자대학교 식품영양과 교수

FOOD CHEMISTRY 식품화학 제3판

2011년 2월 25일 초판 발행 | 2013년 3월 10일 개정판 발행 | 2014년 3월 17일 제3판 발행 | 2024년 1월 20일 제3판 6쇄 발행

지은이 조신호 외 | **펴낸이** 류원식 | 펴낸곳 **교문사**

편집부장 성혜진 | **책임진행** 김지연 | **디자인&편집** 북큐브

주소 (10881)경기도 파주시 문발로 116 | **전화** 031-955-6111(代) | **팩스** 031-955-0955
등록 1968. 10. 28. 제406-2006-000035호 | **홈페이지** www.gyomoon.com | **E-mail** genie@gyomoon.com
ISBN 978-89-363-1402-6 (93590) | **값** 22,000원

*잘못된 책은 바꿔 드립니다.

《식품화학 (개정판)》 용어표

초판	개정판
ㄱ	
갈락토시다제	갈락토시데이스(galactosidase)
글루테린	글루텔린(glutelin)
글리세르알데히드	글리세르알데하이드(glyceraldehyde)
글리코겐	글리코젠(glycogen)
글리코시다제	글리코시데이스(glycosidase)
ㄴ	
나린게닌	나린제닌(naringenin)
나린기나제	나린기네이스(naringinase)
뉴클라제	뉴클레이스(nuclease)
니트로	나이트로(nitro)
니트로메테인	나이트로메테인(nitromethane)
니트릴	나이트릴(nitrile)
ㄷ	
데히드로알라닌	데하이드로알라닌
덱스트린 수크라제	덱스트린 수크레이스(dextrin sucrase)
디니트로페닐	다이나이트로페닐
디메틸술폭시드	다이메틸설폭사이드(dimethyl sulfoxide)
디메틸술폰	다이메틸설폰(dimethyl sulfone)
디메틸술피드	다이메틸설파이드(dimethyl sulfide)
디메틸에테르	다이메틸에터(dimethyl ether)
디알릴술피드	다이알릴설파이드
디카르복실산	다이카복실산(dicarboxylic acid)
디테르펜	다이터펜(diterepene)
디펩티드	다이펩타이드
디히드록시아세톤	다이하이드록시아세톤(dihydroxyacetone)
디히드록시페닐알라닌	다이하이드록시페닐알라닌 (dihydroxyphenylalanine, DOPA)
ㄹ	
라파제	라이페이스
락타제	락테이스(lactase)
란티오닌	란싸이오닌(lanthionine)
레넷	레닛(rennet)
루신	류신
루코신	류코신(leucosin)
류코안토시아니딘	류코안토사이아니딘
리소짐	라이소자임(lysozyme)
리시노알라닌	라이시노알라닌(lysinoalanine)
리신	라이신
리폭시게나제	리폭시게네이스(lipoxygenase)
리폭시다제	리폭시데이스

초판	개정판
ㅁ	
만노스	마노스(mannose)
말타제	말테이즈(maltase)
메일러드	마이야르(maillard)
메테인티올	메테인싸이올(methanenthiole)
메티오닌 술폭시드	메싸이오닌 설폭사이드(methionine sulfoxide)
메티오닌	메싸이오닌
메틸에스테르	메틸에스터
모노테르펜	모노터펜(monoterepene)
뮤라믹산	뮤람산
ㅂ	
부타디엔	뷰타디엔
부탄	뷰탄
부테인	뷰테인(butane)
부텐옥시드	뷰텐옥사이드(bytane oxide)
부티르산	뷰티르산(butyric acid)
비오틴	바이오틴
ㅅ	
세스테르펜	세스터펜(sesterepene)
세퀴테르펜	세쿼터펜(sequiterepene)
셀룰라제	셀룰레이스(cellulase)
소르보스	소보스
소마틴	타우마틴(thaumatin)
솔비톨, 소르비톨	소비톨(sorbitol)
수크라제	수크레이스(sucrase)
술포라판	설포라판
술폭시드	설폭사이드(sulfoxide)
술폰	설폰(sulfone)
술프히드릴 프로테아제	설프하이드릴 프로테이스 (sulfhydryl protease)
술피드	설파이드(sulfide)
시아니드	사이아니드(cyanide)
시클로덱스트린	사이클로덱스트린(cyclodextrin)
시클로부테인	사이클로뷰테인(cyclobutane)
시클로알케인	사이클로알케인(cycloalkane)
시클로펜테인	사이클로펜테인(cyclopentane)
시클로프로페인	사이클로프로페인(cyclopropane)
시클로헥세인	사이클로헥세인(cyclohexane)
시토신	사이토신(cytosine)

초판	개정판
ㅇ	
아르기나제	아르지네이스
아르기닌	아르지닌
아미노부티르산	아미노뷰티르산
아미드	아마이드
아세트알데히드	아세트알데하이드
아세틸뮤라믹산	아세틸뮤람산
아스코르브산, 아스코르빈산	아스코브산
아스파라긴	아스파라진
아스파르트산	아스파트산
안토시아니딘	안토사이아니딘(anthocyanidin)
안토시아닌	안토사이아닌
알데히드	알데하이드(aldehyde)
알도트리오스	알도트라이오스
아밀라제	아밀레이스(amylase)
에스테라제	에스터레이스
에스테르	에스터
에이티피타제	에이티페이스(ATPase)
에타날	에탄알(ethanal)
에탄아미드	에탄아마이드(ethanamide)
에테르	에터(ether)
에테인니트릴	에테인나이트릴(ethanenitrile)
에틸렌디아민테트라아세트산	에틸렌다이아민테트라아세트산(EDTA)
엑소펩티다제	엑소펩티데이스(exopeptidase)
엔도펩티다제	엔도펩티데이스(endopeptidase)
오르니티노알라닌	오니티노알라닌(ornithinoalanine)
오르니틴	오니틴(ornithine)
이눌리나제	이눌리네이스(inullinase)
이소루신	아이소류신
이소말토스	아이소말토스(isomaltose)
이소-펜테인	아이소-펜테인(iso-pentane)
이소프렌	아이소프렌(isoprene)
이소프로필아민	아이소프로필아민(isoprophylamine)
인베르틴	인버틴(invertin)
ㅈ	
젤	겔(gel)
카르복시펩티다제	카복시펩티데이스(carboxypeptidase)
카르복실기	카복실기
카탈라제	카탈레이스(catalase)
카프로산	카프릴산(caprylic acid)

초판	개정판
케토트리오스	케토트라이오스
크산토프로테인	잔토프로테인(xanthoprotein)
크산토필	잔토필(xanthophyll)
ㅌ	
탄나제	타네이스(tannase)
탄닌산	타닌산(tannic acid)
테르펜	터펜(terepene)
테트라테르펜	테트라터펜(tetraterepene)
트리부티린	트라이뷰티린(tributyrin)
트리클로로아세트산	트라이클로로아세트산(trichloroacetic acid)
트리테르펜	트라이터펜(triterepene)
티로시나제	타이로시네이스
티로신	타이로신
티아미나제	티아미네이스(thiaminase)
티오글루코스	싸이오글루코스(thioglucose)
티오당	싸이오당(thio sugar)
티오호	싸이오화
티올	싸이올(thiol)
ㅍ	
퍼옥시다제	퍼옥시데이스(peroxidase)
펙틴에스터라제	펙틴에스터레이스(pectinesterase)
펜토사나제	펜토사네이스(pentosanase)
펩티드	펩타이드(peptide)
포름산	폼산(formic acid)
포스파타제	포스파테이스(phosphatase)
포스포리파제	포스포라이페이스
폴리갈락투로나제	폴리갈락투로네이스(polygalactronase)
폴리페놀라제	폴리페놀레이스(polyphenolase)
프로테아제	프로테이즈(protease)
프로토펙티나제	프로토펙티네이스(protopectinase)
프룩토스	프럭토스(fructose)
플라보프로테인	플래보프로테인(flavoprotein)
플라빈	플래빈(flavin)
피브리노겐	피브리노젠
ㅎ	
헤모시아닌	헤모사이아닌(hemocyanin)
호르데인	호데인(hordein)
히드로	하이드로(hydro)
히드록시 부타날	하이드록시 뷰타날

*용어표에는 본문에 언급된 대표적인 용어들을 정리, 수록하였으며, 이외 용어들도《식품과학사전》과《교과서 편수자료》,《표준국어대사전》의 용례에 따름